学术引领系列

国家科学思想库

中国学科发展战略

微纳电子学

中国科学院

科学出版社
北京

图书在版编目(CIP)数据

中国学科发展战略·微纳电子学/中国科学院编．—北京：科学出版社，2013

（中国学科发展战略）

ISBN 978-7-03-037932-0

Ⅰ.①微… Ⅱ.①中… Ⅲ.①微电子技术-学科发展-发展战略-中国 Ⅳ.①TN4-12

中国版本图书馆 CIP 数据核字（2013）第 134232 号

丛书策划：侯俊琳　牛　玲

责任编辑：樊　飞　程　凤／责任校对：张凤琴

责任印制：徐晓晨／封面设计：黄华斌

编辑部电话：010-64035853

E-mail：houjunlin@mail.sciencep.com

科学出版社出版

北京东黄城根北街 16 号

邮政编码：100717

http://www.sciencep.com

北京凌奇印刷有限责任公司印刷

科学出版社发行　各地新华书店经销

*

2013 年 8 月第　一　版　开本：B5（720×1000）

2020 年 1 月第五次印刷　印张：22 3/4

字数：400 000

定价：99.00 元

（如有印装质量问题，我社负责调换）

中国学科发展战略

中国学科发展战略·微纳电子学

专 家 组

组　长：王阳元

成　员：周炳琨　李衍达　王启明
吴德馨　周兴铭　侯朝焕
王占国　沈绪榜　王　圩
雷啸霖　李　未　陈星弼
郑耀宗　夏建白　郑有料
褚君浩　包为民　吴一戎
王　曦　许居衍　李树深
马俊如　黄　如　张　兴
魏少军　郝　跃　叶甜春
王永文

工 作 组

组　长： 黄　如　张　兴

成　员： 卜伟海　蔡　坚　曹立强

陈灵芝　成建兵　程玉华

戴　葵　傅云义　黄庆安

金　智　黎　明　李维平

李　昀　李志宏　刘洪刚

刘伟平　刘晓彦　刘新宇

闵　昊　钱　鹤　施　毅

苏　巍　孙宏伟　孙伟锋

唐　昊　陶铨有　王芹生

王文武　王晓亮　王　燕

王跃林　吴汉明　吴南健

夏善红　肖胜安　杨之诚

于　贵　于燮康　于宗光

余志平　张　波　张　东

赵建忠　赵元富　朱文辉

邹雪城

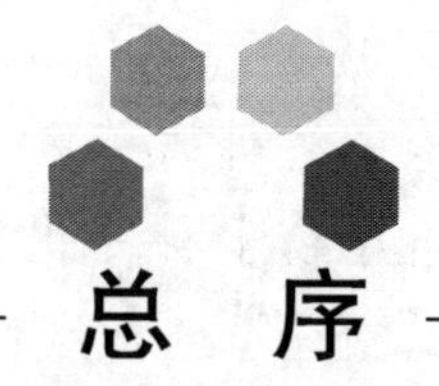

总 序

九层之台，起于累土[①]

白春礼

近代科学诞生以来，科学的光辉引领和促进了人类文明的进步，在人类不断深化对自然和社会认识的过程中，形成了以学科为重要标志的、丰富的科学知识体系。学科不但是科学知识的基本的单元，同时也是科学活动的基本单元：每一学科都有其特定的问题域、研究方法、学术传统乃至学术共同体，都有其独特的历史发展轨迹；学科内和学科间的思想互动，为科学创新提供了原动力。因此，发展科技，必须研究并把握学科内部运作及其与社会相互作用的机制及规律。

中国科学院学部作为我国自然科学的最高学术机构和国家在科学技术方面的最高咨询机构，历来十分重视研究学科发展战略。2009 年 4 月与国家自然科学基金委员会联合启动了“2011～2020 年我国学科发展战略研究”19 个专题咨询研究，并组建了总体报告研究组。在此工作基础上，为持续深入开展有关研究，学部于 2010 年底，在一些特定的领域和方向上重点部署了学科发展战略研究项目，研究成果现以“中国学科发展战略”丛书形式系列出版，供大家交流讨论，希望起到引导之效。

根据学科发展战略研究总体研究工作成果，我们特别注意到学

① 题注：李耳《老子》第 64 章：“合抱之木，生于毫末；九层之台，起于累土；千里之行，始于足下。”

科发展的以下几方面的特征和趋势。

一是学科发展已越出单一学科的范围，呈现出集群化发展的态势，呈现出多学科互动共同导致学科分化整合的机制。学科间交叉和融合、重点突破和“整体统一”，成为许多相关学科得以实现集群式发展的重要方式，一些学科的边界更加模糊。

二是学科发展体现了一定的周期性，一般要经历源头创新期、创新密集区、完善与扩散期。并在科学革命性突破的基础上螺旋上升式发展，进入新一轮发展周期。根据不同阶段的学科发展特点，实现学科均衡与协调发展成为了学科整体发展的必然要求。

三是学科发展的驱动因素、研究方式和表征方式发生了相应的变化。学科的发展以好奇心牵引下的问题驱动为主，逐渐向社会需求牵引下的问题驱动转变；计算成为了理论、实验之外的第三种研究方式；基于动态模拟和图像显示等信息技术，为各学科纯粹的抽象数学语言提供了更加生动、直观的辅助表征手段。

四是科学方法和工具的突破与学科发展互相促进作用更加显著。技术科学的进步为激发新现象并揭示物质多尺度、极端条件下的本质和规律提供了积极有效手段。同时，学科的进步也为技术科学的发展和催生战略新兴产业奠定了重要基础。

五是文化、制度成为了促进学科发展的重要前提。崇尚科学精神的文化环境、避免过多行政干预和利益博弈的制度建设、追求可持续发展的目标和思想，将不仅极大促进传统学科和当代新兴学科的快速发展，而且也为人才成长并进而促进学科创新提供了必要条件。

我国学科体系系由西方移植而来，学科制度的跨文化移植及其在中国文化中的本土化进程，延续已达百年之久，至今仍未结束。

鸦片战争之后，代数学、微积分、三角学、概率论、解析几何、力学、声学、光学、电学、化学、生物学和工程科学等的近代科学知识被介绍到中国，其中有些知识成为一些学堂和书院的教学内容。1904 年清政府颁布“癸卯学制”，该学制将科学技术分为格致科（自然科学）、农业科、工艺科和医术科，各科又分为诸多学科。1905 年清朝废除科举，此后中国传统学科体系逐步被来自西方的新学科体系取代。

民国时期现代教育发展较快，科学社团与科研机构纷纷创建，现代学科体系的框架基础成型，一些重要学科实现了制度化。大学引进欧美的通才教育模式，培育各学科的人才。1912 年詹天佑发起成立中华工程师会，该会后来与类似团体合为中国工程师学会。1914 年留学美国的学者创办中国科学社。1922 年中国地质学会成立，此后，生理、地理、气象、天文、植物、动物、物理、化学、机械、水利、统计、航空、药学、医学、农学、数学等学科的学会相继创建。这些学会及其创办的《科学》、《工程》等期刊加速了现代学科体系在中国的构建和本土化。1928 年国民政府创建中央研究院，这标志着现代科学技术研究在中国的制度化。中央研究院主要开展数学、天文学与气象学、物理学、化学、地质与地理学、生物科学、人类学与考古学、社会科学、工程科学、农林学、医学等学科的研究，将现代学科在中国的建设提升到了研究层次。

中华人民共和国建立之后，学科建设进入了一个新阶段，逐步形成了比较完整的体系。1949 年 11 月新中国组建了中国科学院，建设以学科为基础的各类研究所。1952 年，教育部对全国高等学校进行院系调整，推行苏联式的专业教育模式，学科体系不断细化。1956 年，国家制定出《十二年科学技术发展远景规划纲要》，该规划包括 57 项任务和 12 个重点项目。规划制定过程中形成的“以任务带学科”的理念主导了以后全国科技发展的模式。1978 年召开全国科学大会之后，科学技术事业从国防动力向经济动力的转变，推进了科学技术转化为生产力的进程。

科技规划和“任务带学科”模式都加速了我国科研的尖端研究，有力带动了核技术、航天技术、电子学、半导体、计算技术、自动化等前沿学科建设与新方向的开辟，填补了学科和领域的空白，不断奠定工业化建设与国防建设的科学技术基础。不过，这种模式在某些时期或多或少地弱化了学科的基础建设、前瞻发展与创新活力。比如，发展尖端技术的任务直接带动了计算机技术的兴起与计算机的研制，但科研力量长期跟着任务走，而对学科建设着力不够，已成为制约我国计算机科学技术发展的“短板”。面对建设创新型国家的历史使命，我国亟待夯实学科基础，为科学技术的持续发展与创新能力的提升而开辟知识源泉。

反思现代科学学科制度在我国移植与本土化的进程，应该看到，20世纪上半叶，由于西方列强和日本入侵，再加上频繁的内战，科学与救亡结下了不解之缘，新中国建立以来，更是长期面临着经济建设和国家安全的紧迫任务。中国科学家、政治家、思想家乃至一般民众均不得不以实用的心态考虑科学及学科发展问题，我国科学体制缺乏应有的学科独立发展空间和学术自主意识。改革开放以来，中国取得了卓越的经济建设成就，今天我们可以也应该静下心来思考“任务”与学科的相互关系，重审学科发展战略。

现代科学不仅表现为其最终成果的科学知识，还包括这些知识背后的科学方法、科学思想和科学精神，以及让科学得以运行的科学体制，科学家的行为规范和科学价值观。相对于我国的传统文化，现代科学是一个“陌生的”、“移植的”东西。尽管西方科学传入我国已有一百多年的历史，但我们更多地还是关注器物层面，强调科学之实用价值，而较少触及科学的文化层面，未能有效而普遍地触及到整个科学文化的移植和本土化问题。中国传统文化以及当今的社会文化仍在深刻地影响着中国科学的灵魂。可以说，迄20世纪结束，我国移植了现代科学及其学科体制，却在很大程度上拒斥与之相关的科学文化及相应制度安排。

科学是一项探索真理的事业，学科发展也有其内在的目标，探求真理的目标。在科技政策制定过程中，以外在的目标替代学科发展的内在目标，或是只看到外在目标而未能看到内在目标，均是不适当的。现代科学制度化进程的含义就在于：探索真理对于人类发展来说是必要的和有至上价值的，因而现代社会和国家须为探索真理的事业和人们提供制度性的支持和保护，须为之提供稳定的经费支持，更须为之提供基本的学术自由。

20世纪以来，科学与国家的目的不可分割地联系在一起，科学事业的发展不可避免地要接受来自政府的直接或间接的支持、监督或干预，但这并不意味着，从此便不再谈科学自主和自由。事实上，在现当代条件下，在制定国家科技政策时充分考虑“任务”和学科的平衡，不但是最大限度实现学术自由、提升科学创造活力的有效路径，同时也是让科学服务于国家和社会需要的最有效的做法。这里存在着这样一种辩证法：科学技术系统只有在具有高度创造活力的情形下，才能在创新型国家建设过程中发挥最大作用。

在全社会范围内创造一种允许失败、自由探讨的科研氛围；尊重学科发展的内在规律，让科研人员充分发挥自己的创造潜能；充分尊重科学家的个人自由，不以“任务”作为学科发展的目标，让科学共同体自主地来决定学科的发展方向。这样做的结果往往比事先规划要更加激动人心。比如，19 世纪末德国化学学科的发展史就充分说明了这一点。从内部条件上讲，首先是由于洪堡兄弟所创办的新型大学模式，主张教与学的自由、教学与研究相结合，使得自由创新成为德国的主流学术生态。从外部环境来看，德国是一个后发国家，不像英、法等国拥有大量的海外殖民地，只有依赖技术创新弥补资源的稀缺。在强大爱国热情的感召下，德国化学家的创新激情迸发，与市场开发相结合，在染料工业、化学制药工业方面进步神速，十余年间便领先于世界。

中国科学院作为国家科技事业“火车头”，有责任提升我国原始创新能力，有责任解决关系国家全局和长远发展的基础性、前瞻性、战略性重大科技问题，有责任引领中国科学走自主创新之路。中国科学院学部汇聚了我国优秀科学家的代表，更要责无旁贷地承担起引领中国科技进步和创新的重任，系统、深入地对自然科学各学科进行前瞻性战略研究。这一研究工作，旨在系统梳理世界自然科学各学科的发展历程，总结各学科的发展规律和内在逻辑，前瞻各学科中长期发展趋势，从而提炼出学科前沿的重大科学问题，提出学科发展的新概念和新思路。开展学科发展战略研究，也要面向我国现代化建设的长远战略需求，系统分析科技创新对人类社会发展和我国现代化进程的影响，注重新技术、新方法和新手段研究，提炼出符合中国发展需求的新问题和重大战略方向。开展学科发展战略研究，还要从支撑学科发展的软、硬件环境和建设国家创新体系的整体要求出发，重点关注学科政策、重点领域、人才培养、经费投入、基础平台、管理体制等核心要素，为学科的均衡、持续、健康发展出谋划策。

2010 年，在中国科学院各学部常委会的领导下，各学部依托国内高水平科研教育等单位，积极酝酿和组建了以院士为主体、众多专家参与的学科发展战略研究组。经过各研究组的深入调查和广泛研讨，形成了“中国学科发展战略”丛书，纳入“国家科学思想库—学术引领系列”陆续出版。学部诚挚感谢为学科发展战略研究付出心血的院士、专家们！

按照学部“十二五”工作规划部署，学科发展战略研究将持续开展，希望学科发展战略系列研究报告持续关注前沿，不断推陈出新，引导广大科学家与中国科学院学部一起，把握世界科学发展动态，夯实中国科学发展的基础，共同推动中国科学早日实现创新跨越！

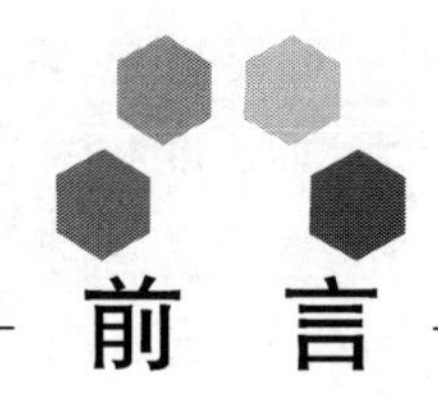

前 言

战略研究是通过开展系统、全面的分析和研究，认识影响组织生存与持续发展的重要事物变化的规律和特点，预测其发展趋势，提出可供选择的目标与路径，为重大的、带全局性的或决定全局的谋划提供科学依据。战略研究的最终目的是提高驾驭规律的自觉性。

微纳电子学科发展战略研究，是通过对微纳电子学科的发展历史、学科前瞻、技术预见、市场规律进行分析，把握国家现实和长远需求，把握世界科技发展前沿趋势，提出可供选择的学科发展方向、战略、目标与重点，为学科发展的战略选择提供科学支撑。

本研究工作在中国科学院信息技术科学部的领导下开展，由中国科学院院士王阳元、周炳琨、李衍达、王启明、吴德馨、周兴铭、侯朝焕、王占国、沈绪榜、王圩、雷啸霖、李未、陈星弼、郑耀宗、夏建白、郑有炓、褚君浩、包为民、吴一戎、王曦、许居衍、李树深，欧亚科学院院士马俊如，以及80余位微纳电子学领域的专家、学者共同承担。

北京大学的王阳元院士为本研究专家组组长，黄如教授与张兴教授为本研究工作组组长。

本书分为十章。

第一章由北京大学的王阳元院士和王永文研究员完成。从历史的视野和宏观的角度研究了农业社会、工业社会和信息社会的进程及相关发展规律，分别从集成电路的技术、产品、市场、产业结构、产业投资等方面剖析了微电子学科和产业发展的脉络，介绍了今后微纳电子技术在各个领域的发展趋势。

第二章对新结构、新材料和新原理器件的新型微纳电子器件进行分析，讨论了新器件在下一代集成电路技术中的应用前景，为我国微纳电子器件研究的发展方向提供相关建议，针对不同应用领域的新器件研究方向分别提出了政策扶持建议和具体措施。本章由北京大学黄如教授负责组织，并与北京大学黎明研究员、清华大学钱鹤教授、中国科学院微电子研究所王文武研究员共同编写。

第三章包含五部分内容：集成电路设计领域的发展趋势与关键问题、SoC与集成电路设计、EDA技术与工具、航天微电子技术、中国集成电路设计业发展的机遇与预测，由中国半导体行业协会集成电路设计分会王芹生理事长负责组织，与清华大学魏少军教授、华中科技大学戴葵教授和邹雪城教授、复旦大学闵昊教授、北京华大九天软件有限公司刘伟平研究员、中国航天科技集团公司第九研究院第七七二研究所赵元富研究员、《中国集成电路》杂志社陶铨有副社长、上海市集成电路行业协会赵建忠常务副秘书长、清华大学尹首一副教授共同编写。

第四章在调研的基础上分析了目前国内国际在集成电路大生产工艺技术方面的进展及大生产工艺技术领域存在的关键问题，并对该领域的未来发展趋势进行了预测，结合我国目前该领域的现状，提出了有关政策和措施的建议。本章由中芯国际集成电路制造有限公司（简称中芯国际）吴汉明研究员、卜伟海博士等共同编写。

第五章主要介绍了芯片—封装—系统的协同设计，封装测试中专用设计工具和方法缺失的挑战、封装堆叠、芯片堆叠、硅通孔技术与硅基板技术、嵌入式基板、新型引线键合技术与方法、先进的倒装芯片和TSV互连技术、新材料的开发与应用、系统级封装测试策略和圆片级/系统级老化方案，多影响因素及其耦合作用下的系统级封装可靠性问题。本章由江苏长电科技股份有限公司于燮康副董事长负责组织，与清华大学蔡坚教授、北京大学程玉华教授、中国科学院微电子研究所曹立强研究员、中国电子科技集团公司第五十八研究所（简称中电集团五十八所）于宗光研究员、江苏长电科技股份有限公司李维平副总经理、深南电路有限公司杨之诚副总经理、北京自动测试技术研究所张东所长、南通富士通微电子股份有限公司唐昊副主任、天水华天科技股份有限公司朱文辉总工程师、无锡华润安盛科技有限公司孙宏伟技术经理、江苏长电科技股份有限公司陈灵芝共同编写。

第六章针对集成电路的材料进行探讨，提出“一代材料，一代器件”的观点，描述了新材料对集成电路器件发展的影响，对我国重点支持的领域提出了建议。本章由西安电子科技大学郝跃教授负责组织，与中国科学院微电子研究所刘新宇研究员、中国科学院半导体研究所王晓亮研究员、中国科学院微电子研究所刘洪刚研究员共同编写。

第七章概要介绍了功率半导体器件与集成技术的国内外发展现状和技术趋势，梳理了其未来发展趋势及相应的关键问题，同时根据我国功率半导体技术的发展现状，对未来我国功率半导体领域的发展方向和重点发展技术进行了展望并提出相应建议。本章由中电集团五十八所于宗光研究员负责组织，与东南大学孙伟锋教授、电子科技大学张波教授、上海华虹 NEC 电子有限公司（简称华虹 NEC）肖胜安研究员、无锡华润上华科技有限公司苏巍副总经理、南京邮电大学成建兵教授共同编写。

第八章从学科基础、器件与系统、政策与措施三个方面阐述了 MEMS/NEMS 的发展现状与遇到的问题。本章由中国科学院上海微系统与信息技术研究所王跃林研究员、东南大学黄庆安教授、北京大学李志宏教授、中国科学院微电子研究所夏善红研究员共同编写。

第九章回顾和展望了碳基纳米技术的两个重要研究领域：石墨烯和碳纳米管，并重点评述了相关的基础科学和技术研究进展。本章由南京大学施毅教授负责组织，与中国科学院微电子研究所金智研究员、北京大学傅云义教授、中国科学院化学研究所于贵研究员、中国科学院半导体研究所吴南健研究员、南京大学李昀副教授共同编写。

第十章回顾了自 1964 年密度泛函理论（DFT）提出而引入了第一原理计算电子学以来的近半个世纪，固体物理在理论、材料与实验上的进展，重点分析了与集成电路和计算机应用有关的重大进展，内容包括固体理论与计算电子学、低维与超导材料及新型固态器件三个部分。本章由清华大学余志平教授负责组织，与清华大学王燕教授、北京大学刘晓彦教授共同编写。

中国科学院学部微纳电子学科发展战略研究组
2013年1月

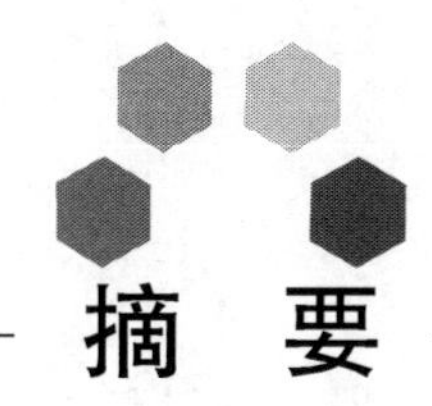

摘　要

微电子学科源于1947年晶体管的诞生和1958年集成电路的发明。60余年来，微电子学科的研究取得了长足进展，逐步由微电子学科演变为微纳电子学科。集成电路是微纳电子学科的主要研究对象和代表产品，以集成电路为基础的信息产业已成为世界第一大产业。集成电路的产业规模、科学技术水平和创新能力正在成为衡量一个强国综合国力的重要标志，成为国际政治、军事和经济斗争的焦点。

学科研究是产业发展的基础。本书从基础理论、器件结构、材料应用、电路设计、产品制造和产业结构等各个方面系统地研究了微纳电子学科及其产业的发展规律，并结合国内的实际情况为我国微纳电子学科及其产业的发展方向提出了相关建议。

今后，微纳电子学科将沿着多元化的途径持续发展，即将进入以提高性能/功耗比的“后摩尔时代”。一是继续按比例缩小；二是多功能化，即在SoC（system on chip）的基础上以SiP（system in package）的方式完成多功能集成；三是新器件结构和新材料（如化合物半导体）的应用将成为微纳电子学科及其产业发展的驱动力；四是在进入纳米尺度后，传统半导体物理理论将有可能产生革命性的突破。在这些多元化途径交汇与融合的过程中，将为我国的微纳电子学科和产业实现跨越式发展提供宝贵的创新机遇。

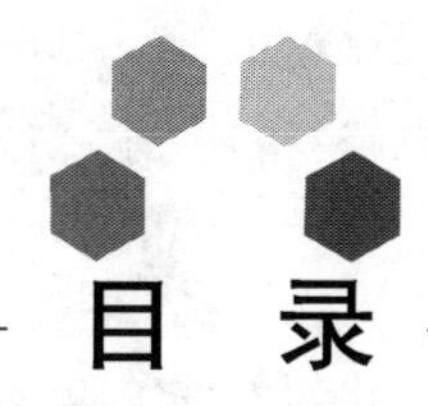

目 录

总序 …… i
前言 …… vii
摘要 …… xi

第一章 微纳电子学科/产业的发展历史及规律 …… 1

第一节 微电子学科/产业的发展历史及规律研究 …… 1
一、从农业社会到信息社会 …… 1
二、微电子学科/技术发展的历史沿革 …… 6
三、集成电路市场的变化 …… 9
四、集成电路产业结构的变迁 …… 12
五、集成电路产业的投资 …… 14
六、集成电路技术的发展趋势 …… 17
七、小结 …… 23
第二节 中国集成电路产业的发展 …… 24
一、中国集成电路产业的萌芽 …… 24
二、中国集成电路产业的成长 …… 25
三、中国集成电路产业的现状 …… 26
四、从集成电路消费大国到产业强国 …… 31
参考文献 …… 38

第二章 纳米低功耗集成电路新器件新结构及其机制研究 …… 40

第一节 纳米低功耗集成电路新器件研究的背景及发展现状 …… 40
一、微电子器件发展的若干历史及研究背景 …… 40
二、新结构器件发展的必然性 …… 42
三、新结构器件研究的发展历史 …… 43
四、主要的新器件结构和研究现状 …… 45

五、新型存储器件及其研究现状…………………………………… 48
第二节 纳米低功耗集成电路新器件研究中的关键问题………………… 51
一、新型逻辑器件……………………………………………………… 51
二、新型存储器件……………………………………………………… 54
第三节 纳米低功耗集成电路新器件领域未来发展趋势………………… 56
第四节 建议我国重点支持和发展的方向………………………………… 58
一、"后22纳米"新器件大规模集成制造技术………………………… 58
二、"后22纳米"新材料器件集成技术………………………………… 59
三、新型存储器件技术………………………………………………… 60
第五节 有关政策与措施建议……………………………………………… 62
参考文献……………………………………………………………………… 63

第三章 IC/SoC 设计及 EDA 技术 ……………………………… 65

第一节 集成电路设计领域的发展趋势与关键问题……………………… 65
一、电子应用系统推动集成电路设计技术发展………………………… 65
二、"集成"将成为未来芯片设计技术的主题 ………………………… 66
三、迫切需要系统层次上的设计方法学指导…………………………… 67
四、DFT、DFM、DFR 占芯片设计的比重将越来越大 ………………… 68
五、垂直分工模式的产业组织模式对芯片设计影响巨大……………… 69
六、集成电路设计的关键问题…………………………………………… 70
第二节 SoC 与集成电路设计……………………………………………… 71
一、SoC 基本概念……………………………………………………… 71
二、SoC 设计的关键技术……………………………………………… 72
三、应用概念…………………………………………………………… 73
四、集成电路设计方法学……………………………………………… 75
第三节 EDA 技术与工具 ………………………………………………… 77
一、概述与发展趋势…………………………………………………… 77
二、我国 EDA 系统发展思路、发展途径、主要门类与重点产品 … 80
第四节 航天微电子技术…………………………………………………… 82
一、概述………………………………………………………………… 82
二、辐射效应和加固技术……………………………………………… 83
三、航天微电子技术的发展趋势……………………………………… 85
四、发展航天微电子的挑战…………………………………………… 85
第五节 中国集成电路设计业发展的机遇与预测………………………… 87

一、发展现状…………………………………………………………… 88
二、政策支持情况分析………………………………………………… 89
三、对中国内地集成电路设计业发展的预测及政策措施建议…… 90
参考文献…………………………………………………………………… 92

第四章 纳米集成电路与系统芯片制造技术 ………………………… 93

第一节 纳米集成电路与系统芯片制造技术研究背景及发展现状…… 93
一、国内的研究背景及发展现状……………………………………… 93
二、国际制造工艺发展现状 ………………………………………… 103
第二节 纳米集成电路与系统芯片制造技术领域中的若干关键问题 … 104
一、光刻工艺 ………………………………………………………… 104
二、新材料和新工艺技术 …………………………………………… 108
三、450毫米硅片工艺技术 ………………………………………… 113
四、工艺模型技术 …………………………………………………… 114
五、针对非传统器件的新工艺技术 ………………………………… 115
第三节 纳米集成电路与系统芯片制造技术未来发展趋势 ………… 116
一、光刻 ……………………………………………………………… 116
二、前端工艺 ………………………………………………………… 118
三、后端工艺 ………………………………………………………… 119
第四节 建议我国重点支持和发展的方向 …………………………… 120
第五节 有关政策与措施建议 ………………………………………… 122
参考文献 ………………………………………………………………… 122

第五章 SiP及其测试………………………………………………… 126

第一节 SiP及其测试领域研究背景及发展现状 …………………… 126
一、SiP的基本概念 ………………………………………………… 126
二、国外研究背景及发展现状分析 ………………………………… 128
三、中国内地研究背景及现状 ……………………………………… 133
四、小结 ……………………………………………………………… 135
第二节 SiP及其测试领域中的若干关键技术 ……………………… 135
一、SiP设计方法与工具 …………………………………………… 135
二、SiP关键工艺技术 ……………………………………………… 137
三、先进封装相关材料 ……………………………………………… 148
四、SiP测试技术 …………………………………………………… 150

五、SiP 可靠性 …… 153
第三节 SiP 及其测试领域未来发展趋势 …… 155
第四节 我国对 SiP 及其测试领域支持建议及发展预测 …… 156
一、对 SiP 及其测试领域的支持情况 …… 156
二、对 SiP 及其测试领域的支持建议 …… 158
三、发展预测 …… 159
第五节 有关政策与措施建议 …… 159
参考文献 …… 160

第六章 化合物半导体 …… 163

第一节 化合物半导体领域研究背景及发展现状 …… 163
一、化合物半导体领域研究背景 …… 163
二、化合物半导体领域发展现状 …… 163
第二节 化合物半导体领域中的若干关键问题 …… 171
第三节 化合物半导体领域未来发展趋势 …… 174
第四节 建议我国重点支持和发展的方向 …… 180
一、我国对化合物半导体领域现有支持情况分析 …… 180
二、我国对化合物半导体领域支持建议与发展预测 …… 181
参考文献 …… 182

第七章 功率器件与集成技术 …… 185

第一节 功率半导体器件与集成技术简介 …… 185
一、功率半导体器件简介 …… 185
二、功率集成技术简介 …… 186
第二节 功率半导体器件与 BCD 集成工艺的发展现状及技术趋势 …… 188
一、国际功率半导体器件发展现状与技术趋势 …… 188
二、国内功率半导体器件发展现状与技术趋势 …… 194
三、国际 BCD 工艺的发展现状与技术趋势 …… 195
四、国内 BCD 工艺的发展现状与技术趋势 …… 209
五、国内外 BCD 功率集成技术比较 …… 212
第三节 功率半导体器件与集成技术的未来发展趋势及若干关键问题 …… 214
一、功率半导体器件领域未来发展趋势及若干关键问题 …… 214
二、BCD 集成工艺领域未来发展趋势及若干关键问题 …… 217

第四节 建议我国重点支持和发展的方向 …… 219
一、我国对功率器件与功率集成技术领域现有支持情况分析 … 219
二、我国对功率器件与功率集成技术领域支持建议及发展预测 … 220
参考文献 …… 221
第八章 MEMS/NEMS …… 227
第一节 MEMS/NEMS 领域研究背景及发展现状 …… 227
一、MEMS/NEMS 背景概述 …… 227
二、MEMS/NEMS 的发展现状 …… 229
第二节 MEMS/NEMS 领域中的若干关键问题 …… 247
一、MEMS/NEMS 材料问题 …… 247
二、MEMS/NEMS 设计问题 …… 250
三、MEMS/NEMS 加工问题 …… 257
四、小结 …… 264
第三节 MEMS/NEMS 领域未来发展趋势 …… 265
第四节 建议我国重点支持和发展的方向 …… 267
一、我国对 MEMS/NEMS 领域现有支持情况分析 …… 267
二、我国对 MEMS/NEMS 领域支持建议及发展预测 …… 269
第五节 有关政策与措施建议 …… 272
参考文献 …… 273
第九章 碳基纳米技术 …… 278
第一节 引言 …… 278
第二节 石墨烯 …… 278
一、石墨烯电学特性的基础理论研究 …… 279
二、新型石墨烯制备方法 …… 279
三、基于石墨烯的晶体管器件与禁带开启问题 …… 280
四、石墨烯射频场效应晶体管 …… 280
五、基于石墨烯复杂集成电路的设计和制备 …… 281
六、石墨烯在电子器件上的其他应用 …… 281
第三节 碳纳米管 …… 282
一、碳纳米管的基本结构 …… 282
二、碳纳米管的合成方法 …… 282
三、碳纳米管的电学性质 …… 283

四、基于碳纳米管的电子器件 …… 284
第四节 结语 …… 285
参考文献 …… 285

第十章 固体理论进展研究 …… 292

第一节 引言 …… 292
第二节 能带结构与载流子量子输运 …… 293
一、能带计算方法的进展 …… 294
二、第一原理计算与密度泛函方法 …… 295
三、载流子量子输运 …… 299
第三节 低维材料物理（包括铁基超导） …… 302
一、量子点、量子线、量子阱 …… 302
二、碳纳米管 …… 305
三、石墨烯 …… 308
四、拓扑绝缘体 …… 314
五、铁基超导 …… 324
第四节 硅基集成电路器件与新型存储器结构 …… 327
一、应变硅技术 …… 327
二、隧穿场效应晶体管 …… 329
三、新型存储器技术 …… 330
四、非晶氧化物半导体 …… 333
第五节 致谢 …… 335
参考文献 …… 335

第一章 微纳电子学科/产业的发展历史及规律

第一节 微电子学科/产业的发展历史及规律研究

微电子学是信息领域的重要基础学科，涉及信息的获取、传输、存储、处理和输出等各个方面。微电子学的研究对象是在固体（主要是半导体）材料上构成的微小型化电路及系统（包括分立器件、集成电路、微机电系统等）的物理规律、器件设计、制造工艺等各个环节；微电子产业则涵盖市场、应用、投资、人才等各个层面。由于集成电路在微电子产品市场中占有80%以上的份额，所以本章中主要涉及的研究对象是集成电路。

一、从农业社会到信息社会

几百万年前，人类通过采摘、渔猎等活动，直接利用自然界存在的、有生命的物质（植物、动物）来维持生存，其生存状态与一般动物无异。石器工具的诞生促进了人类社会的进步，但作为生存资源，仍依赖于自然的恩赐。

约10 000年前，人类借助于发明的铜器与铁器工具，揭开了农业时代的序幕，“生产”的概念不再仅仅限于人类自身的繁衍，而逐步扩大到用劳动来改造自然并创造出有别于原生态的新物质财富的范畴（铁器、陶器、瓷器、植物与动物新物种等）。农业社会最主要的生产资料是土地和劳动力，因此土地与人口的多寡与生产力的发展息息相关。从图1-1可以看出，从公元元年到公元1000年，中国、印度、西欧的人口占世界总人口的比例与其占世界

GDP 总量的比例非常接近（即人均 GDP 相等），直到清朝嘉庆年间，中国和印度两个农业大国依然保持着这一比例关系，GDP 的涨落随人口数量的增减而波动，人口数量依然是决定生产力发展和战争胜负的主要因素。但到 1600 年以后，西欧 GDP 占世界总量的比例明显超过了人口占世界总量的比例。其主要原因是一系列的科学发现和技术发明促进了自然科学和人文科学的进步，科学技术作为重要的生产力开始登上人类社会的历史舞台。该比例的变化标志着工业文明初露端倪。1820 年，西欧人口占世界人口的 12.8%，但 GDP 已占世界 GDP 总量的 23.6%[1]，即西欧人均 GDP 为中国、印度的两倍。

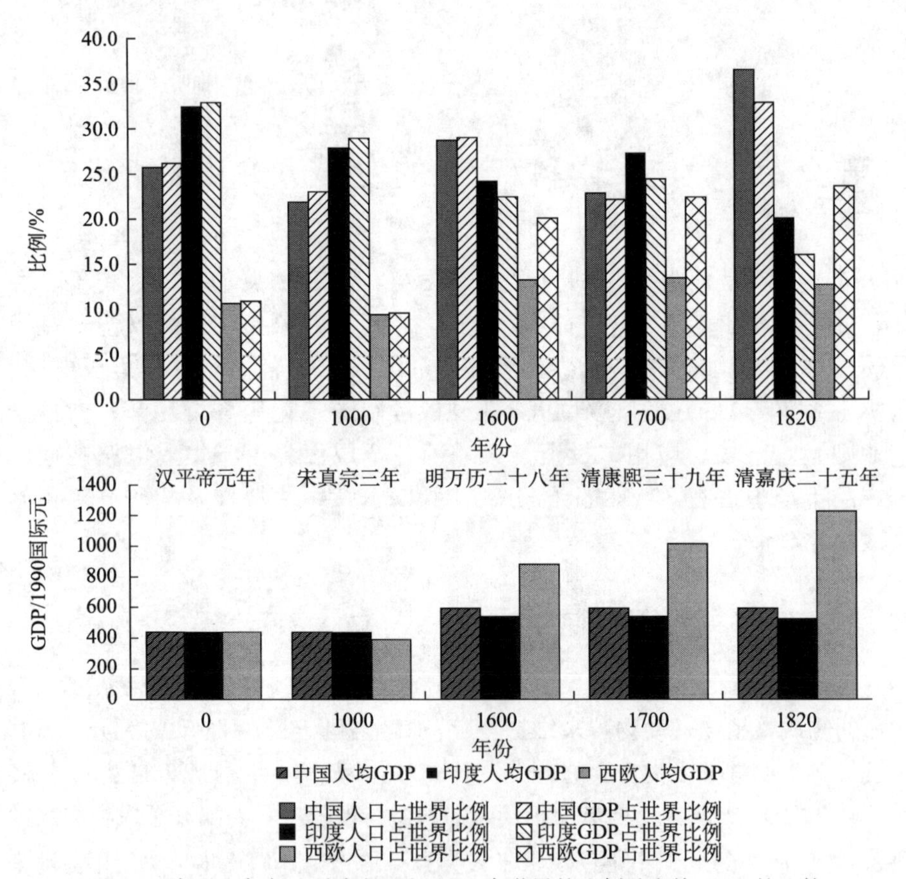

图 1-1　中国、印度、西欧人口和 GDP 占世界的比例及人均 GDP 的比较

资料来源：安格斯·麦迪森．世界经济千年史．伍晓鹰等译．北京：北京大学出版社，2003：238，259

注：国际元，直译为吉尔瑞-开米斯元（G-K 元），是多边购买力平价比较中将不同国家货币转换成统一货币的方法，图 1-7 同

从 18 世纪中叶开始，蒸汽机、内燃机、发电机、电动机、变压器等发明将人类逐步带入了工业社会。工业社会最主要的特征是：使用区别于手工工具的、能够替代人工劳动的机械，提供机械动力的能源占有社会经济的主导地位，千百万年深藏于地下的煤炭、石油和天然气维持着工业经济的高速运转。图 1-2 表明，在工业化初期，发达国家的 GDP 增长均依赖于能源的高度消耗。图 1-3、图 1-4 分别表示了世界和中国 GDP 增长与能源消耗的正相关关系。

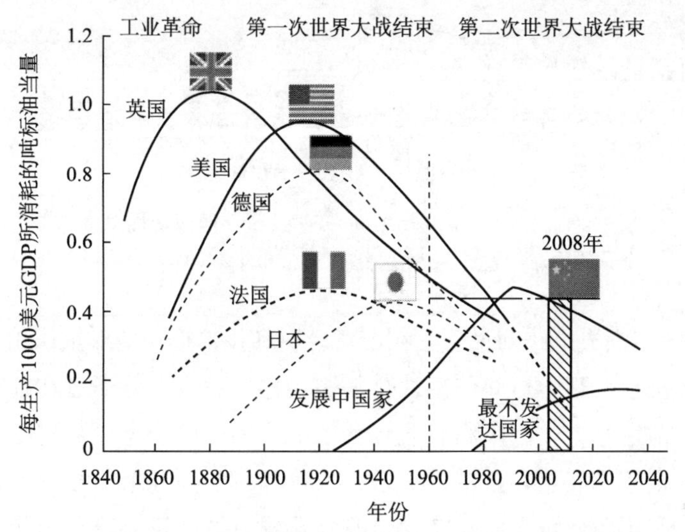

图 1-2　工业化初期各国每生产 1000 美元 GDP 所消耗的吨标油当量

资料来源：丁刚．国际产业转移对中国能源消耗的影响．宏观经济研究，2007，8

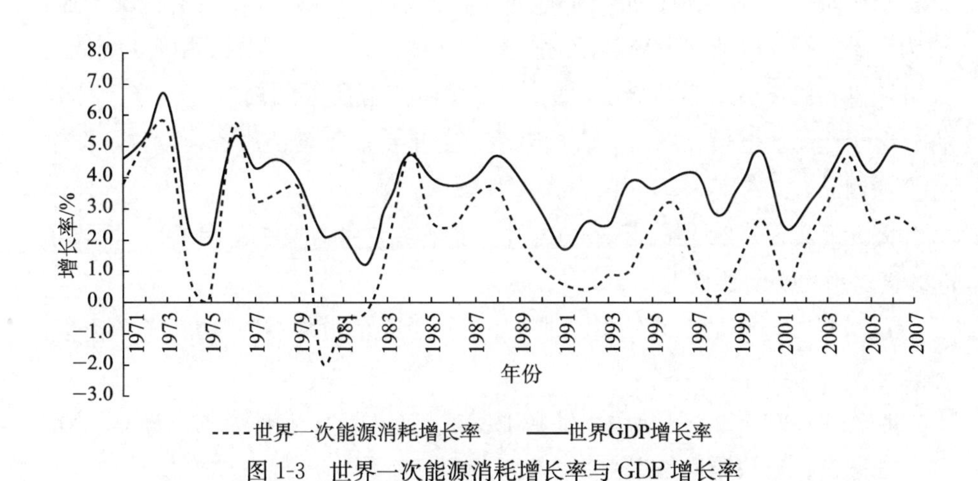

图 1-3　世界一次能源消耗增长率与 GDP 增长率

资料来源：GDP 增长率数据来源于 IMF，一次能源消费增长率数据来源于《BP 世界能源统计 2008》

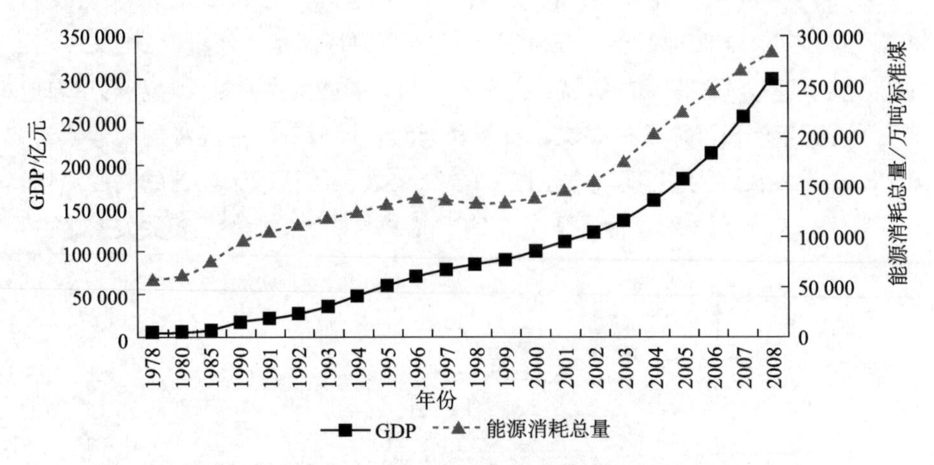

图 1-4　1978～2008 年中国 GDP 总量和能源消耗总量

资料来源：国家统计局，2009 年度统计数据

自 1958 年集成电路问世后，在市场牵引和技术推动的双重作用下，集成电路成为人类社会逐步迈向信息社会的驱动器。集成电路通过在计算机、通信、网络、数字家电、汽车和武器装备中的应用，已经全面渗透到政务、工业、农业、国防、安全、金融、交通、教育、商务等各个领域中，集成电路在国民经济和国防建设中的战略地位日益凸显。图 1-5 为美国国防部武器装备中电子含量所占的比例（电子含量＝电子采购费＋科研费/国防武器装备采购费＋科研费）。图 1-6 表明，2004 年，世界信息产业已经超过各传统产业，成为世界第一大产业（世界各国对信息产业的定义不一，根据我国《统计上划分信息相关产业暂行规定》，图 1-6 中信息产业所含的内容包括半导体器件，电子产品，电信、网络、广播电视、卫星传输等增值服务，软件，图书和音像制品）。

公元元年～1820 年的近 2000 年中，徜徉在农业社会的世界 GDP 增长了 6.8 倍，平均年增长率为 0.105％。

1820～1950 年的 130 年中，进入了工业社会的世界 GDP 增长了 7.7 倍，平均年增长率为 1.585％。

1950～1998 年的 48 年中，发轫于信息产业的后工业社会的世界 GDP 增长了 6.3 倍，平均年增长率为 3.908％。

1998～2010 年的 12 年中，借助于信息产业的驱动，世界 GDP 从287 370

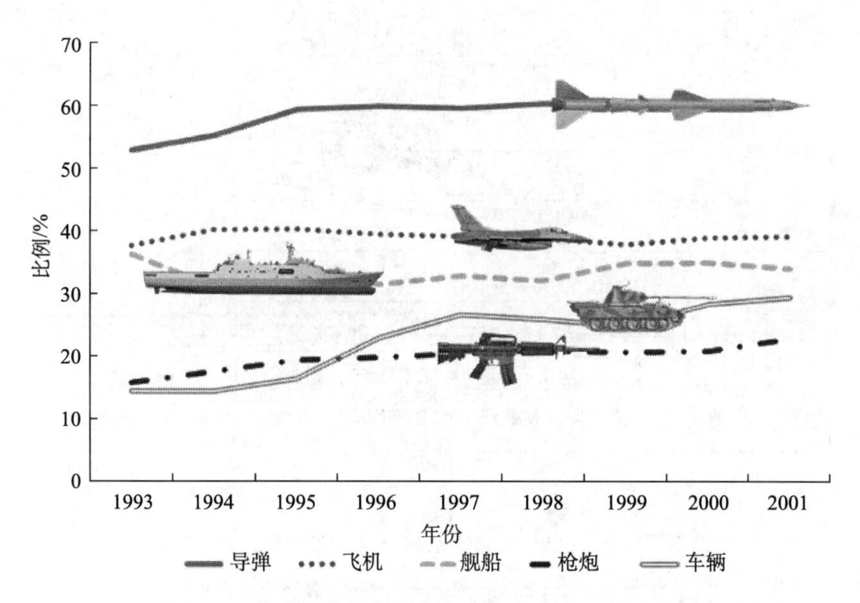

图 1-5 美国国防部武器装备中电子含量所占的比例

资料来源：30th Annual Ten. Year Forecast Conference of Defense，NASA and Related Electronic Opportunities（1995～2004），1994，10

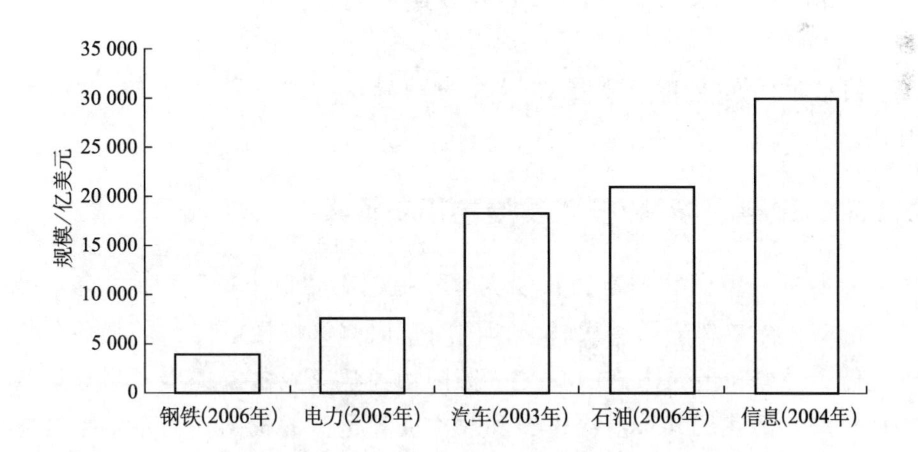

图 1-6 信息产业与传统产业市场规模比较

资料来源：王阳元，王永文．中国集成电路产业发展之路．北京：科学出版社，2008：79

亿美元增长到 619 634 亿美元，平均年增长率为 6.612%（图 1-7）。

纵观几千年的历史，人类社会的经历可以描述如下。

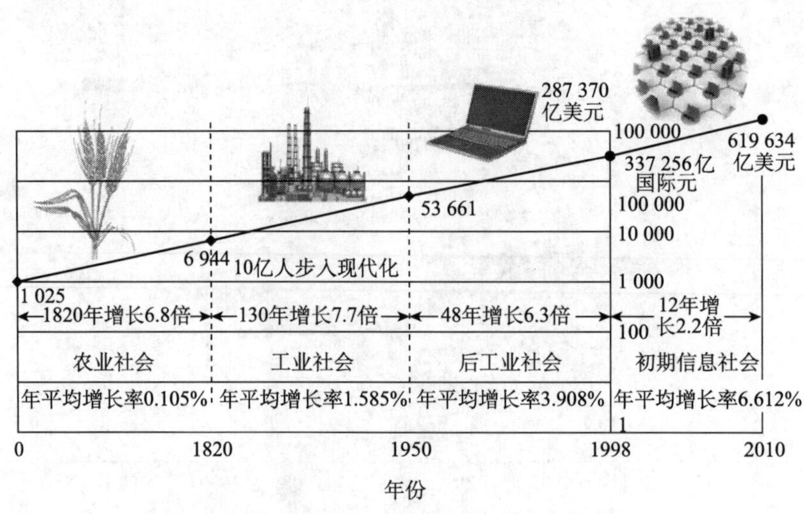

图 1-7 世界 GDP 的增长（按 1990 国际元）

资料来源：安格斯·麦迪森，《世界经济千年史》

农业时代是人类以动植物资源为基础，维持生存温饱的“本能”时代。

工业时代是人类以一次性能源为基础，促进生产发达的“产能”时代。

信息时代是人类以半导体器件为基础，展现盎然生机的“智能”时代。

二、微电子学科/技术发展的历史沿革

1900 年，德国物理学家普朗克首先提出了“量子论”；1928 年，他提出的固体能带理论第一次科学地阐明了固体可按导电能力的强弱分为绝缘体、导体和半导体。1931 年，英国物理学家威尔逊提出了半导体的物理模型，阐述了“杂质导电”和“本征导电”的机制，奠定了半导体学科的理论基础。1939 年，肖特基、莫特和达维多夫建立了解释金属-半导体接触整流作用的“扩散理论”。1946 年，美国贝尔实验室成立了由肖克莱、巴丁和布拉顿组成的固体物理学研究小组；1947 年 12 月 23 日，布拉顿和巴丁实验成功点接触锗三极管；1948 年，肖克莱提出了 PN 结型晶体管的理论，并于 1950 年与斯帕克斯（Morgan Sparks）和戈

登·K. 蒂尔（Gordon Kidd Teal）一起研制成功锗 NPN 三极管。晶体管的发明开微电子学学科的先河。1958 年，在 TI 工作的基尔比（Jack S. Kilby）提出了集成电路的设想：“由于电容、电阻、晶体管等所有部件都可以用一种材料制造，我想可以先在一块硅材料上将它们做出来，然后进行互连而形成一个完整的电路。”（基尔比 2001 年访问北京大学时与王阳元的对话）。9 月 12 日和 19 日，基尔比分别完成了相移振荡器和触发器的制造和演示，标志着集成电路的诞生。1959 年 2 月 6 日，TI 为此申请了小型化的电子电路（Miniaturized Electronic Circuit）专利（专利号为 No. 3138743，批准日期为 1964 年 6 月 26 日）。1959 年 3 月 6 日，TI 在纽约举行的无线电工程师学会（Institute of Radio Engineers，IRE，现 IEEE 的前身）展览会的记者招待会上公布了“固体电路”（solid state circuit；集成电路——integrated circuit）的发明。

在 TI 申请了集成电路发明专利的 5 个月以后，即 1959 年 7 月 30 日，仙童半导体公司（Fairchild Co.，简称仙童）的诺伊斯（Robert. Noyce）申请了基于硅平面工艺的集成电路专利（专利号为 No. 2981877，批准日期为 1961 年 4 月 26 日）。诺伊斯的发明更适合于集成电路的大批量生产。

1968 年，诺伊斯和戈登·摩尔、安德鲁·格鲁夫及其他几名仙童雇员成立了英特尔（Intel）。Intel 最早的产品是 64 比特双极型静态随机存取存储器（SRAM），1970 年，Intel 用 12 微米工艺开发了 1K MOS DRAM（型号 1103）。半导体存储器以其体积小、质量轻、功耗低、工作稳定的特点迅速取代了计算机中的磁芯存储器，使计算机的存储结构发生了革命性的变化。存储器的生产与工艺设备密切相关，而这正是当时日本企业的优势所在，这导致了日本在存储器市场上开始崛起。面对存储器的竞争，Intel 开始进行战略调整，逐步将产品重心朝微处理器方向转移。

1971 年，Intel 将 4 位微处理器 4004 推向市场，宣告了集成电路产业的新纪元。1981 年，Intel 的微处理器 8088 被用于 IBM 的个人计算机（PC），开创了个人计算机的新时代。随着集成电路技术的进步，其产品门类越来越多，产品性能越来越高，应用领域越来越广。20 世纪 90 年代，移动通信成为可能；21 世纪初，网络开始进入家庭，这标志着人类已经踏入了信息社会。

集成电路的技术进步可以用“摩尔定律”来描述。1965 年 4 月 19 日，任职仙童的戈登·摩尔在《电子学》杂志上发表了题为“向集成电路填充更多的元件”一文，文章认为，集成电路在最低元件成本下的复杂度大约每年增加一倍。1975 年，摩尔对此预测作了修正，即集成电路的集成度每两年增加一倍。迄今，Intel 微处理器上的晶体管数量一直遵循着这样的规律发展(图 1-8)。作为统计规律，DRAM 集成度的增长要略快，即每 18 个月集成度翻一番。

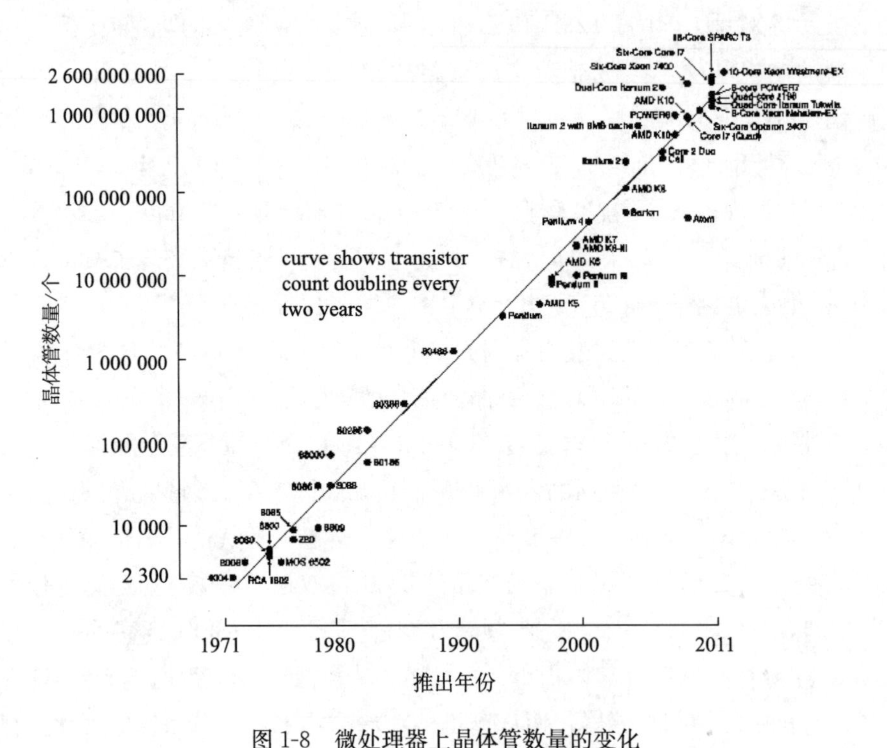

图 1-8 微处理器上晶体管数量的变化

资料来源：http：//en. wikipedia. org/wiki/File：Transistor _ Count _ and _ Moore%27s _ Law _ - _ 2011. svghttp：//en. wikipedia. org/wiki/File：Transistor _ Count _ and _ Moore%27s _ Law _ - _ 2011. svg

当前，集成电路加工最小尺寸已达到 22 纳米（硅原子直径的 100 倍），单一芯片可集成几十亿个晶体管。集成电路加工以 MOS 工艺为主，少量产品为双极工艺。集成电路产品可分为数字电路、模拟电路和数模混合电路，数字电路主要由微处理器、存储器和逻辑电路构成；模拟电路由线性电路和非线性电路构成；数模混合电路主要是数/模和模/数转换器，以及射频电路。集成电路技术的发展和演变见表 1-1。

表 1-1 集成电路 10 年一代的技术进步

	第一代	第二代	第三代	第四代	第五代
时间（每代 10 年）	1975～1985 年	1985～1995 年	1995～2005 年	2005～2015 年	2015～2025 年
主流光刻技术光源	g 线	i 线	准分子激光	浸渍十叠图	EUV，EPL
光源波长/纳米	436	365	248	193	13.5
特征尺寸/微米 每代缩小约 1/3	≥1	1～0.35	0.35～0.065	0.065～0.022	0.022～0.007
DRAM 主流产品比特数	<4M	4～64M	64M～1G	1～16G	>16G
CPU 代表产品	8086～386	Pentium Pro	P4	多核架构 突破功耗	
CPU 晶体管数	10^4～10^5	10^6～10^7	10^8～10^9		
CPU 时钟频率/MHz 每代增 10 倍	(2～33) 10^0～10^1	(33～200) 10^1～10^2	(200～3800) 10^2～10^3	非主频 衡量标准	
Wafer 直径/英寸	4～6	6～8	8～12	12～18	
主流设计工具	LE～P&R	P&R～Synthesis	Synthesis～DFM	SoC	
主要封装形式	DlP	QFP	BGA	SiP	

注：1 英寸=2.54 厘米

三、集成电路市场的变化

1958 年，一只晶体管的售价约为 100 美元，如今，1 美元可以买到 10^6个晶体管（如 Intel 至强 E7 微处理器 23 亿个晶体管，售价 2558 美元；4G DDR3 SDRAM 售价 499 元人民币），也就是说，50 余年来每个晶体管的成本降为原来的亿分之一。2006 年，Intel 这样描述集成电路上晶体管的价格："一个晶体管的价格大约与报纸上一个印刷字母的价格相当。"

任何新产品的出现，最初都是为少数人服务的。集成电路也不例外。最早对集成电路提出需求的、最早采购集成电路的是军方和政府；随着集成电路技术的进步，单位芯片面积上晶体管的数量急剧增多，其成本随之下降，企业法人和社团法人逐步成为营造集成电路市场的主力军；进入 21 世纪后，以个人、家庭为主的消费群体占有市场的主导地位（图 1-9）。

图 1-10 显示了驱动集成电路市场的产品变化。

总体而言，50 余年来，世界半导体市场的变化呈指数增长趋势。1975～

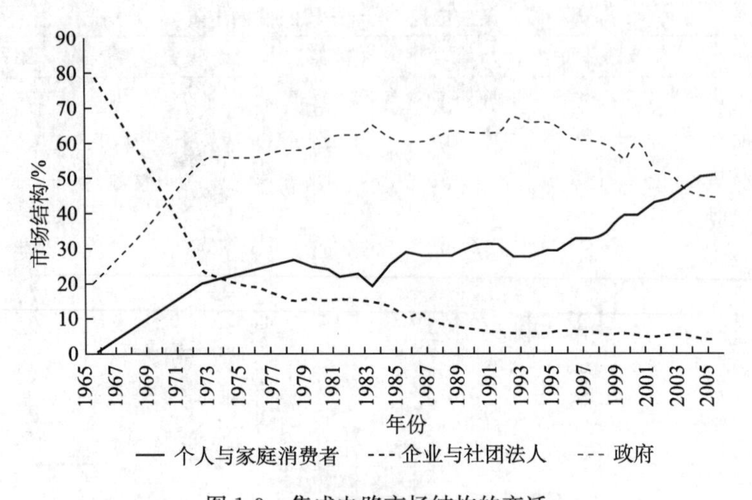

图 1-9 集成电路市场结构的变迁

资料来源：George Scalise，SIA，IC，China 2007

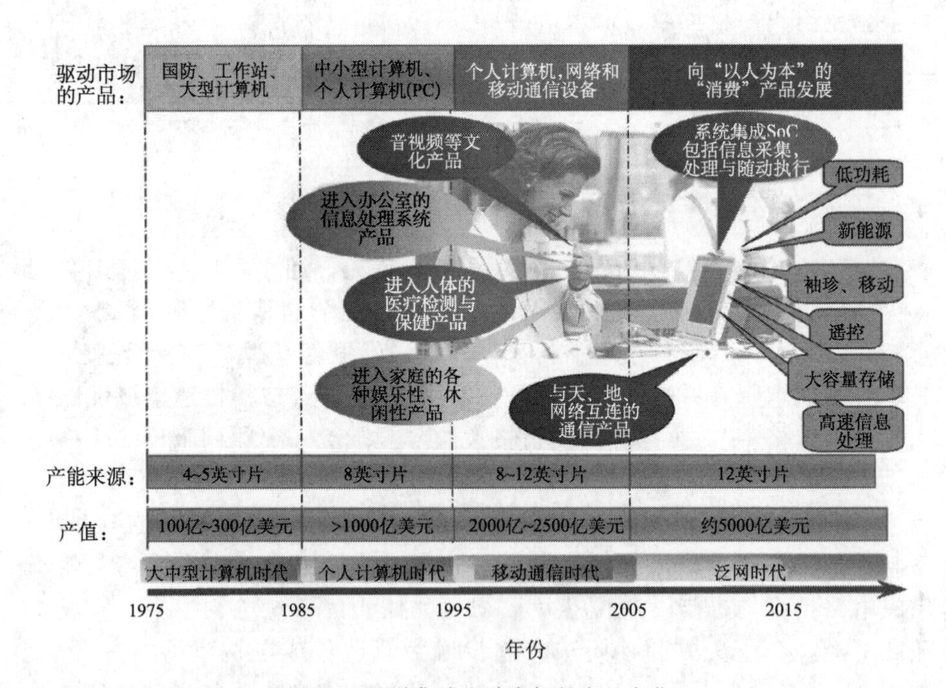

图 1-10 驱动集成电路市场的产品变化

2010 年，世界半导体市场年平均增长率为 12.5%，2010 年该市场总额为 2983 亿美元（图 1-11）。

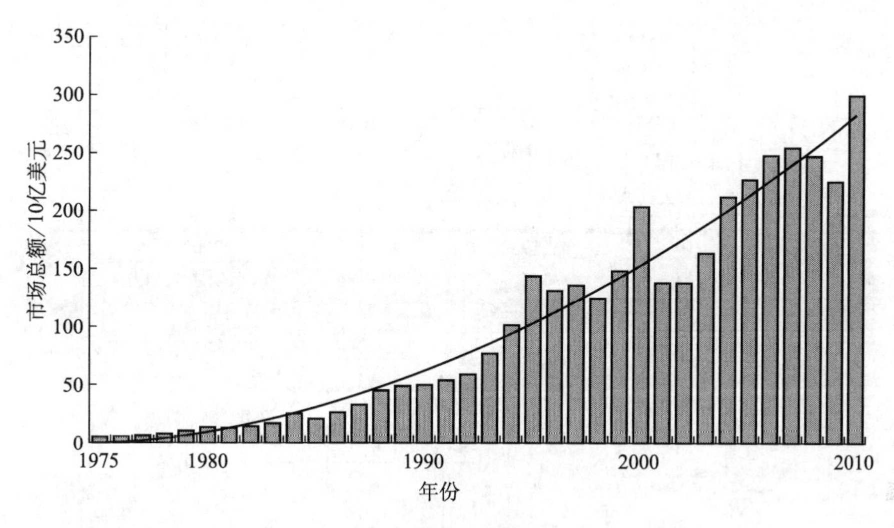

图 1-11　世界半导体市场

资料来源：WSTS

从图 1-11 中还可以看出以集成电路为主的半导体市场的另一个特点，即有规律的波动。该波动规律为每 10 年左右半导体市场增长率出现两峰一谷的 M 形变化（图 1-12）。

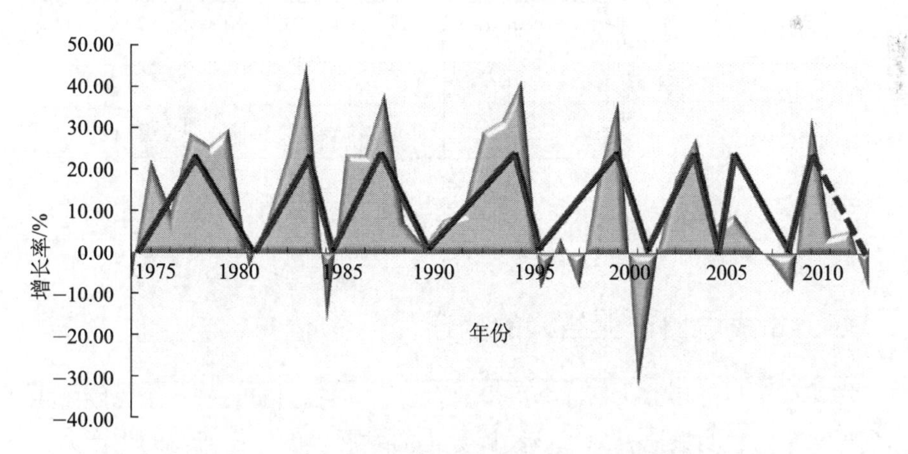

图 1-12　世界半导体市场增长率的 M 形变化

将上述规律与集成电路产品开发相对照，我们发现多数产品恰恰是在市场低谷期开始投入研发的，且经过 10 年左右的时间，该产品系列达到生产的高峰。CPU、Flash 存储器及我国的第二代身份证芯片莫不如此（图 1-13）。

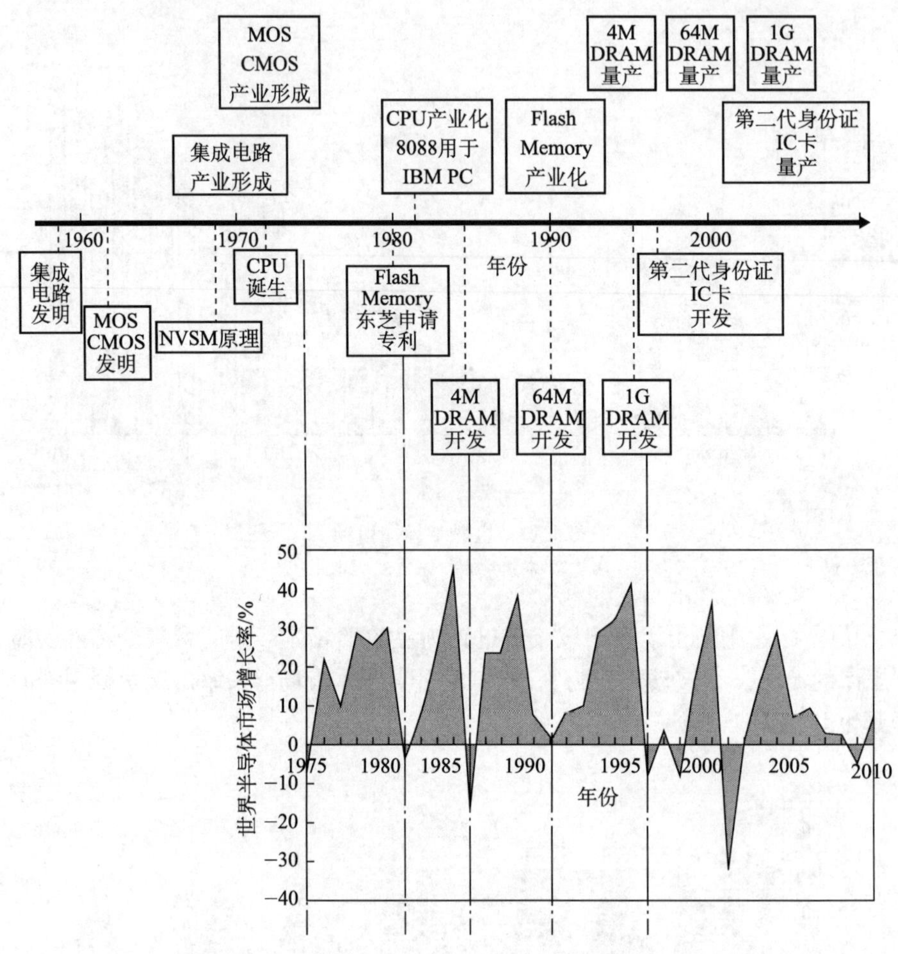

图 1-13 集成电路工艺、产品开发与市场增长率的关系

四、集成电路产业结构的变迁

产业分工与市场细化是社会进步的表现。马克思指出：“一个民族的生产力发展水平，最明显地表现于该民族分工的发展程度。任何新的生产力，只要它不是迄今已知的生产力单纯的量的扩大（如开垦土地），都会引起分工的进一步发展。”[2] 从农业社会起，人们的身份就已出现了“士农工商”的分野。工业社会更是如此，汽车制造需要钢铁、有色金属、玻璃、皮革、纺织、橡胶、石油化工、电气电子等各行各业的配合来实现，汽车生产要由设计、零部件加工、装配、涂覆、测试等各个工种来完成。

最初制造集成电路产品的是"电子系统厂商"(如TI、仙童、HP、东芝等),集成电路制造仅作为系统厂商的一个部门存在,所生产的集成电路产品多为自身系统(如计算机、计算器、电视机等)配套使用,仅有少量多余产品进入市场提供给其他企业。

1968年和1969年,作为独立的集成电路制造商,Intel和AMD相继成立。这种自行设计,用自己的生产线加工、封装、测试,自行销售集成电路成品的厂商被称为集成器件制造商(integrated device manufacture,IDM)。由于集成电路产品的多样性及更多的集成电路企业加入了市场竞争的队伍,"自配套"产品的市场份额逐渐减少,与此同时,IDM的销售额大幅上升。这是集成电路产业结构的第一次变化。

在集成电路集成度尚处于中小规模的时期,由于其封装技术含量小于工艺和设计的技术含量,封装设备的投资也小于工艺设备的投资,从效率和效益两方面考虑,一些集成电路的制造厂商开始将封装、测试等后工序的工作实行外包,或者将封装、测试工厂向发展中国家转移。到1978年,美国已有80%的集成电路转移到海外进行封装。这成为集成电路产业结构第二次变化的标志。

集成电路产业结构第三次变化缘于设计业的分离。形成设计业的分离有两个条件:一是计算机辅助设计(CAD,或泛称EDA)工具日渐成熟,二是设计所增加的价值已经大于制造所创造的价值[3]。从1981年起,专门提供EDA工具的企业相继成立(Mentor、Cadence等);1983年,Altera、Syntek等一批无生产加工线(Fabless)的新型企业问世。Fabless企业具有三个特点:一是直接从市场获取订单,不再只为单一的IDM企业服务;二是可以在全球范围内寻找工艺稳定、交货及时、成本低廉、服务优良的加工资源;三是拥有独具特色的产品和相对稳定的客户群体。

集成电路产业结构的第四次变化表现为代工企业(Foundry,标准工艺加工线)的出现。1987年,台湾积体电路制造股份有限公司(简称台积电,TSMC)和新加坡特许半导体公司(CSM)先后成立,开创了集成电路制造服务的新型生产模式。Foundry没有自己的产品,仅提供加工服务。

随着设计技术和加工工艺的日臻成熟,集成电路的基本单元也由门电路、计数器、触发器等简单的小规模集成发展为CPU、MCU、DSP等具有"子系统"功能的模块。为提高设计效率和成功率,这些"子系统"模块可以被重复嵌入使用,称为IP(intellectual property)。一些完全不生产集成电路产品、只设计和销售IP的公司应运而生,被称之为Chipless,

典型企业的代表是 ARM。Chipless 的诞生意味着集成电路产业结构产生了第五次变化。

由于 IDM 不可能将核心产品完全交付给 Fabless 设计或由 Foundry 生产，所以 IDM 依然是市场份额的最大拥有者。图 1-14 为 1992 年以后，不同形态企业在集成电路市场中的销售额分布。

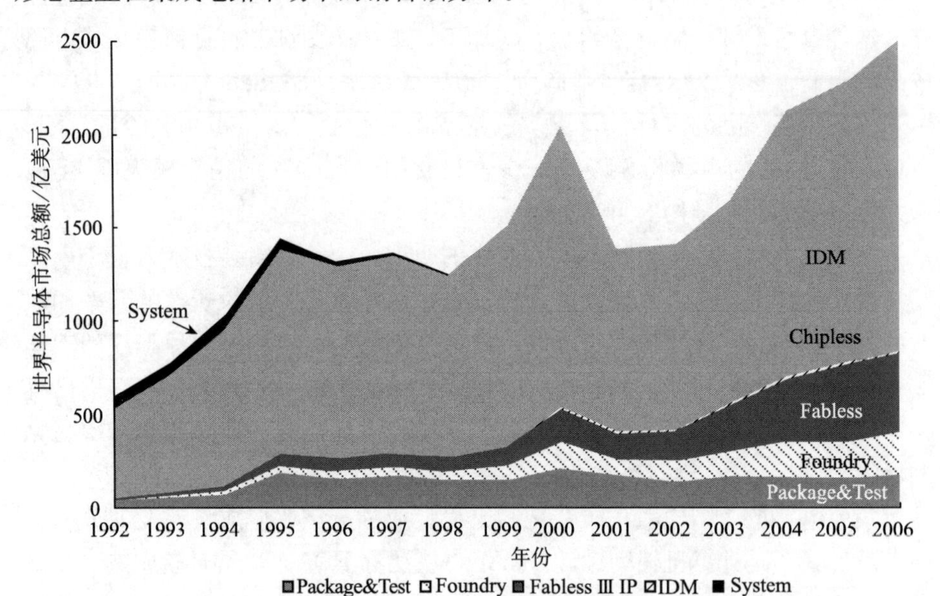

图 1-14　不同生产模式的企业在集成电路市场中的份额

资料来源：王阳元，王永文．我国集成电路产业发展之路．北京：科学出版社，2008：176

五、集成电路产业的投资

集成电路产业是名副其实的“点石成金”产业。硅源于沙，为石。而 8G 内存芯片质量约为 1 克，售价 388 元（含封装）；2010 年 12 月黄金价格为每克 349 元，亦即同等质量的芯片价值几乎等于同等质量的黄金，这正是无数人的智慧凝聚在同一芯片上所产生的财富。但是，集成电路产业又是名副其实的“食金虫”产业，只有持续的高投入才能使集成电路产品在残酷的市场竞争中立于不败之地。

图 1-15 为自 20 世纪 70 年代以来不同技术水平生产线的投资概况。1978 年，无锡 742 厂引进东芝生产线的投资为 27 760 万元，按当年汇率计算，约为 1.8 亿美元；1992 年，“908”工程在无锡建设生产线的投资为 3.12 亿美元；1997 年，“909”工程的华虹 NEC 生产线投资为 12 亿

美元；2004 年，中芯国际生产线投资为 18 亿美元；2007 年，Intel 在大连 Fab68 生产线的投资为 25 亿美元；2011 年，中芯国际 300 毫米晶圆 32 纳米生产线的投资为 35 亿美元（图 1-15）。这说明，集成电路的技术进步源于雄厚资本的持续投入。

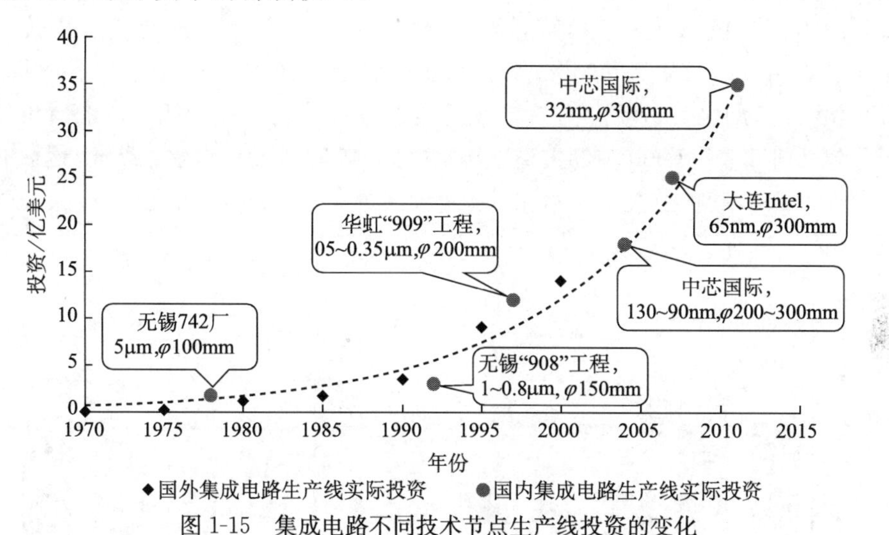

图 1-15　集成电路不同技术节点生产线投资的变化

集成电路投资最主要用于购置生产线设备和新产品研发，小部分用于生产运转及市场营销。从图 1-16 中可以看出，设备折旧和直接材料占了生产成本的 60%～80%。

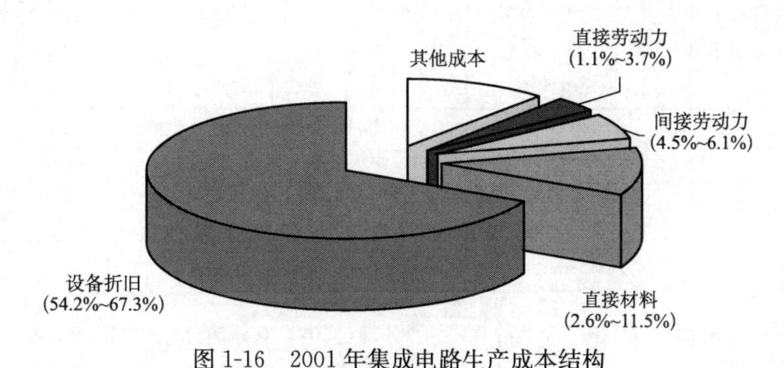

图 1-16　2001 年集成电路生产成本结构

资料来源：Chang，et al . Measuring Business Excellence，2003：7，4.

对于国家而言，在集成电路产业建设过程中，如果仅凭企业自身的努力在市场中拼搏，既要在短期内完成技术和产品的跟进，又要急功近利地完成产值和利润的指标，几乎不可能。为此，国家与政府必须予以财政和政策的有力支持，也就是说，建设资本门槛极高的集成电路产业是“国家行为”，而不应是纯粹的、单纯的“企业行为”。TSMC 研发资深副总裁蒋尚义于 2010 年 5 月 26 日在北京接受《中国电子报》记者冯晓伟的采访时谈到：“晶圆制造是一个资金密集型的产业，以 TSMC 为例，我们每增加 1 元钱的投资，能得到的年销售收入增长是 0.5 元，普通公司很难承受这样的投资强度。”图 1-17表明，Intel 进入 21 世纪后，每年的固定资产（含折旧）和研发的投资总额大约为 100 亿美元，与一支大型美国标准核动力航母战斗群的造价相当，包括排水量 60 000 吨的大型航母 35 亿～45 亿美元，组建编队 45 亿～60 亿美元（4～5 艘护卫舰，2～4 艘多功能驱逐舰，1～2 艘核潜艇），90 架舰载机 15 亿～20 亿美元[4]。

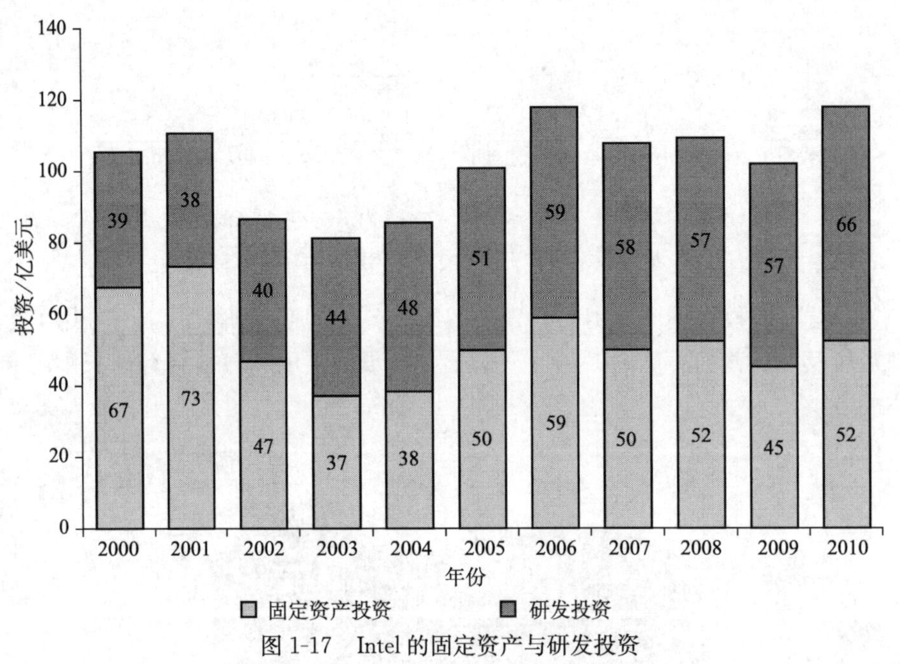

图 1-17 Intel 的固定资产与研发投资

资料来源：Anuual Report of Intel（2000～2010）

从集成电路工厂的建设看，一个 12 英寸、65 纳米技术的集成电路生产厂的投资为 25 亿美元（大连 Intel Fab68），约等于两个秦山核电站的投资；从集成电路生产设备看，一台 193 纳米光刻机的售价为 6000 万～7000 万美元，与一架波音 737-700 飞机的价格相当，而一条 32 纳米工艺、月产 12 英寸晶圆 35 000 片的生产线需要 3 台这样的光刻机。鉴于集成电路每两年加工尺寸缩小到上一技术节点 70％的规律，每一代集成电路产品的寿命约为 3 年，但由于市场需求不同，当新一代产品出现时，上一代产品并未完全被淘汰，在市场上会出现几代产品同时存在的局面。从图 1-8 可以看出，从 1978 年的 8086 微处理器开始，经 8088、286、386、486、奔腾、奔腾 2 到 2001 年的奔腾 4，其时间跨度为 23 年，每代产品的平均间隔约为 3.3 年。这种快速发展的态势一定要有超前的研发能力为后盾，而研发能力的形成既取决于对市场的敏锐判断和果敢的程序决策，更需要雄厚的资本投入作为支撑。从图 1-17 可以看出，集成电路企业的研发投入几乎与设备投入相当。

作为存储器的主要提供商，韩国三星电子从 2004 年起，每年在设备上的投资为 66 亿美元；2011 年的研发投入为 79.9 亿美元。

作为 Foundry 的代表，台积电 2010 年的资本支出为 59 亿美元（中芯国际同年资本支出为 7.28 亿美元），2011 年的研发预算为 8 亿美元（中芯国际 2010 年研发费用为 1.75 亿美元）。

从图 1-13 还可以看出，多数产品的研发投入恰恰是在集成电路市场增长率处于低谷的时期。在这不仅要抵抗市场波动的巨大压力，反过来还要加大对研发的投入的时刻，企业最需要政府的支持，需要政府与企业联手共度时艰。对于集成电路产业处于发展中的国家来说，尤应如此。

六、集成电路技术的发展趋势

关于集成电路技术今后的发展趋势，在本书的其他章节中针对设计、工艺、封装、材料、器件物理等不同技术领域分别有详尽介绍，本节只作宏观描述。

沿着“摩尔定律”，集成电路技术走过了 50 余年的历程。如今的生产技术已达到 22 纳米。如果继续沿着按比例缩小（scaling down）之路走下去，根据 2011 年 ITRS（International Technology Roadmap for Semiconductors）的最新预测，DRAM 的最小加工线宽在 2024 年有可能达到 8 纳米（图 1-18），进入介观（Mesoscopic）物理的范畴。

由于介观尺度的材料一方面含有一定量粒子，无法仅仅用薛定谔方程求解，另一方面，其粒子数又没有多到可以忽略统计涨落的程度（根据传统测量方法得到的硅原子半径为 110 皮米[5]，通过计算方法得到的硅原子半径为 111 皮米[6]，8 纳米仅相当于硅原子直径的 36 倍），D－D 模型不再适用，这就使得集成电路技术的进一步发展遇到很多物理障碍，如费米钉扎、库伦阻塞、量子隧穿、杂质涨落、自旋输运等（图 1-19），需用介观物理和基于量子化的处理方法来解决。

Table ORTC-1 ITRS Technology Trend Targets [including PIDS 2011 Roadmap Flash and DRAM Trend Driver Proposals]

	Year of Production	2009	2010	2011	2012	2013	2014	2015	2016
2010 ORTC	Flash ½ Pitch (nm) (un-contacted Poly)(f)[A]	38	32	28	25	23	20	18	15.9
2010 PIDS Projection based on survey data	Flash ½ Pitch (nm) (un-contacted Poly)(f) [B]	N/A	26	24	22	20	19	18	16
2010 WAS	DRAM ½ Pitch (nm) (contacted)[C]	52	45	40	36	32	28	25	22.5
2010 PIDS Projection based on survey data	DRAM ½ Pitch (nm) (contacted) [D]	N/A	42	36	31	28	25	24.0	21.0
	MPU/ASIC Metal 1 (M1) ½ Pitch (nm)[1,2]	54	45	38	32	27	24	21	18.9
	MPU Printed Gate Length (GLpr) (nm) ††[1]	47	41	35	31	28	25	22	19.8
	MPU Physical Gate Length (GLph) (nm)[1]	29	27	24	22	20	18	17	15.3
	ASIC/Low Operating Power Printed Gate Length (nm) ††[1]	54	47	41	35	31	25	22	19.8
	ASIC/Low Operating Power Physical Gate Length (nm)[1]	32	29	27	24	22	18	17	15.3
	ASIC/Low Standby Power Physical Gate Length (nm)[1]	38	32	29	27	22	18	17	15.3
	MPU Etch Ratio GLpr/GLph (nm)[1]	1.6039	1.5296	1.4588	1.4237	1.3895	1.3561	1.3235	1.2917

	Year of Production	2017	2018	2019	2020	2021	2022	2023	2024	2025
2010 ORTC	Flash ½ Pitch (nm) (un-contacted Poly)(f)[A]	14.2	12.6	11.3	10.0	8.9	8.0	7.1	6.3	N/A
2010 PIDS Projection based on survey data	Flash ½ Pitch (nm) (un-contacted Poly)(f) [B]	14	13	12	11	9	8	8	8	N/A
2010 WAS	DRAM ½ Pitch (nm) (contacted)[C]	20.0	17.9	15.9	14.2	12.6	11.3	10.0	8.9	N/A
2010 PIDS Projection based on survey data	DRAM ½ Pitch (nm) (contacted) [D]	18.0	16.0	14.0	13.0	12.0	10.0	9.0	8.0	N/A
	MPU/ASIC Metal 1 (M1) ½ Pitch (nm)[1,2]	16.9	15.0	13.4	11.9	10.6	9.5	8.4	7.5	N/A
	MPU Printed Gate Length (GLpr) (nm) ††[1]	17.7	15.7	14.0	12.5	11.1	9.9	8.8	7.9	N/A
	MPU Physical Gate Length (GLph) (nm)[1]	14.0	12.8	11.7	10.7	9.7	8.9	8.1	7.4	N/A
	ASIC/Low Operating Power Printed Gate Length (nm) ††[1]	17.7	15.7	14.0	12.5	11.1	9.9	8.8	7.9	N/A
	ASIC/Low Operating Power Physical Gate Length (nm)[1]	14.0	12.8	11.7	10.7	9.7	8.9	8.1	7.4	N/A
	ASIC/Low Standby Power Physical Gate Length (nm)[1]	14.0	12.8	11.7	10.7	9.7	8.9	8.1	7.4	N/A
	MPU Etch Ratio GLpr/GLph (nm)[1]	1.2607	1.2304	1.2008	1.1720	1.1438	1.1163	1.0895	1.0633	N/A

图 1-18　ITRS 预测

资料来源：ITRS 2010 Update Overview

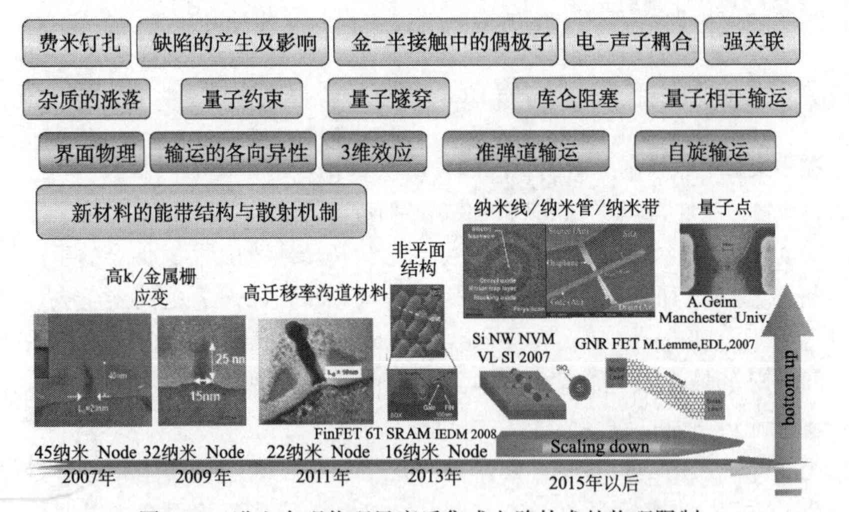

图 1-19　进入介观物理尺度后集成电路技术的物理限制

还有一种物理限制是功耗。

从微观的角度看，随着集成电路集成度的不断提高，晶体管、阻容元件及连接导线在单位体积内所产生的热量也越来越高，图 1-20 表明，Pentium 的功率密度已与电炉相当。由于高温对集成电路的高频性能、漏电和可靠性劣化产生巨大影响，所以，目前的 CPU 全部都附加风冷散热装置。如任其发展，则集成电路的发热要向着核反应堆、火箭喷嘴乃至太阳表面的功率密度发展，显然，这是不可能被接受的事实。对不断增长的热耗散，或者采用水冷装置来解决散热问题，但这与电子设备的小型化、轻量化、移动化的发展方向相悖；必须开发低功耗乃至甚低功耗的集成电路来解决集成电路功耗不断上升的问题。

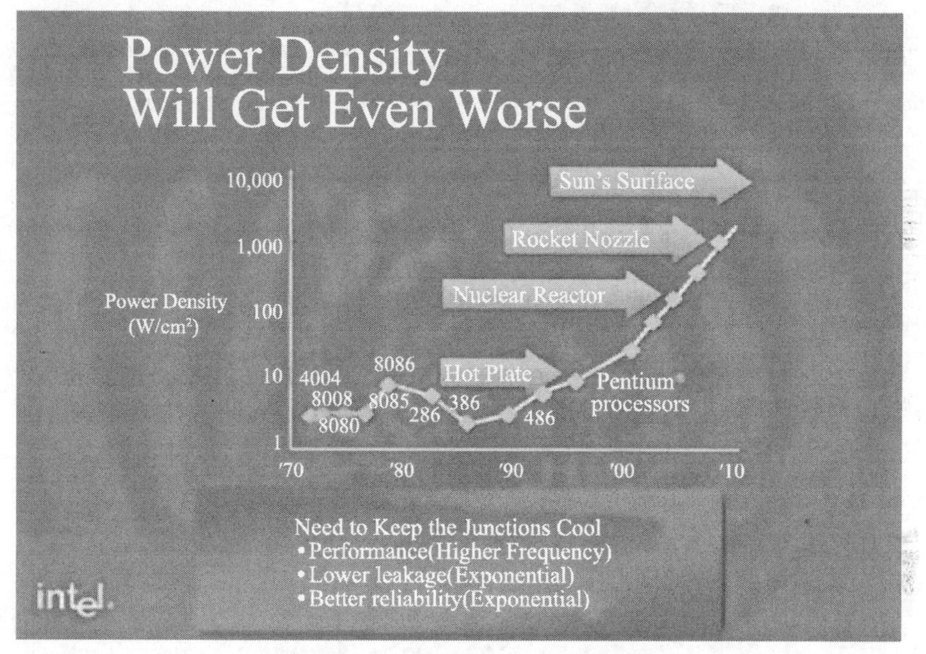

图 1-20　集成电路面对的功耗挑战

资料来源：Pollack F，Intel 1999，ITRS 2005

从宏观的角度看，集成电路也必须朝着低功耗的方向发展。

从 19 世纪中叶进入工业社会以来，人类已经消耗了在自然界中千百万年乃至数亿年才能形成的，以石油、煤炭和天然气为主的不可再生资源（参见第一节）。据 BP 于 2010 年 6 月发布的报告[7]，世界石油、煤炭和天然气的储量/产量比分别只有 45.7 年、119 年和 62.8 年（中国分别为 10.7 年、38 年和 28.8 年），也就是说，如果没有新的能源储藏发现，又没有新型能源替代上述能源，而且对过度消耗能源的生产方式和生活方式又不加以革命性的改变，人类在 2050 年左右将用罄地球上存在的所有石油资源，约 120 年后，石油、煤炭和天然气，以及所有使用这些能源的设备将只能成为我们的子孙后代在博物馆才能看到的历史遗迹。

为了破解能源的困惑，一要降低消耗，二要开发新能源。

就集成电路产业而言，降低能源消耗有两条途径。一是集成电路自身要成为低功耗产品，因为电子产品中的集成电路也必然消耗着能源，目前一个家庭中集成电路能源的消耗已与照明的能源消耗相当。二是充分发挥集成电路在节能减排中的作用，利用集成电路的功能减少其他产业的能耗。

降低集成电路自身功耗是集成电路业界多年来一直追求的目标。例如，CPU不再单纯提高主频速度，而是采用多核的工作方式来提升处理器的性能；2000年，金帆（Gene A. Frantz）提出了DSP器件的功耗/MIPS每18个月下降1倍的“金帆定律”；2005年，Intel CEO欧德宁在IDF（英特尔发展论坛）上指出，今后应以性能/瓦作为衡量处理器的重要指标；中国科学院王阳元院士也在国内首先提出了“绿色微纳电子学”的概念，并组织境内外有关专家及时撰写了《绿色微纳电子学》一书，并出版，分别从能源经济、社会文化、低功耗集成电路设计、绿色集成电路芯片制造、绿色电子封装、微纳电子新器件结构、绿色存储器的发展和集成微纳系统等各个角度对绿色微纳电子学进行了阐述，对半导体绿色照明光源、薄膜太阳能电池等有关领域进行了学术探讨。王阳元认为：“未来集成电路产业和科学技术发展的驱动力是降低功耗，不再仅以提高集成度，即减小特征尺寸为技术节点，而以提高器件、电路与系统的性能/功耗比作为标尺。”

在集成电路的应用实践中，人们也看到了集成电路为节能减排所作出的巨大贡献。例一，照明用电占总发电量的15%～20%，而全固态发光器件的能耗仅为白炽灯的10%、荧光灯的50%，如果用全固态发光器件取代我国全部白炽灯和部分荧光灯，则可节电约1000亿千瓦时，相当于三峡和葛洲坝发电量的总和。例二，风机、水泵的耗电量约为照明用电的1倍，占全国总用电量的30%，按2004年计算，约为6561亿千瓦时；风机、水泵经应用变频技术改造后可节电20%～50%，按6561亿千瓦时的35%计算，即可节约2296.35亿千瓦时，约等于3个三峡电站或15个葛洲坝电站的发电量；按标准煤计，一年可节约1.1亿吨标准煤（约为2006年总产量的5%）。美国节能经济委员在其编写的《半导体技术，美国能源生产力革新的希望》[8]一书中列举了这样的数据：2006年，美国整个半导体技术的应用节约了大概7750亿千瓦时的能源（约相当于三峡水电站年发电量的9倍——引者注），而且通过各种各样的政策和激励措施可以推动半导体节能技术投入的增加，到2030年，这些政策可能会促使这一现象出现：与2008年相比，美国经济增长量将超过 70%，但耗电量却减少了 11%。

在一次性能源日趋减少又不可能再生的情况下，开发新能源已成为世人共识的当务之急。而开发新能源正是集成电路可以大显身手的舞台。利用卫星遥感遥测技术、深海石油开发技术、陆地探矿技术可以加速发现能源储藏的进程；利用集成电路工艺技术和控制技术，可以尽快使太阳能、风能和生物质能逐步成为可实际应用的新能源。尤其是太阳能，据欧洲联合研究中心预测，太阳能光伏发电在不远的将来会占有世界能源消费的重要席位，不但要替代部分常规能源，而且将成为世界能源供应的主体（图 1-21）。

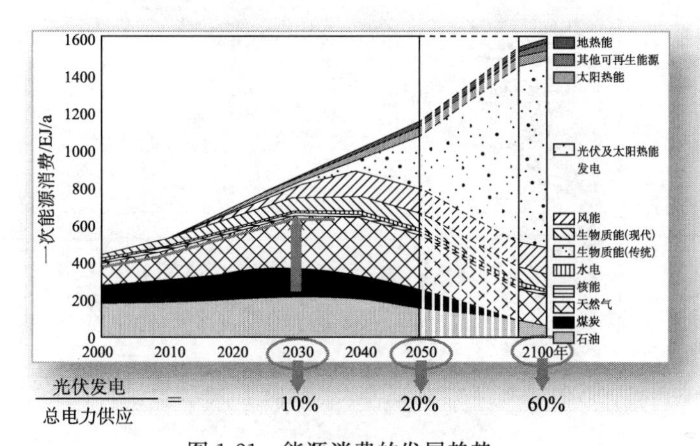

图 1-21　能源消费的发展趋势

资料来源：李俊峰，王斯成，等．中国光伏发展报告・2007．北京：中国环境科学出版社

如何突破集成电路的物理限制并满足节能社会的需求，目前有四条技术途径。

其一，延续摩尔（more Moore），继续走 scaling down 之路，将与数字有关的内容全部集成在单一芯片上，成为芯片系统（system on chip，SoC），但 16 纳米之后的大生产工艺尚不明朗，还正在摸索之中。

其二，扩充摩尔（more than Moore），采取系统封装（system in package，SiP）的方法将非数字的内容，如模拟电路、射频电路、高压和功率电路、传感器乃至生物芯片全部集成在一起，形成功能更全、性能更优、价值更高的电子系统。

其三，超脱摩尔（beyond Moore），即采用自下而上（bottom up）的方法或采用新的材料创建新的器件结构，如量子器件（单电子器件、自旋器件、磁通量器件等）和基于自组装的原子和分子器件（石墨烯、碳纳米管、纳米线等）。

其四，也有可能随着物理、数学、化学、生物等新发现和技术突破，另辟蹊径，建立新形态的信息科学技术及其产业。

预计在21世纪30年代，上述四种技术途径在相互碰撞的火花中会产生革命性的突破（图1-22）。

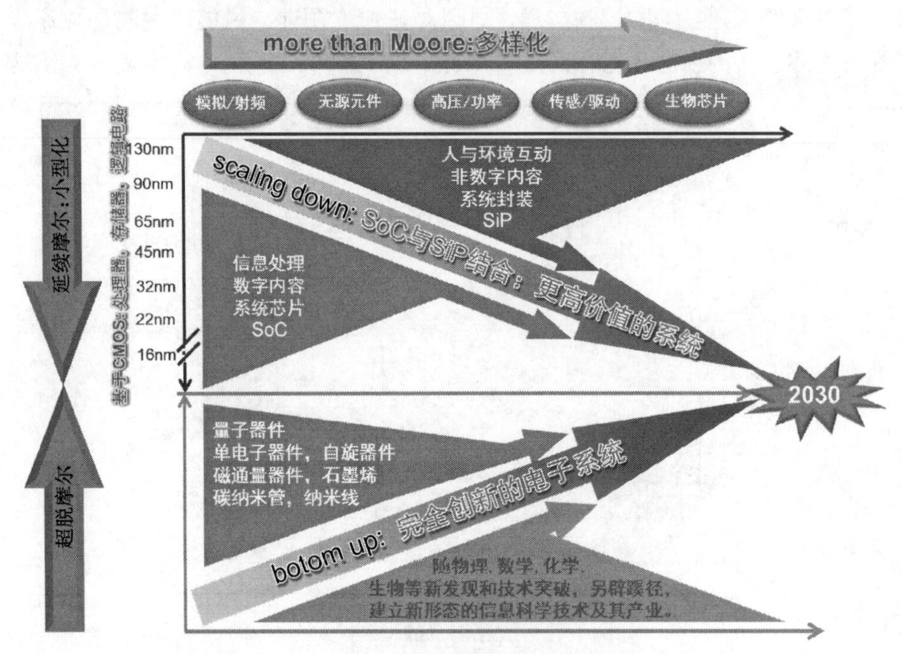

图1-22 后摩尔时代集成电路技术发展方向

制图参考资料：ITRS 2010

虽然器件结构、器件材料在未来的几十年中有可能产生革命性的变化，但是，硅平面工艺作为加工工艺将相对长期存在，如机械工业、航空运输业存在了200～300年，而且它的应用将从集成电路向各相关领域发展，如微机电系统（MEMS）与纳机电系统（NEMS），用于制备各种传感器和生物芯片、显示器件、微光学系统、节能环保器件及神经控制单元等。

硅基CMOS技术（包括经典与非经典）在21世纪上半叶仍将是集成电路的主流技术。其中，为解决传统（经典）CMOS器件与电路遇到的各种困难而提出的包括新结构、新材料和新工艺在内的，我们称之为非经典的CMOS器件与电路，将在小于45纳米技术节点后逐步发挥作用（图1-23）。

但是，无论是哪种结构、材料与工艺，从产业经济效益的角度考虑，必

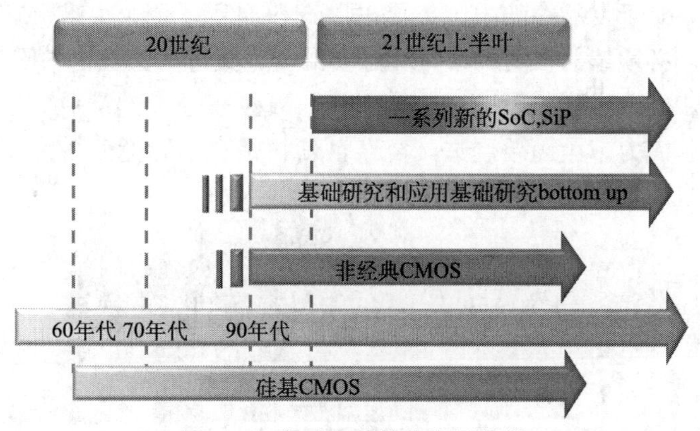

图 1-23 集成电路技术发展趋势

将首先采用与现行硅基 CMOS 相兼容的技术。已经投入数万亿美元的集成电路产业仍将保持着顽强的生命力。无论从哪个角度来看，纳米集成电路或称为纳米集成系统（Nano SoC）的时代已经来临。目前正是科技角逐、“群雄纷起”的时代，是集成电路发明以来最活跃的时期。

七、小结

人类几千年的历史是一部通过政治、经济和战争手段来占有资源和分配资源的历史。农业社会的竞争能力取决于土地和人口数量的多寡，工业社会取决于以能源为基础的机械（生产、建筑、交通）所延伸生产力的强弱；信息社会取决于人与机械智能化程度的优劣。而集成电路正是承载着信息获取、传输、存储与处理的，最重要的、不可或缺的“智能”载体。谁掌握了集成电路，谁就掌握了在智能竞争中的主动权和话语权，谁就能在当今的世界竞争中占领战略制高点。

50 余年来，集成电路技术取得了飞速进展，迄今加工技术已达 22 纳米，即将进入介观物理的范畴，为此必须要克服众多的物理障碍。scaling down 与 bottom up，SoC 和 SiP 是今后集成电路技术的主要发展途径，预计在 2030 年左右，集成电路技术有可能产生革命性的飞跃。

当前，节能与减排已提到世界各国的议事日程上来，集成电路将在节能减排的舞台上发挥重要作用。绿色微纳电子学既指集成电路自身要不断降低功耗，又指要通过集成电路的应用来降低其他产业的能源消耗。

集成电路产业是一项投资密集并要求持续投资的产业，由于集成电路市场每 10 年呈现一次双峰单谷的规律性变化，且多数产品的研发投入恰恰又处于低谷时期，对于发展中的中国集成电路产业而言，企业很难仅靠自身来承受这种压力，必须依靠政府的政策和必要的资金支持（甚至是举国体制），才能使企业逐步做大做强，没有强大的企业，就没有强大的产业，也就没有强大的市场竞争能力。由简单制造到复杂创新，是在国际竞争中赢得胜利的决定性因素，也是历史发展的必然。

第二节　中国集成电路产业的发展

一、中国集成电路产业的萌芽

1956 年，在周恩来总理的主持下，国务院组织全国科学家制定了《1956—1967 年科学技术发展远景规划纲要》。该纲要指出："目前在我国，最新技术的应用还处在萌芽阶段。和这些新技术有直接联系的某些重要科学部门，如原子核物理、空气动力学、电子学、半导体物理学等几乎还是空白，或十分薄弱。""为了更好地服务于社会主义建设，必须努力使我国科学技术工作逐步走上自立的道路。对科学的空白部门必须迅速加以填补，原来较有基础的部门必须迅速加以提高和加强，务须迅速摆脱我国在科学技术方面的落后现象，在十二年内接近或赶上世界先进水平。这是一个必须完成的历史任务。"

该纲要共制定了 57 项任务，其中第四十项是"半导体技术的建立"。该项任务的主要内容是："首先保证尽速地掌握各种已有广泛用途的半导体材料和器件的制备技术，同时进行与制备技术密切联系的研究工作，在这基础上逐步开展更基本而更深入的研究，以扩大半导体技术的应用范围及创造新型器件。在开始阶段，解决锗的原材料和提纯问题，以及掌握和发展锗和硅电子学器件的制造和应用技术是本任务的首要工作。希望一两年内能掌握制造纯锗单晶体的方法以及实验室内制造几种放大器的工艺过程。两三年后开始大量生产各种类型的锗的器件。""计划在十二年内不仅可以制备和改进各种半导体器材，创造新型器件，并扩大它们的应用范围；而且在半导体的基本性质与新材料的研究上都展开系统的和广泛的工作。"[9]

为此，当时的高等教育部决定，将北京大学、复旦大学、南京大学、厦门大学和东北人民大学（吉林大学前身 ）物理系的部分教师、四年级本科生及研究生，从 1956 年暑假起集中到北京大学物理系，创办中国第一个五校联合（包括部分南开大学本科生及清华大学进修生 ）的半导体专门化。北京大学黄昆教授担任半导体教研室主任，复旦大学谢希德教授任副主任。

1960 年 6 月 10 日和 9 月 6 日，第一机械工业部第十局第十三研究所（半导体所）和中国科学院半导体研究所在北京先后成立，成为开拓我国半导体事业的先行者。这些研究所的运转方式大多以国家拨款支持为主，囿于当时资料、设备、材料等科研条件的限制，大学及研究所的科研成果多体现为取得鉴定结果的样品和为数不多的定型产品，并未形成在市场上流通的商品，因此不足以构成半导体产业。

1968 年前后，我国各地半导体器件厂相继成立（参见第一节第二部分，Intel 成立于 1968 年），在全封闭的条件下，中国依靠自己的力量迈出了集成电路产业建设的第一步。最初，这些工厂主要生产小功率或中功率的硅晶体管。20 世纪 70 年代初，这些工厂开始研制和生产小规模集成电路，包括 74 系列、54 系列的双极型集成电路和 4000 系列的 MOS 集成电路。这些工厂的建立与生产，满足了军工产品的小批量需求。但由于对集成电路产业的规律认识不足，以及当时计划经济体制下各省市的各自为政，集成电路工厂的建设形成了“一拥而上”的局面。在 1977 年 8 月中央召开的科教工作座谈会上，王守武先生说：“全国有 600 多家半导体生产工厂，其一年生产的集成电路总量，只等于日本一家 2000 人工厂月产量的 1/10。”[10] 为治理这种“小而散”的局面，1982 年 10 月，成立了以国务院副总理万里为组长，方毅、吕东、张震寰任副组长的“电子计算机和大规模集成电路领导小组”，制定了我国集成电路产业发展规划。

二、中国集成电路产业的成长

1978 年，以十一届三中全会的召开为标志，中国开始了改革开放的进程，集成电路产业也第一次拉开了与国外合作的帷幕。1978～1985 年，无锡 742 厂从日本东芝公司引进了彩色电视机用双极线性集成电路生产线（3 英寸、5 微米技术）。1984～1989 年，871 厂绍兴分厂（华越公司前身）、上海贝岭公司、上海飞利浦半导体公司和中国华晶电子集团公司等制造骨干企，以北京集成电路设计中心为代表的设计企业，以及部分封装、材料、设备企业相继建成投产，构成了我国集成电路产业的雏形。

1990 年 8 月，国家启动“908”工程，在无锡建设了一条 0.8～1 微米技术、6英寸集成电路生产线。1998年该生产线验收，历时近10年（其中项目论证达5年）。到生产线投产时，与项目配套引进的合同产品已经退出市场。

1995年，国家启动“909”工程，在上海建设了一条8英寸、0.5微米的集成电路生产线。由单纯引进的“技术合作”向“资本合作”迈出了第一步。该生产线的建设标志着我国集成电路生产进入了深亚微米、超大规模集成电路的技术阶段。

进入21世纪后，以中芯国际、上海宏力、苏州和舰、松江台积电、无锡海力士、大连Intel为代表的一批集成电路企业陆续成立，标志着我国集成电路产业进入了一个新的历史时期。人才国际化、技术国际化、资金国际化、市场国际化成为这些企业最大的特点。

三、中国集成电路产业的现状

1. 中国集成电路的产业规模

2010年，中国直接与集成电路生产有关的企业有近700家，包括设计企业534家、制造企业39家、封装测试企业124家（未计入设备与材料相关企业）。从图1-24上半部可以看出，1981年以前，中国集成电路销售总额小于1亿元人民币，到1993年，突破10亿元；到2000年超过100亿元，2006年跨越1000亿元，2010年，达到1440亿元。1981～2010年，中国集成电路产业销售额的平均增长率为28.1%，为同期世界集成电路市场平均增长率（参见第一节“三、集成电路市场的变化”）的2.25倍。① 图1-24下半部表明，2000年以前，中国集成电路产业销售额占世界半导体市场的份额小于1%，2000年以后，中国集成电路产业有了较快的发展，2006年该比例为5.09%，到2010年，上升到7.28%。②

尽管从总体上讲，中国集成电路产业自进入21世纪以来有了可喜的进步，但就企业个体而言，依然缺乏在世界市场上具有竞争力的“航母战斗群”。从产业结构上看，尚无IDM类型的企业，Foundry的加工能力也与TSMC存在较大差距；设计企业基本上“小舢板”居多，与世界一流设计企

① 1981年以前在计划经济体制下仅有产量统计数据，缺少销售额统计数据。

② 2010年世界半导体市场为2983亿美元，其中集成电路市场为2510亿美元，按当年平均汇率为6.589折算为16 538.4亿元，中国集成电路产业销售额1440亿元占世界集成电路市场的8.7%。

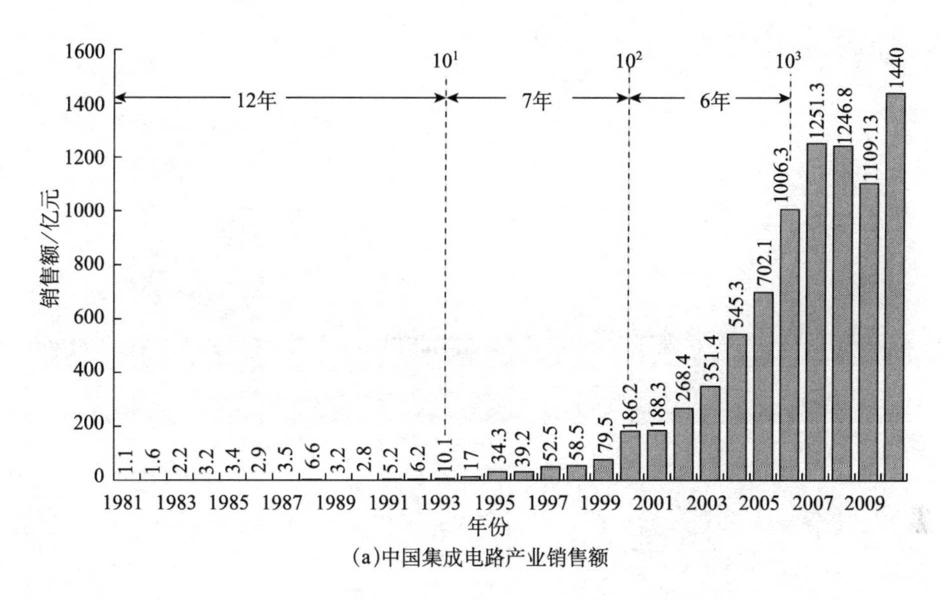

(a)中国集成电路产业销售额

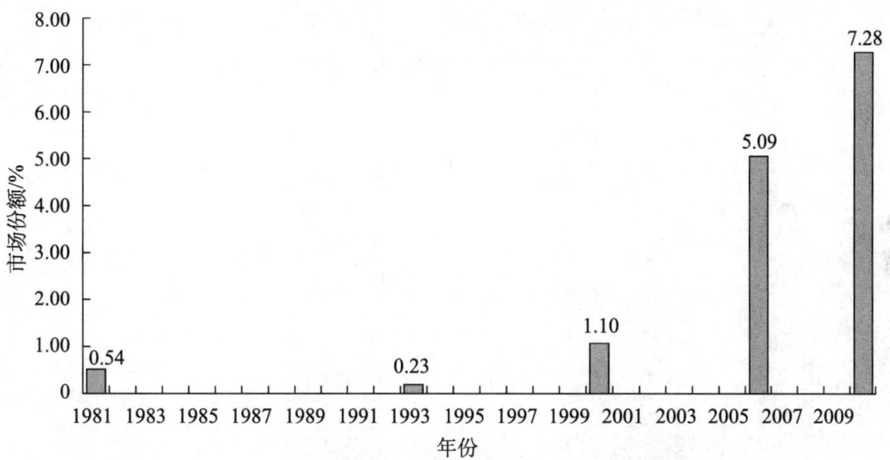

(b)中国集成电路产业占世界半导体市场份额

图 1-24　中国集成电路产业历年销售额及占世界半导体市场的市场份额

资料来源：CSIA，WSTS

业相比，规模有待扩大。2010 年，中国集成电路设计全行业销售额为 83 亿美元（549.1 亿元），而 Qualcomm 一个企业的销售额就有 72 亿美元。图 1-25表明，2010 年，中国内地集成电路产业的总体规模仅相当于 Intel 一个企业的一半，其销售额与 Qualcomm 和 TI 两个公司的销售额之和相当。图 1-26 为 TSMC 与 SMIC、设计业世界第一的高通与中国第一的海思 2010 年营收额的比较。

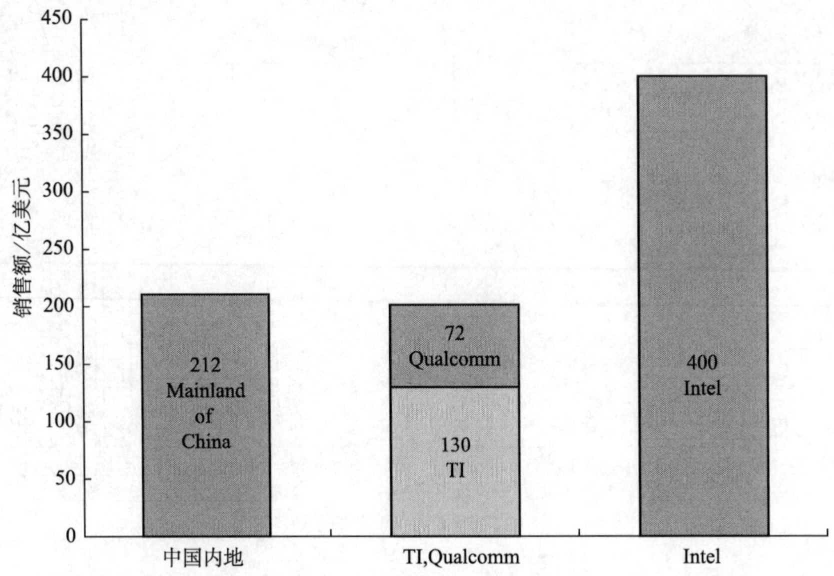

图 1-25　2010 年中国内地集成电路产业销售额与其他企业的比较

资料来源：CSIA

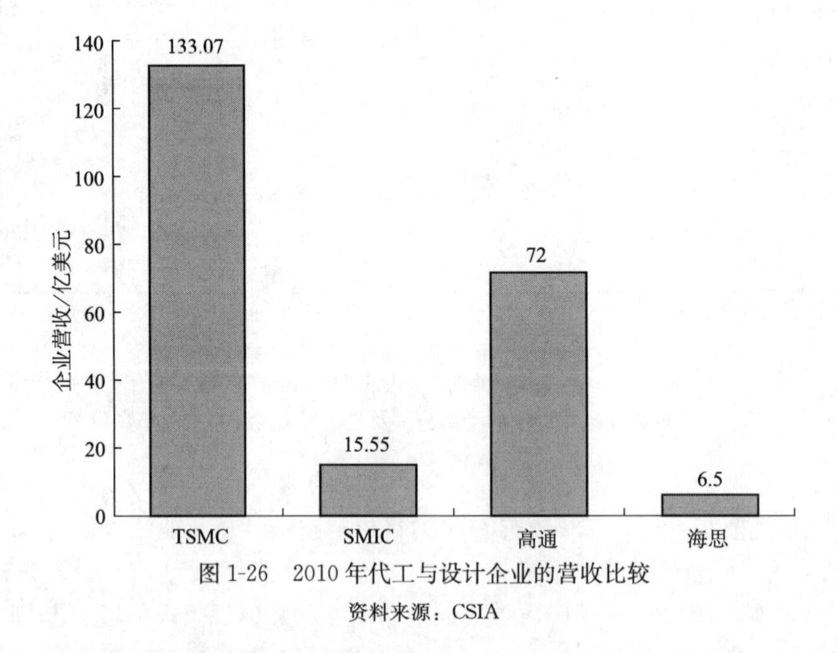

图 1-26　2010 年代工与设计企业的营收比较

资料来源：CSIA

从图 1-27 可以看出，世界前 23 家集成电路企业的销售额占世界市场的 72.2%，其中美国 10 家、日本 5 家、韩国 2 家、欧洲 3 家、中国台湾 3 家分别占世界市场的 31.8%、14%、12.8%、6.7%和 6.9%，而中国内地 700 余家企业的销售额总和仅占世界市场的 8.7%。

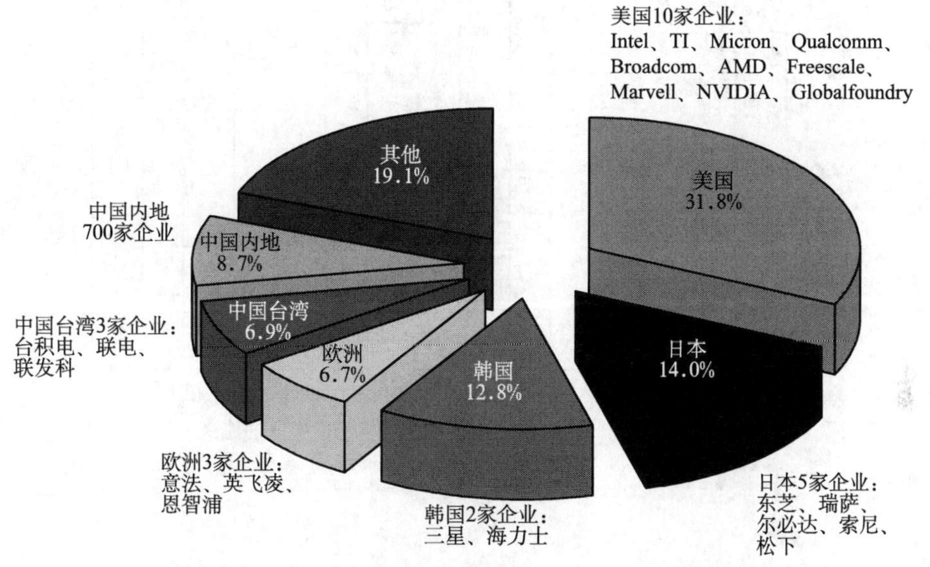

图 1-27　2010 年集成电路主要生产企业占世界市场份额

资料来源：WSTS

2. 中国集成电路市场

中国在电子产品制造领域已经成为世界第一大国，多数产品的产量均超过世界总产量的 50%（图 1-28）[11]。2010 年，中国生产彩电 1.18 亿台、手机 9.98 亿部、微型计算机 2.46 亿台、数码相机 9000 万台，产量均位列全球第一[12]。

2010 年，中国电子信息产业销售收入为 10.9 万亿元（含制造业 6.5 万亿元、软件 1.3 万亿元、电信业 3.1 万亿元），约为汽车制造业 3.7 万亿元的 3 倍，房地产业 5.25 万亿元的 2 倍（图 1-29）。

作为电子信息产业的制造大国，带动了对集成电路需求的强劲增长。2010 年，中国集成电路市场为 7349.5 亿元（1115.4 亿美元），占世界集成电路市场 2510 亿美元的 44.4%，成为世界第一大集成电路市场（图 1-30）。而中国本土企业所生产的集成电路仅能满足国内市场 19.6%的需求（1440/7349.5），其余则依靠进口。为此，近年来，集成电路一直是位列第一的进口产品（图 1-31）。

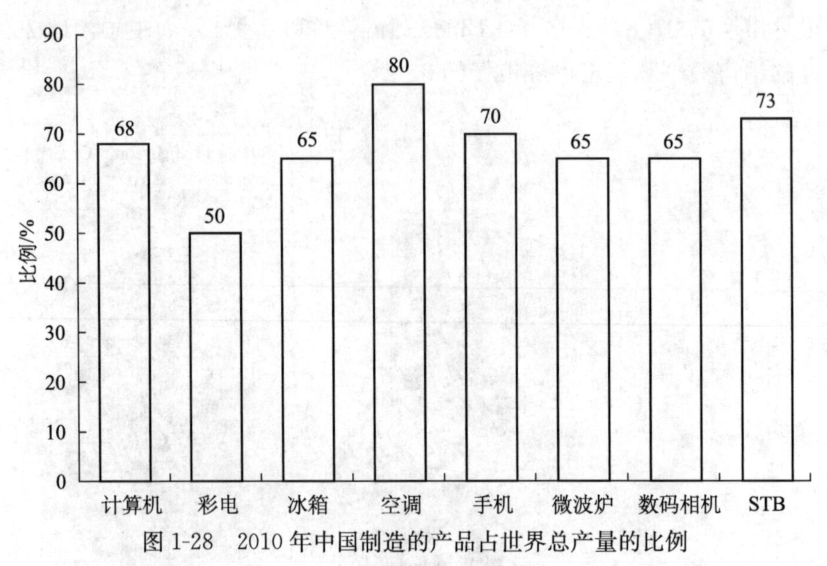

图 1-28 2010 年中国制造的产品占世界总产量的比例

资料来源：http：//bbs. city. tianya. cn/tianyacity/content/333/1/152855. shtml

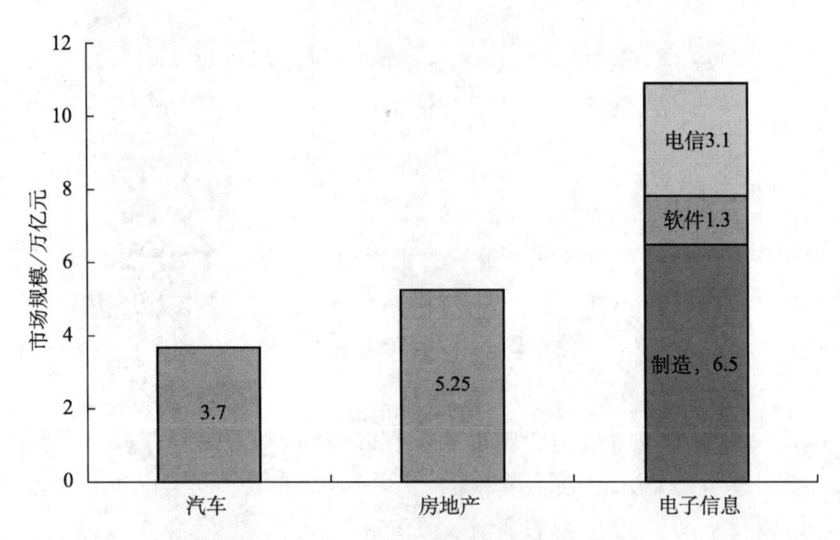

图 1-29 2010 年中国不同产业的市场规模

资料来源：工业和信息化部《2010 年电子信息产业统计公报》、《中国房地产年报》、中商情报网

需要说明的是，2010 年中国共进口集成电路价值总额为 1570 亿美元，其中 1115.4 亿美元的集成电路为国内市场实际需求，其余部分为来料加工后出口所需。

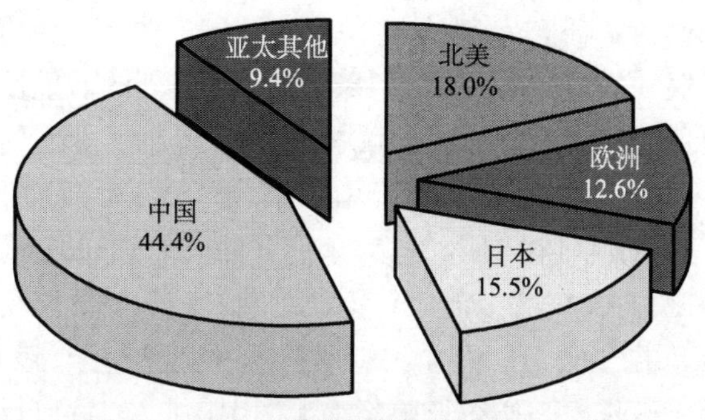

图 1-30　2010 年世界集成电路市场地区分布

资料来源：WSTS

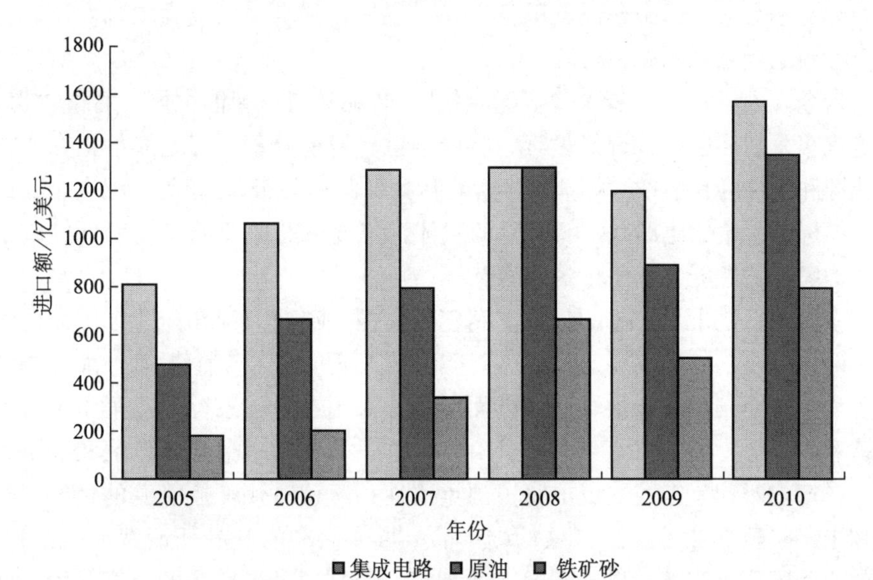

图 1-31　我国近年来集成电路、原油、铁矿砂进口额

资料来源：中国海关总署，进口重点商品量值

四、从集成电路消费大国到产业强国

1. 以史为镜，可知兴替

中国曾经是历史上的大国和强国。在麦哲伦 1522 年完成环球航行、伽利略 1609 年发明望远镜、牛顿 1687 年发表《自然哲学的数学原理》之前的 1405 年，明朝的郑和就开始了他七下西洋的航程；在清嘉庆年间，中国以其世界上最多的人口和占世界近三分之一的 GDP（图 1-1），见证过农耕时代的辉煌。

中国历史上也曾是任人宰割的羔羊。1840 年，中国尘封了 5000 年的大门，被英国的坚船利炮强行敲开。在 1860 年 9 月惨烈的八里桥战役中，英法联军的 4000 人打败了僧格林沁的 3 万铁骑，热兵器的工业文明战胜了“弓马定天下”的农耕文明。从 1842 年的《南京条约》到 1901 年的《辛丑条约》，中华民族经历了无数“人为刀俎，我为鱼肉”的哀痛。1937～1945 年，国土面积仅为中国 4%、人口为 15%、GDP 总量为 68%但人均 GDP 为中国 500%[1] 的日本，在 960 万平方公里的中华大地上“践踏”了 8 年。1840～1949年的 109 年中，历史上曾经强大的中国已经是满目疮痍。

“强自立，弱被欺”是历史也是现在世界的真实写照。中国被凌辱、被欺侮的历史不会重演，中华民族的复兴、中国的自强自立已成为中国发展、自立于世界民族之林的必由之路。

当今，人类社会正步入“智能时代”。智能城市、智能电网、智能铁路、智能汽车、智能医疗、智能教育、智能金融、智能管理、智能战争正在取代以能源和机械为代表的“体能”竞争；国家的强盛与否，“智能”程度正在成为新的标志。集成电路是“智能”的载体，集成电路产业的发展程度体现了一个国家在“智能”竞争中的实力。

中国现在是世界第一的集成电路消费大国。消费大国在产业强国面前潜藏着两个危机。一是高端产品、关键产品别人不允许你“消费”，产业强国会以各种手段控制产品的供给，一方面使消费大国在电子系统的竞争中永远处于落后的态势，另一方面可以通过对供应链条的控制来达到其政治和经济目的。在智能时代，掌控集成电路资源重要性和工业时代掌控能源的重要性至少相当，甚至更加重要。二是低端产品、量大面广的产品任消费大国消费，但产业强国从供应链中提走了最多的利润，控制了世界经济的财富分配，从而蚕食消费大国的经济机体，削弱消费大国的竞争能力。

2. 政治与国家安全的需要

由于地理位置的不同、资源的贫富各异、历史文化的差别，国家与国家之间的竞争从未终止，无论是表现为和平方式的巧取，还是表现为战争方式的豪夺。国家间的竞争，说到底是综合国力的竞争。为了维护国家利益，核心技术已经成为国家间竞争最重要的砝码。为此，任何一个国家都不会向他国出售本国的以核心技术构成的核心竞争力，市场经济中绝不存在国家之间核心竞争力的交易。在以集成电路为基础的信息时代，在全球已经联网的智能社会，集成电路正在成为国家安全的重要屏障。由于中国与某些国家在政治体制、价值体系和意识形态上存在着诸多差异，在地区和全球事务上存在重大分歧，这些国家担心中国的崛起。尽管中国已经成为世界第一集成电路市场，但关键器件、核心器件是花多少钱也买不到的；或者说，即使可以得到这些器件，但很难保证其中没有隐藏随时可以引爆的“定时炸弹”。为此，涉及政治、军事、国家安全、金融、航天等领域的集成电路必须要有自给自足的能力。

3. 经济增长的需要

2010 年，中国的 GDP 总量达到 397 983 亿元人民币[13]（60 483.7 亿美元），超过日本的 54 588.7 亿美元成为全球第二大经济体。但人均 GDP 只有日本的十分之一，为 4382 美元，排名全球第 95 位（国际货币基金组织（IMF）数据），这表明中国仍处在发展中国家的历史阶段。毋庸讳言，这种经济总量的增长主要源于廉价劳动力的出卖和沉重环境代价的换取。以《纽约时报》[14]披露的苹果（Apple）iPhone4 手机的成本结构分析为例，一部售价 600 美元的手机，系统厂商的利润占 60%，器件供应商占 31.3%，而中国组装厂仅占 1.1%（图 1-32）。该文章的结尾引用了皮翠拉·瑞沃莉（Pietra Rivoli）在《一件 T 恤的全球经济之旅》一书中所表达的观点：“The value goes to where the knowledge is。”[15]（价值流向知识聚集的地方）

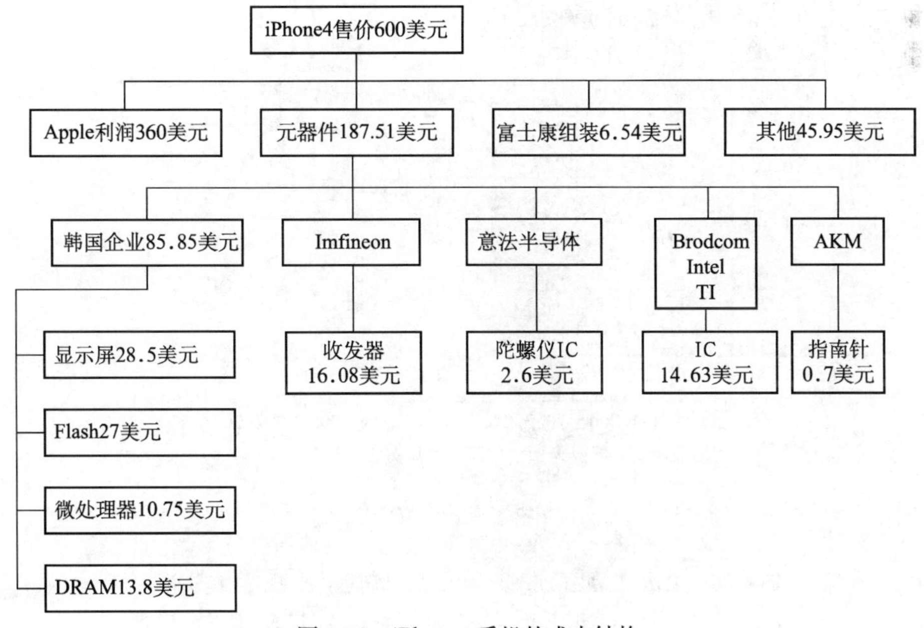

图 1-32　iPhone4 手机的成本结构

著名历史学家保罗·肯尼迪在《大国的兴衰》一书中指出："经济总量本身并无意义，数亿农民的物质产量可以使500万工人的产量相形见绌，但由于他们生产的大部分都被消费了，所以远不可能形成剩余财富或决定性的军事打击力量。英国在1850年是强大的，它强就强在拥有现代的、创造财富的工业和由此产生的一切利益。"[16]

在人均GDP超过3000美元以后，经济的发展有可能落入"中等收入陷阱"。世界银行《东亚经济发展报告（2006）》提出了"中等收入陷阱"（middle income trap）的概念，其基本含义是：一国经济在进入中等收入阶段后，低成本优势逐步丧失，在低端市场难以与低收入国家竞争，但在中高端市场则由于研发能力和人力资本条件制约，又难以与高收入国家抗衡。在这种上下挤压的环境中，很容易失去增长动力而导致经济增长停滞。《人民论坛》杂志在征求50位国内知名专家意见的基础上，列出了"中等收入陷阱"国家的10个方面的特征，包括经济增长回落或停滞、民主乱象、贫富分化、腐败多发、过度城市化、社会公共服务短缺、就业困难、社会动荡、信仰缺失、金融体系脆弱等。从中等收入国家跨入高等收入国家，需要在自主创新和人力资本方面持续增加投入，培育新的竞争优势。在信息时代，在很多传统产业的产能过剩的现在，集成电路正是新竞争优势的具体体现。图1-33表明了中国近年来GDP、电子信息制造业规模和集成电路市场规模之间的关系。

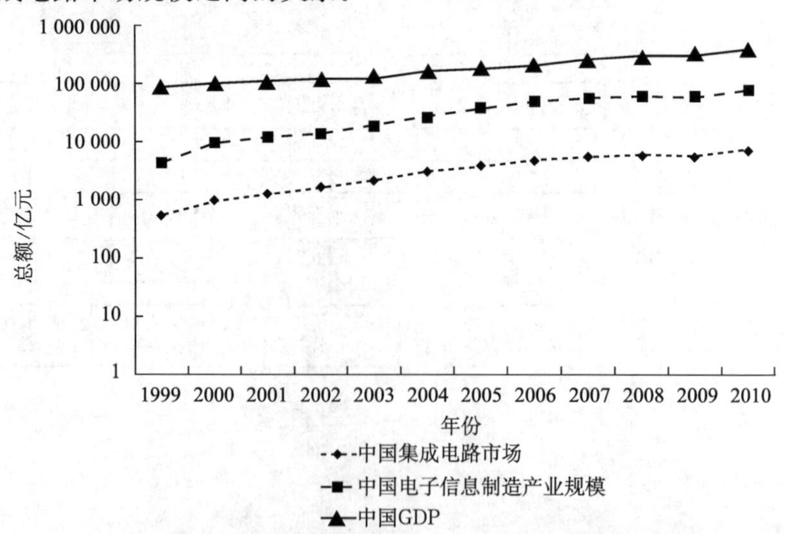

图1-33　中国集成电路市场、电子信息制造产业规模与GDP

资料来源：CSIA各年《中国半导体产业发展状况报告》，国家统计局相关数据

从图 1-33 可以看出：2000 年，中国集成电路市场、电子信息制造产业规模和 GDP 呈 1∶10∶100 的关系，其后至今，前两者近似 1∶10 的关系保持不变，但后两者比例关系逐渐缩小。规模越来越大的电子信息制造业正是来源于同步发展的集成电路市场的支撑（始终保持 1∶10 的关系）；由于中国本土企业集成电路产品的销售额仅占中国集成电路市场总额的 19.6%（参见第二节“中国集成电路产业的现状”），这就意味着，约 80%的国外集成电路支撑了中国电子信息制造产业的快速发展。这对中国经济的发展无疑存在着巨大隐患，一旦国外集成电路切断供应链，将对整个中国经济产生难以预估的影响。

2010 年，中国进口集成电路总额为 1570 亿美元，数量为 2009.6 亿个[17]，平均每个集成电路 0.78 美元。也就是说，总体而言，多数进口的集成电路技术含量并不高，但由于中国集成电路产业规模不大，即使是中低档产品也有相当大的市场余地尚未占领。为此，中国集成电路产业首先应提高市场竞争力，力所能及地将中低档产品市场掌握在自己手中；同时大力提高创新能力，力图在高端市场上逐步掌握主动权。

4. 通过创新开拓市场

目前，集成电路市场由微处理器、存储器、逻辑电路和模拟电路四类产品组成。2010 年，这四类产品在市场中的比例分别为 24.1%、28.1%、30.9%和 16.9%。从图 1-14 的产业结构演变中可以看出，当前，IDM 企业占有约 70%的市场份额。IDM 企业不仅垄断了绝大多数微处理器（以 Intel、AMD 为代表）和存储器（以 Samsung 为代表）的生产，同时在逻辑电路和模拟电路市场中也占有一定份额。其余的具有自主知识产权的产品市场由 Fabless 企业和 Chipless 企业共同分享（Foundry 企业和封装测试企业只提供加工，没有自己的产品）。在这个剩余的市场中，一部分为先发企业已经锁定了销售渠道的市场，后发企业很难进入；另一部分为先发企业用专利高高筑起了市场壁垒，后发企业很难突破；还有一部分是先发企业占有低成本优势的市场，根据“市场窗口”竞争理论，后发企业很难与之进行价格竞争。这就造成了中国几百家设计企业要在剩余的市场中“抢饭吃”的局面（图 1-34）。

如果不通过创新开拓新市场，设计公司就只有相互进行价格竞争一种手段，低水平重复同质竞争，其结果也只能是在极其有限的舞台上“你方唱罢我登场”。作为企业自身或许能够苟且生存，但看不到发展前景；对于产业总体而言，则很难摆脱徘徊不前的尴尬态势。

创新，首先是企业文化的创新。中国的设计企业总量之所以超过世界任

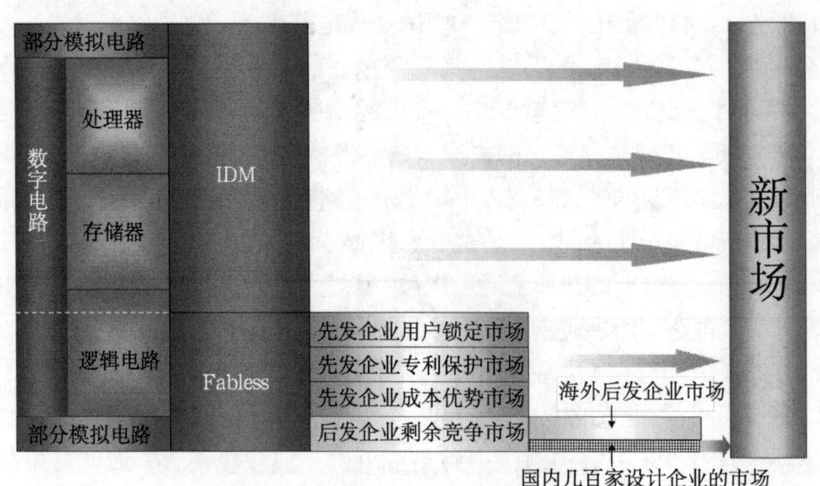

图 1-34　IDM 与 Fabless 的市场分野

何一个国家，源于“宁为鸡头，不做凤尾”的思想。不是通过合作或兼并的方式使现有资源有效“集成”，反而是在企业取得一些成绩后，由于分配上的问题，一些掌握了原企业技术的人脱离原企业另行成立新企业与原来的老企业在同一市场、同一产品上竞争，使原本集成在一起的资源反而逐步“分立”。“聚则力，散则虚”的问题一直未得到很好的解决。

其次是机制创新。机制创新的最大障碍是“条块分割”。在计划经济体制下，所有“单位”（包括企业、研究所、学校等）都有其“所属背景”，或属部门或属地域。迄今，这种部门或地域的利益分割依然存在，这就导致了国家投资严重分散的局面，在很多国家项目中，“分钱、分项目”的顽疾与积习一直未得到有效的改善；大学、研究所、集成电路企业、整机系统企业一直未能形成有效的产业链，产、学、研结合的机制始终没有有效地建立起来，在“各自为政”的体制下，不断浪费着各种宝贵的资源。

但是，我们也看到在前进的道路上，部分企业也在进行一些有益的探索，并取得了初步成效。例如，2009 年 5 月，浪潮集团成功收购了原英飞凌所属的德国奇梦达科技中国研发中心，成立了西安华芯半导体有限公司（华芯），该公司设计了中国第一款大容量 DRAM 芯片，并将其系列产品批量应用于浪潮服务器、基于龙芯的龙梦一体电脑、基于瑞芯微主控的系列平板电脑、浪潮数字机顶盒、国微机顶盒和平板电脑、创维高清电视、海信电视等产品和方案中，并且开始面向欧洲出口供货。2010 年年底，华芯再次抓住机遇，正式收购欧洲先进封装测试生产线，并在济南建设封装测试产业基地。我们希望这种通过并购扩大企业规模的尝试能够不断出现。

最后是科技创新。中国集成电路产业体系的自主创新应采用两条腿走路的方针。

其一是超前跨越的发展之路，如正在实施的国家重点基础研究发展计划（简称“973”计划）、国家高技术研究发展计划（简称“863”计划）、国家科技重大专项等。目前，这些项目的研究已经取得了部分达到国际前沿水平的成果，如 RRAM、新型准 SOI 器件结构、垂直双栅 MOS 器件结构、纳米线围栅器件结构等。今后的任务是要将这些成果尽快转化为生产力，抓住今后 20 年的机遇期，完成从量变到质变的转变。

其二是根据中国的市场需求和现有的能力走差异化之路，包括工艺创新和产品创新。虽然中国的集成电路企业目前尚不能与 IDM 企业在大宗产品市场上直接较量，但在细分市场上，可以通过特色工艺开辟出一片新天地。目前，华虹 NEC 已经在嵌入式非挥发性存储器、功率器件、模拟/电源管理 IC、高压 CMOS 及基于 SiGe（锗硅）工艺的射频等特色工艺领域取得了不俗业绩。华虹 NEC 已经开发和正在开发的 BCD 工艺技术的节点涵盖了 0.5～0.18微米的加工能力。类似于在体育比赛中，我们可以先获取单项冠军，然后再向全能冠军的目标前进。此外，在绿色微纳电子工艺的探索中，我们也有很多可以发挥特色的领域，在防止污染、节约能源、降低整个工厂能耗、尽快形成智能绿色制造体系等领域均可以形成自己的特色。产品创新是诸多创新的综合体现，产品创新速度是占领市场的决定性因素。在 CPU、存储器等传统产品领域，目前由于投资、专利、设备、人才、市场波动等方面的局限，我们的产品很难与 Intel、Samsung 等这样的巨头竞争，但我们可以在其他产品上充分发挥世界第一的市场优势，在局部市场上取得最大的市场份额。例如，射频电路、智能卡电路、模拟电路、MEMS、NEMS、太阳能相关产品等，逐步积累和扩大产业规模，积蓄力量。另外，要重视基础研究，瞄准 10 年后可能取得市场先机的产品。目前的 DRAM 以 CMOS 工艺为主，到 2024 年，最小加工尺寸有可能达到 8 纳米，但“摩尔定律”毕竟有终结的一天，我们必须有“未雨绸缪”的准备。在旧的战场上，我们由于种种因素没有能够占领战略的制高点，但在新的战场上，我们与竞争对手几乎站在同一起跑线上，我们必须抓住这难得的历史机遇。例如，RRAM 存储器的动态功耗$<$1 瓦/太比特，存储密度达 10 太比特/厘米^2，也就是说，100 枚 RRAM 即可存放国家图书馆全部图书 2700 万册，全部查阅的动态功耗也仅有 1000 瓦（与一台家用 1.5 匹空调相当）。如果将来 RRAM 全部取代

DRAM，不仅其市场前景可观，而且对绿色社会将作出巨大贡献。又如汽车电子，从图 1-35 可以看出，根据德国电气和电子制造商协会（ZVEI）的统计，1995～2009 年，汽车数量的增长率为 2.6%，而汽车中半导体含量的增长率达到了 11.3%，汽车电子市场方兴未艾。

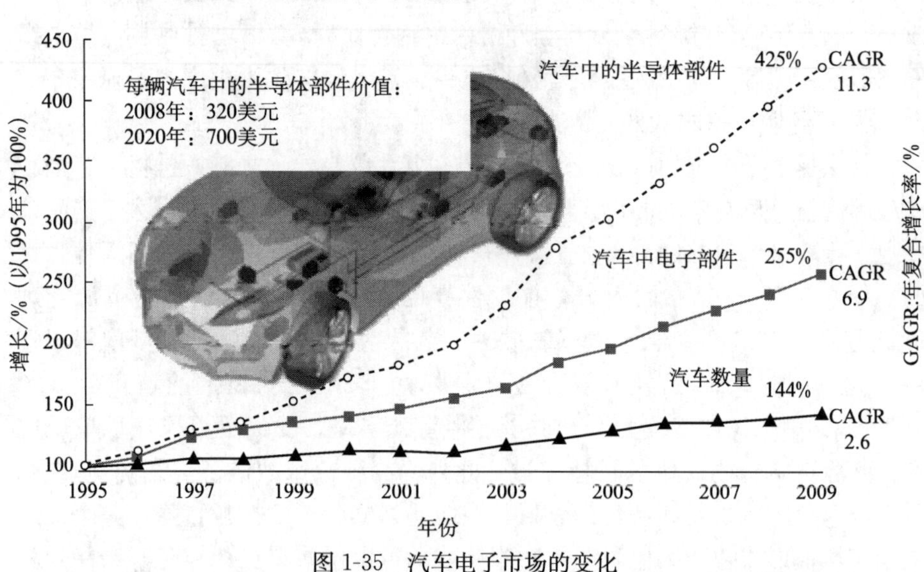

图 1-35　汽车电子市场的变化

人才是科技创新之源。为更好地优化学科专业和人才培养结构，我们建议立即实施简称为“一、十、百、千、万”的集成电路和软件人才工程。

一：将微电子学科（原称为微电子学与固体电子学）从二级学科提升为一级学科，并更名为“微纳电子科学与工程”。

十：利用发展基金重点支持北京大学、清华大学等十所高校与企业相结合，培养创新型的、高端的、微纳电子学与集成电路工程和软件工程人才。

百：在与企业合作的基础上，每年培养百名微纳电子与软件领军人物。

千：从 2013 年起，每年培养千名微纳电子与软件工程博士。

万：从 2013 年起，每年培养 5000～10 000 名微纳电子与软件工程硕士。

参考文献

[1] 安格斯·麦迪森．世界经济千年史．伍晓鹰，等译．北京：北京大学出版社，2003：

238，259.
[2] 马克思，恩格斯．德意志意识形态//马克思恩格斯选集．第一卷．北京：人民出版社，1995：68.
[3] Burgelman R A. 战略就是命运．高梓萍，等译．北京：机械工业出版社，2004：120.
[4] http：//zhidao. baidu. com/question/335357752. html.
[5] Slater J C. 化学物理期刊，1964，41：3199.
[6] Clementi E，Raimondi D L，Reinhardt W P. 化学物理期，1963，38：2686.
[7] bp. com/statisticalreview，BP Statistical Review of World Energy，June 2010.
[8] ACEEE，"Skip" Laitner J A，Knight C P，et al. Semiconductor Technologies ：The Potential to Revolutionize U. S. Energy Productivity. May 2009，Report Number E094.
[9] 1956—1967 年科学技术发展远景规划纲要．
[10] 夏建白，陈晨嘉，何春海．自主创新之路——纪念中国半导体事业五十周年．北京：科学出版社，2006：110.
[11] http：//bbs. city. tianya. cn/tianyacity/content/333/1/152855. shtml.
[12] 工业和信息化部．2010 年电子信息产业统计公报．
[13] 国家统计局．2010 年国民经济和社会发展统计公报．
[14] David B. Supply Chain for iPhone Highlights Costs in China. The New York Times，2010，5.
[15] Pietra Rivoli. 一件 T 恤的全球经济之旅．石建海译．北京：中信出版社，2011.
[16] 保罗·肯尼迪．大国的兴衰：1500－2000 年的经济变迁与军事冲突：陈景彪，等译．北京：国际文化出版公司．2006.
[17] 中华人民共和国海关总署，海关主要统计数据，2010 年 12 月进口重点商品量值．

第二章 纳米低功耗集成电路新器件新结构及其机制研究

第一节 纳米低功耗集成电路新器件研究的背景及发展现状

一、微电子器件发展的若干历史及研究背景

集成电路中的器件单元是组成电路的基本元件，决定着电路的形式、性能、功耗及成本，是当前微电子学科研究的核心内容。回顾微电子器件结构的发展历史，可以发现，每一次器件结构的历史性创新都会引起集成电路工业的变革。1950年，肖克莱和巴丁等人一起发明了NPN结型双极晶体管。1958年，德州仪器公司（TI）的基尔比在锗衬底上集成了若干个双极晶体管，实现了相位振荡和触发器功能，虽然制备工艺极其简陋，并且尺寸很大，依然是微电子学科历史上第一块集成电路。此后半导体加工工艺的快速发展使集成电路产业迅速壮大起来。一开始，双极晶体管构成的集成电路的速度很高、驱动能力强，占有主要的集成电路市场，但是它的功耗较大，并且集成度很难提高。20世纪60年代以后，第一支可靠的金属－氧化物－半导体的场效应晶体管，即所谓的MOS器件，被成功制备出来。这种结构在半导体衬底上集成了两个和体区相反导电类型的源区和漏区，在源区和漏区之间的体区上覆盖了一层绝缘层作为栅介质，其上覆盖的金属电极可以通过电场感应来控制体区表面电荷的类型转换，从而实现晶体管的关闭和导通。这种结构解决了双极晶体管的功耗和成本的问题，迅速取

代双极晶体管成为集成电路中基本元件的首选。尤其是 70 年代以后，互补性 MOS 器件，即 CMOS 器件的出现进一步大大降低了 MOS 集成电路的功耗，并改善了可靠性和提高了集成度，使 MOS 集成电路产业规模迅速超过双极集成电路，成为目前超大规模集成电路的主流技术。可见，器件结构是集成电路技术的灵魂所在。

MOS 集成电路出现以后，尤其是在产业化规模形成以后，MOS 器件的发展趋势一直遵循着摩尔定律，即每隔两年左右器件的特征尺寸缩小到上一代器件的 70%，而集成电路的集成度相应地增加 1 倍。这一产业化规律的背后隐含着这样一个事实，即 MOS 器件原则上可以无限等比例缩小。因此，微电子器件研究的主要路线就是特征尺寸的缩小，即所谓的 scaling down。围绕着 scaling down 这条主线，研究者在短沟道效应的抑制、迁移率的增强、可靠性的提高等方面开展研究，旨在通过缩小器件特征尺寸来获得更强的性能和更高的集成度。

通过 scaling down 来推动微电子产业发展是微电子器件研究工作对微电子产业最大的贡献。这条技术路线一直到 22 纳米节点仍然是行之有效的，这之前的器件结构上的创新只不过是对传统的平面 MOS 器件进行改进，使之适应工艺技术发展的水平。这种器件结构的改进工作一开始进行得很顺利，直到栅介质厚度碰到了量子隧穿引起的第一个壁垒，导致人们开始思索并争辩 MOS 器件在摩尔定律中的极限及延长这种极限的方法。这种争辩在 20 世纪 90 年代末期和 21 世纪初达到顶峰，伴随而来的是各种新颖的器件结构的提出，以试图通过改变器件的工作方式和工作原理来维持摩尔定律的持续。这其中最引人瞩目的发明当属 SOI 器件和多栅器件。这之后，超陡开关特性器件（steep sub-threshold slope device）和高迁移率沟道器件（high mobility channel device）也先后被提出。最近进一步报道了一些碳基材料的新器件在超高速和射频集成电路应用上的研究成果。

不管何种器件最终胜任未来的集成电路的核心单元，现有的 MOS 器件基本上已经被认为在 22 纳米技术以后将退出应用，集成电路技术的“新器件时代”即将来临。

目前，世界上先进的器件研究小组针对“后 22 纳米”集成电路技术，主要集中在器件的新材料、新结构和新原理方面开展研究。任何突破性的创造都将改变现有集成电路的设计方式和产业结构。集成电路技术的发展重新回到 20 世纪 60 年代初期的混沌而充满竞争的时代。“群雄并起”就是这个时代微电子器件研究领域的真实写照。

二、新结构器件发展的必然性

承上所述，器件发展的目的是为集成电路技术服务，其最终目的是降低成本，提高集成度，减小能耗，增强性能。脱离这种目的的研究都是没有实际应用价值的。

传统平面硅基MOS器件通过尺寸缩小技术可以不断满足上述目的。但是尺寸缩小技术面临着日益严峻的挑战，主要来自于短沟道效应、泄漏电流增加和迁移率退化等问题。这三者互相影响，互相约束，甚至互相矛盾。其中短沟道效应是制约MOS器件无限缩小的根本因素。

短沟道效应是MOS器件随着尺寸缩小逐渐失去栅电极控制能力的一种退化效应。为了抑制短沟道效应，首先，需要减薄栅介质，其次是减小源区和漏区结深。栅介质的减薄会引起量子隧穿效应，导致关态泄漏电流上升，造成静态功耗问题。此外，栅介质减薄造成电场强度增加，导致体区表面反型电荷受到的散射增强，导致迁移率下降。源区和漏区结深减小一方面受到工艺水平的限制，一方面造成寄生电阻的上升，导致驱动电流下降。很显然，短沟道效应和功耗以及性能的优化是互相矛盾的。

这种矛盾在集成电路进入22纳米以下技术节点时，显得尤为不可调和。比如针对22纳米技术，为了抑制短沟道效应，栅介质的等效氧化层厚度要达到0.8纳米以下，而在现有的铪基高k介质技术条件下，这也已经达到了直接量子隧穿的极限，由此引起的功耗问题很难解决。

此外，超浅结、硅化物、应力工程、金属栅等辅助MOS器件进行尺寸缩小的主要技术手段在22纳米以后节点面临着越来越高的要求，以至于达到了现有工艺的技术极限，或者由于超出了整体的经济成本而无法承担。

另外，从集成电路的多样化发展来看，单一的器件结构远远不能满足不同功能电路的需求。例如，高性能电路需要驱动电流大的器件，而对泄漏电流要求不高，因此可以采用栅介质很薄的平面晶体管；超低功耗电路对静态泄漏电流要求比较高，因此需要寻求抑制短沟道效应较好的器件，比如超薄体SOI或凹陷沟道结构；存储器电路需要很高的集成度，新一代的PRAM、RRAM崭露头角。多样性已经成为当前器件研究的一个主要特点。

在这种背景下，一种或多种新结构器件替代现有的平面MOS器件已经成为一种必然的技术发展趋势。

三、新结构器件研究的发展历史

正是传统平面晶体管碰到的技术瓶颈和集成电路技术多样化的要求使得国际各大半导体公司、学术机构十分重视新结构器件的研究。如上文所述，关于新结构器件的讨论兴起于 20 世纪 90 年代，而且所谓的“新兴器件”（emerging device）一直作为 ITRS 技术路线图的主要组成部分每年都要更新[1]。但是人们每次预测的平面晶体管寿命终结的时间点都在更先进的工艺技术和器件技术的发展下被推迟。新结构器件何时能大规模产业化一直是争论的焦点。

作为半导体业界的龙头，Intel 于 2011 年给出了这个谜题的答案。Intel 宣称，在 22 纳米技术将采用三维 FinFET 器件作为其下一代器件结构。而后 TSMC、三星等世界领先的半导体制造商纷纷宣布跟进采用三维 FinFET 器件作为 22 纳米以后的主要器件结构。这意味着，“新器件时代”正式进入产业化阶段。

作为“新器件时代”的先锋，FinFET 结构在 10 多年前被加利福尼亚大学伯克利分校发明出来，并在 SOI 衬底上首先实现。该成果发表以后，引起众多半导体公司的重视，Intel、英飞凌、三星、TSMC 等都是 FinFET 的支持者，并开展了相关的器件工艺方面的研究[2~5,7~9]。在这些研究的基础上，出现体硅 FinFET 等新型的变种。其中三星在 2004 年提出采用 FinFET 作为存储器单元器件以提高集成度。

在 FinFET 出现前，另一种新器件技术一直都受到人们的关注，并在一些集成电路产品上得到了实现。这就是 SOI 技术。采用 SOI 技术的主要有 IBM、AMD 等公司。其中 AMD 实现了 SOI 技术的系列 CPU 产品。但是 SOI 的自热效应和散热性能对于高速 CPU 应用来说是个瓶颈问题，在和传统体硅平面晶体管的竞争中一直处于下风。

为了推进 SOI 技术，IBM 与 Soitec 联合开发了超薄体 SOI 技术，即将 SOI 的顶层硅膜减薄到只有 5 纳米左右，然后实现 MOS 器件的制备。这项技术被认为是 FinFET 最有力的竞争者。

FinFET 的发明者 Chenming Hu 教授也曾就全耗尽 SOI（FDSOI）技术进行过论述，认为这种技术要实现商业化最大的瓶颈在于大规模的超薄 SOI 晶圆的制备。Soitec 在 2009 年成功开发出 300 毫米的超薄 SOI 晶圆，硅膜厚度只有 12 纳米左右，经过后续工艺的减薄，实现了所谓的极薄 SOI 器件（ETSOI），为 SOI 技术进入 22 纳米以下节点提供了技术支持。

有望在22纳米以下节点实现大规模产业化的新结构器件主要在FinFET和ETSOI之间选择。世界各大半导体厂商分成两大阵营，开始各自的研发竞争工作。

除了FinFET和SOI，为了在更小尺寸的技术节点上取得技术优势，其他适用于尺寸缩微的新器件也开始受到各大公司的重视，并投入大量的研发力量。目前广泛受到关注的技术包括硅纳米线围栅器件[13~15]、Ge/Ⅲ-Ⅴ沟道材料器件[25]、隧穿晶体管[20]、碳基晶体管等[26]。除了逻辑器件，在存储器及消费电子领域也出现了一些创新的器件结构，包括CTM、PRAM、RRAM、STT RAM及柔性电子器件等。国际上对这些器件的研究还处于实验阶段，离大规模生产还有一定的距离，需要加强关键工艺、器件结构优化和电路设计方法方面的研究。

目前，我国在新器件研究方面已经紧跟国际先进水平，在某些方面已经领先国际水平。在纳米线等新原理器件的研究方面处于领先阵营，在FinFET和超薄SOI相关技术方面有优势特色，在Ge、Ⅲ-Ⅴ、碳基等新材料器件方面的研究刚起步不久。

针对FinFET器件存在的关键问题，北京大学提出了基于体硅的局部隔离的FinFET结构，就是对现有体硅FinFET结构的一个改进，解决了体区底管泄漏电流问题。这为我国学术单位参与这场FinFET与超薄SOI的技术竞争提供了一个新的思路，即开展结构设计优化，避开工艺集成的困难，争取一定的知识产权和话语权，为未来的产业化推进奠定了基础。

在面向亚22纳米的下二代技术应用的超前的器件研究方面，国内的学术单位在部分领域和国际领先团队处于同一起跑线上。北京大学、中国科学院微电子研究所、清华大学等单位在纳米器件新结构/新机制、关键工艺及工艺集成、器件模拟等方面开展了有益的探索性研究，取得了一些不错的研究结果，部分成果处于国际研究前沿。在高迁移率器件及石墨烯器件等新材料器件方面则已经展开基础理论研究、相关的器件和工艺研究，并取得了一定的成果。例如，北京大学提出了新结构准SOI器件、BOI FinFET器件及T型栅肖特基隧穿晶体管，研制出体硅围栅纳米线器件等一系列适用于极小尺寸下超低功耗及高性能应用的新型器件结构[6,10~13,17]，从工艺上有效实现了原型器件的特性，其模型模拟研究组还针对电路设计的要求建立了新结构器件的相关TCAD模型[12,16]。有关新器件方面的工作连续5年在微电子领域顶级国际会议IEDM上发表了论文，提升了国内器件研究的国际影响力。中国科学院微电子研究所在高k栅介质关键工艺及集成、高迁移率器件（如石墨烯器件）

和柔性电子器件的工艺集成方面取得了关键性的进展。在存储器领域，包括中国科学院上海微系统与信息技术研究所/微电子研究所/物理研究所、北京大学、清华大学、复旦大学等在内的国内多家单位针对 PRAM、RRAM 等器件开展了功能材料、存储单元和架构，以及集成工艺的研究，取得了若干关键成果。

总体来说，新器件研究的历史还不长，我国学术界在新器件研究领域与国际先进水平的差距不大，尤其在超前的下二代器件的部分研究方面还取得了领先的地位，但是面临着越来越激烈的国际竞争的局面。需要国内的研究者保持持续的专注力和创新力，才能在新一代集成电路技术出现前的曙光里保持领先的步伐。

四、主要的新器件结构和研究现状

本节将详细介绍未来集成电路技术中可能实现的新器件结构及其研究现状。

1. FinFET

FinFET 结构器件是最有希望替代传统平面体硅 CMOS 结构的新结构器件。该结构器件具有一个超薄的立体 Fin，栅电极从三个面覆盖 Fin，形成多方位的栅控能力，从而实现优异的短沟道效应（SCE）抑制能力。而且导电通路分布在 Fin 的三个面上，在有限的版图面积上可以实现更大的驱动电流，因此具有很高的开关速度。根据 Intel 的技术论文，FinFET 在相同工作电压下速度可以提高 37%，在要求的同样速度下工作电压可以降低 0.2 伏，可有效降低能耗。

此前三星将 FinFET 结构器件已经成功地应用于存储器产品，而此次 Intel 正式推出基于 FinFET 结构的产品意味着 FinFET 结构器件的大规模产业化应用已经成为现实。国际上其他一些公司也将 FinFET 结构器件的正式应用列入计划，如 TSMC、Global Foundry，三星也已经宣布将在 14 纳米工艺中采用 FinFET 结构器件。目前宣布的 FinFET 技术都是基于体硅的，而在 14 纳米以后技术代，FinFET 很可能基于 SOI 衬底。北京大学提出的 BOI FinFET 技术可以在体硅衬底上制备出类似 SOI FinFET 的结构，实现局域 SOI 结构，因此具有很好的应用前景。

2. 超薄 SOI

超薄 SOI，即 ETSOI，是 IBM 最早提出来的衬底概念，是在 FDSOI 的基础上进一步减薄 SOI 顶层硅膜的厚度，从而实现有效的短沟道效应控制。

ETSOI可以在现有的平面工艺基础上实现，而无须开发新的三维集成工艺，因此一直受到SOI行业联盟的重视。这个联盟中包括了IBM，Soitec，AMD等知名公司。限制ETSOI实现产业化的唯一瓶颈是大尺寸的超薄晶圆。Soitec在2009年演示了300毫米的超薄SOI晶圆，基本为ETSOI的产业化扫除了障碍。IBM在2009年的VLSI大会上展示了利用ETSOI技术实现的SRAM模块。

特别是考虑SOI和FinFET结合的优势，在14纳米以下节点，基于SOI的FinFET可能会成为主流。目前国内在SOI方面研究成果较多的单位有北京大学、中国科学院上海微系统与信息技术研究所等。北京大学提出并研制出基于体硅衬底的准SOI新结构器件。该器件利用体硅实现局域SOI结构，源漏区被"L型"局域绝缘层所包围；可等效实现超薄体具有的优势，具有很好的短沟抑制能力。此外，由于该器件沟道与衬底直接相连，可以很好地解决常规超薄体SOI器件存在的散热性能差及超薄硅膜带来的性能涨落增大等问题，是一种可以很好结合超薄体SOI和体硅器件优势的新器件技术。

3. 隧穿场效应晶体管

随着平面硅基MOSFET尺寸的缩小，不断增加的器件和电路功耗成为其面临的一个重要挑战。因为平面硅基MOSFET的亚阈值摆幅不能随器件的尺寸缩小而减少，所以阈值电压和电源电压也不能相应减少，从而导致功耗不断增加。

隧穿场效应晶体管（Tunnel FET）是一种基于载流子量子隧穿效应的器件。不同于MOSFET，这种器件的源区和漏区的掺杂极性相反。工作时，通过栅压控制在沟道与源区的PN结处发生带带隧穿，从而产生导通电流。这种器件的亚阈值摆幅可以降至60 mV/dec（室温下MOSFET亚阈值摆幅的最小值）以下，具有极低的关断电流，能够有效地降低电源电压和电路功耗，而且其制作工艺与当前CMOS工艺兼容。隧穿场效应晶体管在超低功耗方面具有广泛的应用前景。

国内外有多家高校和公司致力于隧穿场效应晶体管的研究，包括加利福尼亚大学伯克利分校、北京大学、新加坡国立大学、Intel等。[18~21]虽然目前对隧穿场效应晶体管的研究仍处于实验室阶段，但是其在超低功耗方面的广泛应用前景被一致看好。

4. 纳米线器件

纳米线器件（Nanowire FET）一般具有包围沟道的栅结构和准弹道输运

特征。纳米线器件由于有比 FinFET 和 ETSOI 更强的栅控能力而成为集成电路技术发展预测路线图 22 纳米技术节点以下的有力竞争者。目前纳米线器件的制备方案分为自底向上的自组装技术和自顶向下技术。自顶向下技术由于与传统 CMOS 工艺兼容，有很好的应用前景；自底向上的自组装技术由于不能均匀控制生长纳米线，离实际系统应用还相差甚远。2005 年，三星的研究小组最先开展了纳米线环栅 MOSFET 的工艺集成研究，北京大学研究小组于 2006 年开始研究，2007 年在 IEDM 上发表了一种基于微电子加工技术制备围栅硅纳米线器件的新方法，与 CMOS 工艺兼容，不用外延技术，从实验上验证了纳米线器件有近乎完美的抑制短沟道效应的能力、优异的驱动性能和关态特性。

国内外在纳米线器件方面开展研究比较好的有三星电子、IBM、北京大学、新加坡国立大学、新加坡微电子研究院、日本东京大学等。[12~17]

5. 高迁移率沟道器件

根据 ITRS 2009 的预计，到 11 纳米技术节点时，高性能逻辑电路的电源电压将降低到 0.7 伏以下，此时，以应变硅为沟道的 CMOS 技术在速度与功耗方面将很难满足要求。因此，开展硅基高迁移率沟道材料（锗与Ⅲ-Ⅴ族半导体）替代传统应变硅技术来提高 CMOS 器件性能的研究具有重要的学术价值与广阔的应用前景，这也是当前延展摩尔定律的主要途径之一。

高迁移率沟道器件可以在很低的电压下工作，因此可以大大降低动态功耗和提升工作速度。[19] 目前高迁移率器件的研究还处于起步阶段，主要集中在硅工艺兼容的关键工艺研究方面。在器件的结构设计和模型研究方面还不是很充分。

在高迁移率沟道器件研究方面，各大半导体公司，如美国 Intel、IBM、飞思卡尔半导体、台积电等都在投入相当大的人力和物力，力图在新一轮的技术竞争中再次引领全球集成电路产业的发展。中国内地的研究机构也开始在相关的材料、关键工艺、工艺集成方面开展了初步的研究工作。主要的研究单位有清华大学、中国科学院微电子研究所、南京大学、北京大学等。

6. 石墨烯

石墨烯材料由于具有非常高的迁移率，本征材料具有 0 带隙，在射频器件方面的应用受到更大的关注。

目前，我国石墨烯的研究主要集中于材料生长和物理特性的研究。在微电子器件和工艺的研究方面开展的工作还较少。其中，中国科学院微电子研究所在射频石墨烯器件和工艺的研究方面，已经打通了石墨烯射频器件制备的关键工艺，采用微机械剥离的石墨烯制备的场效应器件，在栅长为 0.3 微米时，截止频率达到 18 GHz，频率特性接近 IBM 在 2009 年年末的水平，同时，采用国产 SiC 衬底上生长的晶圆级石墨烯和使用 CVD 方法生长的石墨烯材料规模化制备的场效应晶体管，在栅长为 1 微米时，截止频率均可达 5 GHz，最大振荡频率可达 2GHz。

自 2004 年出现以来，石墨烯在工业界和科学界都受到了广泛的关注。美国、日本、欧盟等发达国家和地区针对石墨烯的器件和电路的研究发布了相应的研究计划，投资在石墨烯的射频、逻辑及新原理器件方面进行研究，已经取得了一些重要进展。

IBM 采用高 k 介质等标准的硅工艺研制成功截止频率达到 280 GHz 的石墨烯射频器件；利用量子尺寸限制效应实现电流开关比（Ion/Ioff）大于 10^6 的器件，并探索了石墨烯 CMOS 器件与反相器电路。上述进展从技术的角度进一步论证了石墨烯在延展摩尔定律和超越硅 CMOS 技术的可行性和优势。当然，石墨烯本身存在的问题给未来大规模实际应用带来的局限仍需要冷静思考，近几年，美国在石墨烯方面资助力度有所下降，各研究机构更侧重其在射频及光电等方面应用的探索。

五、新型存储器件及其研究现状

目前的半导体存储器市场，以挥发性的动态随机存储器（DRAM）和静态随机存储器（SRAM），以及非挥发性的闪存（Flash）存储器为代表。随着半导体工艺技术节点的不断推进和对非易失性数据存储需求的不断增加，具有高速度、高集成度和电可擦除等优点 Flash 的技术自 20 世纪 90 年代以来得到迅速发展。2006 年与 2005 年相比增长 60%，已占据整个存储器市场的 40%以上，2008 年 Flash 存储器的市场规模达到 365 亿美元（用于数据存储的 NAND-Flash 占到 60%以上），并超过 DRAM 成为目前市场占有量最大的存储器产品。东芝和三星在 2007～2009 年的 IEDM、VLSI 会议上，连续报道了用 3 维堆栈结构提高存储密度、降低存储功耗的 Flash 技术。根据国际半导体技术路线图的预测，2012 年 NAND-Flash 将发展到 32 纳米技术节点，达到 64Gb 的量产水平。

存储器在我国半导体工业中占有十分重要的地位，国内存储器市场急剧膨胀，2010 年，我国存储器市场销售额达到了 1756.5 亿元，尤其是嵌入式存储器在消费电子领域（MP3、数码相机和摄像机等）、网络通信领域（手机、GPS 等）、计算机领域（台式计算机、笔记本电脑、显示器、打印机等）得到极为广泛的应用。同时已形成大量的半导体加工厂，具有很强的存储器加工能力：宏力半导体是中国内地最大的生产嵌入式闪存 SuperFlash 的企业；中芯国际 2010 年的总营业额达到 15.5 亿美元，是中国内地第一名，而其 1/3 的产品是与嵌入式存储器相关的；华虹于 1999 年建立国内第一条 8 英寸线，最初的产品也是存储器。但中国缺少具有自主知识产权的关键核心技术，大多数存储器产品都必须付给国外大公司专利费，如宏力半导体制造的存储器产品就采用了 SST 的 IP 并经过了 SST 的许可。

对非挥发性存储器，Flash 技术是市场的主流，随着工艺技术进入 22 纳米工艺节点后，由于超薄氧化层中直接隧穿效应、应力导致的漏电效应、源漏穿通效应和邻位干扰严重等多种因素限制单元尺寸进一步缩小，存储器单元尺寸的缩小面临着巨大的困难。在这种局面下，在国际上引发了极为激烈的非挥发性存储技术研发的竞争，主要体现为两种趋势，一种是通过引入新材料、新结构，在现有 Flash 技术的基础上努力推进发展，以新型的 CTM（电荷陷阱型）存储器为代表，对基于电荷陷阱型的 Flash 存储单元结构，电子或空穴可储存在局部缺陷中，这样就不会因为隧穿氧化层中存在轻微的漏电通道而导致电荷完全泄漏，所以隧穿氧化层可进一步地减薄，相应地，进行写操作的工作电压可以进一步降低。目前研究较多的电荷陷阱型 Flash 具有 SONOS 结构，电荷存储在夹在两层二氧化硅（SiO_2）中的氮化硅（Si_3N_4）中。另一种是采用完全不同的新技术和新的存储原理开展的新一代存储器，其中以阻变存储技术（RRAM）、相变存储技术（PCRAM）和自旋磁存储技术（STT-RAM）为代表。这三类新型存储技术都是利用存储介质的电阻在电信号作用下在高阻和低阻之间可逆转换的特性来实现信号存储的，不存在 Flash 的串扰问题（即在相邻单元电场影响下存储信号发生变化），因而都具有很强的可缩比性。其中 RRAM 具有大的存储窗口（多值存储）、功耗低，以及材料与当前 CMOS 工艺的兼容性好的优点，在 3D 集成性及成本等方面具有较明显优势。

目前 RRAM 研究还处在百家争鸣的阶段，在存储器材料、工作机制、器件结构和工艺关键技术开发等研究方面还存在很多挑战，但是 RRAM 存储器巨大的应用前景仍然吸引了众多的科研机构和企业积极进行研究。在 RRAM 的电阻转变材料方面，过渡金属氧化物因为其组分可控、存储性能良好、与

CMOS工艺兼容而特别受到重视。2005年，三星制备了基于NiO体系的阻变存储阵列，并且具有较小的工作电流和改善的转变电压分布；2007年富士通提出Ti掺杂NiO组成的1T1R型阻变存储单元，速度可达5纳秒，重置电流小于100微安；三星2007年也报道了采用Ti掺杂NiO组成的双层1D1R型结构8×8阵列来演示RRAM高密度集成；在2009年的IEDM会议上，中国台湾工研院报道了采用台积电（TSMC）0.18微米标准工艺成功制备了存储密度为1Kb的二氧化铪基RRAM阵列电路，采用的1T1R型存储单元尺寸为30纳米×30纳米，成品率达到100%，可在40纳秒宽脉冲工作模式下转变10^6次以上，且保持特性可达10年等良好的非易失性存储特性；2010年日本SHARP报道了基于CMOS工艺的容量为128Kb的RRAM样品；2010年ISSCC上美国的*Unity Semiconductor*报道了90纳米工艺制造的64Mb测试芯片，但是未报道单元存储特性。2011年三星在《自然·纳米技术》杂志上报道了基于Ta_2O_{5-x}/TaO_{2-x}双层结构的RRAM器件单元，其可在10纳秒宽脉冲工作模式下转变10^{12}次以上。从高密度存储阵列研究的发展趋势来看，交叉结构阵列是在纳米尺度实现高密度存储技术的重要架构。为消除阵列中的泄漏通道，1T1R和1D1R两种不同存储单元的存储阵列被广泛采用。1T1R阵列结构能够采用双极或单极的RRAM存储单元，但是1D1R阵列原则上只能采用单极存储单元，而且它们对RRAM单元的结构要求也不一样。例如，从单元上升到存储阵列以后，如何保证RRAM存储器的制造工艺一致性，而且RRAM存储单元的性能往往容易受到界面等的影响，因此如何克服RRAM单元和晶体管/二极管的集成带来对RRAM存储单元性能的影响是亟待解决的技术难点。1T1R存储阵列架构最大的特点在于其和CMOS标准工艺兼容性好并且对RRAM提供了单独读取和控制的能力，因此可同时适于嵌入式及独立式应用，但是因为额外晶体管的存在，集成密度受到一定限制。1D1R结构采用简单的交叉阵列结构，采用CMOS后端工艺堆栈在逻辑电路器件上面，有望实现最小单元面积为$4F^2$的集成，且具有3D集成的潜力，因此在大容量独立式存储有着重要的潜力。但是其和CMOS工艺兼容的高性能二极管设计和制备一直是研究的瓶颈和难点。CMOS后端工艺需要采用全低温工艺（通常低于400°C）并需要避免引入和CMOS工艺不兼容的材料。因此传统的PN结二极管（需要高温扩散工艺）将难以引入1D1R阵列中，需要开发可低温制备的基于其他氧化物的二极管及肖特基二极管，但这类二极管要满足大电流密度及高的Ion/Ioff比是一个重要的技术挑战。针对不同阵列架构进行适用的RRAM单元结构设计及制备技术亦是一个技术重点和难点。

第二节　纳米低功耗集成电路新器件研究中的关键问题

和传统的平面器件不同，新器件在结构、材料和工作机制方面可能存在着截然不同的特点。正是这些新特点的存在，使新器件要实现产业化的目标，还要解决一系列的关键问题，包括器件结构的优化设计、集成工艺、电路集成设计方法等。器件结构的优化对于新器件来说尤其重要，这是因为新器件的初始研究阶段往往没有经受集成工艺环境的检验，而导致许多寄生效应没有被考虑到，使得器件特性偏离预想的设计结果。集成工艺对于新器件，尤其是新材料器件来说是一个关键问题，比如对于高迁移率沟道器件来说，如何解决材料的界面处理及热预算问题是实现该类器件大规模集成的核心所在。电路的设计方法是一切新器件能否具有一定的经济价值的衡量指标。如果采用新器件的集成电路需要使用复杂的电路结构和设计方法，那么在成本和适用性方面将存在一定的限制。

本章将结合当前新器件的研究热点，详细阐述各种新器件存在的关键问题。

一、新型逻辑器件

（一）三维新结构器件

FinFET、ETSOI、围栅纳米线器件等从结构上看，沟道区由全耗尽的薄膜或精细圆柱构成，而栅电极则具有类三维形状。这类器件存在的关键问题有类似之处，又有各自的特点。

这类新器件研究中存在的关键问题一般可以归纳如下：①三维沟道区和栅电极的制备和均匀性；②三维结构上高 k 金属栅、应变工程的可集成性；③用于电路设计的特殊器件模型。

各自的具体问题以及解决方法如下。

1. FinFET

目前整个 FinFET 结构器件的研究可以分为两大类，一类是制备在 SOI 衬底上的 SOI FinFET，另一类制备在体硅衬底上的体硅 FinFET。

SOI FinFET 器件具有制备工艺简单、泄漏电流小、速度快等优点。制备鳍片（Fin）结构时，由于有埋氧层的存在，刻蚀过程会自动终止在埋氧层上，Fin的高度直接由SOI硅膜的厚度决定，降低了刻蚀的难度；而且埋氧层起到隔离作用，切断了沟道底部泄漏电流的通路，大大降低了泄漏电流的大小。但是SOI FinFET具有以下缺点：衬底成本高、散热性差、存在浮体效应和自加热效应等。

为了克服SOI FinFET存在的缺点，降低制备的成本，研究人员开始采用体硅衬底来制备FinFET结构器件。国际上较早开展体硅FinFET的研究小组有韩国三星、日本东芝等公司。体硅FinFET与SOI FinFET结构最大的区别在于Fin底部没有和衬底隔离开，存在Lower Fin与衬底相连。该Lower Fin的存在能够将器件工作中产生的热量带走，有利于器件的散热；但是由于这部分Fin受栅电极的控制能力较弱，很容易造成源漏之间的穿通，形成较大泄漏电流，严重影响器件的性能。为了降低器件的泄漏电流，一般需要在Fin底部和Lower Fin顶部附近与隔离氧化层相对齐的区域形成穿通阻止层（punchthrough stopper，PTS），这增加了体硅FinFET器件的工艺复杂度。此外，体硅FinFET器件还存在以下关键技术难点。

（1）Fin的剖面形状及Fin尺寸的均匀性。由于Fin尺寸非常小且器件的特性与鳍片的形状、尺寸密切相关，微小的尺寸波动也会带来器件性能的波动，所以严格控制尺寸的均匀性变得十分重要。除了控制工艺以外，采用SOI衬底或许是解决这个难题的途径之一。

（2）三维结构的刻蚀工艺。由于FinFET结构本质上是三维结构器件，这给刻蚀工艺带来了很大的困难，但并不是不可解决的问题，通过调整刻蚀参数和优化版图设计，这类问题可以获得较好的解决。

（3）源漏寄生电阻问题。由于Fin尺寸非常小，这会带来较大的器件串联电阻，降低了器件的驱动能力，严重影响性能。降低寄生电阻的办法一般采用外延源漏的办法，使源漏电阻降低。但是这种方法只能降低一部分串联电阻，而且不具有较好的尺寸缩微性。

（4）复杂的寄生效应带来的器件模型的复杂性。FinFET的寄生效应主要来自三维沟道区和周边介质的相互耦合，通过采用低k介质填充也许可以予以解决。

为了解决前述体硅FinFET中存在的体区穿通问题，北京大学的研究小组提出了基于局部SOI的FinFET概念，并成功地利用局域热氧化的办法制备出了BOI FinFET结构，即body-on-insulator FinFET。这种结构将Fin制备在填埋的二氧化硅层上，而源漏通过体硅和衬底连接，这样既可以解决 SOI FinFET 自热和体引出的问题，也能解决体硅 FinFET 的底部寄生沟道泄漏的问题，是一种具有重要指导意义的解决思路。

2. 围栅纳米线器件

制备围栅器件的关键在于形成悬浮的纳米线结构，SOI 衬底由于天然存在氧化物作为牺牲层，其制备技术较为简单。新加坡微电子研究院成功开发了在 SOI 衬底上制备围栅纳米线 MOS 器件工艺。SOI 衬底上制备围栅纳米线器件的一个严重问题是如何减小极薄的硅膜造成的源/漏寄生串联电阻，由于 SOI 衬底存在自加热效应和浮体效应，需要复杂的源漏工程降低源漏寄生电阻，且 SOI 圆片的价格较高，所以迫切希望将围栅纳米线器件的制备转移到体硅衬底上。较为成功的有三星的外延 SiGe 牺牲层工艺，但其工艺成本仍较高，而且寄生效应的减小仍需深入探讨。[14]北京大学提出了无外延的体硅围栅纳米线器件制备方法，基于各向同性刻蚀硅工艺释放沟道区，基于氧化自限制效应，可较好控制纳米线尺寸，并有效抑制底部寄生管泄漏。[13]但工艺的可控性和寄生参数的减小仍需进一步优化。

（二）新材料和新原理器件

新材料和新原理器件与新结构器件的不同在于引入了一些新材料或新的输运机制，因此在工艺集成和器件模型研究方面存在自己的新特点，也有一些新问题。

1. 隧穿场效应晶体管 TFET

隧穿场效应晶体管是典型的新原理器件，可有效降低关断电流，但是其导通电流较低，通常比相同技术节点的 MOSFET 小 3～4 个数量级。这是由于常规的注入一退火掺杂工艺很难在器件的沟道与源区之间制造理想的突变 PN 结，而缓变 PN 结过长的耗尽区宽度大大降低了载流子的隧穿概率，从而降低了导通电流。另外，器件具有双极特性，在反偏状态存在很大的漏电，增加了电路的功耗。在增加器件的导通电流方面，有如下几种方法：采用高 k 和金属栅代替氧化硅和多晶硅栅，实现更小的等效氧化层厚度（EOT）；用立体的双栅或环栅结构取代原来的平面单栅结构，加强栅控能力；利用锗、锗硅化合物或其他窄禁带半导体材料代替硅，实现更小的隧穿距离。比如加利福尼亚大学伯克利分校研制的器件中应用窄禁带半导体材料锗取代硅，在

0.5伏电源电压下实现了1×10^6的电流开关比。北京大学研究小组则提出了T型栅新结构TFET器件，结合栅结构和势垒工程，提出自适应（adaptive）新型器件工作模式，有效提高了导通电流，同时可以抑制双极特性，并降低了工艺复杂度和成本，是一种很好的器件解决方案，其他电流开关比达到10^7，在IEDM 2011上发表了文章。抑制器件的双极特性，也有几种方法：在源区和沟道之间生长一层超薄介质，在栅压反向时可切断电流通路；引入异质栅介质层；减少漏区的掺杂浓度或在漏区引入低掺杂的漂移区。

2. 高迁移率沟道器件

高迁移率材料一般采用硅衬底上外延锗或Ⅲ-Ⅴ族化合物材料。硅衬底与高迁移率沟道材料之间通常存在严重的晶格失配，晶格常数失配与热膨胀系数失配在异质外延过程中将引入大量的位错、缺陷甚至产生裂纹，因此需要采用选区生长、缓冲层与柔性衬底等技术来提高外延层的质量。另外，Ⅲ-Ⅴ族半导体与锗材料的表面难以形成高质量的氧化层，寻找热力学稳定的高k栅介质材料、制备无费米能级钉扎的MOS界面也将是一个非常有挑战性的科学问题。通过选择新型高k栅介质材料，优化界面改性技术、薄膜制备工艺等来提高热稳定性，解决工艺均匀性和重复性等问题，获得小的EOT、低的隧穿漏电流和高的热稳定性，并与高迁移率CMOS器件结构兼容性良好的新型高k栅介质材料。

3. 石墨烯

尽管石墨烯的研究取得了飞速的进展，但石墨烯的研究还处于初期，在器件与工艺的研究还存在较多问题有待于解决。在器件和工艺领域还存在如下问题。

（1）石墨烯的表面和界面效应。

（2）石墨烯带隙工程。

（3）高k栅介质。

（4）工艺条件对石墨烯载流子电学特性的影响。

（5）石墨烯欧姆接触。

（6）石墨烯器件中载流子的输运特性。

二、新型存储器件

回归到新型存储技术的研究，三维存储技术是未来闪存技术的主流方向，发展三维技术成为业界共识，也是存储技术研究中的研究重点。尽管近几年国际上的一些研究已经对三维存储技术有了一些可行性的技术方案，也从器件、工艺乃至芯片等各层面得到了演示，然而针对三维存储技术的研究目前仍存在一系列的技术挑战和关键问题亟待解决，这些问题一方面集中在适宜三维集成应用的存储器件的结构性选择上，例如，三维叠层集成 CTM 闪存技术中的低成本沟道技术、三维垂直集成闪存技术的集成工艺实现方法、交叉阵列结构三维 RRAM 技术中的选择晶体管技术等；另一方面，三维集成工艺将对存储材料、存储器件及电路的遴选与工艺实现带来新的技术挑战，并在存储器件的电学、热力学、可靠性、机械稳定性及缩比能力等方面面临众多科学及理论问题。

(1) 适于三维结构存储器的集成工艺，特别是多层堆栈的淀积生长技术和多层堆栈的刻蚀技术。三维结构不同于传统的平面结构，因此在图形转移、掺杂、热开销控制、均匀性控制方面面临挑战。三维存储需要对存储单元的堆栈，而且新型存储单元也引入多种新材料。此外，为了防止后续单元形成过程对前一单元性能的影响，三维堆栈采用一次性刻蚀形成所有存储单元，在纳米尺度实现多层不同材料的堆栈结构的精确均匀刻蚀工艺极具挑战。因此开发适于三维构存储器的多层堆栈的淀积生长技术，以及具有高刻蚀选择性、能够实现深孔刻蚀的技术是整个集成工艺研究的难点和重点。

(2) 适于三维集成的高性能存储单元的设计和制备。高性能存储单元是三维存储器的核心元件，其高读写速度、低电压低功耗操作、高可靠性及多值存储功能是三维存储器满足未来存储需求的重要基石，因此如何通过存储单元存储机制、结构设计、材料和工艺的创新来获得构建三维存储阵列的高性能存储单元是三维闪存技术研究中的关键技术问题。

(3) 三维存储阵列中泄漏电流及单元之间串扰的抑制。三维结构存储器是面向高密度大容量存储的应用，随着存储窗口、器件尺度和器件间距的减小，阵列中的泄漏电流单元和单元之间的串扰问题成为阵列架构设计中的重要挑战。因此，如何通过三维存储阵列架构设计、选择管的优化、外围控制电路的设计来消除阵列中的泄漏通道和串扰影响建极限尺寸的三维结构存储阵列是难点。

(4) 新的外围电路设计和布局布线。三维的多层存储单元的集成也需要不同于传统平面型存储单元的布局布线和电路设计，如何通过电路设计的创新实现对多层单元的访问控制，如何通过架构设计提高存储阵列在这个芯片面积的效率，如何通过电路方法克服或改善三维存储阵列中普遍存在的漏电问题及其对读取特性的影响，是三维结构存储器研究的关键问题。

在DRAM技术的研究方面，如何实现小尺寸三维选择晶体管的低泄漏电流以利于延长数据的刷新时间，以及如何选择高k材料和电极材料满足低泄漏和大的电容能力仍然是未来的研究重点。同时，对无电容浮体存储技术的研究则主要将集中在如何获得长的数据保持时间，增大读取窗口等方面。

第三节　纳米低功耗集成电路新器件领域未来发展趋势

尽管根据摩尔定律，2011年会实现22纳米技术代产品的量产，直到本书完成时，22纳米究竟采用何种结构的晶体管依然没有盖棺定论。尽管Intel于2011年5月宣称将在22纳米节点采用新型的三栅FinFET结构来取代传统的平面晶体管结构，其他先进半导体厂商包括IBM、三星、台积电并没有马上决定各自的22纳米候选者。这和各自的技术研发积累有关，平面晶体管和超薄体SOI晶体管的可能性也是难以抉择的选项。这三种晶体管结构有着各自的鲜明的技术特点，也存在各自的优劣势。下面将对它们的应用前景进行简单的阐述。

(1) 继续尺寸缩小的平面晶体管：平面晶体管是当前物理机制研究方面最为完善的结构，也是配套工艺最成熟的结构。但是，继续缩小平面晶体管所面临的主要是工艺方面的限制，如超薄栅介质和超浅结。还有统计涨落比起其他结构来说要严重一些。为了控制短沟道效应，22纳米以下技术需要8埃以下的等效电学厚度栅介质，难以控制量子隧穿引起的栅泄漏电流。适当放宽栅间距（Pitch）的限制从而释放栅长的限制可以延缓栅介质减薄带来的挑战，同时增加沟道应力获得更多的驱动电流，这可以使平面晶体管能够应用于介于高性能和低功耗之间的移动计算领域。但是不管如何，16纳米或14纳米节点上，平面晶体管将会退出历史舞台，让位于FinFET或超薄体SOI或更新的结构。

(2) FinFET：这种结构具有静电控制力强、驱动电流大的优点，比较适合高性能电路的制造。而在低功耗方面，Fin的宽度必须小于栅长的1/2（22纳米节点为10纳米宽，而16纳米则为8纳米宽）才能有效截断源漏关态电流，这远远超过了相应技术节点的精细线条的加工极限，因此FinFET并不适用于低功耗的电路应用而在高性能计算方面具有非常大的优势。此外，

FinFET 具有较低的成本（当前的 FinFET 多数在体硅上制备）和体硅工艺兼容的优点，因此仍然具有相当的吸引力。值得一提的是，体硅 FinFET 的源漏泄漏问题可以利用前面提到的北京大学提出的 BOI（body-on-insulator）概念予以较好的解决，从而开拓其在低功耗领域的疆土。就公司而言，Intel、台积电和三星是较早开展研究的厂商。总体来说，这三家都极有可能在 22 纳米或其后的节点推出 FinFET 产品。

（3）超薄体 SOI：超薄体 SOI 在很长时间里都是研究领域中最为重要的器件结构，这是因为它体现了真正的“平面电流”的特点，也就是电流区间被限制在很薄的一层硅膜中，从而有效地截断了寄生的源漏泄漏电流通道。因此超薄体 SOI 是一种理想的低功耗器件。不过，由于超薄体 SOI 的硅膜主要依靠减薄的方法制备，无论是在成本还是工艺稳定性方面都不具备竞争力，这阻碍了超薄体 SOI 成为当前 22 纳米节点的替代者。准 SOI 器件由于可以很好地结合体硅和薄体 SOI 器件的优势，缓解两者的问题，在结合高性能低功耗及特殊应用方面具有很大的潜力。此外，目前 Soitec 已经成功研发出适用于量产要求的 300 毫米超薄体 SOI 晶圆，将在一定程度上帮助超薄体 SOI 器件在低功耗领域取得一定的优势，或许在 16 纳米以下技术节点取得一席之地。综合来看，22 纳米技术节点或包括其后的 16 纳米技术节点上，平面晶体管和 FinFET 也许会共同存在，但是 16 纳米以下，平面晶体管将退出历史舞台，而类似超薄体 SOI 的器件随着材料制备成本的降低将开始登上历史舞台和 FinFET 成为互补性的器件。而超薄体 SOI 和 FinFET 的结合产生的另外一个变种，即三栅或围栅纳米线结构（nanowire）将会成为 10 纳米以后的最具竞争力的结构。

（4）硅纳米线：这种结构栅电极呈三栅或围栅分布，而硅柱的宽度和厚度可比拟，都是 10 纳米以下尺度，从而可以提供更加强大的静电控制能力，获得极低的源漏关态电流。此外，硅纳米线具有一维输运的特点，可以达到很高的沟道迁移率，从而获得较高的沟道驱动能力。但是源漏寄生电阻是破坏硅纳米线驱动能力的最大威胁。如果采用单纳米线和多根纳米线的混合集成，可以分别在不同电路模块实现低功耗和高性能的功能。从工艺可控性方面考虑，三栅或围栅结构的纳米线结构应当是将来 10 纳米以下竞赛中最具竞争力的选手。

除了上述器件结构之外，还有其他诸如高迁移率沟道器件和超高开关比器件需要在集成电路技术的发展路线上找到自己的位置。前者的代表是 Ge 和 III-V 化合物器件，而后者的代表则是 TFET。高迁移率器件目前还处于材料研究和基础工艺研究阶段，离大规模集成电路尚有不小的距离。但是认为这种器件由于具有很高的驱动能力和很低的开启电压，可以工作在很低的电压下，对降低功耗，同时提高性能会有很大的帮助，工艺成本将是一个考量因素。根据ITRS预测，到2026年，电源电压需要降低到0.7伏，在该节点上，采用高迁移率沟道器件应该具有很好的竞争力。TFET则是一种新型的开关元件，利用对带-带隧穿（band-to-band tunneling）过程的调制实现低于60mV/dec的亚阈值摆幅，从而实现超低电压下的开关特性。但是TFET还要克服驱动电流低下的缺陷才能实际应用，而且超陡峭源漏结在目前的退火工艺下难以实现也是阻碍其应用的一个因素。即便如此，TFET仍然能够在某些特殊应用领域获得应用。而且新近提出的新结构T型栅TFET可以较好地解决这些问题，此外，从结构、机制角度还有很多进一步的创新空间，TFET在超低功耗电路的潜力令人期待。

综上所述，未来10年抑或20年，可以预测的主流器件仍然会以硅器件为主，针对各种特殊应用领域，将会有一些非硅器件作为补充。FinFET可以成为直到10纳米左右的高性能应用方面的主要结构。而超薄体SOI在16纳米或14纳米以后成为FinFET的互补结构。至于10纳米以后，目前可以看到的可能性则只有硅纳米线可以胜任。

在存储器领域，三维存储技术的发展是将来主要潮流。适用于三维存储的各种新器件技术将受到广泛的关注。目前已知的研究热点包括CTM、RRAM、PRAM等。围绕这些新型存储器件开展三维存储架构、三维集成工艺、功能材料优化等工作是当前先进的存储技术战略研究的核心内容，也是存储技术研究的主要趋势。

在上述技术路线背景下，重视新器件的可集成化、新器件的模型研究、新器件电路架构的设计方法是实现新器件产业化的重要指导思想，也是未来新器件研究领域的主要趋势。

第四节　建议我国重点支持和发展的方向

一、“后22纳米”新器件大规模集成制造技术

以22纳米技术节点为标志，在“后22纳米”时代应用新型器件结构取代传统平面型MOS晶体管是未来大规模集成电路制造技术降低高级工艺技术研发难度、延续摩尔定律持续缩减规律的必然趋势。此过程不仅需要研究

新材料沟道与立体结构设计、工艺集成、三维器件模型、量子输运方式等关键内容，同时需要开发与主流工艺技术——高 k 金属栅、应变工程的兼容方法。与原来的平面技术相比，除了研究内容的革新外，器件的研究方式、测试方法及工艺制备途径也将发生重大变化，因而进一步增加了工艺的复杂性及难度，对现有的微电子技术的加工、测试方法与能力提出了重大挑战，迫切需要对相关的器件结构设计、工艺加工方法、测试方法进行专门的开发和研究。

国家通过重大专项、“973”计划项目对研发大规模集成电路技术与高级新型逻辑器件进行了相当大的支持，由北京大学牵头的“973”计划项目已连续支持三期，在新结构器件、器件模拟技术、集成技术等方面取得了系统的前沿性研究成果，具有较大的国际影响力。基于新型器件技术的核心和带动作用，目前的“973”计划项目列入了“973”计划导向项目（大“973”），主要集中在 22 纳米及以下集成电路新型器件、关键工艺技术等基础性研究方面，但尚缺乏对发展下一代大规模集成电路技术创新器件平台的综合性研究。

建议与中芯国际等产业部门密切合作，建立面向下一代大规模集成电路技术的创新逻辑器件与工艺研发平台，重点提供对 FinFET、Nanowire、超薄体 SOI 等核心器件与高性能逻辑集成电路（HP）集成工艺，以及 TFET 等新原理器件与低功耗逻辑集成电路（LP）集成工艺的研究支持，开发出面向亚 22 纳米 HP/LP 逻辑电路应用的全新器件工艺，引导国内相关半导体厂商提高现有基础工艺水平，突破知识产权限制，顺利实现产业的更新换代，并带动相关集成电路制造厂商在基础器件平台转换的时候抓住机会，切入主流集成电路制造市场。

二、“后 22 纳米”新材料器件集成技术

除了以硅基新器件为代表的“后 22 纳米”大规模集成电路技术的创新研究工作之外，以新材料器件为代表的面向“后 22 纳米”新型集成电路技术研究也具有重要的意义。

（1）高迁移率沟道。鉴于高迁移率沟道器件在“后 22 纳米”新型集成电路技术与工艺中的重大需求，建议围绕高迁移率器件技术所涉及的核心内容开展研究，在硅基高迁移率锗与Ⅲ-Ⅴ族半导体材料生长、高可靠性栅介质生长、高迁移率新结构器件等方面进行技术攻关，突破拥有自主知识产权的硅基高迁移率锗材料与Ⅲ-Ⅴ族半导体材料，加快硅基高迁移率材料的实用化进

程，解决小尺寸高迁移率新结构器件与集成技术中的关键问题，取得硅基高迁移率器件关键工艺的工程性突破，为进入实际生产应用开发奠定基础。“后 22 纳米”集成电路技术的研发具有资金需求量大、技术含量高、人才需求层次高等特征，建议国家在该领域的支持应该相对集中于几家优势研究单位，并联合中芯国际等大型集成电路制造企业，构筑我国自主的专利体系，推动我国集成电路产业健康、持续发展。

（2）石墨烯。我国对石墨烯的研究也非常重视，在 2010 年启动的重大科学研究计划中有三个与石墨烯材料和物性研究相关的项目，但这些项目主要是进行石墨烯材料制备和机制研究。我国的极大规模集成电路重大专项（国家科技重大专项“02”专项）也将石墨烯的研究作为先导技术研究，探索石墨烯在集成电路中的应用。总体来说，虽然现在国内石墨烯的研究体量比较大，但是大多数研究集中在石墨烯物性和材料研究方面，还处于跟着国外走的阶段，有关应用技术和器件方面的研究相对较少，原创性的、有影响力的工作还不多。

根据石墨烯材料和器件国际发展趋势，以及我国在该领域的基础，应在石墨烯集成电路的关键技术突破与应用及石墨烯新原理器件探索方面进行布局和突破。

三、新型存储器件技术

在我国，企业对存储技术的研发投入较少，新技术的产业化步伐相对滞后，主要还是以消化吸收常规技术为主，比如上海华虹从美国 Cypress 引进了 0.13 微米嵌入式 SONOS 工艺技术；上海宏力半导体从美国 SST 引进 0.13～0.25 微米分裂栅结构嵌入式快闪存储器技术。上海 SMIC 在和 Spansion/Saifun 合作研发 90 纳米/2Gb NROM 技术。

我国的科研院所在国家重大专项、“973”计划、“863”计划、核高基项目等支持下，近年来在新存储技术领域的研究取得了较大的进展。比如在国家科技重大专项“02”专项的支持下，中国科学院微电子研究所牵头依托中芯国际 12 寸生产线的 32 纳米新型存储技术关键工艺技术课题的研究使我们掌握了平面结构 SONOS 型电荷存储器制备的整套关键工艺解决方案，同时获得了可与现有工艺兼容的阻变存储器的工艺解决方案；“863”计划、“973”计划分别对“纳米结构电荷俘获材料及高密度存储基础研究”和“纳米晶浮栅存储器存储材料及关键技术”的研究提供了资助；“863”计划针对阻变存储技术有两项探索导向类项目的立项支持：“纳米结构氧化物薄膜及其在电阻式随机存储器中应用的关键技术”和“基于二元金属氧化物的阻变存储器”；

针对 RRAM 设计共性技术有一项重大项目的立项支持：新型非易失存储器设计共性关键技术研究；“863”计划项目、“973”计划项目也开展了相变存储技术的研究，比如“纳电子器件 C-RAM 关键技术研究”和“纳米 C-RAM 集成器件关键技术研究”两项“863”计划项目，“基于纳米结构的相变机理及嵌入式 PCRAM 应用基础研究”和“相变存储器规模制造技术关键基础问题研究”两项“973”计划项目。

应该说，我国在“十一五”期间对新型存储器的材料、制造工艺、单元器件和小规模存储器进行了很好的前瞻性技术的研究部署，这为我国进一步发展新型存储器技术奠定了良好的基础，同时通过这种前瞻性新技术的研究，形成了一支存储技术的技术团队，培养了一大批存储技术的研究骨干。但是也要看到，到目前为止，对代表未来存储器发展方向的三维存储技术（包括三维电荷俘获存储器、三维阻变存储器等），还未能提供足够的重视和经费资助，对三维存储器的材料研究、器件结构研究及其电路的研制还不是很深入，系统性不足。这种新型存储器核心关键技术的严重缺失，使前瞻性的研究开发可实用的电荷陷阱存储器和 RRAM 新型存储器等的核心三维存储关键技术迫在眉睫。该方向的研究也是我国对“十一五”新型存储技术研究成果的肯定和技术市场化跨越发展的必然要求。在这个阶段，如何把我国在新技术方面的现有研究成果、未来存储技术的研究方向和企业的研发进行衔接，共同促进存储产业的发展是我们面临的一个难题。

我国是存储产品的消费大国，但存储技术研究在我国相对滞后，上海宏力半导体是我国最大的存储器生产企业，其主力产品还停留在从美国 SST 引进的 0.13～0.25 微米分裂栅结构嵌入式快闪存储器技术，上海华虹从美国 Cypress 引进的也是基于 0.13 微米的嵌入式 SONOS 工艺技术。应该说，我国企业的存储技术相对落后，且需要国外的授权。欧盟、美国、韩国、日本的存储技术公司在常规存储技术方面的垄断优势和知识产权使用的巨额收费，限制了我国半导体企业对这一领域的进入和发展，这与我们向技术强国转变的国家意志并不相称，也与我国存储器市场占整个半导体集成电路超过 20% 市场规模的现状不匹配。

基于我们的存储技术的研发现状和市场情况，我国存储产业的发展可以考虑从两个方面进行。首先，考虑到目前占据市场主流的闪存产品都采用传统浮栅工艺且并非最小的节点，因此我国应该在这些目前的薄弱环节和重要产品类型上进行投入，以产品为导向集中进行研发，争取获得本土技术积累，构建市场链条，以市场带动技术研发来培养我国存储企业的研发能力。其次，基于我国“十一五”期间在新技术研究方面的技术累积，进一步加强产学研的紧密结合，开展面向未来产业应用的主流新技术的研究，比如开展电荷陷阱存储器的三维集成技术、三维阻变存储技术、无电容浮体存储技术这几类核心技术的前瞻性研究，围绕关键核心工艺、材料、器件、电路等方面形成系统的专利布局，解决应用过程中的关键问题，掌握成套核心工艺和电路技术，来为我国存储产业进行前瞻性产业布局，这是我国突破存储技术壁垒、获取存储技术方面核心知识产权的最佳时机。

第五节　有关政策与措施建议

整体上，建议建立专门的国家研究机构和先导研发线，以此为依托，集中力量对下一代新器件技术进行重点突破开发，避免过往分散资金、小规模试验、无法形成有效集成技术的不利局面。针对不同种类的新器件，相应地需要灵活实施不同政策与措施，以保证优势项目的壮大、萌芽项目的快速生长、特色项目的实用化。

针对以高端大规模集成电路技术更新换代为目的的新器件研究，包括 FinFET、纳米线器件、超薄 SOI、高迁移率沟道器件及隧穿晶体管等逻辑型新器件，在政策方面要配套灵活的专项资金管理办法，规划具有吸引力的高端人才引进计划，搭建先进的集成电路器件与工艺研发平台，建立知识产权共管共享机制，通过税收补贴等政策倾斜鼓励企业开展和高校研究机构之间的产学研合作，促进我国高端集成电路研发与产业化的良性发展。

针对具有新型产业前景的、以替代现有集成电路技术为目的的新材料和新原理器件研究，包括石墨烯、RRAM、PRAM 等新器件，要重视产业技术的及时转化，通过大力投入资源，划拨专项资金，建立以产业孵化为目的的研究中心或创业园，吸引国内外企业和高端优秀人才，从硬件设施和政策各方面给予重视和支持。具体建议如下。

（1）建立新型有机及印刷消费电子产业基地。

（2）建立多栅器件、RRAM、PRAM、石墨烯等新科技技术的创业园。

（3）吸引海外优秀华人回国创业。

（4）重视对国外创业公司的技术收购。

（5）奖励高校研究机构在基础研究方面的重大成果。

参考文献

[1] International Roadmap Committe. Process integration, devices, and structures. ITRS, 2011, 15.

[2] Kavalieros J, Doyle B, Datta S, et al. Tri-gate transistor architecture with high-k gate dielectrics, metal gates and strain engineering. VLSI 2006: 50-51

[3] Yeh C C, Chang C S, Lin H N, et al. A low operating power FinFET transistor module featuring scaled gate stack and strain engineering for 32/28nm SoC technology. IEDM 2010, 34 (1): 1—4.

[4] Horiguchi N, Demuynck S, Ercken M, et al. High yield sub-0. 1μm² 6T-SRAM cells, featuring high-k/metal-gate finfet devices, double gate patterning, a novel fin etch strategy, full-field EUV lithography and optimized junction design & layout. VLSI 2010: 23-24.

[5] Wu C C, Lin D W, Keshavarzi A, et al. High performance 22/20nm FinFET CMOS devices with advanced high-K/metal gate scheme. IEDM 2010, 27 (1): 1 -4.

[6] Xu X Y, Wang R S, Huang R, et al. High-performance BOI FinFETs based on bulk-silicon substrate. IEEE Transactions on Electron Devices, 2008, 55: 3246-3250.

[7] Basker V S, Standaert T, Kawasaki H, et al. A 0. 063 μm² FinFET SRAM cell demonstration with conventional lithography using a novel integration scheme with aggressively scaled fin and gate pitch. VLSI 2010: 19-20.

[8] Yamashita T, Basker V S, Standaert T, et al. Sub-25nm FinFET with advanced Fin formation and short channel effect engineering. VLSI 2011: 14-15.

[9] Chang J B, Guillorn M, Solomon P M, et al. Scaling of SOI FinFETs down to Fin Width of 4 nm for the 10nm technology node. VLSI 2011: 12-13.

[10] Tian Y, Xiao H, Huang R, et al. Quasi-SOI MOSFET-A promising bulk device candidate for extremely scaled era. IEEE Trans. Electron Devices, 2007, 54 (7): 1784-1788.

[11] Tian Y, Huang R, Zhang X, et al. A novel nanoscaled device concept: quasi-SOI MOSFET to eliminate the potential weaknesses of UTB SOI MOSFET. IEEE Transaction on Electron Devices, 2005, 52 (4): 561-568.

[12] Huang R, Wang R S, Zhuge J, et al. Characterization and analysis of gate-all-around Si nanowire transistors for extreme scaling. IEEE Custom Integrated Circuits Conference (CICC), 2011: 1-8.

[13] Tian Y, Huang R, Wang Y Q, et al. New self-aligned silicon nanowire transistors on bulk substrate fabricated by epi-free compatible CMOS technology: process integration, experimental characterization of carrier transport and low frequency

noise. IEDM 2007：895-898.
[14] Li M，Yeo K H，Suk S D，et al. Sub-10 nm gate-all-around CMOS nanowire transistors on bulk Si substrate. VLSI 2009：94-95.
[15] Bangsaruntip S，Cohen G M，Majumdar A，et al. High performance and highly uniform gate-all-around silicon nanowire MOSFETs with wire size dependent scaling. IEDM 2009：1-4.
[16] Wang R S，Zhuge J，Liu C Z，et al. experimental study on quasi-Ballistic transport in silicon nanowire transistors and the Impact of Self-Heating Effects. IEDM 2008：1-4.
[17] Huang R，Zou J B，Wang R S，et al. Experimental demonstration of current mirrors based on silicon nanowire transistors for inversion and subthreshold operations. IEEE Trans. Electron Devices，2011，58 (10)：3639-3642.
[18] Cao W，Yao C J，Jiao G F，et al. Improvement in reliability of tunneling field-effect transistor with p-n-i-n structure. IEEE Transactions on Electron Devices，2011，58 (7)：2122-2126.
[19] Lan W，Oh S，Wong H S，et al. Performance benchmarks for Si，Ⅲ-Ⅴ，TFET，and carbon nanotube FET - re-thinking the technology assessment methodology for complementary logic applications. IEDM 2010，16 (2)：1-4.
[20] Seabaugh A C，Zhang Q. Low-voltage tunnel transistors for beyond CMOS logic. Proceedings of the IEEE，2010，98：2095-2110.
[21] Kim K N. From The future Si technology perspective：challenges and opportunities. IEDM 2010，1 (1)：1-9.
[22] Lin J C，Chiou W C，Yang K F，et al. High density 3D integration using CMOS foundry technologies for 28 nm node and beyond. IEDM 2010，2 (1)：1-4.
[23] Clavelier L，Deguet C，Di Cioccio L，et al. Engineered substrates for future more moore and more than moore integrated devices. IEDM 2010，2 (6)：1-4.
[24] Han S J，Chang J，Franklin A D，et al. Wafer scale fabrication of carbon nanotube FETs with embedded poly-gates. IEDM 2010，9 (1)：1-4.
[25] Lee C H，Nishimura T，Tabata T，et al. Ge MOSFETs performance：impact of Ge interface passivation. IEDM 2010，18 (1)：1-4.
[26] Avouris P，Lin Y M，Xia F，et al. Graphene-based fast electronics and optoelectronics. IEDM 2010，23 (1)：1-4.

第三章 IC/SoC 设计及 EDA 技术

第一节 集成电路设计领域的发展趋势与关键问题

提高芯片设计的产出率一直是芯片设计追求的目标。在沿着“摩尔定律”（Moore's Law）、“超越摩尔定律”（more than Moore）和“超越 CMOS”（more than CMOS）的轨迹发展过程中，多层次的“集成”将成为未来设计的主题；系统级的设计方法学将是未来设计技术发展的助力器；可测性设计和可制造性设计在芯片设计中所占的比重越来越大，可靠性设计的重要性也逐渐凸显。同时，在虚拟一体化模式下，半导体产业资源的优化整合也将对芯片设计产生巨大影响，不断促进设计创新应用和产业发展。

一、电子应用系统推动集成电路设计技术发展

集成电路设计是连接电子系统与集成电路制造的桥梁。集成电路设计是指根据电子系统的要求，按照集成电路制造工艺的设计规则来设计电路，从而使集成电路生产线能制造出符合要求的芯片，实现电子系统所要求的功能。随着电子系统功能的日益强大，芯片的功能也越来越复杂；而现代集成电路制造工艺的制作尺寸也越来越小，制造工艺日趋精细，在一颗芯片上能集成的器件数指数式增长，集成电路设计面临巨大的挑战。

人们对通信、计算机和消费类电子产品（3C）的需求是推动集成电路不断增长的主要动力，功能强、功耗低、成本低是集成电路产品发展的主要目标，这也对集成电路设计技术提出了挑战。

二、“集成”将成为未来芯片设计技术的主题

在技术路线制定上，国际半导体技术发展路线图（ITRS）组织针对半导体产业近期（2007～2015年）和远期（2016～2022年）的挑战，提出两种发展方式：一是继续沿着摩尔定律按比例缩小的方向前进，专注于硅基CMOS技术；二是按“超越摩尔定律”的多重技术创新应用向前发展，即在产品多功能化（功耗、带宽等）需求下，将硅基CMOS和非硅基等技术相结合，以提供完整的解决方案来应对和满足层出不穷的新市场发展需求。“超越摩尔定律”技术被业界认为，其在IC产品设计创新开发中所占比重将越来越大。

“超越摩尔定律”的核心就是多层次的“集成”，它除了会延续摩尔定律对器件集成度、性能的追求外，还会利用更多的技术，如嵌入式存储器技术（eFlash，eDRAM）、模拟/射频、系统级芯片（SoC）技术、高压功率电源技术、光电子技术、微机电系统（MEMS）传感器、生物芯片技术、系统级封装（SiP）、TSV和电感耦合等三维（3D）集成技术，在多个层次开展综合集成，以提供附加价值更高的芯片系统。

“超越摩尔定律”主导下的多层次集成对半导体技术产业化发展具有强大的推动力。它一方面使半导体技术从过去投入巨额资金追随工艺节点的推进，转到投资市场应用及其解决方案上来；另一方面，从过去看重系统中的微处理器和存储器技术的发展趋势，转向封装技术、混合信号技术等综合技术创新；从过去的半导体公司与客户、供应商之间的一般买卖关系，转向建立紧密的战略联盟，形成大生态系统的关系。这些都将对芯片设计产生深远的影响。

特别是，3D集成技术中的硅直通孔（TSV）堆叠封装技术，有可能引发芯片设计技术发展方式的根本性改变。3D集成技术将沿着同构多片堆叠、存储/逻辑紧密融合、异构多片堆叠的路线图向前发展，将大幅缩小芯片尺寸，提高芯片的晶体管密度、单芯片存储器的容量和存储器/处理器之间的带宽，改善层间电气互连性能，降低芯片的功耗、设计难度和系统成本，突破原来芯片设计所面临的“墙”，必将会为芯片设计创新和应用开拓新的空间。

今天，人们需要高速度通信、高性能技术和大容量存储，还需要节能、环保、健康、舒适、安全性和低成本。这些新变化、新需求在很大程度上将依赖超越摩尔定律相关技术的作用。因为它们涉及的芯片系统产品，将出现许多异构和异质器件的多重技术结合；3D技术、混合信号半导体技术、

MEMS 技术和生物技术与 CMOS 逻辑技术相融合，不仅能提供一个完整的低成本芯片系统，也将为全球半导体产业开拓一条新的继续前进的道路。

三、迫切需要系统层次上的设计方法学指导

当前，微电子学沿着“摩尔定律”、“超越摩尔定律”和“超越 CMOS”的轨迹发展到纳米电子学，集成电路设计的未来发展趋势也将从单纯的芯片设计逐步转变为以系统为核心的集成芯片微系统协同设计。这一趋势必然会导致设计方式和体系的改变，这种改变也将影响到设计过程的各个环节，需要付出巨大的努力研究新的有效设计方法和开发新的设计工具，以提高芯片设计的产出率。

未来芯片系统的设计涉及复杂系统设计的全过程，主要包括实现和验证两个方面的内容，既包括模拟和数字部分在行为级、电路/网表级、物理布局级及光罩级的设计综合和验证，也包括系统的描述、结构的划分、测试规划等，特别是还新融入了软件和传感器子系统的开发和验证。

每一代的工艺技术都需要设计者考虑更多的影响芯片设计产出率的因素，芯片系统的设计和实现过程更是许多领域核心技术的综合集成。因此，迫切需要能够引导设计者设计出预期产品的有效设计方法及相应工具的强有力支持。

理想的芯片系统设计方法是在设计的初始阶段就对系统结构展开研究，然后，在系统级描述逐步向更加详细的具体电路实现层次（行为级、电路/网表级、布局级和光罩级）转换的过程中，每一步都要有相应的验证方法，以保证正确性和有效性。在每个环节都要有新的分析方法和工具进行相应的评估，以辅助设计者在关键的环节都能够选择正确的步骤迅速作出相应的设计决策，以尽可能减少重复的工作，提高设计的产出率。

几十年来，EDA 工具很少支持设计者在各个层次上均对系统所作的合理抽象进行描述，特别是，在系统级描述和综合、模拟电路综合和验证等方面仍缺少工具的有力支持。当前，芯片系统结构设计的工作量超过了物理设计实现的工作量，软件开发的工作量也超过了硬件的设计。因此，为了大幅度提高芯片系统设计的产出率，需要发展 SoC 设计方法学，将芯片系统设计的全流程建立在以系统构建为核心的设计方法上，在传统的寄存器传输级上开展系统级抽象，发展诸如软硬件系统协同设计、系统级部件的重用技术、异构系统体系结构设计技术、片上和片间网络通信和同步技术、不同工艺和材料的功能部件（模拟/射频、MEMS 和生物、光学等）的系统级集成设计和

验证技术、软件开发与并发控制技术、系统封装技术、系统级功耗估计和控制管理技术、可靠性技术和设计过程管理等，并发展相应的系统级的设计和验证工具支持。

四、DFT、DFM、DFR 占芯片设计的比重将越来越大

随着芯片系统的集成度越来越高，传统的设计、制造、测试方面已经受到越来越大的限制，基于可测性设计（DFT）、可制造性设计（DFM）和可靠性设计（DFR）的方案是克服这些限制的很好方法。芯片系统设计一般要同时面对两种复杂性——硅复杂性和系统复杂性，即工艺的按比例缩小，新材料、器件的引入，以及微纳尺度下器件的周线串扰和晶体管物理参数的不确定性所带来的复杂性，以及受越来越小特征尺寸，客户对增加功能、降低成本、更短上市时间要求所驱动的晶体管数量的指数增长带来的复杂性。如果按照传统方法设计，必然会带来极高的制造成本、成品率急剧下降、测试成本的指数级增加或根本无法测试、可靠性无法保障等问题。因此，必须在设计时就要考虑芯片产品的可制造性、可测试性和可靠性。

目前，可测试设计和可制造性设计已经广泛应用于深亚微米制造工艺和芯片实现中。尺度不断缩小的纳米工艺技术、不断提高的时钟频率、数模混合/射频电路、高度集成的 SoC、3D 堆叠集成、SiP 等都对可测性设计提出了严峻的挑战，测试必须面对高性能芯片系统中从基于部件设计的高级测试综合到噪声/串扰容错、信号完整性和功耗管理各个环节的问题。未来，必须在设计初期就考虑到芯片系统的测试能力，并开展可测性设计，将设计和测试相统一，如采用结构测试、内置自测试，以及在制造过程中在可能引入失效机制的地方设计测试电路，采用基于故障的测试等。可测性设计对保证芯片的制造成功、提高量产成品率、缩短测试开发时间、降低芯片系统测试成本都有着重要的作用。

可制造性设计一直是保证芯片产品成品率的关键，芯片系统设计与制造在进入纳米时代后已成为密不可分的一个整体，芯片系统设计与制造工艺及其模型数据利用之间相互融合而成为一个更加复杂的过程。当前，越来越突出的物理参数的不确定性、昂贵的光罩成本、超大规模的设计和光刻技术的硬件限制对芯片系统的可制造性设计提出了更大的挑战。未来，从体系结构上开展可制造性设计将变得越来越困难，特别是 3D 芯片堆叠中硅和 TSV 金属层之间的热膨胀系数（CTE）不同而改变晶体管性能所造成的诸多影响也

对可制造性设计提出了新的课题。今后可制造性设计将主要进一步加强设计与工艺实现的紧密结合，综合工艺参数的各种统计不确定性（如沟道长度、阈值电压和载流子迁移率、3D中CTE失配等）和应用环境的不确定性（如供电电压、温度等），以及芯片的性能、功耗、成本等因素开展各种设计补偿和优化。同时，可制造性设计也将在设计工具的支持下进行基于模型的可制造性综合和验证，以获得更高的成品率。

另外，随着微纳器件尺度逐步变小，芯片系统的固有噪声（如散粒噪声、热噪声和随机电报噪声等）、环境噪声（如环境/电源噪声和高能粒子造成的单事件翻转等），以及不断使用所造成的物理参数的变化，特别是负偏置温度不稳定性（NBTI）和热载流子注入（HCI）造成的Vth漂移，长期使用导致的介质击穿（TDDB）而带来的栅极电流漂移等，均已成为芯片系统设计中不可回避的可靠性问题，基于局部异步系统结构、冗余和容错结构、纠错编码等可靠性增强技术之上的可靠性设计必将成为未来芯片系统设计新的重点和热点。

五、垂直分工模式的产业组织模式对芯片设计影响巨大

沿着摩尔定律追逐工艺节点所需要的巨量资金投入和高昂的一次性工程费用（NRE）成本正在改变着半导体产业的生态，半导体产业正面临着新一轮的产业组织调整，也正对芯片系统设计产业的发展产生着巨大的影响。

在这个产业调整的过程中，中小规模和初创设计公司的生存难度加大，项目赢利需要芯片出货量大。新的竞争将不再停留于产品价格、质量、渠道等方面，而是停留于核心技术的竞争、知识产权的竞争上。以掌握核心技术及其知识产权的设计企业（Fabless）为龙头，结合相关的系统产品和服务企业（Chipless）、代工厂商、封装厂商等而组成的虚拟一体化的联盟企业已经逐渐成为半导体产业链发展的新趋势。基于这种更细致的垂直分工模式建立的企业联盟非常有利于推动半导体产业及其产品应用的发展，有利于先进技术的运用、交流和增值。

未来芯片的设计将更加复杂，设计、生产结合将变得十分重要，芯片设计贯穿于设计、制造、测试、封装和应用的各个环节，芯片设计必须融入垂直分工模式的产业组织模式的发展趋势中，加强各个环节的合作才能保障企业和产业的良性发展。

六、集成电路设计的关键问题

1. CPU

CPU：集成电路制造工艺的进步使 CPU 芯片上可以集成更多的器件，芯片的运行时钟也可以提高。但由于时钟速度提高后芯片的功耗迅速增加，散热成为 CPU 时钟提升的瓶颈。针对这一情况，CPU 技术的发展主要有以下三个方面。

（1）采用多线程方式，在单个处理器上集成多个运算器实现并行运算，提升处理器的运算能力。

（2）增加缓存器的容量，优化缓冲区的结构，提升 CPU 的吞吐性能。

（3）单芯片上集成多个处理器，处理器间采用共享存储器、总线连接或开关连接的方式实现相互通信和数据共享，采用并行处理的方式提高处理器的性能。

（4）大量采用低功耗设计技术、电源管理技术等降低 CPU 的功耗，提高处理器的能量效率。

2. SoC

SoC：集成电路设计和制造技术的提高，使 SoC 芯片可以集成更多的器件和多种不同的器件，从而使 SoC 的功能大大增强。主要技术发展方向有四个方面。

（1）嵌入式 CPU 性能不断提升，处理能力大大提高，从而使原来用硬件逻辑实现的功能可由处理器软件实现，系统的灵活性和可配置性大大提高。

（2）采用异构多核，包括通用嵌入处理器、DSP、专用多媒体处理等组合，并行分别处理不同特点的信号和事务，在不提高时钟速度的情况下，使 SoC 的整体处理能力得到提升，芯片的能量效率得到提高。

（3）集成射频电路、模拟电路、传感器和其他功能器件，从而使 SoC 的功能大大增加，实现完整系统的芯片数量减少。

（4）采用系统封装（三维器件封装、多芯片模组封装等）的方法把不同工艺的芯片封装在同一微模块中，减少芯片间的连接，提高系统的性能，降低系统的功耗。

3. 知识产权核

知识产权（IP）核已经成为 SoC 设计的主要组成部分，其重要性已经越来越得到体现。目前IP技术的发展趋势主要有五种。

(1) 由于SoC的复杂性不断增加，IP开发追求系统解决方案，设计、验证和仿真模型中采用系统语言（system verilog和system C）的比重增加。系统语言使仿真和验证的效率得到提升，可以仿真的系统规模得到提高。

(2) IP标准化有进一步的发展，标准化高速片内总线成为IP接口的主要方式之一，IP认证将成为IP推广应用的关键。

(3) 由于工艺进步、线宽变小、产品的性能提升，高速、高精度、低功耗IP需求越来越多，与工艺的相关性提高，Foundry不得不介入IP的研发，成为IP提供的重要平台。

(4) 通用CPU核显得更加主要，SoC软件化程度更高。由于CPU核主频不断增加、单位功耗不断降低，用通用CPU＋软件可以更加灵活地处理信息（如复杂的多媒体）。

(5) 可配置IP得到重视，以适应SoC的可配置需求。

第二节　SoC与集成电路设计

一、SoC基本概念

从狭义角度讲，它是信息系统核心的芯片集成，是将系统关键部件集成在一块芯片上；从广义角度讲，SoC是一个微小型系统，如果说CPU是大脑，那么SoC就是包括大脑、心脏、眼睛和手的系统。国内外学术界一般倾向于将SoC定义为将微处理器、模拟IP核、数字IP核和存储器（或片外存储控制接口）集成在单一芯片上，它通常是客户定制的或是面向特定用途的标准产品。

SoC定义的基本内容主要表现在两个方面：一是它的构成，二是它的形成过程。系统级芯片的构成可以是系统级芯片控制逻辑模块、微处理器/微控制器CPU内核模块、数字信号处理器DSP模块、嵌入的存储器模块和外部进行通信的接口模块、含有ADC /DAC的模拟前端模块、电源提供和功耗管理模块，无线SoC的射频前端模块、用户定义逻辑（它可以由FPGA或ASIC实现）及微电子机械模块，更重要的是一个SoC芯片内嵌有基本软件(RDOS或COS，以及其他应用软件）模块或可载入的用户软件等。系统级芯片形成或产生过程包含以下三个方面。

(1) 基于单片集成系统的软硬件协同设计和验证。

(2) IP 核生成及复用技术，特别是大容量的存储模块嵌入的重复应用等。

(3) 超深亚微米（VDSM）、纳米集成电路的设计理论和技术。

二、SoC 设计的关键技术

1. 技术发展

集成电路的发展已有 40 年的历史，它一直遵循摩尔定律所指示的规律推进，现已进入深亚微米阶段。信息市场的需求和微电子自身的发展，引发了以微细加工（集成电路特征尺寸不断缩小）为主要特征的多种工艺集成技术和面向应用的系统级芯片的发展。随着半导体产业进入超深亚微米乃至纳米加工时代，在单一集成电路芯片上就可以实现一个复杂的电子系统，诸如手机芯片、数字电视芯片、DVD 芯片等。在未来几年内，上亿个晶体管、几千万个逻辑门都有望在单一芯片上实现。SoC 设计技术始于 20 世纪 90 年代中期，随着半导体工艺技术的发展，IC 设计者能够将越来越复杂的功能集成到单硅片上，SoC 正是在集成电路（IC）朝集成系统（IS）转变的大方向下产生的。1994 年 Motorola 发布的 Flex-Core 系统（用来制作基于 68000 和 PowerPC 的定制微处理器）和 1995 年 LSI Logic 为 Sony 设计的 SoC，可能是基于 IP 核完成 SoC 设计的最早报道。由于 SoC 可以充分利用已有的设计积累，显著地提高了 ASIC 的设计能力，所以发展非常迅速，引起了工业界和学术界的关注。

SoC 是集成电路发展的必然趋势：①技术发展的必然；②IC 产业未来的发展。

2. 技术特点

SoC 设计的技术特点是：半导体工艺技术的系统集成包括软件系统和硬件系统的集成。

SoC 设计技术的使用可以降低耗电量、减少体积、增加系统功能、提高速度、节省成本。

3. 设计的关键技术

具体地说，SoC 设计的关键技术主要包括总线架构技术、IP 核可复用技术、软硬件协同设计技术、SoC 验证技术、可测性设计技术、低功耗设计技术、超深亚微米电路实现技术等，此外还要进行嵌入式软件移植、开发研究，是一门跨学科的新兴研究领域。

4. 发展趋势及存在问题

当前芯片设计业正面临一系列的挑战，系统芯片 SoC 已经成为 IC 设计业界的焦点，SoC 性能越来越强，规模越来越大。SoC 芯片的规模一般远大于普通的 ASIC，同时由于深亚微米工艺带来的设计困难等，SoC 设计的复杂度大大提高。在 SoC 设计中，仿真与验证是 SoC 设计流程中最复杂、最耗时的环节，占整个芯片开发周期的 50%～80%，采用先进的设计与仿真验证方法成为 SoC 设计成功的关键。SoC 技术的发展趋势是基于 SoC 开发平台，基于平台的设计是一种可以达到最大程度系统重用的面向集成的设计方法，分享 IP 核开发与系统集成成果，不断重整价值链，在关注面积、延迟、功耗的基础上，向成品率高、可靠性高、EMI 噪声小、成本低、易用性强等转移，使系统级集成能力快速发展。所谓 SoC 技术，是一种高度集成化、固件化的系统集成技术。使用 SoC 技术设计系统的核心思想，就是要把整个应用电子系统全部集成在一个芯片上。在使用 SoC 技术设计应用系统时，除了那些无法集成的外部电路或机械部分以外，其他所有的系统电路全部集成在一起。

三、应用概念

1. 系统功能集成是 SoC 的核心技术

在传统的应用电子系统设计中，需要根据设计要求的功能模块对整个系统进行综合，即根据设计要求的功能，寻找相应的集成电路，再根据设计要求的技术指标设计所选电路的连接形式和参数。这种设计的结果是一个以功能集成电路为基础的器件分布式的应用电子系统结构。设计结果能否满足设计要求不仅取决于电路芯片的技术参数，而且与整个系统 PCB 板的电磁兼容特性有关。同时，对需要实现数字化的系统，往往还需要有单片机等参与，所以还必须考虑分布式系统对电路固件特性的影响。很明显，传统应用电子系统的实现，采用的是分布功能综合技术。

对于 SoC 来说，应用电子系统的设计也根据功能和参数要求设计系统，但与传统方法有着本质的差别。SoC 不是以功能电路为基础的分布式系统综合技术，而是以功能 IP 为基础的系统固件和电路综合技术。首先，功能的实现不再针对功能电路进行综合，而是针对系统整体固件实现进行电路综合，也就是利用 IP 技术对系统整体进行电路结合。其次，电路设计的最终结果与 IP 功能模块和固件特性有关，而与 PCB 板上电路分块的方式和连线技术基本无关。因此，这使设计结果的电磁兼容特性得到极大提高。换句话说，就是所设计的结果十分接近理想设计目标。

2. 固件集成是 SoC 的基础设计思想

在传统分布式综合设计技术中，系统的固件特性往往难以达到最优，原因是所使用的是分布式功能综合技术。一般情况下，功能集成电路为了满足尽可能多的使用面，必须考虑两个设计目标：一个是能满足多种应用领域的功能控制要求；另一个是要考虑满足较大范围应用功能和技术指标。因此，功能集成电路（也就是定制式集成电路）必须在 I/O 和控制方面附加若干电路，以使一般用户能得到尽可能多的开发性能。但是，定制式电路设计的应用电子系统不易达到最佳，特别是固件特性更是具有相当大的分散性。

对于 SoC 来说，从 SoC 的核心技术可以看出，使用 SoC 技术设计应用电子系统的基本设计思想就是实现全系统的固件集成。用户只需要根据需要选择并改进各部分模块和嵌入结构，就能实现充分优化的固件特性，而不必花时间熟悉定制电路的开发技术。固件基础的突发优点就是系统能更接近理想系统，更容易实现设计要求。

3. 嵌入式系统是 SoC 的基本结构

在使用 SoC 技术设计的应用电子系统中，可以十分方便地实现嵌入式结构。各种嵌入式结构的实现十分简单，只要根据系统需要选择相应的内核，再根据设计要求选择与之相配合的 IP 模块，就可以完成整个系统硬件结构。尤其是采用智能化电路综合技术时，可以更充分地实现整个系统的固件特性，使系统更加接近理想设计要求。必须指出的是，SoC 的这种嵌入式结构可以大大地缩短应用系统设计开发周期。

4. IP 是 SoC 的设计基础

传统应用电子设计工程师面对的是各种定制式集成电路，而使用 SoC 技术的电子系统设计工程师所面对的是一个巨大的 IP 库，所有设计工作都是以 IP 模块为基础的。SoC 技术使应用电子系统设计工程师变成了一个面向应用的电子器件设计工程师。由此可见，SoC 是以 IP 模块为基础的设计技术，IP 是 SoC 应用的基础。

5. SoC 技术中的不同阶段

用 SoC 技术设计应用电子系统分为三个阶段。①在功能设计阶段，设计者必须充分考虑系统的固件特性，并利用固件特性进行综合功能设计。当功能设计完成后，就可以进入 IP 综合阶段。②IP 综合阶段的任务就是利用强大的 IP 库实现系统的功能，IP 结合结束后，首先进行功能仿真，以检查是否实现了系统的设计功能要求。功能仿真通过后，就是电路仿真，目的是检查 IP 模块组成的电路能否实现设计功能并达到相应的设计技术指标。③设计的最后阶段是对制造好的 SoC 产品进行相应的测试，以便调整各种技术参数，确定应用参数。

四、集成电路设计方法学

1. 设计重用技术

数百万门规模的系统级芯片设计，不能一切从头开始，要将设计建立在较高的层次上。需要更多地采用 IP 复用技术，只有这样，才能较快地完成设计，保证设计成功，得到价格低的 SoC，满足市场需求。

设计再利用是建立在 IP 核基础上的，它是将已经验证的各种超级宏单元模块电路制成 IP 核，以便以后的设计利用。IP 核通常分为三种：一种称为硬核（hard core），具有和特定工艺相联系的物理版图，已被投片测试验证，可作为新设计特定的功能模块直接调用；第二种是软核（soft core），是用硬件描述语言或 C 语言写成的，用于功能仿真；第三种是固核（firm core），是在软核的基础上开发的，是一种可综合并带有布局规划的软核。目前设计复用方法在很大程度上要依靠固核，将寄存器传输级（RTL）描述结合具体标准单元库进行逻辑综合优化，形成门级网表，再通过布局布线工具最终形成设计所需的硬核。这种软的 RTL 综合方法提供一些设计灵活性，可以结合具体应用，适当修改描述，并重新验证，满足具体应用要求。另外，随着工艺技术的发展，也可利用新的库重新综合优化、布局布线、重新验证，以获得新工艺条件下的硬核。用这种方法实现设计再利用与传统的模块设计方法相比，其效率可以提高 2～3 倍，因此，0.35 微米工艺以前的设计再利用多用这种 RTL 软核。

2. 综合方法实现

随着工艺技术的发展，深亚微米（DSM）使系统级芯片更大更复杂。这种综合方法将遇到新的问题，因为随着工艺向0.18微米或更小尺寸发展，需要精确处理的不是门延迟而是互连线延迟。再加之数百兆的时钟频率，信号间时序关系十分严格，因此很难用软的RTL综合方法达到设计再利用的目的。

建立在IP核基础上的系统级芯片设计，使设计方法从电路设计转向系统设计，设计重心将从今天的逻辑综合、门级布局布线、后模拟转向系统级模拟、软硬件联合仿真及若干个IP核组合在一起的物理设计，迫使设计业向两极分化：一方面是转向系统，利用IP核设计高性能高复杂的专用系统；另一方面是设计不同工艺下的可复用IP核，步入物理层设计，使模块的性能更好并可预测。

3. 低功耗的设计技术

系统级芯片因为百万门以上的集成度和在数百兆时钟频率下工作，将有数十瓦乃至上百瓦的功耗。巨大的功耗给使用封装及可靠性方面都带来问题，因此降低功耗是系统级芯片设计的必然要求。设计者应从多方面着手降低芯片功耗。

4. 电子设计自动化技术

集成电路设计的初期，从物理版图入手，以元件级（即晶体管）为基础，这种原始的设计方法使得芯片产品的集成度和复杂度都难以提高，其开发周期也特别长，不适合电子市场飞速发展的需求。

20世纪80年代，随着半导体行业的发展，尤其是电子设计自动化（EDA）工具技术的出现，集成电路设计开始以标准单元库（cell library）为基础。标准单元库一般由常用的门电路、逻辑电路、触发器、驱动电路等标准单元组成，并形成标准的逻辑符号库、功能参数库和版图库。单元库中的每个标准单元均具有相同的高度，而宽度则视单元的复杂程度而有所不同。尽管以单元库为基础的设计规模有所增大，芯片产品的集成度和复杂度都有所提高，但因单元库中单元较小的限制，其设计效率仍然难以大幅度提高。

20世纪90年代，随着中大规模集成电路的发展及EDA工具的进一步发展，集成电路设计开始以RTL级为基础。RTL级是按电路的数据流进行设计的，以寄存器（register）为基本构成单位，对数据在寄存器之间的流动和传输使用代码描述。RTL级以Verilog和VHDL等为设计语言，与工艺无关，容易理解，移植性好，可以充分利用已有的设计成果，从而使集成电路的集成度和复杂度进一步提高，产品研发周期进一步缩短。但是，由于RTL代码复杂、管理困难、验证难度大且时间长，基于RTL的设计方法限制了集成电路在性能、集成度、复杂度等方面的进一步提高。

进入21世纪，实时控制、计算机、通信、多媒体等技术的加速融合，对系统规模、性能、功耗、产品开发时间、生命周期等提出了越来越高的要求，使得半导体行业逐步向超大规模集成电路发展，尤其是EDA工具技术的飞速发展及第三方独立IP核的出现，集成电路设计开始以IP核为基础。IP核是一种预先设计好的甚至已经过验证的具有某种确定功能的集成电路。这相当于集成电路的毛坯、半成品和成品的设计技术。因此，IP核具有RTL所不具备的优点，其本身通常是经过成功验证，可供用户直接进行集成设计。IP核设计方法的采用，使得超大规模集成电路的设计成为可能，芯片产品的性能、集成度和复杂度等都可以大幅度地提高，产品研发周期进一步缩短。至此，集成电路的设计真正步入快速发展的轨道。

第三节　EDA技术与工具

一、概述与发展趋势

1. EDA——集成电路设计的基础

EDA工具是集成电路产业不可或缺的支撑和基础。随着集成电路集成度和复杂度的不断提高及加工工艺技术的进步，集成电路设计和制造中进一步涉及了大量全新的物理现象和复杂的数学问题，且设计规模和数据量庞大，必须通过更先进的计算机辅助设计手段完成集成电路的设计和验证工作。特别在目前集成电路制造进入亚波长光刻工艺后，集成电路的制造过程中也必须采用可制造性设计和验证手段，从而使面向可制造性设计和验证的EDA软件成为集成电路生产过程中必不可少的工具。

根据纳米尺度集成电路工艺技术发展趋势及集成电路设计需求，未来EDA发展的重要方面有四个。

(1) 以可制造性和成品率提升为中心的新一代集成电路设计方法学研究将发展纳米工艺建模和仿真方法，建立随机工艺偏差下的器件、互连线和电路的随机建模方法，指导电路成品率分析和优化设计，提升纳米尺度集成电路的可制造性和成品率。

(2) 并行 EDA 技术将成为解决巨大规模集成电路分析与优化问题、提高分析与优化速度的重要发展方向。

(3) 高层次综合可以从系统行为级描述及目标电路约束条件出发，自动综合寻找满足要求的电路结构来实现高层次系统，这将极大提高系统级芯片的设计速度，缩短设计周期，提高设计者在高层设计空间搜索的能力，寻求最优的系统级芯片设计方案。

(4) 低功耗设计方法已从新材料、新器件、新电路结构和新设计方法学入手开展了大量的研究，在绿色环保的需求越来越高的今天，低功耗设计方法学需要进一步深入进行研究，为绿色环保做出贡献。

2. 我国 EDA 工具发展状况

我国 EDA 技术在经过 20 世纪 80 年代启动和 90 年代的停滞过程以后，在自主 EDA 工具开发上落后于发达国家。EDA 工具长期依赖进口，使得我国集成电路产业发展，尤其是尖端工艺下的集成电路设计和制造受制于少数发达国家。自主 EDA 工具的缺少，影响着集成电路设计方法学的发展，也影响着我国集成电路技术的进步。

我国 EDA 技术和产业已经有 20 多年的发展历史，积累了一定的 EDA 软件和关键技术，在一些局部工具方面，积极参与国际化的市场竞争并获得海外客户的广泛认可。在人才方面，我们培养了一批高素质的 EDA 软件开发人才。在国际上，EDA 领域聚集了大量的中国人，被业界普遍认为具有开发 EDA 软件的天然优势，将会在未来 EDA 软件产业竞争中发挥越来越重要的作用。最近几年，国际上几大 EDA 公司纷纷在中国建立研发中心，把大量 EDA 工具开发工作转移到中国进行，这充分说明了中国 EDA 人才的优势。

我国自主开发的熊猫 EDA 系统——九天系列工具主要定位在模拟集成电路和全定制设计领域，主要功能包括 SoC 中的模拟模块或单独模拟器件中原理图的设计输入，以及版图的设计、验证、分析等。其中熊猫系统在版图编辑、版图验证、原理图编辑、寄生参数提取等工具上具有独特的优势，在中国内地，以及美国、日本、东南亚和中国香港地区都形成了一定的客户群体，销售额逐年上升，呈现良好的上升势态。

3. EDA 的发展趋势

通信、计算机和消费类电子产品需求是目前集成电路市场扩大的主要推动力，而这些产品都具有集成更多功能、更低功耗、更短的生命周期及更低成本等特点，另外，随着国防工业的发展，航天航空领域的电子设备需求也在日益增加，需要芯片产品具有工作环境适应能力强、精度高、寿命长、抗干扰等特点，以上这些芯片产品所拥有的特点，对未来芯片设计提出了新的挑战，并且贯穿于整个设计技术领域和设计流程，将对传统的设计领域提出新的划分和命题，并激发 EDA 产业的改革和行动。

（1）生产率/成本。昂贵的 EDA 软件成本无论对于 EDA 公司还是对于 EDA 使用者来说都是一笔巨大的开支。虽然国外大型的 EDA 公司因为开发成本的压力被迫全球布局，降低成本。但其成本主体很难在短期内有大的改变。许多设计公司，尤其是中小型的公司，很难承受昂贵的软件成本，即便是买了昂贵的软件，也不能够解决所有的设计问题。

（2）功耗。降低功耗已经成为现代大规模集成电路，尤其是嵌入式 CPU、通信芯片、多媒体芯片等复杂 SoC 设计中的关键技术。设计数字集成电路的 EDA 软件，已逐渐从传统的时序驱动转变为时序和功耗驱动。功耗驱动的设计方法必须贯穿整个结构设计、逻辑设计、电路设计（综合）、物理设计、时序分析及验证等各个设计步骤。成功的功率敏感设计要求设计者具备准确、高效地完成这些决断的能力。为了能够达到这一目的，设计者需要被授权使用正确的低功耗分析和最优化引擎，这些功能要求被集成在整个 RTL 到 GDSⅡ（物理级版图）的流程中，而且要贯穿全部流程。而 EDA 工具也不断在这方面进行努力。总之低功耗设计已成为 EDA 工具的发展方向，也是低碳经济的要求，更是必然趋势。

（3）制造集成。高端芯片往往采用最先进的工艺，对制造工艺的敏感度越来越高。设计中必须对多种可能的工艺条件进行分析、验证以确保良品率。对先进的工艺，Foundry 提供可能的工艺环境条件变得非常复杂，要在短时间内设计出适用于各种工艺环境的芯片，变得非常困难，对 EDA 软件提出了很大的挑战。

（4）抗干扰和可靠性。目前超大规模集成电路的迅速发展使新型器材、材料和工艺不断引入，集成度提高和器件尺寸不断缩小导致器件内部电场增大，电流密度增加，器件对缺陷的敏感度大大增强。新的应用领域要求器件和电路拓展其领域。高压、高温、强辐射、高频和大功率等恶劣条件使得超大规模集成电路的可靠性面临新的挑战和限制。目前，对限制问题的探讨不仅是对微电子技术前景的预测，更重要的是通过对限制问题的研究帮助我们寻求解决微电子技术发展中所遇到挑战的途径，实现突破，推动其快速发展。超大规模集成电路的发展要求深入研究影响器件可靠性的物理机制，改进器件和电路的可靠性。目前主要的可靠性限制包括热载流子效应、栅氧化层的经时击穿、静电损伤和集成电路中的缺陷检测方法和技术等，并且迫切需要相应的 EDA 工具，实现军用微电子器件和电路可靠性的准确模拟和预测评估。

（5）高速、高精度模拟电路应用挑战。由于越来越多的模拟电路被设计在 SoC 芯片上，高速高精度模拟电路按比例缩小和设计迁移，必然是全新的挑战。在模拟电路设计中，为了达到特定节点的目标规格，在模拟模块设计或模拟 IP 从原先节点移植时，设计工程师必须执行多次 SPICE 运行以分析、设计、验证并优化电路原理图，这种流程极为耗时。同时，模拟电路的移植/再利用所花费的时间几乎等于模拟电路的设计时间。工具的技术核心是它提供了一种易于使用、基于方程式的自动化设计环境，将原来完全需要人工的工作自动化，因此大大提高了模拟电路设计的效率。具体说来，允许设计工程师以方程模型来描述系统行为、电路拓扑结构及版图指令。模型的各个组成部分可由电路原理图自动产生。此外，通过将模型与特定代工厂工艺相联系，然后再采用全局优化引擎进行优化就可产生最佳设备尺寸。按尺寸分类后的电路原理图可被直接输入业界标准电路原理图编辑器中。而与工艺无关的基于方程式的电路模型，可用于从一种工艺技术到另一种工艺技术的有效移植设计中，从而提升了模拟电路设计的可扩展性。

40 多年前，人们开始用 SPICE 进行仿真，今天业内有 SPICE 和 Fast SPICE 等仿真技术。SPICE 的特点是精度高，但速度慢；Fast SPICE 的特点是速度快，但精度不高。在 65 纳米的复杂系统芯片设计中，通常有数字部分、模拟部分及存储器等。模拟电路需要高精度的仿真，数字部分和存储器则需要快速的高性能全方位的仿真。在传统流程中，各个部分需要采用不同的分析工具进行独立的仿真。而这些独立仿真方法无法提供充分的全方位芯片验证。

二、我国 EDA 系统发展思路、发展途径、主要门类与重点产品

EDA 的发展思路是为高端通用芯片战略定制开发专用的 EDA 系统，可

以分为两个阶段，近期（3～5年）内重点发展数模混合EDA小系统，中长期（5～10年）内努力发展全流程EDA系统。

1. 近期发展思路

（1）整合并形成数模混合设计系统。“十一五”期间，国内EDA行业已经在模拟电路设计平台、数字电路设计优化平台、数字电路物理设计关键技术、器件模型及电路分析工具、寄生参数提取及版图验证工具、PDK开发等方面取得了一系列具有市场前景的成果。“十二五”期间，应以模拟电路设计平台为主体，在业界标准的Open Access数据环境下，整合一系列模拟、数字及数模混合电路设计的EDA工具，并最终形成数模混合设计系统。

（2）开发65/45纳米物理设计和验证系统。在整合“十一五”成果的基础上，通过补充完善欠缺功能和工具模块，进一步开发形成支持65/45纳米工艺节点的模拟电路全流程设计和数字电路后端物理设计的EDA系统。在电路仿真方面，开发模拟电路行为级仿真工具及快速电路仿真工具，支持各种设计层次，提高仿真效率。在模拟电路设计自动化方面，开发可视化引导版图设计工具及原理图驱动版图（SDL）的自动生成工具，提升模拟电路设计工具的自动化水平。在电路物理验证方面，开发层次式版图电路图一致性检查（LVS）工具，提高计算效率。在与65/45纳米工艺结合方面，开发65/45纳米工艺PDK，建立PDK的参考设计流程。在数字电路物理设计EDA系统方面，开发时延驱动的布局工具、时延驱动的布线工具、全芯片时序分析工具和功耗分析工具，提高时序收敛性。

（3）开发关键的特色工具。在开发EDA小系统的基础上开发关键的专用点工具，提升现有SoC设计平台的性能和设计效率。此类特色工具有DFM工具、低功耗优化软件、多工艺环境时序时钟优化软件及Chip-finishing软件等。

（4）进行全流程EDA系统技术研究。“十二五”期间，应针对ESL技术及22纳米工艺节点的EDA关键技术开展研究，为“十三五”期间开发更完整、更先进的全流程EDA系统进行团队培养和技术储备。

随着设计规模和复杂度的提高，电子系统级（ESL）工具成为集成电路设计中必不可少的一环。在高端通用芯片的设计中，用于系统级设计的ESL工具能够在系统级避免设计思路和设计架构的错误，避免整体设计推倒重来，从而大幅度提高集成电路设计正确性和效率。ESL工具还能够自动完成从ESL到RTL的转化，最终给出一个相对最优的RTL级网表。

为保持EDA技术的先进性和可持续性，应密切跟踪国际及国内主流先进工艺，研发面向22纳米工艺节点的EDA关键技术，包括全芯片快速寄生参数提取及时延计算、面向低功耗的时钟综合、DFM驱动的布线、DFM优化技术、支持EDA软件设计的多核多线程数据环境及在此基础上的并行优化算法、通用FPGA开发平台等，实现对下一代EDA工具的技术积累。

2. 中长期发展思路

建立全流程EDA系统，“十三五”期间通过整合“十二五”期间的成果，开发形成一个全流程EDA系统。届时，我国将拥有一个包含了数字全流程平台及数模混合设计平台，面向40纳米乃至22纳米工艺节点，为更先进的高端通用芯片的设计打下坚实的基础。

3. 小结

芯片设计和实现过程需要一系列的技术和工具，以及一个有效的设计方法，使得设计者的输入能够可预测地变成可以被生产的产品。设计方法由一系列设计步骤构成，能够可靠地形成设计，该设计可以满足一定的约束条件，并尽可能地符合设计目标。

随着微电子学沿着“more Moore”、“more than Moore”和“beyond CMOS”三个轨道向纳电子学进军，业界显然需要在硅系统设计方面进行革新。这影响了设计过程的所有层次，并必将促进与设计方法相适应的EDA工具的进步。

为了使创新成本可以承受，必须要克服与EDA相关的产品挑战，从而使自主知识产权的EDA产品成为设计创新的动力。

第四节　航天微电子技术

一、概述

航天微电子是应用于空间活动的微电子，是航天型号的重要支撑，广泛应用于运载火箭、卫星、飞船等空间飞行器的测量、控制和信息传输，对空间目标的探测、跟踪、识别，对地遥感信息的获取、处理和传输等领域。航天微电子的高可靠性、长寿命理念贯穿在其设计、制造、测试、可靠性试验的整个过程，从而确保航天微电子的功能、性能、可靠性，这是航天微电子器件有别于普通微电子器件的关键所在。航天微电子技术是微电子中一个后起的专门领域，随着人类空间活动的（各类卫星、载人航天与深空探测等）广泛深度发展，以及微电子技术和产业的发展，航天微电子学作为典型的应用驱动发展的科学技术，已成为专门学科。航天微电子产品必须适应空间环境的特殊要求，特别是必须有抗空间辐射（主要是抗电离辐射累计总剂量和空间单粒子效应）甚至抗核辐射（主要是指剂量率及抗中子）的能力；空间环境的不确定性及空间设备的不可维修，迫切希望航天微电子产品具有可重构的能力。

二、辐射效应和加固技术

航天微电子器件所面对的辐射环境包括空间天然辐射环境和人为辐射环境两大类。空间天然辐射环境产生的辐射效应主要有电离总剂量效应和单粒子效应。人为辐射环境由核电站、核反应堆、加速器及核武器爆炸产生的辐射环境组成。

长期的研究结果表明，在辐射环境下，系统中的半导体集成电路是最易受辐射损伤的薄弱环节。辐射作用于集成电路，会引起半导体材料性能的变化，造成集成电路性能退化、损伤或失效，从而导致电子系统出现故障甚至失效。为了确保航天电子系统在空间天然辐射环境和核爆辐射环境中能够正常工作，航天微电子器件必须具备高水平的抗辐射能力。

辐射环境对集成电路造成的损伤效应主要可分为累积辐射效应和瞬时辐射效应两类。

累积辐射效应包括两类。①电离总剂量效应可由空间天然辐射环境和人为辐射环境引起，是指辐射剂量累积所引起的半导体器件性能退化，包括器件阈值电压的漂移、迁移率下降、电路动态和静态电流的增加，以及电路信号传输延迟的变化等。②位移损伤效应指粒子辐射在电路材料中形成原子位移缺陷所引起的器件性能永久退化。位移损伤引入的损伤缺陷主要造成器件少数载流子寿命缩短，迁移率和材料电导率下降，器件增益降低，同时还将增加器件噪声，使器件无法正常工作。

瞬时辐射效应包括两类。①高剂量率辐射效应主要由武器核爆环境产生的脉冲电离辐射（X射线和γ射线）所引起，是指脉冲辐射宽度很窄（一般在10纳米～1微米）、强度很高的辐射作用。高剂量率辐射效应会产生很强的瞬时光电流，将造成数字电路逻辑翻转、运算放大器饱和及电路出现闩锁效应等。②单粒子效应是指由单个粒子入射电路后，与器件敏感区域相互作用引起的电路软错误或硬损伤。由于瞬时导电通道所处位置和影响的电路类型不同，产生的单粒子效应可分为单粒子位翻转、可恢复的单粒子闩锁、单粒子瞬变、单粒子故障中断、单粒子扰动等单粒子软错误，同时，还包括单粒子烧毁、单粒子栅击穿、不可恢复的单粒子闭锁、单粒子总剂量失效等硬错误。

为提高集成电路的抗辐射能力，可以采用的抗辐射加固技术主要包括工艺加固、屏蔽加固和设计加固。

工艺加固是指通过专用工艺或在标准工艺线上附加专用的工艺模块对集成电路进行加固，可采用特殊的工艺步骤，如掺杂、钝化等专门的工艺技术，或者采用专门的材料结构，如SOI/SOS、外延硅薄膜等，来提高电路抗累积辐射效应和瞬时辐射效应的能力。该方法的特点是可获得较好的抗辐射加固性能，但维持和运行专用抗辐射加固工艺生产线的成本高。

屏蔽加固是对电路外封装增加包敷材料来吸收和阻挡一部分辐射剂量，使沉积于电路芯片上的辐射剂量减小。这一方法对屏蔽空间的低能电子辐射效果显著，但对高能辐射环境，如高能粒子造成的单粒子效应则基本没有屏蔽效果。该方法的另一缺点是增加了武器装备中电子系统的有效载荷质量，增加了发射成本。

设计加固是在产品设计过程中利用设计技术保证产品的辐射加固性能。设计加固的优点是可以利用高速发展的商用工艺实现高性能抗辐射加固产品。采用设计加固可有效降低工艺生产线建设、维持和运行成本，是研究、开发高端军用抗辐射加固集成电路的一条有效技术途径。

设计加固按设计层次可划分为三类。①版图级设计加固：通过改变器件结构和版图布局，提高器件和电路的抗辐射加固能力；②电路级设计加固：通过改变单元电路结构和选择单元电路形式，提高电路的抗辐射加固能力，常见的加固单元电路有Whitaker单元、HIT单元、DICE单元、Barry/Dooley单元等；③系统级设计加固：通过系统逻辑级技术提升电路的抗辐射加固能力，常见的加固技术有纠检错编码技术、冗余容错技术、可配置技术和重集成技术、故障恢复技术等。

根据集成电路产品的应用需求和其辐射效应的损伤机制，可以针对主要敏感效应采用单独的抗辐射加固技术进行加固，也可以综合运用设计加固、工艺加固和屏蔽加固的方法来提高电路、系统的综合加固性能，加固方法的选择将对集成电路的性价比起决定性作用。

三、航天微电子技术的发展趋势

1. 航天微电子技术进入纳米技术时代

航天微电子技术通常落后商用微电子技术2～3代，随着军事技术和武器装备建设的发展，战略核武器和军用卫星等先进装备对核心电子器件的要求越来越高，为了达到型号任务对核心器件的性能、规模及容量等方面的要求，采用纳米级集成电路将成为必然的选择。美国国防部先进研究项目局（DARPA）早就设专门项目在研究90纳米集成电路的抗辐射能力并开始应用，该研究现已进入40纳米阶段。

2. 应用SoC是必然趋势

人类空间活动的高风险要求航天设备必须高可靠，空间能源供给难题要求必须低功耗，小体积轻质量要求促进航天SoC（包括SoPC、MSoPC、SiP）的研究与应用。为此必须建立各种层次、各种工艺的抗辐射单元及抗辐射IP。

3. SRAM型FPGA在航天型号中应用越来越广泛

应用FPGA主要是利用其灵活、可多次编程重构的优势，SRAM型FPGA器件具有工艺技术先进、系统门密度大、集成IP核丰富、系统时钟频率高和可多次编程等特点，并且开发灵活性高、成本低、周期短，大大缩短了研制生产周期和最大化降低了风险，特别适合航天工程对宇航器件多品种、小批量的特色要求。

四、发展航天微电子的挑战

1. 纳米级集成电路的单粒子效应问题

器件尺寸和间距不断缩小、集成电路工作电压进一步降低、工作速度进一步提高，使得电路翻转的临界电荷更低，单粒子翻转LET阈值低于1（兆电子伏·厘米^2）/毫克，单粒子多位翻转极为敏感，单个粒子最多能造成几十位翻转。所有这些变化都将使纳米级器件和集成电路的单粒子效应变得更有挑战性。

2. 与辐射相关的纳米级集成电路可靠性问题

随着工艺技术进入纳米时代，新材料的引入、尺寸的缩小、集成度的提高和工作频率的增加，都对纳米级器件的可靠性带来影响，更为严重的是，在辐射环境下工作的器件还要受到辐射效应的影响，辐射效应与上述影响可靠性因素的叠加，使得纳米级器件在辐射环境下应用的可靠性问题变得更加严重。首先是辐射对超薄栅氧的影响，辐射感生材料缺陷在纳米级器件和电路中的影响明显加强，如短沟效应、薄栅介质穿透效应等一些与小尺寸器件相关的效应加剧，成为影响纳米级集成电路可靠性的重要因素；其次是随着器件特征尺寸进入纳米级，栅氧化层厚度只有1～2纳米，单个原子位移将对器件性能产生致命的影响；同时辐射对纳米器件寿命的影响也变得更加复杂，即辐射对各种影响器件寿命因素的相互作用，包括栅介质的介电击穿（TDDB）、热载流子效应（HCI）、负偏置温度不稳定（NBTI）及电迁移（EM）等。

3. 纳米级集成电路的辐射性能评估问题

纳米级器件的辐射效应和损伤机制的改变，可能会严重影响原有的试验评估方法的有效性。通过试验获取这些辐射效应的技术手段也将会有所不同，针对纳米级集成电路，由于新的损伤机制和多种辐射效应交叠出现，需要用新的试验技术和手段加以获取和区分，所以必须丰富和完善原有的试验评价平台。另外，材料、器件结构、功能复杂度、工作速度及封装复杂度等方面的变化，可能使现有的评估方法和规范不再适用，从而需要探索新的适合于纳米级集成电路的辐射评估方法和测试规范。

4. SRAM型FPGA的抗辐射加固问题

SRAM型FPGA已被美国、英国、德国、法国、澳大利亚等国使用在火星漫步者、火星勘测轨道飞行器、金星快车、气候试验卫星、国际空间站等重大航天型号的关键电子系统中，承担信号控制及传输、数据处理、图像处理及可重构计算等核心任务。但FPGA普遍存在严重的空间单粒子翻转问题，目前已经成为国内外航天型号研制中遇到的世界性难题。目前常用的SRAM型FPGA单粒子翻转减轻方案是在FPGA中采用三模冗余设计和刷新技术，这种系统级减轻单粒子翻转的方法需要消耗三倍的逻辑和功耗，不但降低了系统的时序性能、增加了设计的复杂性，而且只能减轻单粒子翻转的累积，不能消除单粒子功能中断，严重限制了 SRAM 型 FPGA 在型号中的应用。

SRAM 型 FPGA 的单粒子翻转问题早在 2005 年就已经引起了美国国家航空航天局（NASA）、欧洲空间局（ESA）的重视，美国政府及军方已经重点资助 Xilinx 研发单粒子加固的 SRAM 型 FPGA，项目周期从 2006 年持续到 2010 年，日本航空航天探索局（JAXA）和法国国家航天局（CNES）也在与 Atmel 合作研发下一代的 45 万门的辐射加固 FPGA 器件。但是目前两家机构的单粒子加固 FPGA 都还不成熟，上电等关键技术还未攻克，距离实际型号应用差距较大。而且据《国际军火交易法》（ITAR）和“巴黎统筹委员会”的贸易限制，国外单粒子加固 FPGA 即使研制成功，也必然作为最高等级器件限制出口，以保持其自身的科技绝对领先优势。这一领域的竞争十分突出。

第五节　中国集成电路设计业发展的机遇与预测

中国集成电路设计业的形成和发展，始终跟随着国家改革开放的步伐，经历了由国家意志、计划经济向市场经济转轨的过程。

迄今为止，中国集成电路设计业经历了三个阶段。

第一阶段为孕育阶段，从 20 世纪 80 年代初起步至 90 年代初，以建立独立于工艺线的专业设计公司和自主开发 ICCAD 工具软件为主要标志。国家“七五”、“八五”科技攻关项目的实施是集成电路设计业创建初期强大的推动力。

第二阶段是设计业的形成和发展期，发生于 20 世纪 90 年代。以实施“908”、“909”工程集成电路设计项目和 ICCAD 熊猫系统商品化为主要内容，以集成电路设计、制造、封装三业分离为标志，集成电路设计业作为独立的产业已经形成并较快成长。

第三阶段，从 2000 年至今，从颁发《国务院关于印发鼓励软件产业和集成电路产业发展若干政策的通知》（国发［2000］18 号）到《国务院关于印发进一步鼓励软件产业和集成电路产业发展若干政策的通知》（国发［2011］4 号），已迈过了十个年头。通过十年努力，中国集成电路设计业取得了长足的进步，成为调整和优化我国半导体产业结构的重要带动力量，呈现了鲜明的发展阶段特征。

一、发展现状

中国内地集成电路设计业十年保持增长的态势如表 3-1 所示。

表 3-1 中国内地集成电路设计业的发展现状与世界设计行业的对比

类别		2001 年	2002 年	2003 年	2004 年	2005 年	2006 年	2007 年	2008 年	2009 年	2010 年	2011 年（F）	2001～2011 年年均增长率
全球	销售额/亿美元	189.0	208.0	260.0	332.1	400.4	494.9	530.0	542.7	549.1	680.0*	784.9*	①全球 Fablees 业为 14.8% ②全球半导体产业为 5.8%
	增长率/%	6.0	10.1	25.0	27.7	20.6	23.6	7.1	2.4	1.3	23.7	15.4	
	占全球半导体产业比重/%	12.3	13.4	14.7	15.6	17.6	20.0	19.8	21.8	24.3	22.8	25.0	
	全球半导体产业增长率/%	−32	1.8	18.3	28.0	6.8	8.9	3.8	−2.8	−9.0	31.8	5.4	
中国内地	销售额/亿元（人民币）	12.3	25.0	57.6	81.5	150.0	234.0	267.0	360.0	379.8	549.1	686.8	①中国 Fablees 业为 52.3% ②中国半导体产业为 24.2%
	增长率/%	35.8	103.3	130.4	41.5	84.0	56.0	14.1	34.8	5.5	44.6	25.1	
	占全国半导体产业比重*/%	6.6	9.2	15.8	14.9	20.6	22.2	20.7	26.2	31.2	33.8	36.2	
	占全球 IC 设计业比重/%	1.0	1.8	2.3	3.1	4.3	5.0	5.8	9.0	10.2	12.0	14.0	
	全国半导体产业增长率*/%	1.0	46.3	34.0	49.8	33.5	44.8	22.6	6.1	−11.1	33.3	16.8	

*中国内地 IC 设计业数据以中国半导体行业协会设计分会统计数据为准，并依此测算其占全球和全国半导体产业比重。

注：2001～2009 年全球 Fablees 销售额是根据全球半导体联盟（GSA）的相关数据整理，2010 年*及 2011 年预测*是基此推算

（1）2001～2011 年，中国内地集成电路设计业从小到大，年均增长率达 52.3%。2008～2009 年，在国际金融危机影响下，世界集成电路设计业仅保持 2.4%和 1.3%的增长，而中国内地集成电路设计业的增长率分别为 34.8%和 5.5%，高出全球同期 32.4、4.2 个百分点。

（2）产业经济规模持续扩大。在 2001～2011 年，中国内地集成电路设计业的营收从 2001 年的 12.3 亿元，发展到 2011 年的 686.8 亿元，经济规模扩大了 55.8 倍；占全球集成电路设计业的比重也不断提升，从 2001 年占世界比重的 1%发展到 2010 年的 14%，提升近 13 个百分点。中国内地集成电路设计业在全球产业中的地位得到了进一步巩固，在美国和中国台湾地区之后稳居第三位，已经成为全球集成电路设计产业的重要产业集聚地和重要一极。

（3）占整个半导体产业相对比重不断提升。在 2001～2011 年，中国内地集成电路设计业占整个中国内地集成电路产业的比重，从 2001 年的 6.6%发展到 2011 年的 36.2%，提升了 29.6 个百分点；而同期世界 IC 设计业占全球 IC 产业的比

重，从2001年的12.3%发展到2011年的25%，仅提升了12.7个百分点。

在中国政府优先发展IC设计业发展政策的推动下，中国内地先后建立了上海、西安、无锡、北京、成都、杭州、深圳和济南共8个国家级集成电路设计产业化基地。目前中国内地集成电路设计单位数量已经达到500多家，并形成了四大聚集区，分别是以上海为龙头，包括无锡、杭州和苏州在内的长三角地区；以深圳为龙头，包括珠海、福州在内的珠三角地区；以北京为龙头，包括天津、大连和济南在内的环渤海地区和以西安为龙头，包括成都、武汉在内的中西部地区。总体上呈现出各地区均衡增长的态势。从2011年中国内地集成电路设计产业统计数据看，珠三角地区、长三角地区和环渤海地区产业发展继续保持领先，分别达到166.55亿元、273.8亿元和149.34亿元，增长率分别为36.85%、26.58%和13.39%。中国内地的IC设计产业已经形成了以长三角地区为龙头，珠三角地区、环渤海地区为两翼、西部加速提升的良性发展格局。

一批新兴IC设计公司快速成长，企业规模不断壮大、经营质量不断提高。从2011年中国内地集成电路设计产业统计数据看，产值过亿的企业数量已达到99家。数据充分说明，设计企业的经营规模出现了整体向上平移的局面。从2000年至今的10年间，中星微电子、珠海炬力、展讯通信、锐迪科微电子等中国内地集成电路设计公司在美国纳斯达克（NASDAQ）成功上市；国民技术、北京君正等公司成功登陆创业板；还有若干家企业已达到上市标准，今明两年将逐步实现在海内外资本市场的IPO。这充分说明，中国内地集成电路设计企业规范化管理和运作水平逐步提高，已经获得国内外资本市场的高度认可。

经过不懈努力，中国内地集成电路设计业的产品档次逐步提升。截至2011年，中国内地设计企业中从事通信、计算机，多媒体芯片研发、销售的企业数量达到186家，占设计企业总数的比重达到34.83%，销售总额为239.74亿元，占全行业销售总额的34.9%。与前几年主要大宗产品以智能卡、第二代居民身份证和低档模拟电路为主的产品格局相比，在网络通信、移动智能终端和多媒体芯片领域，中国内地的设计企业有了明显进步，部分产品被国际大厂采用，形成了比较强的竞争优势。与此同时，在EDA工具、IP核和设计服务等基础服务领域，中国内地企业也有所突破。

二、政策支持情况分析

坚定不移地发展集成电路产业是中国政府的既定国策，优先发展集成电路设计业是国家中长期发展规划确定的产业发展路线。

2000年6月，国务院出台了《鼓励软件产业和集成电路产业发展的若干政策》(18号文件)，将支持集成电路产业发展确定为我国国策。近年来，中国IC产业获得长足发展。产业政策的支持起到了历史性的推动作用。

国家在“十二五”规划中高度重视IC产业的发展，提出了到2015年产业规模在2010年的基础上再翻一番，将在世界IC市场的份额提高到14%以上，满足国内30%的市场需求的宏伟目标。2010年9月8日国务院发布了《国务院关于加快培育和发展战略性新兴产业的决定》、10月18日党的十七届五中全会通过了《中共中央关于制定国民经济和社会发展第十二个五年规划的建议》，2011年1月28日国务院发布了《国务院关于印发进一步鼓励软件产业和集成电路产业发展若干政策的通知》(国发〔2011〕4号)，2011年3月，全国人大批准了“十二五”规划等一系列重要文件。这些为集成电路产业的发展奠定了重要的政策基础和政策环境，必将极大地影响集成电路设计企业的后续发展。

三、对中国内地集成电路设计业发展的预测及政策措施建议

在国际和国内有利形势和国家产业政策的推动下，可以预测中国内地集成电路设计产业将迎来战略机遇期，实现快速、健康的跃升式发展。当然，在迎来巨大机遇的同时，也必须看到，当前存在的很多不足可能成为中国内地集成电路设计业发展的障碍。

一是主流产品尚未全面进入国际主战场。目前，中国内地设计企业的产品除了在通信领域有了比较重要的突破外，在微处理器、存储器、可编程逻辑阵列、数字信号处理器等大宗战略产品领域的建树还不多。虽然“核高基”等国家科技计划在这些产品领域给予了较大力度的支持，但受制于知识产权、加工能力和基础设计能力的不足，中国内地企业还未能在上述领域进入大规模化量产，更谈不上全面参与市场竞争。虽然我们在超级计算机用高性能多核CPU、动态随机存储器、嵌入式CPU等领域取得了重要进步，但与国际先进水平相比还有不小的差距。如果在高端通用芯片领域不能取得决定性的突破，中国内地集成电路设计产业的发展空间将会受到极大的限制。

二是企业总体实力仍然偏弱。尽管中国内地的集成电路设计产业保持了快速增长的势头，规模和效益逐年提高，但总体规模仍然偏小。目前还没有企业能够进入世界集成电路设计企业排名的前10位。全行业的销售额虽然接近110亿美元，但还是小于世界排名前两位的IC设计企业的销售额之和。全

行业的平均毛利空间不大，赢利能力不强。中国内地企业毛利率比国际公认的行业平均毛利水平（40%）低了12个百分点左右。在集成电路进入高成本时代的今天，没有足够的规模和毛利空间，也就意味着企业的再投入能力不足。

三是基础能力提升不够快。集成电路设计业在经历了过去近30年与工艺“相对游离”的发展过程后，在工艺技术进入45纳米技术代后，设计与工艺的结合再次紧密起来，设计挑战急剧上升。主要表现在三个方面：一是对基础电路设计能力的要求越来越高；二是与工艺的结合越来越紧密；三是软件扮演的角色越来越重要。过去的10年中，中国内地的设计企业更多的是在依靠工艺和EDA工具实现自身产品的进步，表现为所使用的工艺技术节点远远超前于所开发的芯片的性能所需。以微处理器为例，Intel早在0.18微米工艺节点就实现了2GHz的主频，但中国内地企业今天使用65纳米工艺还做不到2GHz。大量使用第三方IP核尽管加快了企业产品入市的步伐，但是依赖甚至滥用IP核的现象也愈演愈烈。有些曾经辉煌一时的企业，由于基础能力上的欠缺，强烈依赖先进的IP核、先进工艺和外包设计服务，所以产品竞争力下降，经营业绩大幅下滑。这些发生在我们身边的例子时刻在警示着我们：快速提升基础设计能力已经是刻不容缓的任务。

四是创新精神有待提高。美籍奥地利经济学家熊彼特在1912年出版的《经济发展理论》一书中曾经指出：“创新是指‘企业家对生产要素所做的新的组合’，它包括五种情况：引进新产品；引用新技术，即新的生产方法；开辟新市场；控制原材料的新来源；实现企业新的组织方式……必须把创新（innovation）和发明（invention）区别开来。只有发明得到实际应用，并且在经济上起作用，才成为‘创新’。因此，‘创新’不是一个技术概念，而是一个经济概念。”但是，我们有相当一部分企业对创新的理解并不完整，热衷于搞发明创造，从事新技术的研发，忽略了创新的经济属性；有一些企业热衷于申请各类国家和地方科技项目，成为“项目公司”，工作重心没有放在企业经营和市场上。也有一些企业，缺少“敢为天下先”的勇气，总是跟在别人的后面。还有一部分企业领导人死抱住“宁为鸡头，不做凤尾”的信条，或者小富即安，或者苦中作乐，就是不愿通过整合去寻找新的发展机遇。上述种种现象的直接后果是：有部分设计企业或者处在“植物人”的状态，或者罹患了“侏儒症”。这些企业的做法客观上对行业发展产生了很多不利的影响，最大的莫过于将有限的资源固化在他们长不大的企业中，使得社会资源的再分配无法实现。

为进一步促进我国内地集成电路设计产业的发展，提出以下政策措施建议。

（1）加强集成电路技术和产业发展的顶层设计，制定统一的集成电路发展战略，形成中央、地方、企业发展一盘棋。在涉及产业发展的重大战略问题上，加快决策步伐。

（2）加快机制体制创新，保持产业政策的稳定性和连续性，进一步完善鼓励集成电路产业发展的相关政策措施。

（3）进一步完善科技财税体制的改革，加大政府投入，提高中央科技财政的使用效率。

（4）加强技术创新，发挥国家科技重大专项和国家重大工程的引领作用，实现重大产品、重大工艺和新兴领域的突破。

（5）坚持以人为本，探索新形势下的人才队伍建设和人才引进机制，建立行之有效的激励机制，保证产业发展所需的智力资源。

（6）加强创新能力和创新体系建设，建设集成电路设计技术创新共性平台，形成集成电路产品评价、认证、测试标准化体系，支撑集成电路设计技术和产品创新。

（7）加强产学研用的联合，建立和强化产业联盟，形成技术合作和资源共享体系，实现集成电路设计企业的群体性发展。

（8）建立多元化的投融资机制，在银行贷款、资金担保、上市发行等方面给予集成电路设计企业有力支持。

参考文献

[1] 国际半导体技术发展路线图——ITRS. 王正华，王洪波译. 中国半导体行业协会设计分会，2007.

[2] 国际半导体技术发展路线图——ITRS. 王正华，王洪波译. 中国半导体行业协会设计分会，2007.

[3] 中国半导体行业协会集成电路设计分会年度工作报告（2001—2010年）. 王芹生；中国半导体行业协会集成电路设计分会年度工作报告（2011年）. 魏少军.

[4] http：//baike. baidu. com/view/58056. htm.

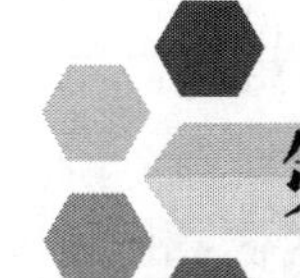

第四章 纳米集成电路与系统芯片制造技术

第一节　纳米集成电路与系统芯片制造技术研究背景及发展现状

一、国内的研究背景及发展现状

（一）先进 CMOS 工艺集成技术

目前世界最先进的 IDM 公司，如英特尔（Intel），其产品工艺技术已经达到 22 纳米技术节点。对于集成电路代工技术来讲，32/28 纳米产品成套工艺技术已经成为国际代工最先进的生产技术，22/20 纳米成套工艺技术的研发也即将达到产业化阶段。由于工艺条件和产业环境的限制，我国在传统硅基 CMOS 工艺等比例缩小方面的研究比较落后。这方面的研究在国外基本上都由大型公司和研究机构主导，目前国内最先进的量产技术只到了 45/40 纳米节点，比国际最先进水平落后两代，这也就意味着国内产业界在工艺技术方面主要处于缩小差距的阶段。中芯国际是国内集成电路制造业的龙头企业，其技术和规模代表了中国集成电路产业的水平。

中芯国际在“十一五”和“十二五”国家科技重大专项的支持下，32/28 纳米成套工艺技术的研发也取得了重大进展，预期 2013 年将实现产业化演示。20～14 纳米技术的研发也已开展，22/20 纳米工艺开发主要以自主开发的 28 纳米工艺为基础，根据文献调研及已有经验，采用了“十二五”国家科技重大专项“02”专项中“28 纳米成套工艺研究”项目部分成果，针对 22/20 纳米世界产业主流设计规则和器件性能指标，引入若干个与 28 纳米工艺不同的工艺新模块。在此基础上，22/20 纳米的初始化工艺流程及设计规则已经确立，并开展了流片实验，获得了初步的器件结果。为进一步缩小与业界最先进水平的差距，中芯国际在 16/14 纳米节点也已积极布局，16/14 纳米技术的前段工艺将采用 FinFET 结构，后段工艺初步预计与 20 纳米节点兼容，其前段工艺与 22/20 纳米平面结构的工艺有很大差别，FinFET 在高性能低漏电方面有明显优势，中芯国际已开始对 FinFET 工艺控制标准及设计规则进行开发，第一套测试掩膜板也将在 2013 年中完成制备，预计 2017 年可使 16/14 纳米 FinFET 进入量产。

22/20 纳米平面工艺与工业界主流 28 纳米成套工艺的主要差别见表 4-1，下文将展开描述。

表 4-1　主流工艺中 28 纳米技术与 22/20 纳米技术的主要差别

	28 纳米技术	20 纳米技术
高 k 金属栅	高 k 在先的后栅工艺	后高 k 栅介质
侧墙	SiN 侧墙	更低 k 值的侧墙
源漏外延	PMOS 源漏外延 SiGe	PMOS 源漏外延 SiGe，NMOS 源漏外延 Si 或 SiC
硅化物	先硅化物工艺	后硅化物工艺
接触孔	传统接触孔技术	局域化互连技术

1. 后高 k 栅介质（High-k last）工艺

在 28 纳米技术节点，采用了先高 k/后金属栅（High-k first/MG last）工艺，即在形成牺牲多晶硅栅之前就生长高 k 栅介质，再在源漏工艺完成后将牺牲多晶硅去掉，填入金属栅材料。但是在 22/20 纳米节点，这种方案可能无法满足需要。由于在先高 k 介质的工艺中，存在高 k 介质后，后续工艺容易给高 k 介质带来一些不利影响，不但会导致栅介质的 EOT 变大，而且会使得器件的可靠性发生退化。因此，22/20 纳米工艺开发将采用后高 k 栅介质工艺，减少后续工艺对高 k 介质的影响。但是后高 k 栅介质工艺也给工艺集成带来很大困难，比如界面层的形成和金属栅材料的填充问题，这也是在 22/20 纳米先导工艺研究中需要解决的。

2. 低 k 侧墙

用 k 值较低的介质来替换之前传统的氮化硅或氧化硅侧墙是基于器件性能的需要，而且也与国际领先半导体制造公司的发展趋势相吻合。由于 20 纳米技术节点栅极与接触孔的距离仅为十几个纳米，此外 NMOS/PMOS 的源漏都进行了抬升，相互之间的寄生电容就不得不考虑进来（如图 5-1 所示），采用 k 值较低的介质材料作为侧墙可以有效地降低这类寄生电容。

3. NMOS 源漏选择性外延 Si/SiC

在 28 纳米工艺中，PMOS 源漏采用了选择性外延 SiGe 的技术，在外延的同时进行原位掺杂，既增加了 PMOS 沟道的压应力，又优化了源漏结的杂质分布。28 纳米工艺中 NMOS 源漏没有进行特殊处理，所以在一定程度上造成了 NMOS 和 PMOS 的源漏高度不一致，对接触孔刻蚀增加了难度。22/20纳米工艺中，PMOS 中 SiGe 外延将进一步提高源漏的高度，所以通过对 NMOS 源漏进行选择性外延，可以使 NMOS 和 PMOS 的源漏在同一高度。NMOS 源漏外延将带来如下好处。

（1）消除 NMOS 和 PMOS 源漏高度差问题，为后续刻蚀工艺降低难度。

（2）提升源漏并进行原位掺杂，可降低 NMOS 的源漏串联电阻。

（3）有利于形成超浅结，抑制短沟道效应。

（4）如果外延的材料为 SiC，有望给 NMOS 沟道带来张应力，提高沟道载流子迁移率。

4. 源漏硅化物在后（S/D silicide last）

在采用高 k 金属栅工艺前，栅和源漏的硅化物一般都是同时形成的，即所谓的自对准硅化物（salicide）。28 纳米工艺已经采用了高 k 金属栅，金属栅无须形成硅化物，仅在部分 I/O 器件、eFuse 或电阻等器件的多晶硅上需要形成硅化物，所以一般将多晶硅和源漏分开来形成金属硅化物，其中源漏硅化物在层间介质（ILD）淀积之前就已形成。到了 22/20 纳米技术节点，将采用后源漏硅化物工艺，这与下文谈到的局域互连（local interconnect，LI）相结合，在源漏上刻蚀接触孔后，仅在孔中形成硅化物，节省了硅化物阻挡层（SAB layer）工艺，另外还能给高 k 介质提供足够的退火热预算。

5. 局域互联

在 22/20 纳米技术节点，一种局域互连的技术将被用于替换接触孔工艺。局域互连技术的特点在于用局域互连 1（LI1）和局域互连 2（LI2）来替代接触孔层，并在后段第一层金属 M1 图形形成之前先形成通孔 Via0，再采用双大马士革工艺（dual damascus）同时填充金属铜。其优点在于五个方面。

（1）用 LI1 和 LI2 两层图形替代接触孔层，使得每一层的图形密度和节距减小，从而减小光刻和刻蚀的难度。

(2) LI1 刻蚀时仅在源漏区域，没有高度差存在，比以往普通的接触孔工艺需同时在栅和源漏上刻蚀图形降低了难度。

(3) LI1 形成时可与硅化物在后工艺兼容。

(4) LI1 还可采用自对准接触孔技术来进行孔刻蚀。

(5) LI1 和 LI2 层都可承担部分局域互连的功能，有效降低了 M1 和 M2 的节距要求。

6. 其他可选工艺

除了上述工艺新模块将被采用外，还有一些新模块尚需进一步评估。例如，外延沟道工艺，在沟道表面外延一层非掺杂的单晶硅，或者在 PMOS 沟道外延 SiGe，其主要目的都是提高沟道迁移率，从而提高器件的性能。

(二) 三维系统芯片及封装技术的发展

系统芯片集成领域的另一个研究热点，是 3D 系统芯片及封装技术，尤其是基于硅通孔（TSV）铜互连的三维芯片堆叠及系统集成封装技术，简称 TSV 三维系统芯片集成技术，它广泛应用于传统逻辑、存储器、射频、功率器件、成像传感器、MEMS 及系统芯片集成技术及产品类别。TSV 三维系统芯片集成技术，其核心是通过硅通孔垂直互连及芯片立体堆叠集成，从根本上解决摩尔定律下 CMOS 器件及铜互联进一步微缩所导致的更加严重的电阻电容延迟（RC Delay）效应和互联传输速度瓶颈，以及传统系统封装技术无法应对更高密度互连输入输出和封装微缩化的技术瓶颈，它是进入后摩尔时代的超大规模集成电路产业，进一步向高性能、低功耗、系统微集成方向，实现下一个跨越式发展的颠覆性革新技术。尽管 TSV 技术在诸如传热、应力及电磁场相互作用方面仍然有很多理论性问题需要解决，但是产业界似乎等不及这些问题的彻底解决，就急于开展针对某些产品的工艺技术开发，并且开发了一些具有实际应用前景的技术。在市场和客户需求的强力拉动下，基于 TSV 互连的准三维（即所谓的 2.5D，图 4-1）硅基转接板和 FPGA 系统芯片集成技术，产业界已经进入小批量产业化阶段。未来智能手机应用处理器（APU）系统芯片，部分客户在 28 纳米节点将采用 TSV-Middle 嵌入进 CMOS 中段，提供 Wide I/O 与 DRAM 实现三维堆叠系统集成（图 4-1）。

中芯国际在 TSV 硅转接板和准三维系统芯片集成方面，已经全面开展了产业化技术开发工作，将多种芯片通过 TSV-Middle 为基础的硅转接板集成起来，或者嵌入至 CMOS 工艺内，可满足芯片间的吉赫兹量级高速数据传输需求，TSV 器件自身优化并与工作器件之间保持既定的距离，以消除 TSV 对器件工作的影响，同时获得较高的系统成品率，图 4-2 为中芯国际在 TSV 准三维集成技术方面所取得的一些成果。为了支持未来更高集成度，以及上千个高密度垂直互连输入输出接口及系统要求，中芯国际将于 2013 年开展在 28 纳米技术平台开展嵌入式 TSV 的研发，视市场需求在 28 纳米节点提供三维 TSV WideI/O 系统芯片集成技术。

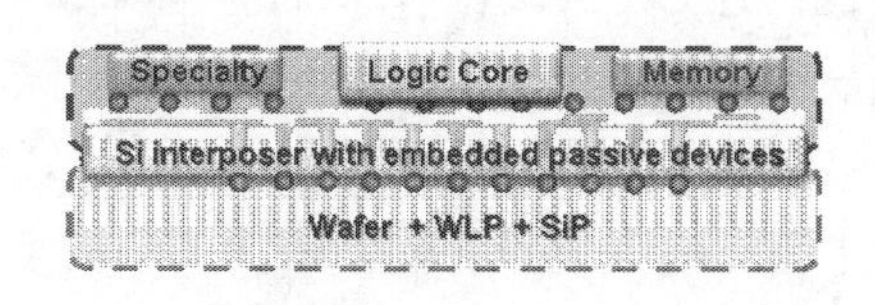

(a) 2.5D：TSV硅转接板和准三维系统芯片集成

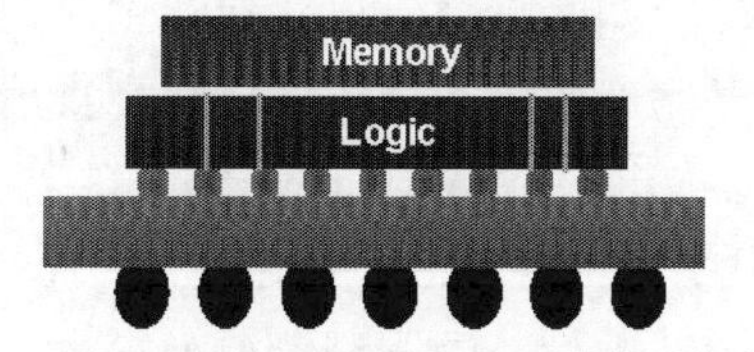

(b) 3D: 三维TSV WideI/O 系统芯片集成

图 4-1　TSV 系统芯片集成技术示意图

(a) TSV填充情况

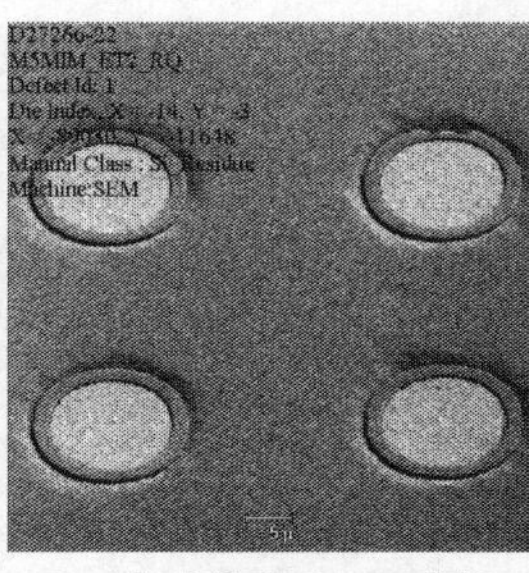

(b) 背面抛光后TSV形貌

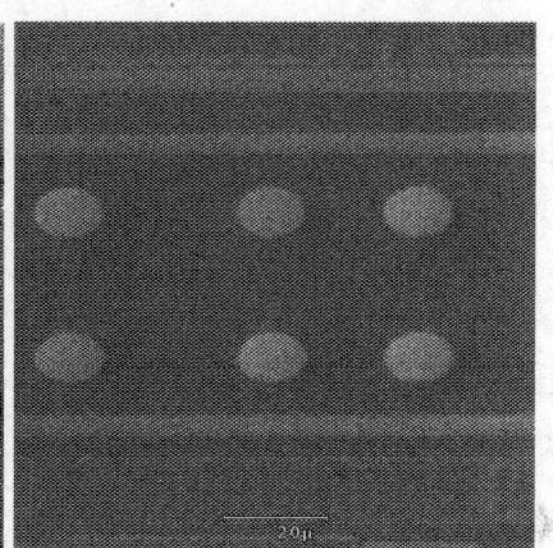

(c) 正面抛光后TSV形貌

图 4-2　中芯国际 TSV 技术开发成果

（三）新型存储器技术的探索

目前 Flash 技术的迅速发展，推动了与传统 Flash 存储技术完全不同的新型存储器技术的发展。目前主流产业技术关注的有相变存储器（PCRAM)、磁电存储器（MRAM）和阻变存储器（RRAM)。这三类新型存储技术都是利用存储介质的电阻在电信号作用下、在高阻和低阻之间可逆转换的特性来实现信号存储的，不存在 Flash 的串扰问题（即在相邻单元电场影响下存储信号发生变化)，因而都具有很强的可微缩性。其中相变存储器和磁电存储器技术发展相对成熟，有部分产品开始进入市场。

1. 相变存储器

相变存储器是一种非易失存储器，它利用材料的可逆转的相变来存储信息。相变存储器便是利用特殊材料在不同相间的电阻差异进行工作的。相变存储器的研发也已经有较长历史，部分产品已成功地实现商业化应用。相变存储器因为其技术特征被认为是 NAND 闪存的替代者。随着技术的发展，NAND 闪存要在极小的面积中俘获电子存在一定的局限性，而相变存储器是利用材料的相变来改变阻值从而实现存储的一个位。在较小的尺度下，相变存储器相比 NAND 闪存还具有更高的速度和更多的读写次数。

尽管如此，相变存储器的生产成本目前还存在问题。有两种途径来提高相变存储器的成本竞争优势和高集成度，即多层单元结构（MLC）和基于交点的多层堆栈单元群（MLS）。随着技术的进步，相变存储器在结合了 MLC 和 MLS 两种特点后，可以在 20 纳米技术节点成为未来存储器市场的新起点。

中芯国际与中国科学院上海微系统研究所在相变存储器方面开展了合作研发，成功试制了 8 兆比特的相变存储器，存储单元成品率达 99%以上。该相变存储器基于 0.13 微米 CMOS 标准工艺，增加 3 张掩模版把 GST 相变材料集成在芯片中。Set 和 Reset 操作电流和宽度为可调。制备的芯片电阻分布能被敏感放大器正确读出。芯片具有较好的抗疲劳特性，超过 10^8。图 4-3 为相变存储器存储单元结构图及电镜 SEM 照片。近两年，中芯国际与中国科学院上海微系统研究所一起承担国家重大专项，开展基于 45 纳米 CMOS 工艺的相变存储器的开发，并取得了阶段性成果。

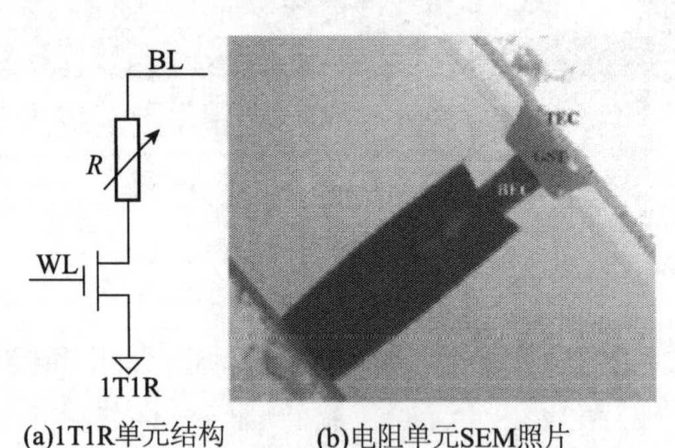

(a)1T1R单元结构　(b)电阻单元SEM照片

图 4-3　中芯国际与中国科学院上海微系统研究所合作开发的相变存储器存储单元结构

2. 磁电存储器

磁电存储器是以磁电阻性质来存储数据的随机存储器，它采用磁化的方向不同所导致的磁电阻不同来记录 0 和 1，只要外部磁场不改变，磁化的方向就不会变化。磁电存储器兼具非易失、高速度、高密度、低耗等各种优良特性，所以被认为是电子设备中的理想存储器。另外，磁电存储器由于以金属材料为主，所以抗辐射能力远较半导体材料强 。与现有的静态存储器（SRAM）、动态存储器（DRAM）和快闪存储器（Flash）相比，磁电存储器性能都是非常优秀的。磁电存储器的研究由来已久，并且在 2008 年已经成功实现了商业化应用。目前，对磁电存储器的研究热点为自旋扭矩转换（spin-torque-transfer ，STT）的新型技术，引入磁性隧道结（magnetic tunnel junction，MTJ）元素，利用其放大的隧道效应（tunnel effect），大大降低了磁电存储器的编程电流，且具有更小的单元面积，在工作速度和集成度方面具有更大优势。

自旋扭矩转换型磁电存储器以其近似无限的读写次数、与 DRAM 相比拟的高速被视为 DRAM 的替代者。如何减小磁电存储器的单元面积一直是最关键的问题之一。中芯国际在磁电存储器制造工艺进行了大量的实验，已经初步制备出具有商业化前景的器件。图 4-4 显示了经过光刻和刻蚀工艺后的 MTJ 照片。

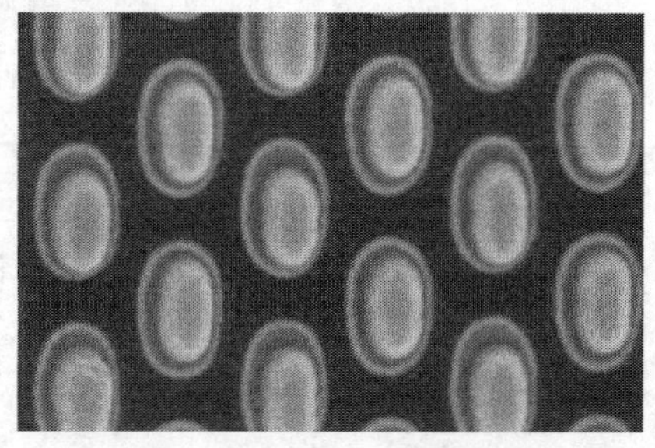

图 4-4　中芯国际制备 MRAM 中，经过光刻和刻蚀工艺后的 MTJ 俯视照片

3. 阻变存储器

阻变存储器一般具有金属—绝缘体—金属的结构（MIM），制备工艺相对简单，只需要采用薄膜淀积工艺，制备工艺一般不需要高温过程，因而可以在 CMOS 后端工艺中实现，而且有三维集成的潜力。阻变存储器作为嵌入式应用，一般采取一个晶体管和一个阻变存储器串联（1T1R）的单元结构，由于阻变存储器一般制备在作为控制管的晶体管的上方，而且阻变存储器的面积可以做到几十平方纳米，所以单元面积一般取决于串联的晶体管的面积。阻变存储器的操作电压相对较低，一般在 1 伏左右，与电源电压非常接近，因而存储器的外围电路设计相对简单。

有望应用于工业化大生产的阻变存储器技术必然需要与 CMOS 技术兼容。从 CMOS 工艺来看，有两个位置可以将阻变存储器集成进来，一种是在

前段工艺将栅介质 HfO_x 作为阻变材料，一种是在后段工艺将铜连线之间的介质作为阻变材料。相比较而言，HfO_x 在 32 纳米技术节点后与 CMOS 兼容，但是利用 HfO_x 充当阻变材料就无法实现 1T1R 的三维集成，而后段工艺中充当阻变材料的介质又要与现有工艺兼容，这也是一个难点。从 CMOS 工艺来说，对 HfO_x 的研究已经积累了大量经验，通过某些离子注入、特定覆盖层和热处理可以有效地改变 HfO_x 中氧空位发生变化，从而改变 HfO_x 的阻值，实现阻变。中芯国际与北京大学正在阻变存储器方面积极开展合作，目前实验研究已经顺利开展。

由于阻变存储器巨大的嵌入式应用潜力，目前很多公司、研究机构、高校都投入了大量的人力和物力来研究阻变存储器。中芯国际与复旦大学在以铜氧化物为阻变材料的阻变存储器方面开展了多年的合作研究，图 4-5 为合作研究的 8 兆比特基于 Cu_xSi_yO 阻变材料的阻变存储器的版图及主要参数，该阻变存储器成功与 0.13 微米逻辑工艺集成在一起，利用后段铜互连之间的介质中嵌入阻变材料，采用并验证了智能自适应读写电路，提高了存储器的成品率，该阻变存储器单元面积仅为 $20F^2$（F^2 为特征尺寸的平方）。

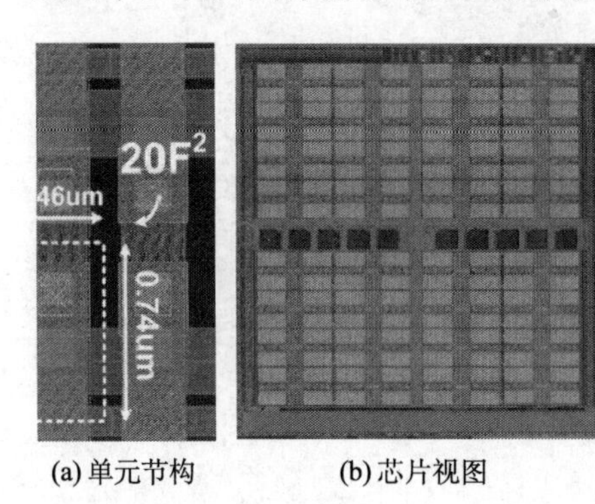

(a) 单元节构　　(b) 芯片视图

process	0.13μm Logic based
storage media	Cu_xSi_yO
capacity	8Mb
cell size	0.46×0.74μm² (20F²)
organization	256 row×256 column×8 block×16 plane,dummy rows for SARM embedded in block array
supply power	1.2V/3.3V
read access time	21ns typically
Reset yield enhancenment feature	SAWM,reset bit yield improves from 61.5% to 100%
Set power reduction feature	SAWM for set
Read yield enhancement feature	SAWM,read bit yield improves from 98% to 100% at 125℃

(c) 主要参数

图 4-5　中芯国际与复旦大学合作研究的电阻式存储器

（四）新型逻辑器件的产业化探索

集成电路制造工艺发展到 22/20 纳米技术节点，传统平面体硅 CMOS 器件结构已经被认为发展到尽头，国际领先的半导体公司 Intel 已经率先在 22 纳米节点采用三栅器件结构——一种类似 FinFET 的器件，并成功实现了商业化应用。预计在 16/14 纳米技术节点，国内外先进半导体公司都将采用

FinFET 的结构，到 10 纳米节点时，更加新型的环栅纳米线器件可能被工业界采用。此外，除了工业界主流的新型逻辑器件，一些在某方面具有优势的新型逻辑器件也存在研究价值。中芯国际联合国内高校研究所在新型逻辑器件方面也开展了一些合作研究，为具有自主知识产权的新器件的产业化探索做了大量工作。

1. 新型局域 SOI 器件

新型局域 SOI 器件是由北京大学的研究小组在 2005 年首次提出的概念，其结构示意图如图 4-6 所示。其技术特点是器件基于体硅衬底实现，源漏区被“L 型”局域绝缘层包围，源漏区没有被绝缘层包围的部分充当了源漏延伸区的角色，形成局域 SOI。该器件不采用超薄体和埋氧，并且沟道与衬底相连，可以很好地解决常规超薄体 SOI 器件存在的埋氧二维电场效应、散热性能差、寄生串联电阻大，以及超薄硅膜带来的迁移率下降、阈值电压增大、性能涨落增大等问题，同时可通过有效抑制短沟效应，大大降低漏电和功耗。与 ST Micro 的 SOI 器件相比，该局域 SOI 器件兼具了体硅和 SOI 器件的优势。北京大学同时提出了基于下陷源漏区二步刻蚀技术的局域 SOI 器件的工艺集成技术，并进行了相关的实验流片，成功地实现了器件的实验演示，获得了良好的器件特性。在此基础上，中芯国际与北京大学开展合作，将北京大学经过实验室验证的工艺方案集成到 90 纳米低功耗基准工艺流程中，进行产业化验证。新型局域 SOI 器件在低功耗领域的某些应用中具有明显优势，实验尚在进一步优化中。

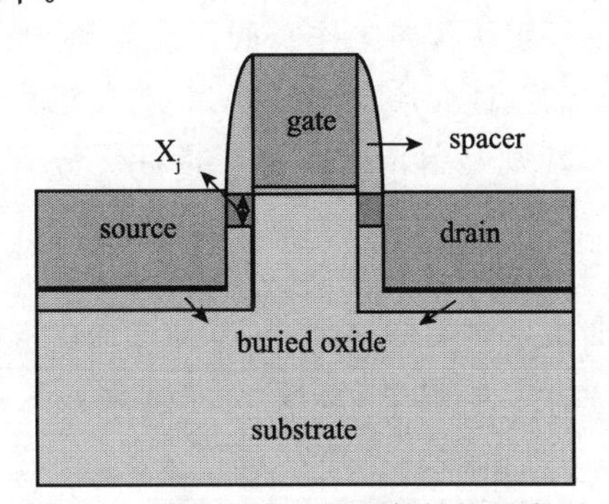

图 4-6 新型局域 SOI 器件结构示意图

2. 硅纳米线围栅器件

目前工业界的主流观点认为，技术发展到 10 纳米节点时，双栅或三栅的

FinFET 器件就无法满足抑制短沟道效应的需要，这时就需要采用硅纳米线围栅器件。这种器件的主要特点是整个沟道区被栅包围，充分受到栅电势的控制，可有效控制短沟效应，降低泄漏电流和功耗。北京大学的研究小组在对 FinFET 器件及工艺进行研究的基础上，提出一种与传统 CMOS 器件工艺基本兼容的在体硅上制备硅纳米线围栅器件的方法，图 4-7 为这种方法的简单工艺过程。北京大学实验制备获得的硅纳米线围栅器件的 DIBL 仅为 4 毫伏/伏，亚阈斜率为 74mV/dec，电流开关达到 8 个数量级。对此器件，中芯国际也与北京大学达成初步合作意向，为国内自主创新的新型逻辑器件进行产业化探索。

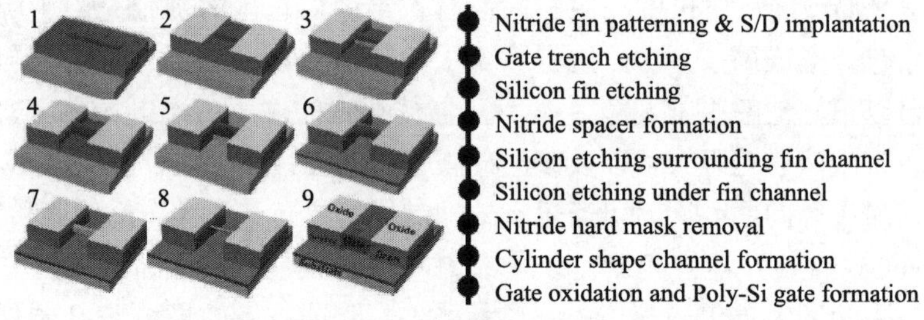

图 4-7　硅纳米线围栅器件的制备方法

(五) 国产工艺设备

工艺技术都需要由工艺设备来实现，所以先进的设备是先进工艺技术的载体。在重大专项的支持下，国内多家企业以产业化为目标，对先进半导体工艺设备的研究开发也开展了很多工作。如下设备取得了阶段性的进展。

(1) 中微半导体的铜互连介质刻蚀机在 90 纳米技术节点取得了部分优于国际竞争对手的结果，特别是单位时间量产指标优势突出。45/40 纳米节点的 Pad 刻蚀和顶部通孔刻蚀也通过了验证。部分设备已经成功进入大生产应用，被国内和国际大型集成电路制造企业采购。

(2) 北方微电子的多晶硅刻蚀机于 2011 年完成了 65 纳米 STI 刻蚀的验证，其结果满足生产需求。目前正在进行 65 纳米双栅刻蚀工艺和 40 纳米 STI 刻蚀工艺的开发。

(3) 七星华创的扩散炉于 2011 年完成了 90 纳米和 65 纳米有源区氧化层和栅氧化层的验证，其中有源区氧化层的差异在可接受范围内，但是与国际主流设备相比在片内均匀性等方面尚有一些差距，栅氧化层工艺需要改进，目前正在进行工艺优化，准备新一轮的验证。

(4) 北京中科信的离子注入机于 2011 年完成了 90 纳米和 65 纳米相

关注人工艺验证，结果与国际主流设备相比在设备颗粒、生产率、65 纳米产品良率等方面存在一些差距，目前正在进行优化，准备新一轮的验证。

大部分国内集成电路设备供应商还处于模仿阶段，在公司规模、产品研发路线图、客户服务、前沿技术开发、工艺开发等方面的差距比较明显。

二、国际制造工艺发展现状

光刻与刻蚀技术（精密图形转化技术）：目前世界集成电路代工制造已经进入 32/28 纳米技术代，先进制造技术进入 22 纳米技术代。这些技术都是以浸没式 193 纳米波长实施光刻工艺，加上一些双曝光技术，使得关键尺寸的宽度可以达到 22 纳米。至于深紫外（extreme ultraviolet lithography，EUV）光刻技术，目前仍有诸多问题有待解决，例如，掩膜版相关技术和产率过低问题，所以离产业要求仍有较大距离。除非技术上有革命性突破，否则电子束及纳米压印技术预计不会在 5 年内得到产业应用。

三维集成工艺技术：为了提高集成度，除了在硅片中缩小器件尺寸，或者应用 FinFET 或 Tri-Gate 等三维器件外，还有一种途径是硅片间进行三维集成。三维集成的关键技术有穿过硅片的通孔（TSV）、连线、redistribution layer（RDL）、硅片减薄和对薄硅片的操控、微 bump 等。三维集成过程中对硅片带来的热效应和应力影响也受到研究者的关注。

沟道工程：为了提高器件性能，研究者往往通过对沟道施加应力来提高沟道载流子迁移率。CE-LETI 报道了一种制备双应力沟道的方法，nFET 采用 sSOI、pFET 采用 sSiGe，对 n/p 两种器件的沟道迁移率都有很大提高。也有研究机构通过对 pFET 沟道注入 Ge 来降低阈值电压，能获得 500 毫伏的 Vth 下降，并且避免了 Tinv、GIDL、NBTI 等退化，这种方法的工作机制与外延 SiGe 不同，注入的 Ge 堆积在介质和沟道的界面。日本 Waseda 大学实验了单原子注入和离散注入的方法，为以后器件到原子尺度后提供一种途径。

高 k 技术：高 k 技术虽然已经应用于量产，但是针对后续技术代的发展，还有很多研究工作在进行。日本的国家先进工业科技研究所（AIST）报道了一种形成高 k 栅介质的新方法，该方法结合了原子层沉积和快速热退火，可形成单晶栅介质 HfO_2，省去了界面二氧化硅层，可以获得更薄的介质层总厚度，这种方法比分子束外延效率高。新加坡南洋理工大学的团队通过多次淀积加多次退火生长高 k 介质 HfZrO 可减小漏电。

源漏工程：源漏工程的主要目的在于如何降低串联电阻和抑制短沟效应，这很多集中在对硅化物和超浅结形成方面的研究上。瑞萨报道了一种 NiPt 硅化物的技术，利用超低温微波退火，形成低阻硅化物，避免了结漏电，这种技术据称适用于 22 纳米技术代。东京大学报道了一种 nFET 和 pFET 用不同的硅化物，例如，nFET 用 $ErSi_2$、pFET 用 Pd_2Si。超浅结方面，国际上使用较多的技术是预非晶化联合注入、脉冲式激光或快闪退火。这种技术对设备成本要求比较高，比如脉冲退火的光源属于高成本的耗材。北京大学的准 SOI 集成方案创造性地提出利用刻蚀深度来控制源漏扩展区结深，同时利用局部隔离层防止源漏区杂质向沟道扩散，因此形成了自对准的超浅结源漏，为源漏工程提供了新思路。

第二节　纳米集成电路与系统芯片制造技术领域中的若干关键问题

一、光刻工艺

目前集成电路制造已经进入 32/28 纳米技术代，先进制造技术进入 22 纳米技术代。所有这些技术都需要光刻技术（lithography）为基础，22 纳米及以下节点，光刻在集成电路制造成本中所占比例将超过 50%。目前这些集成电路产业中的光刻技术完全是采用波长 193 纳米的浸没式光刻技术。根据光学理论推论，浸没式光刻技术将无法满足 16/14 纳米技术代的要求。最有希望取而代之的无疑是 EUV 光刻技术，但是目前看来在 16/14 纳米节点，EUV 光刻技术由于光源的问题还是没有作好大量生产的准备，在此节点可能需要通过 193 纳米浸没式光刻与自对准双成形（self-aligned double patterning，SADP）技术相结合来实现。业内通常认为 EUV 光刻技术可以支持集成电路产业发展到 5 纳米技术代。与此同时，电子/离子束光刻，纳米印制光刻将是未来需要进一步研究的光刻技术。

（一）浸没式光刻工艺

浸没式光刻（immersion Litho）是指 193 纳米 ArF 与液体浸没结合，进一步提高数值孔径和对比度，目前已经在高端芯片制造大生产中广泛采用，主要应用于 22～45 纳米技术节点。浸没式光刻工艺中的主要关键问题有五个。

（1）液体材料的选择，包括研究具有较高的折射率的液体，同时希望极小化光吸收特性。在曝光过程中流体的稳定性和黏滞性，液体与透镜和光刻胶的兼容性，以及在曝光过程中光波加热液体后引起的热畸变特性的问题都是需要深入研究的。

（2）液体媒介中的气泡问题一直是浸没式光刻技术的关键。需要用流体力学的办法在层流范围里优化流体边界层里的流场分布。同时如何降低液体张力来抑制气泡的产生也是需要解决的问题。

（3）液体媒介中的颗粒。首先是通过表面物理的手段找到减少液体中颗粒的产生机制。同时需要通过流体力学的理论和实验来优化流场的结构，避免颗粒在曝光中沉积在镜头表面。

（4）双曝光（double patterning）工艺技术。为了降低工艺难度，浸没式光刻在32/28纳米技术节点已经需要采用增加切割光罩的方法来实现多晶硅栅图形。到了22纳米技术节点，双曝光甚至多次曝光技术是不可避免的。双曝光的主要方式有光刻＋刻蚀＋光刻＋刻蚀（LELE）和光刻＋光刻＋刻蚀（LLE）。显然，这与刻蚀工艺紧密相关。由此引起的光刻和刻蚀的工艺集成问题也是非常关键的。采用昂贵且复杂的双重图形技术时，怎样将图形友好地分离，这需要进行分离算法和相关的强大软件；在两次曝光时如何实现精确对准并抑制交叉曝光所引起的临近光学效应，也是需要研究的；双曝光导致产率降低约40％，可能引入成本上的劣势。

（5）计算光刻。为了延长浸没式光刻工艺的使用寿命，必须通过很多计算手段来进行辅助，计算光刻因此变得尤为重要。计算光刻运用了一系列的数值模拟技术来改善光刻掩膜版的性能。这些技术包括分辨率增强技术（resolution enhancement technology，RET）、光学临近修正技术（optical proximity correction，OPC）、照明光源与掩膜图形的相互优化技术（source mask optimization，SMO）。其中最具前景的计算光刻技术在SMO领域。一直以来，芯片厂商对各个制造工艺步骤的优化都是独立进行的，然而当发展至32纳米及更小节点时，这种独立的优化模式便不再适用。计算光刻依然面临着节点缩小带来的不少问题，例如，OPC层数的增加、图形密度的复杂度、越来越高的计算精度、所需的模型精度等。

（二）EUV光刻工艺技术

EUV的波长为13.4纳米，比ArF准分子激光在水中的等效波长还小一个数量级。EUV进入产业化应用的时间表一推再推，目前认为最有希望进入

16/14 纳米技术代主流生产，而其使用寿命有望延伸至亚 5 纳米尺度。EUV 光刻技术一直以来阻碍开发的问题包括缺少光掩膜、光源功率和光刻胶。另外，每台光刻机的售价可能高达惊人的 7000 万美元。具体来说，目前存在的主要问题有四个。

(1) EUV 光源的制造是核心技术之一。目前的研发热点是激光诱导的等离子体。虽然利用激光诱导的 Sn、Xe 和 Li 等离子体或高压放电在物理上已经可以得到稳定的 EUV 光源，出光效率可到 0.5‰。但是在适用于大生产光刻机的应用中，仍然有许多关键的技术问题，如从等离子体科学出发，研究不同材料的等离子体发光机制，使得光源体积小，出光效率和强度高，同时工程上做到价格低及维修方便。

(2) 反光薄膜的研发，这里主要指具有高反射率的反射薄膜技术。EUV 在各种物质中极易被吸收而引起很低的反射率。为了得到较高的反射率，目前研究热点是用 Mo/Si 作为多层膜，采用近百层的结构，每层厚度约 3.5 纳米，反射率可达 75%以上。在今后的反射膜制造技术中，建议从表面材料物理出发，通过理论和实验来寻找具有高反射率的材料和反光结构设计。为大生产中的 EUV 光刻技术提供更先进的反光膜技术。

(3) 掩膜板技术被业界认为是大规模应用到产业的难点之一。除了上述的高反射率薄膜技术之外，掩膜板技术可以分为两部分。①掩膜板制造工艺：掩膜板的平整度要求为 70 皮米。另外，由于 EUV 曝光工艺中的高保真度要求，掩膜板上 1 纳米的相变误差会导致硅片上图形 25 纳米的畸变。因此，需要特别关注掩膜板材料的低热膨胀特性（LTEM）的研究。掩膜板的保护层(Ru cap layer)、掩膜板顶层的吸收层（TiN absorber）及底部的导电层制造工艺均极其挑战。②掩膜板缺陷的诊断测量和修理：目前的掩膜板缺陷主要依靠光化性（actinic）设备进行，优点是具有细微缺陷测量的能力，缺点是检测速度太慢。例如，针对 CD 的 10%～15%影响，通常需要 3～10 小时的时间。掩膜板上缺陷的修理是依靠电子束和离子束的进行。可以认为，掩膜板制造工艺属于材料特性，材料表面与光的相互作用范畴，主要属于材料科学研究内容。需要材料科学家与集成电路专家联手开展研究。

(4) 光刻胶技术研发是未来生产中最为关心的内容之一。其中，优良的感光性能，包括线粗糙度（LWR）、固化度（collapse）、敏感度(sensitivity)、解析度（resolution）、缺陷度（defectivity）、抗刻蚀度（high selectivity）。另外，简单的工艺实施、低廉的成本及更加环保特性是业界对 EUV 光刻胶的期望。未来的研发重点需要由多学科的联合攻关来执行，包括流体力学、物理化学、材料科学的专业人员共同开展 EUV 光刻胶的研发。

（三）束曝光

束曝光包括电子束和离子束两种技术。具有灵活易变的特点，目前特别适合用于前沿技术的研发，尤其适合在实验室开展一些需要高解析度的光刻工艺支持而量又很少的研究工作。但是其较低的技术产出率限制了其在大生产中的应用。另外，物理上也有些问题需要进一步研究。

（1）电子束曝光是利用高能（数百千电子伏以上）电子束为光源，其分辨率可达 1～5 纳米。其中主要的物理问题有三个。①电荷相互作用。由于电子之间的库仑排斥作用，电子束的聚焦受到限制，分辨率下降。为了提高产出率而增加的束流密度会减低分辨率。目前的研究表明，提高束流电压可以减少电荷相互作用。这需要我们电子加速器方面的科学家来研究电子束聚焦技术，来得到优化的束流强度和聚焦参数。②邻近效应（proximity）。光刻胶和衬底材料对电子的散射和反射，会引起真实图形的畸变。通过类似光学中的 OPC 模型来修正掩膜板，并通过调整电子束剂量来使得其邻近效应最小化。③热效应（thermal）。由于在电子束曝光过程中高能电子会引起局域加热，受到加热的掩膜板和硅片会导致图形的畸变。这需要我们利用微观材料科学的方法加强对微观材料特性方面的研究来找到控制其热效应的办法。

（2）离子束曝光是用高能离子为曝光源的光刻技术。其离子通常是从氢或氦等离子体中提取，通过磁场聚焦形成离子束。由于离子的波长极短，理论上分辨率可达 10^{-4}纳米以下。然而，离子束曝光技术还远不能达到可以广泛应用的程度。主要问题有四个。①离子束技术无法满足离子能量和束流密度的均匀性，其离子源的设备尺寸和使用寿命还无法满足工艺需要。②制造高精度的光学系统技术难度很大。其中尤其是多电极的静电系统和离子透镜制造，目前还需要联合加速器的科学家来共同研究可以用于光刻工艺的离子光学系统。③掩膜板的污染和热效应。由于在离子曝光中，离子轰击掩膜板会引起物理溅射污染，同时由于掩膜板吸收离子能量引起的局部加热均会影响掩膜板的设计图形，所以材料表面物理中的热力学特性及离子与材料的相互作用问题有待于进一步研究。④离子束引起的器件损伤问题比较严重。离子可以携带很高的能量，这会对损伤硅器件晶格。因此，离子束能量及半导体材料微观结构的相互关系需要加强研究，这是工艺中的机制问题。

相比传统的电子束或离子束直写曝光，更有可能被大生产所接纳的是多电子束直写。多电子束直写是从电子束直写技术发展而来的一种无掩膜光刻技术，它通过计算机直接控制聚焦电子束在光刻胶表面形成图形。长久以来，电子束直写被用于制备掩膜和小批量新型器件。多电子束直写的优点是不需要掩膜，分辨率可高达7纳米，缺点是产率太低，成本仍然过高。多电子束直写技术使用超过10 000个电子束来并行直写，产率已经可以达到5～60wph。设备成本约为2000万美元，相较于193纳米浸入式光刻和EUV光刻技术要低很多。多电子束直写可用的最大景深达到650纳米，其高分辨率确保了较高的拓展性，预计可达到11纳米或更小节点。多电子束直写面临的主要问题是如何获得高能量的电子束源，以及数量庞大的平行电子束，怎样处理海量的直写数据。

（四）纳米印制光刻

纳米印制光刻（Nanoimprint）技术是与传统曝光技术完全不同的技术。纳米压印技术的原理比较简单，通过将刻有目标图形的掩膜板压印到相应的衬底上——通常是很薄的一层聚合物膜，实现图形转移后，然后通过热或UV光照的方法使转移的图形固化，以完成微纳米加工的光刻步骤。其相对成本很低，已经在微流体、微光学系统获得了应用。它具有高分辨率、高产能及低生产成本等特性。纳米压印的方法目前主要有三大类，即冷压印、热压印和软模压印。其中热压印技术只能制作比较粗的线条，不适合集成电路生产。纳米印制技术目前存在的主要问题有三个。

（1）工艺精度要求极高。由于硅片上的图形与印制膜板是1∶1的关系，而不是像传统掩膜板那样1∶4的关系。这对印制膜板的加工精度要求是严峻的挑战，制作的成本也极高。

（2）模具的玷污和损耗。由于模具很贵，所以不能出现损坏的现象。但是由于是接触式的工艺，所以很容易产生颗粒和玷污，而且不能保证不被损坏，特别是图形很小时更容易被损坏。

（3）各个工艺层之间的对准问题。由于光刻胶和印制膜板的不透明性，工艺中无法对前一道工艺进行对准。这是纳米印制光刻应用最大的问题。

对于市场来说，只要现有的技术能继续做下去，那么纳米压印进入集成电路大生产应用的可能性就不大。

二、新材料和新工艺技术

（一）应变硅工艺

应变硅工艺（Strained Silicon）在生产上最开始被应用于90纳米技术

代，随着技术的发展，越来越多的应变硅技术被应用到实际产品生产中。目前用得比较多的应变硅技术是平行于沟道方向的单轴应变技术，对 NMOS 施加张应力可以提高电子迁移率，对 PMOS 施加压应力可以提高空穴迁移率。在 45/32 纳米技术代，除了采用应力记忆技术（SMT）和应力帽层（Stressed Liner）等技术以外，PMOS 的源漏硅被选择性外延生长的锗化硅（SiGe）替代，对 PMOS 沟道施加压应力，这可以说是一个革命性的变化。到了 22/20 纳米技术代，NMOS 源漏进行 SiC 外延引入张应力也有可能得到应用，这种技术将明显提高器件性能。另外，通过金属栅多层金属膜生长方法的调整，可以改变金属膜的应力，从而对沟道施加不同的应力。越来越多的应变技术的引入，为提高器件性能做出贡献的比例越来越大。应变硅工艺日前存在的主要问题有四个。

（1）应变硅工艺中所施加的应力在热过程中很容易被释放，所谓应力弛豫，所以在采用了应变硅工艺后，热稳定性问题十分突出，一般来说在后续工艺中必须采用低温工艺来维持应力。

（2）随着特征尺寸的缩小，栅与栅之间的间距在缩小，源区和漏区生长应变 SiGe 的尺寸在缩小，这给应变材料的生长和应力效果都带来很大的难度；同时，具有应力的帽层与器件的接触空间也在变小，使源/漏工程和应力帽层这两种技术产生的性能改善效果减弱。

（3）通过源漏外延生长来引入应力的效果与外延生长前的硅表面形貌有很大的关系，因此对源漏的凹陷刻蚀中各向同性和各向异性的分配至关重要。

（4）由于应变硅技术涉及的工艺模块很多，而且对 NMOS 和 PMOS 往往需要相反的应力，不同的应变工艺模块在 NMOS 和 PMOS 上施加所需的应力，又要避免相互抵消。多种应变技术的引入必然提高工艺的复杂度，影响到集成电路产品的成品率和可靠性，因为，多种应变结合的关键在于工艺整合。

（二）小尺寸工艺

半导体制造加工接近纳米尺度时，很多从微米或亚微米技术代改进而来的工艺技术逐渐变得无法满足生产需要，小尺寸工艺应运而生。其中涉及薄膜生长的小尺寸工艺就是原子层沉积（atomic layer deposition，ALD）。原子层沉积工艺是将不同的反应前驱物以气体脉冲的形式交替送入反应室中，因此并非一个连续的工艺过程。相对于传统的沉积工艺而言，原子层沉积工艺在膜层的均匀性、阶梯覆盖率及厚度控制等方面都具有明显的优势。目前原子层沉积工艺存在的主要问题有两个。

(1) 生长效率的问题。基于原子层沉积工艺的原理和特点，其沉积速率较低。研究和开发具有高效率反应速率的反应前驱物是很重要的挑战之一。

(2) 真空反应系统的寿命问题。在半导体业界日趋受欢迎的原子层沉积工艺已造成对真空系统及废气处理子系统全新的挑战。有些 300 毫米原子层沉积工艺真空泵寿命甚至不到 100 片晶圆。为了要达到合理的原子层沉积工艺成本，真空系统寿命必须要能改善到超过 100 倍才能符合成本要求。

(三) 新型沟道材料技术

随着集成电路制造技术的发展，人们通过各种新型器件设计来克服由器件缩小带来的各种障碍。进入 10 纳米及以下节点后，由硅材料本身带来的各种物理极限就变得十分突出，硅以外的新型沟道材料有可能被用于推迟这种物理极限的到来。除了采用应变硅技术，Ⅲ-Ⅴ族材料/Ge 作为提高载流子输运的沟道材料近来备受关注。为了充分利用现有的硅工艺平台，新型沟道材料技术最好能与硅工艺集成在一起。Ⅲ-Ⅴ族材料/Ge CMOS 技术目前主要存在的问题如下：栅材料的生长，要求有高质量的 MOS/MIS 界面；如何在硅衬底上生长高质量的Ⅲ-Ⅴ族材料/Ge；如何形成低阻值的源漏；如何与传统 CMOS 技术相集成。

(四) 高 k 金属栅工艺

高 k 金属栅工艺是为了解决栅介质变薄后的漏电及多晶硅栅耗尽效应等问题而提出的。高 k 金属栅工艺在研究过程中曾经出现两个方向，即先栅工艺和后栅工艺，基于后栅工艺的高 k 金属栅技术是目前唯一被大规模量产验证的高 k 金属栅技术，而且预计后栅工艺将在 22 纳米节点占绝对主导地位。目前研究较多的高 k 栅介质是铪（Hf）基氧化物。目前高 k 金属栅工艺存在的主要问题有五个。

(1) 高 k 介质薄膜的生长条件会影响高 k 材料的电学性能、结晶特性、热稳定性、可靠性，所以如何生长稳定的高 k 材料对大规模生产应用来说是一大挑战。

(2) 高 k 栅介质/硅的界面工程也是一个很大的难点，界面层的形成不仅会增加界面态密度，还会增大等效氧化层厚度（EOT），是高 k 材料集成过程中面临的一大挑战。这就需要研究在高温条件下高 k 栅介质与硅衬底的化学稳定性和热稳定性，对高 k 栅介质进行筛选；研究硅表面预处理或预淀积技术对界面层形成和界面态的影响，寻找抑制界面层生长的有效途径。

(3) 金属栅/高 k 栅介质费米钉扎机制也是一个研究热点，以 ALD 淀积高 k 栅介质，研究不同材料金属栅有效功函数随快速热退火温度的变化关系，并对不同温度退火后，高 k 介质与金属栅间的界面特性（包括界面反应、界面粗糙度以及互扩散等）和金属栅本身的微结构变化（包括晶粒生长、晶向和元素组成等）进行分析研究，寻找产生费米钉扎效应的原因。

(4) 金属栅的功函数调节是另一个研究热点。金属栅的组成对其有效功函数有很大影响，通过选择不同功函数金属材料的结合（如在金属栅中掺入镧系元素），以及改变材料的组成和/或成分比例，实现金属功函数可调；进一步研究金属栅有效功函数的热稳定性及有无费米钉扎现象等，并对相关机制进行科学的认识。

(5) 高 k 金属栅工艺因为采用了对于传统 CMOS 制造工艺来说完全不同的新材料，而且工艺复杂，所以工艺集成的难度大大上升。既要避免对其他传统工艺设备的污染，又要保证高 k 金属栅的稳定，这也是为什么曾经高 k 金属栅提出了很长时间却迟迟没有得到应用。

(五) 超低 k 工艺

低 k 介质材料的引入主要是为了解决集成度进一步提高后由金属互连线距离过近导致的寄生电容效应，避免由此效应带来的电路工作速度的退化。低介电常数材料大致可以分为无机和有机聚合物两类。目前的研究认为，降低材料的介电常数主要有两种方法：其一是降低材料自身的极性，包括降低材料中电子极化率（electronic polarizability）、离子极化率（ionic polarizability）及分子极化率（dipolar polarizability）；其二是增加材料中的空隙密度，从而降低材料的分子密度，材料分子密度的降低有助于介电常数的降低。能够应用于大规模生产的低介电常数材料必须满足诸多条件，如足够的机械强度以支撑多层连线的架构、高杨氏系数、高击穿电压（>4 兆伏/厘米）、低漏电（电场为 1 兆伏/厘米时小于 10^{-9} 安培）、高热稳定性（> 450℃）、良好的黏合强度、低吸水性、低薄膜应力、高平坦化能力、低热涨系数及与化学机械抛光工艺的兼容性等。从 0.18 微米技术代开始，产业界引入各种降低介电常数的工艺，随着技术的发展，32 纳米技术代之后超低 k 工艺($k<2.5$)已经成为必须采用的技术了。超低 k 工艺目前存在的主要问题有两个。

(1) 由于无机组分（如 Si-O 交联结构）具有优良的机械强度，而有机组分（如烷基）具有较低的极化率和密度，因此如何选择无机有机复合组分薄膜作为低k介质的载体是一大热点，这种方式既可以获得低k值，又能保持足够的机械性能。低k介质的机械强度直接关系到后端工艺的集成，对刻蚀和CMP影响最大。

（2）在工艺过程中，低k介质薄膜可能被暴露到外界环境中，其表面的成键基团和物理特性将影响到薄膜的吸湿性，以及在集成电路工艺中受等离子体影响的程度（包括杂质的吸附、亲水性基团的引入），所有这些均影响到低k介质的长期可靠性。

（六）光互连技术

硅基光互连技术旨在采用CMOS技术生产开发硅光子器件，将硅基光子器件和电路集成在同一硅片上，“光子”是其中信号传输的主要载体，是发展大容量、高性能并行处理计算机系统和通信设备的必然途径。集成电路的工作速度正遵循“摩尔定律”不断提高，然而芯片内、芯片间及计算机内部沿用金属导线作为连线的传统方式，已经成为制约计算机互连网络系统数据传输速率提升的瓶颈。解决这一矛盾的办法，是将微电子技术和光子技术结合起来，开发光电混合的集成电路。在集成电路内部和芯片间引入集成光路，既能发挥光互连速度快、无干扰、密度高、功耗低等优点，又能充分利用微电子工艺成熟、高密度集成、高成品率、成本低等特点。目前光互连技术存在的主要问题有四个。

（1）有关光源问题。虽然Si基发光具有单片集成优势，但芯片光互连不排除使用混合集成光源甚至倒装焊工艺键合Ⅲ-Ⅴ族材料激光器的可能，而且混合集成和键合工艺比起对硅材料进行改性使其发光所采用的工艺或许还要简单易行，其CMOS工艺兼容性或许也更好一些。如果能够实现与CMOS工艺兼容的硅基电泵激光器当然更好，这样光互连就可以采用直接调制工作模式，同时也可对激光器发射波长进行配色等，从而在光互连链路上就可能省掉一些复杂的元件，使系统结构简化，可靠性得到提高。

（2）有关光纤耦合问题。普通单模光纤和微纳光波导之间的耦合难度很大，目前虽然已经提出了几种成功的耦合解决方案，但芯片光互连要解决的是片上激光器及探测器与光波导之间的耦合，而不是与外部光纤之间的耦合，光纤耦合只在用外部光源实验测试单个光子器件性能时有一定的意义，只是一种过渡手段。片上光互连无论是采用硅基单片集成光源还是倒装焊工艺键合的Ⅲ-Ⅴ族材料激光器，其与片上光波导的耦合方式要么是直接对接耦合（适用于硅基单片集成光源），要么是消逝场耦合（适用于倒装焊工艺键合的

“稀释波导”激光器）或光栅垂直耦合（适用于倒装焊工艺键合的面发射激光器）。

（3）有关微纳波导偏振敏感性的问题。片上光互连不同于长途光纤通信，并不需要光子器件完全满足偏振无关。因为光互连可以采用单偏振光来实现，激光器可以设计成单偏振态输出模式，很多光子器件，如光栅耦合器、微环谐振腔甚至电光调制器也都是偏振敏感的，采用单偏振工作模式反而有利于提高性能和稳定性。

（4）有关光子器件的热稳定性。光互连涉及大量的无源、有源器件，这些器件有的对温度很敏感，采用附加温控的技术手段显然不适合大规模集成的要求。因此，光互连中所用的光子器件最好是温度不敏感的，这就要求器件设计成温度不敏感或温度自补偿结构。对那些难以实现温度不敏感或温度自补偿的结构器件，则不得不采用微区电加热的方式进行主动式控温，这就需要在芯片上集成 CMOS 温控电路，即在芯片上引进“CMOS 智能化”。

（七）绿色大生产工艺

在集成电路芯片制造领域内，主要影响能源和环境的因素有能源消耗、温室气体控制、废水处理和有毒物质的管理。其中，降低能源消耗和集成电路装备制造企业的关系比较密切，包括通过设备的技术更新来提高能源的使用率等设备改造技术。而集成电路制造企业在温室气体控制、废水及有毒物质的处理方面，能够发挥重要作用。从集成电路制造企业的角度出发，目前存在的主要问题有三个。

（1）在集成电路制造过程中对大气的污染来源于各种化学过程，比较引人关注的是温室气体的排放，温室气体的排放大部分来源于干法刻蚀和化学沉积反应腔体的清洗工艺。

（2）液体的污染来源于各种利用化学液体的工艺过程，其中主要引起污染的工艺是去胶工艺、化学机械研磨工艺、湿法刻蚀和清洗。

（3）如何采用先进的工艺技术来优化工艺参数，既保证工艺的结果和产品的要求，又可以减少有害气体的排放量，是集成电路制造企业必须要面对的挑战。

三、450 毫米硅片工艺技术

450 毫米硅片提出时日已久，但何时应用一直存在争议，一种观点认为 450 毫米硅片因为其较大的硅片面积可以进一步降低生产成本，从而继续推动摩尔定律发展；另一种观点认为450毫米硅片的应用将重构整个工业界，给利润带来负面影响。设备供应商认为，晶圆尺寸增大是产业最大规模且最具破坏性的投资，为转变过程带来极大的挑战。每一件工艺和自动化设备须重新设计，从晶体生长到最终测试。他们认为450毫米设备的技术要求远远超过在现有300毫米设备的基础上简单的线性增长。晶圆平整性、晶圆热扩张等特性都将最终导致光刻、淀积、平坦化等工艺物理性的改变。现有的300毫米工艺中将近1000步工序的每一步都需要重新进行科研分析和工程再造。更大晶圆的数据处理和测量要求将放缓生产周期，良率也会受到较大的影响。综合来看，主要技术挑战见表4-2。

表4-2 450毫米晶圆的主要技术挑战

分类	主要技术项目
晶圆	材料、尺寸、厚度、识别、登录、研磨削边
晶圆搬运承载	晶片数量、尺寸、形状、管理系统方式
生产设备	单晶片处理与批量、清洗方式、界面标准、生产效率目标、其他与12英寸晶圆相关部分
建厂	规模、大小、通路、洁净室、高度等
自动材料搬运系统	直接搬运概念、承载系统、传送时间、储存方式等
生产管理系统	制程控制、产出资料归集、传送时间、资料流程、决策过程等

无论如何，成本下降是决定450毫米硅片成功的关键，然而这是指芯片的制造成本，不仅与设备有关，还与配套的产业链有关。相信只有使芯片制造商与设备制造商同时实现双赢，才能持续进步与发展。因此未来向450毫米硅片过渡，估计要比向300毫米硅片过渡更为复杂与困难，可能周期会更长一些。450毫米硅片何时应用的最关键问题不在于技术，而在于应用的时机和经济效益。

虽然450毫米晶圆厂终究会来临，但目前来说，技术复杂、成本高企，半导体设备行业难以承受巨额开发费用，除三家领先企业英特尔、三星、台积电（TSMC）之外，其他晶圆生产厂商也多采观望态度。虽然业界猜测台积电企图借助450毫米一家独大，但未必能和设备供应商之间取得利益一致。

四、工艺模型技术

工艺模型技术对设备及工艺研发具有重要的指导作用，通过工艺模型技术的开发可以降低设备及工艺开发的成本，缩短周期。比如计算光刻，其原理是将软件体系结构和高性能计算与扫描设备、光刻胶和刻蚀工艺结合起来，形成可通过校正掩膜形状来弥补物理范畴的不足的系统。由政府或项目支持的大学和研究所是工艺模型的主要研究力量，而TCAD厂商往往也在其中扮演着重要角色，它们作为工艺模型研发和最终用户的连接窗口，将工艺模型研发成果通过工艺模拟工具实现商业化应用。工艺模型技术目前存在的主要问题有两个。

(1) 光刻模型模拟包含了很多方面，先是浸入式光刻技术，接着是EUV光刻技术的应用都对光刻模型模拟带来很大的变化，由此带来了一系列的挑战，如折射率的变化、光学邻近效应修正、电子束制版技术、多次叠加曝光光刻技术等，都需要光刻模型技术的跟进。

(2) 纳米技术时代也给前段工艺模型带来了挑战。综合了扩散、激活、损伤修复、应力等模型热过程工艺，又要综合各种硅基衬底材料，如Si、SiGe、SiGe：C、Ge-on-Si、Ⅲ/V-on-Si、SOI、外延层、超薄体等；由FinFET的引入随之带来的等离子体注入的模型；考虑外形、结晶、应力、缺陷和掺杂的外延生长模型；应力记忆技术模型等。

五、针对非传统器件的新工艺技术

(一) 针对新型硅基逻辑器件的新工艺技术

新型的硅基逻辑器件都是为了满足10纳米或亚10纳米技术节点的器件需要而提出来的，目前研究的热点集中在薄体SOI、FinFET、TFET、Nanowire上。这类器件的生产应用对工艺技术的发展也提出了更高的要求，不过总体来说，硅基的逻辑器件没有引入新的材料，所要求的工艺基本上还是跟传统CMOS工艺相兼容的，所以此类器件带来的工艺技术革新基本上在前面已经讨论过了，只不过对尺寸、应力、损伤等的控制需要更苛刻的指标。

(二) 针对非硅基逻辑器件的新工艺技术

硅基逻辑器件可以说是对传统CMOS器件的一个延伸，实际上他们的工作机制（TFET除外）和工艺也基本与CMOS器件类似，所以它们在面对纳米尺度技术节点的挑战时，和CMOS器件一样会受到硅材料的限制。而非硅基逻辑器件采用了硅以外的材料来实现开关和逻辑功能，相比硅基逻辑器件，这类器件的工作机制与硅基器件大相径庭，所采用的制备工艺也更加复杂化和多样化。这类器件目前尚处于实验室研发阶段，与工业生产距离还比较远，研究的热点有高迁移率沟道器件、石墨烯器件和自旋电子器件。上述器件的主要应用前景可参考本章的器件部分，从制备工艺上来看，上述器件目前存在的一个共同的问题是非硅基材料的选择和生长，除此以外，它们目前存在的问题有三个。

（1）高迁移率沟道器件目前研究较多的是将GeSi/Ge和Ⅲ-Ⅴ族化合物作为沟道材料，因为Ⅲ-Ⅴ族化合物具有高电子迁移率和低空穴迁移率，而GeSi/Ge材料具有高空穴迁移率但是电子迁移率不如Ⅲ-Ⅴ族化合物，所以如何有效地将两者集成在一起，更进一步如何将它们集成到CMOS工艺中，这成为此类器件在工艺上的最大挑战。

（2）石墨烯器件具有很高的载流子迁移率和极低的电阻率，被认为是一种延展摩尔定律的备选器件，所以如何将石墨烯与硅基MOS器件集成在一起，制备出高性能的NFET和PFET是目前最大的挑战，这包括石墨烯生长位置的可控性、选择合适的高k材料、降低接触电阻、制备过程的温度范围控制等问题。

（3）自旋电子器件针对不同的应用、工作机制，研究十分广泛，存储应用方面的工艺技术相对比较成熟。自旋电子材料的实现与集成，如何将极化电子有效地注入硅半导体中是目前存在的主要问题。

第三节　纳米集成电路与系统芯片制造技术未来发展趋势

从延续摩尔定律的考虑出发，将来10～20年的主要技术发展重点在于光刻技术和三维封装技术。结合器件应用，其他的工艺发展热点还包括超浅结掺杂和激活工艺、应力硅工艺、源漏金属硅化物接触工艺等前端工艺，后端则包括低k互连技术等。

一、光刻

光刻技术是摩尔定律的基石。光刻技术的发展就是寻找更短波长的光源的过程。当前的光刻波长为193纳米，采用ArF作为激发光源。采用浸润式曝光方式，结合多次曝光技术，193纳米光刻一般被认为可以使用到22纳米节点。为了获得22纳米以下更加精细的线条，研究者在1990年就开始开发新一代光刻技术。当前比较成功的成果有EUV光刻、电子束曝光（E-beam）

及纳米印制技术。

（1）EUV 光刻技术：深紫外波段为 13 纳米，可以满足 14 纳米以下技术的图形分辨率。当前研发的热点在于激光诱发的等离子体、光刻胶、掩膜板制造及掩膜的缺陷检测方面。尽管 EUV 的研发已经取得了很大的进展，但是由于在单位产量、高分辨率光刻胶及缺陷控制方面迟迟没有取得突破，已经落后于预期的部署时间节点。一般预测 EUV 光刻技术可能在 16 纳米以后才能应用于量产。

（2）电子束曝光：直写式的电子束曝光方式可以达到 1～5 纳米的分辨率，没有掩膜板限制，使用灵活，但是缺点同样突出，如产出率低下、邻近效应、电子束热效应等。最为致命的是其低下的生产效率，这对成本控制十分不利，因此很难成为主流的光刻技术，而只能应用于前沿的科研领域。

（3）纳米印制技术：这种技术采用 1∶1 的图形转移方式，通过和流动性极强的光刻胶进行直接接触压印，将模板上的精细图形印刷到衬底上。这种技术的限制在于精细模板的制作、层间套刻及接触引起的玷污。

（4）SMO 和 OPC：这是一种图形分辨率增强技术。在以上几种新型光刻技术尚不能胜任大规模生产的时候，利用计算光学的办法能够提升一定的光刻精度。这些办法包括 SMO 和 OPC，也就是通过对光的衍射和干涉行为进行补偿纠正，使得通过掩膜板的光源能够将极为精细的图形投射到光刻胶上。目前来看，随着 OPC 技术的不断提高，浸润式 193 纳米光刻技术可以将使用寿命延长至 16 纳米技术节点。

（5）多次曝光：多次曝光技术实际上是一种工艺集成手段，可以有效提高 193 纳米光刻工具的使用效率。在没有提高光刻分辨率的情况下实现精细线条的加工。目前多数采用二次曝光，在后续 22 纳米及以下技术中，4 次或许更多次的曝光技术将会使用，以实现有源区、栅线条，以及接触孔和第一层金属等关键层次的光刻。

比较以上几种光刻技术，EUV 光刻技术仍然是最有吸引力的下一代光刻技术，尤其是对于器件密度要求比较高的产品，如存储器来说，在十几纳米的产品节点上 EUV 光刻的引入是必然的选择。但是对于 Logic 产品来说，由于设计规则的灵活性，对 EUV 光刻的需求没有那么迫切，而且通过 EUV 光刻和 ArF 光刻的结合，可以将关键工序的光刻成本降低。因此 EUV 光刻在 Logic 上的全面部署可能会晚于存储器。但是 10 纳米以后技术最有希望全面采用 EUV 光刻。

二、前端工艺

前端工艺对器件的性能的影响是决定性的。在决定器件性能的因素中，离子注入和退火、沟道应力工程、金属硅化物、高介电常数栅介质及金属栅工艺是关键的前端工艺。大部分现有工艺仍然可以应用于 22 纳米以后节点，但是各自面临着不同的挑战。

（1）源漏掺杂技术：22 纳米以后源漏掺杂技术主要面临着超浅结形成，阴影屏蔽和三维均匀掺杂等难题。超浅结主要针对平面晶体管结构，一般可以采用超低能注入、化合物复合离子源、超低温注入、预非晶化等手段解决。不断缩小的线间距而导致的阴影屏蔽效应将是传统束流式注入技术无法克服的困难，尤其是在采用三维器件结构以后，对垂直方向的硅体进行均匀掺杂则成为一个难题。目前可能采用的手段主要是等离子体掺杂系统，即在极低能量下将等离子体化的杂质源引入到衬底表面，从而实现均匀的表面掺杂。

（2）杂质激活和退火：离子注入以后的退火过程是决定最终结深度和电阻率的关键工艺。目前毫秒级脉冲退火工具包括 Flash RTP 和激光退火，都在工业上得到了广泛的应用。但是针对 22 纳米以下更为精细和复杂的图形，杂质退火可能需要较低温度的退火技术。当前研究比较充分的有低温固相外延退火技术，可以保证杂质在位激活，使得离子注入形成的结深不会过多地扩散，还能获得较高的激活率。关于固相外延退火技术，还需要结合不同的离子注入手段进行机制上的研究，以优化退火温度和脉冲形状。此外，微波退火具有退火温度低、杂质无扩散、生产效率高等优点，近几年也获得了长足的发展。倘若能够解决激活杂质种类的选择性及版图依存性等问题，也许能够进入产业化阶段。

（3）沟道应力工程：随着线间距的缩小，传统的应力盖帽技术由于空间限制已经不能维持足够的应力，而对性能的追求使得沟道应力要求越来越高。新一代应力技术成为 22 纳米节点开始迫切需要的性能增强手段。针对 NMOS 器件，接触孔应力和金属栅应力技术可以帮助提高沟道电子的迁移率而受线间距缩小的影响比较小。针对 PMOS，锗硅外延源漏依然是最有效的应力手段，但是随着整体源漏区的缩小和锗含量的提高，这种技术也面临着极限应力下降的困境。为了弥补这种应力损失，PMOS 还需要额外的金属栅应力和 STI 应力。

（4）硅化物接触：硅化物接触电阻是影响 22 纳米以下器件性能的主要外部因素。当前降低硅化物和源漏接触势垒的办法主要有在硅化物和源漏之间插入一层绝缘层以抑制费米钉扎效应。此外，由于版图图形越来越复杂及更多地采用三维结构，为了达到均匀的硅化物厚度，采用台阶覆盖性更好的原子层淀积技术也是硅化物工艺的一个重要潮流。

（5）金属接触孔：随着接触孔的面积越来越小，金属引出部分引起的串联电阻也成为影响器件性能的主要因素之一。这部分电阻主要由金属的传导电阻和金属与硅化物之间的接触电阻构成。当前减少金属电阻有利用 Cu 替代传统的 W 的办法。从版图设计上来说，采用矩形接触孔形状也是未来的主要形式。在 22 纳米节点以后，采用三维器件结构，接触孔可能要采用钳状结构以增加接触面积，降低接触电阻。这对接触孔的刻蚀工艺提出了更高的要求。此外，由于传统的 PVD 淀积金属的办法对很小的接触孔很难填充完全，所以大规模采用 ALD 淀积可能成为未来的主流。

高 k 金属栅：高 k 金属栅从 45 纳米节点开始引入大规模生产，预计在 22 纳米节点以后将全面应用。如何降低 EOT 及栅泄露电流是高 k 金属栅工艺的核心价值。降低 EOT 的主要手段是减少界面层的厚度，如采用化学氧化、金属吸氧等技术手段，而减少泄漏电流则主要依靠消除界面态及体缺陷来达到，如采用毫秒级脉冲式后退火工艺可以在不损害 EOT 的情况下降低栅泄漏电流。此外，金属栅功函数的调制也是将来 22 纳米节点以下技术的主要挑战，因为三维器件结构的阈值电压主要依靠金属栅功函数的调整来实现。目前比较有效的技术手段是采用薄膜金属 TiN 调制 PMOS 的阈值电压，而采用 TiAl 合金成分的调整来调制 NMOS 的阈值电压。

三、后端工艺

随着线间距的不断缩小，金属线之间的距离越来越小，因此产生的寄生电容随之增加，从而造成速度的下降。为了保证产品的可靠性，更多地需要超低介电常数的绝缘介质来对金属互连进行隔离。而三维互连则可以将不同的功能块进行在片互连，以此提高模块之间的通信速度，减少封装面积，从而达到延续摩尔定律的目的。

超低 k 互连：当前最先进的超低 k 介质已经做到 $k<2.2$，针对后续 22 纳米节点以下技术，进一步降低 k 值将成为互连工艺的最紧迫的挑战。目前采用的方法一般是进行 C 或 F 的掺杂，使得桥连的 Si-O 键被破坏，从而降低 k 值及极化率。但是这种办法只能将 k 值降低到 2.7 左右，更低 k 值材料一般采用多孔氧化硅结构。理论计算表明，无序状态下 55%左右的孔洞就会造成多孔氧化硅的坍塌。为了保证机械强度并降低 k 值，在将来 22 纳米节点以

下技术中可能会采用有序组织的多孔氧化硅结构。此外，空气隔离技术也可能成为主要的选择项。这种技术可以将 k 值降低到 2.0 左右。

深硅通孔互连（TSV）：TSV 是目前谈论得最多的一项新技术，被称为延续摩尔定律和扩展摩尔定律的最重要的手段。在硅片上形成数十微米的通孔，利用减薄和键合的办法将不同功能模块芯片连接在一起，从而减小整体封装面积和减少互连线的长度。当尺度缩小的办法不能有效驱动摩尔定律的时候，TSV 技术可以进一步提高集成度，同时还能实现真正在片系统集成，为微电子产品的多样化提供了最有效的技术手段。在未来 10 年，TSV 技术将成为主宰 22 纳米节点以下技术产品市场竞争力的关键技术之一。

总体来说，未来微电子产业将是打破传统，广泛采用新技术的新时代的开始。同时新技术的采用也带来巨大的经济风险，如何在市场营收和新技术开发应用之间取得平衡，是研究技术发展趋势的核心价值所在。为了不至于“受制于人”和“盲目跟从”，我国微电子产业界应当加强研究投入，形成自身的技术和产品特色。特别是在技术开发上，应当将目标投射到更远的将来，并加强和高校研究所的合作，大力支持基础研发，鼓励超前技术创新，完成符合自身产品和技术特色的专利储备。

第四节　建议我国重点支持和发展的方向

国家科技重大专项“02”专项（极大规模集成电路制造装备与成套工艺专项）在“十一五”期间，投入了约 7 亿元人民币，支持建立了集成电路“先导工艺研发中心”，其工艺条件是未来可以利用的高端工艺平台。该平台以 200 毫米设备为基础，可以开展一些新型半导体材料在 CMOS 制造工艺中的应用研究，主要技术节点从 22 纳米开始，今后将开展 10 纳米及更高端工艺技术的研究。

集成电路技术的发展离不开产业基础。没有产业支持的集成电路技术将会成为空中楼阁。我国在 20 世纪 50 年代的研究水平，在世界集成电路领域居于前沿水平。后来由于美国和日本将技术迅速转化为产业，从而又带动了研究水平的发展。而我国的技术由于缺少产业支撑，技术发展后续无力，最终被世界落下一大截。因此，我们在加强我国集成电路技术研究的同时，一定要注意对产业技术的支持。

从世界集成电路技术发展的历史来看，近 50 年来，一个纯粹的技术研究机构不可能产生产业急需的核心技术，而先进的集成电路龙头企业一定是扮演技术发展的火车头角色。我国过去几十年投入了大量资金，从 2 英寸线到 8 英寸线，建造了很多实验性生产线，结果由于缺少产业支持，脱离了主流产业技术的发展方向，虽然也取得了一些成果，但是最终均无法跟上世界主流技术发展步伐，只好关门了之。这些经验教训表明，只有以企业为主体的技术研发才有可能真正带动集成电路技术的总体发展。今后集成电路技术研发的主要技术路线必须要依靠我国的集成电路技术龙头企业，紧扣产业技术发展的关键技术，联合研究所、高校的研究团队，依托国内巨大市场，通过产学研用的联合，共同推进我国的集成电路技术发展。

未来我国的集成电路发展面临严峻的挑战和机遇。挑战在于世界集成电路电路技术发展迅速，基本上发展的步伐按照摩尔定律，即每两年内技术发展一个新技术代，而且集成电路产业是遵循“大者恒大，强者恒强”的规律，而我国的集成电路产业相对弱小，产业技术与世界先进技术差两代，产业规模与世界龙头企业差距近十倍。尽管如此，我们也应把握现有机遇，国务院 2011 年“四号文件”对我国集成电路和软件产业的发展提出了优先发展的政策，各级政府和相关部门如果能尽快提出一些具体的方针政策，尽快落实各种措施来推动我国集成电路技术发展，将非常有助于产业的健康发展。同时在国家“十一五”和“十二五”重大科技专项的支持下，我们的集成电路工艺技术在龙头企业的带动下，发展势头良好，目前与世界先进技术的差距有缩小趋势，同时国内巨大的市场可以对产业发展提供坚实的基础。我们有理由相信，在政府的支持下，国内高校和研究所与龙头企业通力合作，我国集成电路中的器件和工艺技术会上一个台阶。

依照我国现有基础及国际发展趋势，我国可在如下几个方向进行重点支持。

第一，进一步对集成电路制造行业的龙头企业加大投入，缩小与世界最先进水平的差距，开发具有自主知识产权的工艺模块和成套工艺，以免受制于人。

第二，重点扶持一些产业化前景较好且具有一定技术基础的工艺设备企业，设备是工艺的载体，先进的工艺必须在先进的设备上实现。

第三，先进工艺需要越来越多的工艺模型支持，从而降低研发成本和周期，选择某些领域如计算光刻，企业与研究机构合作，开发出符合大生产需要的工艺模型，具有较高的投入产出效率。

第四，某些先进工艺技术，如 EUV 技术迟迟无法用于大生产主要是成本过高，我国的设备企业没有力量研发主机设备，但是如果能对这类技术所需的某些材料开发出较低成本的替代物，将大大有利于先进工艺技术早日用于工业化大生产。

第五节　有关政策与措施建议

在“新十八号文件”（国务院2011年“四号文件”）的精神指导下，尽快落实各种具体措施。加强人才队伍建设，重点支持高校微电子和软件学院的建设。发挥国家科技重大专项的引导作用，大力支持软件和集成电路重大关键技术的研发，加强产学研的结合，建立自主的知识产权体系，“推动国家重点实验室、国家工程实验室、国家工程中心和企业技术中心建设”。

尤其要注意发挥企业的积极性，支持企业为主体的联合实验室开展产前技术研究，鼓励与世界技术龙头企业交流合作，把前沿器件技术尽快应用到产业中。要注意重点支持新型器件的研究开发，中国集成电路产业的契机可能是新型器件结构，它将彻底改变芯片设计结构，也是全新的可量产的集成电路器件。与传统器件相比，需要较快速、可靠性高、体积小，并且较省电等性能。未来10年，中国没有传统CMOS技术的包袱，国际半导体大厂商，不会轻易采用新技术取代原有的技术，而新型器件可能给中国集成电路产业带来发展契机，使中国成为世界集成电路王国。

参考文献

[1] SIA，ESIA，TSIA，et al. Executive summary，international technology roadmap for semiconductors. ITRS 2011，http：//www. itrs. net/Links/2011ITRS/Home2011. htm.

[2] Packan P，Akbar S，Armstrong M，et al. High performance 32nm logic technology featuring 2nd generation high-k ＋ metal gate transistors. IEDM Tech Dig，Baltimore，2009. 659-662.

[3] Ren Z，Pei G，Li J，et al. On implementation of embedded phosphorus-doped SiC stressors in SOI nMOSFETs. Symp on VLSI Tech，Honolulu，2008. 172-173.

[4] Hyun S，Han J，Park H，et al. Aggressively scaled high-k last metal gate stack with low variability for 20nm logic high performance and low power applications. In：Symp on VLSI Tech，Kyoto，2011. 32-33 .

[5] Auth C，Cappellani A，Chun J，et al. 45nm high-k ＋ metal gate strain-enhanced transistors. Symp on VLSI Tech，Honolulu，2008. 128-129.

[6] Kuhn K J. 22 nm device architecture and performance elements. Short Course of International Electron Device Meeting，San Francisco，2008.

[7] Kuhn K J, Liu M Y, Kennel H. Technology options for 22nm and beyond. International Workshop on Junction Technology (IWJT), Shanghai, 2010. 1-6.

[8] Sui Y, Han Q, Wei Q, et al. A study of dry etching process for sigma-shaped Si recess. China Semiconductor Technology International Conference (CSTIC), Shanghai, 2012. 337-342.

[9] Takagi S, Takenaka M. Advanced non-Si channel CMOS technologies on Si platform. 10th IEEE International Conference on Solid-State and Integrated Circuit Technology (ICSICT), Shanghai, 2010. 50-53.

[10]《电子工业专用设备》编辑部．原子层沉积技术发展现状．电子工业专用设备，2010，1：1-7.

[11] 何俊鹏，章岳光，沈伟东，等．原子层沉积技术及其在光学薄膜中的应用．真空科学与技术学报，2009，29（2）：173.

[12] Kim H, Lee S, Lee J. et al. Novel Flowable CVD Process Technology for sub-20nm Interlayer Dielectrics. 2012 IEEE International Interconnect Technology Conference (IITC), San Jose, 2012. 1-3.

[13] Gambino J P. Copper interconnect technology for the 22 nm node. International Symposium on VLSI Technology, Systems and Applications (VLSI-TSA), Hsinchu, 2011. 1-2.

[14] 王阳元，康晋锋．硅集成电路光刻技术的发展与挑战．半导体学报，2002，23（3）：225.

[15] Wu H M, Wang G H, Huang R, et al. Challenges of process technology in 32nm technology node. J Semicond, 2008, 29: 1637-1653.

[16] Huang R, Wu H M, Kang J F, et al. Challenges of 22nm and beyond CMOS technology. Sci China Ser F: Inf Sci, 2009, 52: 1491-1533.

[17] Arnaud F, Thean A, Eller M, et al. Competitive and cost effective high-k based 28nm CMOS technology for low power applications. IEDM Tech Dig, Baltimore, 2009: 651-654.

[18] Shang H L, Jain S, Josse E, et al. High performance bulk planar 20nm CMOS technology for low power mobile applications. Symp on VLSI Tech, Honolulu, 2012. 129-130.

[19] Cho H J, Seo K I, Jeong W C, et al. Bulk planar 20nm high-k/metal gate CMOS technology platform for low power and high performance applications. IEDM Tech Dig, Washington, 2011. 350-353.

[20] Lim K Y, Lee H, Ryu C, et al. Novel stress-memorization-technology (SMT) for high electron mobility enhancement of gate last high-k/metal gate devices. IEDM Tech Dig, San Francisco, 2010: 229-232.

[21] McGrath D. TI details TSV integration in 28-nm CMOSEE Times News & Analysis. http://www.eetimes.com [2012-06-13].

[22] Hong S. Memory technology trend and future challenges. IEDM Tech Dig, San Francisco, 2010. 292-295.

[23] 蔡道林 陈后鹏 王倩，等．基于0.13μm工艺的8Mb相变存储器．固体电子学研究与进展，2011，31（6）：59.

[24] Prenat G，Dieny B，Guo W，et al. Beyond MRAM，CMOS/MTJ integration for logic components. IEEE Trans Magn，2009，45：3400-3405.

[25] Lee H Y，Chen Y S，Chen P S，et al. Evidence and solution of over-RESET problem for HfOx based resistive memory with sub-ns switching speed and high endurance. In：IEDM Tech Dig，San Francisco，2010. 460-463.

[26] Xue X Y，Jian W X，Yang J G，et al. A 0. 13μm 8Mb logic based CuxSiyO resistive memory with self-adaptive yield enhancement and operation power reduction. Symp on VLSI Tech，Honolulu，2012. 42-43.

[27] Tian Y，Huang R，Zhang X，et al. Anovel nano-scaled device concept quasi-SOI MOSFETIEEE Trans Electron Dev，2005，52：561-568.

[28] Tian Y，Xiao H，Huang R，et al. Quasi-SOI MOSFET-A promising bulk device candidate for extremely scaled era. IEEE Trans Electron Dev，2007，54：1784-1788.

[29] Xiao H，Huang R，Liang J L，et al. The localized-SOI MOSFET as a candidate for Analog/RF applications. IEEE Trans Electron Dev，2007，54：1978-1984.

[30] 王阳元．绿色微纳电子学．北京：科学出版社，2010.

[31] Xu X Y，Wang R S，Huang R，et al. High-performance BOI FinFETs based on bulk-silicon substrate. IEEE Trans Electron Dev，2008，55：3246-3250.

[32] Tian Y，Huang R，Wang Y Q，et al. New self-aligned silicon nanowire transistors on bulk substrate fabricated by epi-free compatible CMOS technology：Process integration，experimental characterization of carrier transport and low frequency noise. IEDM Tech Dig，Washington，2007. 895-898.

[33] Kavalieros J，Doyle B，Datta S，et al. Tri-gate transistor architecture with high-k gate dielectrics，metal gates and strain engineering. Symp on VLSI Tech，Honolulu，2006. 50-51.

[34] Yeh C C，Chang C S，Lin H N，et al. A low operating power FinFET transistor module featuring scaled gate stack and strain engineering for 32/28nm SoC technology. IEDM Tech Dig，San Francisco，2010. 772-775.

[35] Horiguchi N，Demuynck S，Ercken M，et al. High yield sub-0. 1μm^2 6T-SRAM cells，featuring high-k/metal-gate FinFet devices，double gate patterning，a novel fin etch strategy，full-field EUV lithography and optimized junction design & layout. Symp on VLSI Tech，Honolulu，2010. 23-24.

[36] Wu C C，Lin D W，Keshavarzi A，et al. High performance 22/20nm FinFET CMOS devices with advanced high-K/metal gate scheme. IEDM Tech Dig，San Francisco，2010. 600-603.

[37] Basker V S，Standaert T，Kawasaki H，et al. A 0. 063 μm^2 FinFET SRAM cell demonstration with conventional lithography using a novel integration scheme with

aggressively scaled fin and gate pitch. In: Symp on VLSI Tech, Honolulu, 2010. 19-20.
[38] Yamashita T, Basker V S, Standaert T, et al. Sub-25nm FinFET with advanced Fin formation and short channel effect engineering. Symp on VLSI Tech, Kyoto, 2011. 14-15.
[39] Chang J B, Guillorn M, Solomon P M, et al. Scaling of SOI FinFETs down to Fin width of 4 nm for the 10nm technology node. Symp on VLSI Tech, Kyoto, 2011. 12-13.
[40] Wang R, Zhuge J, Liu C Z, et al. Experimental study on quasi-ballistic transport in silicon nanowire transistors and the impact of self-heating effects. IEDM Tech Dig, San Francisco, 2010. 1-4.
[41] Bangsaruntip S, Cohen G M, Majumdar A, et al. High performance and highly uniform Gate-All-Around silicon nanowire MOSFETs with wire size dependent scaling. IEDM Tech Dig, Baltimore, 2009. 297-300.
[42] Li M, Kyoung H Y, Sung D S, et al. Sub-10 nm Gate-All-Around CMOS nanowire transistors on bulk Si substrate. Symp on VLSI Tech, Kyoto, 2009. 94-95.
[43] Wei C, Yao C J, Jiao G F, et al. Improvement in reliability of tunneling field-effect transistor with p-n-i-n structure. IEEE Trans Electron Dev, 2011, 58: 2122-2126.
[44] Wei L, Oh S, Wong H S P. Performance benchmarks for Si, Ⅲ - Ⅴ, TFET, and carbon nanotube FET-re-thinking the technology assessment methodology for complementary logic applications. IEDM Tech Dig, San Francisco, 2010. 391-394.
[45] Seabaugh A C, Zhang Q. Low-voltage tunnel transistors for beyond CMOS logic. Proceedings of the IEEE, 2010, 98: 2095-2110.
[46] Kim K. From the future Si technology perspective: challenges and opportunities. IEDM Tech Dig, San Francisco, 2010. 1-9.
[47] Lin J C, Chiou W C, Yang K F, et al. High density 3D integration using CMOS foundry technologies for 28 nm node and beyond. IEDM Tech Dig, San Francisco, 2010. 22-25.
[48] Clavelier L, Deguet C, D Cioccio L, et al. Engineered substrates for future more Moore and more than Moore integrated devices. IEDM Tech Dig, San Francisco, 2010. 42-45.
[49] Han S J, Chang J, Franklin A D, et al. Wafer scale fabrication of carbon nanotube FETs with embedded poly-gates. IEDM Tech Dig, San Francisco, 2010. 206-209.
[50] Lee C H, Nishimura T, Tabata T, et al. Ge MOSFETs performance: impact of Ge interface passivation. IEDM Tech Dig, San Francisco, 2010. 416-419.
[51] Avouris P, Lin Y M, Xia F, et al. Graphene-based fast electronics and optoelectronics. IEDM Tech Dig, San Francisco, 2010. 552-555.
[52] 孙鸣，刘玉岭，刘博，等．低 k 介质与铜互连集成工艺．纳米器件与技术，2006，10：464-469.

第五章 SiP 及其测试

第一节 SiP 及其测试领域研究背景及发展现状

一、SiP 的基本概念

在工艺技术发展和电子系统需求的双重驱动下，系统级封装（system in package，SiP）成为未来封装技术和系统集成的主流技术路线之一，国际半导体技术发展蓝图（International Technology Roadmap for Semiconductors，ITRS）2003 年即明确将 SiP 列为半导体技术的重要发展趋势[1]，其后在白皮书 *The Next Step in Assembly and Packaging：System Level Integration in the Package* 中对 SiP 进行了明确的定义[2]："System in package（SiP）is a combination of multiple active electronic components of different functionality，assembled in a single unit that provides multiple functions associated with a system or sub-system. A SiP may optionally contain passives，MEMS，optical components and other packages and devices."

ITRS 在上述白皮书中表述的关于未来半导体技术发展的基本判断，延续摩尔定律、扩展摩尔定律和超越摩尔定律是三个主要的发展方向。半导体技术发展必须满足未来高性能、低功耗、小型化、异质工艺集成、低成本的系统需求，单纯依靠芯片系统（system on chip，SoC）已经难以实现这样的需要，因此与 SoC 互补，在封装层次完成系统集成是一个现实的解决方案。SiP 和 SoC 两者的充分结合将是未来高附加值集成电子产品的主要解决方案。

在 SiP 成为熟知的概念之前，多芯片模块（MCM）曾经作为重要的技术方向被关注，但是由于当时所处的环境和技术的成熟度，导致了良率上存在较多的问题，因此没有广泛应用。自 2000 年以来，系统级封装作为一种新的集成方法成为封装领域关注的一个焦点。作为一项先进的系统集成和封装技术，SiP 具有一系列独特的技术优势，满足了当今电子产品高性能、多功能，以及更轻、更小和更薄的发展需求，具有广阔的应用市场和发展前景。

图 5-1 是 ITRS 总结的 SiP 的不同封装结构[1]，可以分为两类基本的结构形式：一类是多块芯片平面排布的二维封装结构（2D-SiP），另一类是含有芯片垂直叠装或埋入式结构的三维封装/集成结构（3D-SiP）。在 2D-SiP 结构中，芯片并排水平贴装在基板上的，贴装不受芯片尺寸大小的限制，工艺相对简单和成熟，但其封装面积相应地比较大，封装效率比较低；3D-SiP 可实现较高的封装效率，能最大限度地发挥 SIP 的技术优势，是实现系统集成的最为有效的技术途径，实际上涉及多种先进的封装技术，包括封装堆叠（PoP）、芯片堆叠（CoC）、硅通孔（TSV）、埋入式基板（embedded substrate）等，也涉及引线键合、倒装芯片、微凸点等其他封装工艺。

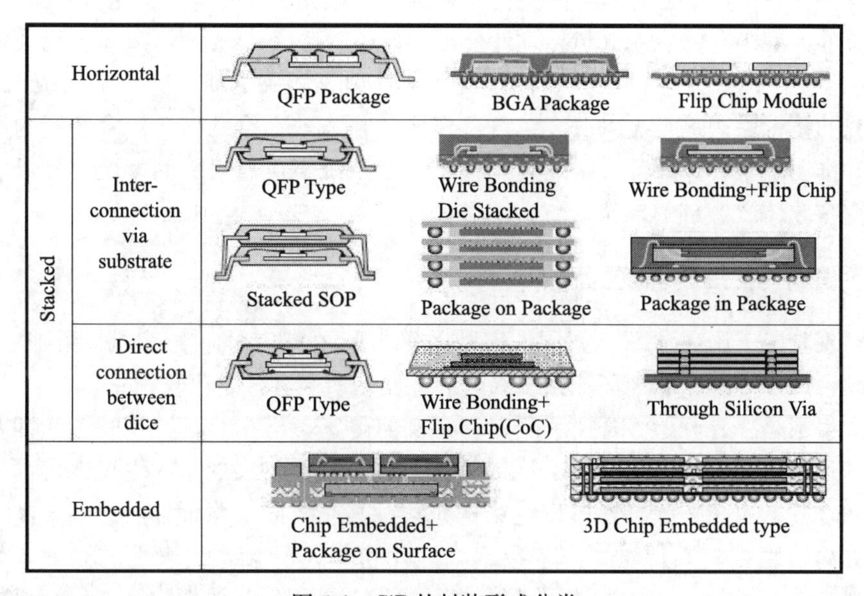

图 5-1　SiP 的封装形式分类

图 5-2 所示是 3D-SiP 实现多种功能集成系统的示意图[2]，其中集成了微

处理器、存储器、模拟电路、电源转化模块、光电器件等，还将散热通道也集成在封装中，集中体现了 SiP 的基本概念。

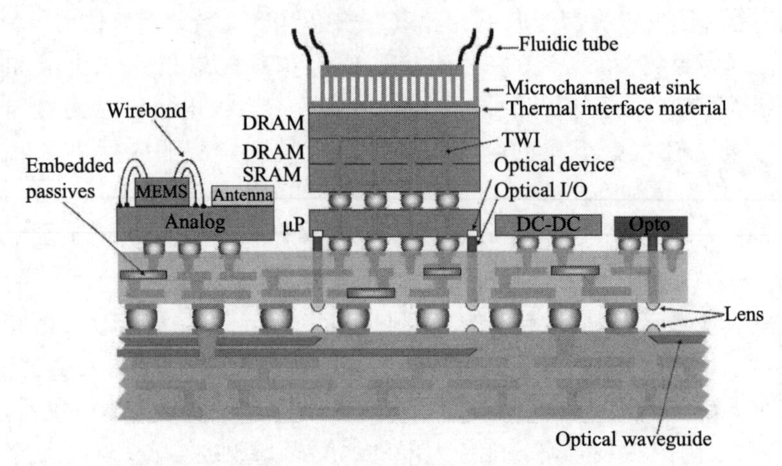

图 5-2 典型 SiP 多功能集成示意图

二、国外研究背景及发展现状分析

由于 SiP 在小型化、高性能化和低成本方面带来的吸引力，世界上几乎所有的大型半导体企业（包括设计公司、集成制造商、封装代工厂），以及相关的设备、材料企业都投入资源，或者独立展开相关的研究，或者组成 SiP 研究的技术联盟进行技术开发。这些资源的投入，在推动 SiP 技术发展的同时，推动了半导体设计、封装、制造工艺、系统集成与组装的发展，并可能改变半导体产业链的现状。

（一）SiP 研发情况简述

现阶段美国、欧洲（德国、比利时等）及亚洲（日本、韩国、新加坡、中国台湾）等国家和地区在系统级封装方面的研究和开发比较领先。

美国是率先开始 SiP 技术研究和开发的国家，早在 20 世纪 90 年代即将多芯片模块（multi-chip module，MCM）列为重点发展的十大军民两用高新技术之一。由于美国半导体产业结构完整，其在集成电路设计、终端产品集成方面的优势极大促进了 SiP 技术在应用市场的开拓，代表性的企业，如 IBM、Intel、GE、Freescale 等都在 SiP 研发上处于领先的地位。在研究机构方面，佐治亚州理工学院封装研究中心（Packaging Research Center，Georgia Institute of Technology，GT-PRC）是由美国政府、产业界和其他机构共同出资建立的全球著名的封装技术研究中心，也是目前世界上 SiP 技术研究与开发最有影响力的研究中心，研究内容涉及 SiP 的设计、算法、材料、工艺、可靠性及测试等。该中心的 Rao Tummala 教授是 SiP 的先驱者和主要倡导者，图 5-3 是该中心对 SiP 的认识[3]。

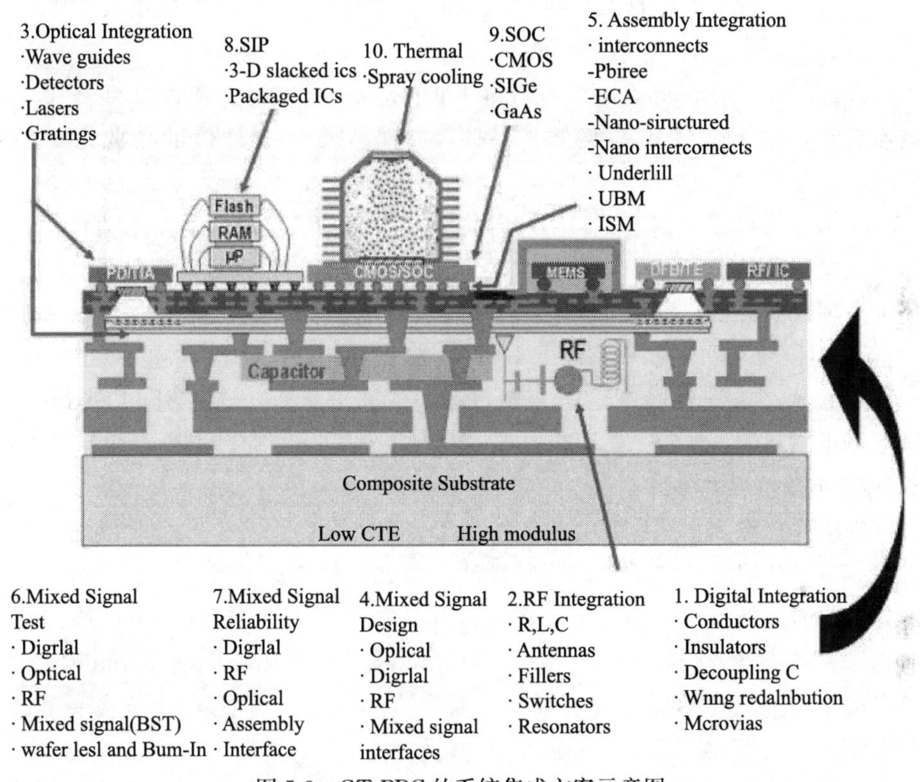

图 5-3 GT-PRC 的系统集成方案示意图

欧洲各国在 SiP 技术的发展方面同样不甘落后，欧盟及各国研究机构或企业都在该技术领域有多种规划，并进行联合研究。欧洲著名的几个研究中心，如比利时的 IMEC、德国的 IZM、法国的 Leti 等都对 SiP 投入了大量的资源，并获得了众多突破性的进展。一些知名的联盟也针对性地开展了多种研究活动，如成立于 2003 年年底的 ENCAST（European Network for Co-ordination of Advanced Semiconductor Technologies），为欧洲电子生产企业提供半导体及微电子生产、组装、封装及测试技术的各类信息及情报，包括晶圆级封装、3D 封装、SiP/SoP、无铅焊球等技术。

亚洲的日本和韩国在 SiP 领域相对比较领先，主要的优势在于它们所拥有的世界级半导体企业自身对该技术的需求；中国台湾地区拥有众多的半导体代工企业，在 SiP 技术开发上也有比较多的投入；中国内地近年来也在加大这方面的投入。

（二）主要研究机构 SiP 技术研究现状

目前参与或组织进行 SiP 研究开发的主要研究联盟/机构依然集中在北美、欧洲大陆及东南亚，见表 5-1。

Sematech（semiconductor manufacturing technology）是 1987 年在美国政府财政资助下，14 家在美国半导体制造业中居领先地位的企业组成的 R&D 战略技术联盟[4]。2010 年 12 月，Sematech 联合世界半导体协会（SIA）及半导体研究协会（SRC）启动了一项 3D IC 芯片堆叠技术项目，该项目成立的目的是促进 3D IC 技术的标准化和对异构型 3DIC 整合技术进行研究。项目的首要目标是确立出一套与 3D IC 有关的关键技术，如测试、芯片键合、微凸点（micro-bumping）等技术和规格标准，包括日月光（Advanced Semiconductor Engineering，ASE）、Altera、ADI（Analog Devices）、LSI、安森美及 Qualcomm 在内的 6 家半导体公司现已加入了 3D IC 芯片堆叠技术的项目。

GT-PRC 作为全球重要的封装技术研究中心，得到了来自企业界的大力支持，其 SiP 的研究包括混合信号设计、测试、材料、工艺、集成技术和可靠性等内容。20 世纪 90 年代后期 GT-PRC 的主任 Rao R. Tummala 教授就提出了一种典型的 SiP 结构——SLIM（single level integrated module）[5]，将各类 IC 芯片和器件、光电器件、无源元件、布线和介质层都组装在一个封装系统内，极大地提高了封装密度和封装效率。

德国的弗劳恩霍夫研究所（Fraunhofer IZM）与柏林工业大学合作，在封装和系统集成技术、微观可靠性和寿命评估、圆片级系统封装、3D 系统集成、温度管理、射频和无线技术、光电子封装、MEMS 封装等技术领域进行研究，为 SiP 中有源芯片的埋入联合开发了 CiP（chip-in-polymer）技术[6]。

日本电子封装学会（Japan Institute of Electronics Packaging，JIEP）在 SiP 方面组织实施的研究内容包括 3D 封装的材料、JISSO 系统的 CAE 研究、EMC 建模、超高频板的设计、降低噪声、PWB 制造、微纳米制造、EPADs、下一代电路板的研究、离子迁移的评价方法、锡须、先进的 JISSO 技术、DFT、光电 JISSO 技术、环保 JISSO 技术、nano-bio 装置 JISSO 技术等[2]。

表 5-1 部分主要的系统级封装研究机构

国家/地区	名称
美国	Sematech、GT-PRC、CALCE、IEEC、IFC、SIA、SRC
欧洲	Fraunhofer IZM（德国）、IMEC（比利时）、LETI（法国）、FMEC（比利时）
亚洲	KAIST（韩国）、JIEP（日本）、IME（新加坡）、ITRI（中国台湾）、EPACK Lab/CAMP（中国香港）

（三）部分企业SiP技术研究现状

无论是整合器件制造商（IDM）或是封装代工企业（PKG House），都在SiP方面进行了研发工作，即使是芯片设计企业（fabless besign house），也提出和参与了相当多的研发工作。

一些典型的SiP技术开发列于表5-2中。

表 5-2 一些典型的SiP技术开发

公司名称	公司类型	典型SiP技术开发及应用
Intel	IDM	FSCSP（Folding SCSP），在处理器封装上再堆叠集成闪存和RAM的内存，如便携终端处理器PXA27X，它是将微处理器与Strata闪存、LP-SDRAM封装在一起[7]
Renesas	IDM	Fan-out WLP（Wafer Level Package），包含RDL技术和键合技术以获得高密度和多层的互连，应用于通用MCU产品的紧凑封装 SiWLP（System in Wafer Level Package），利用Fan-out WLP技术集成封装MCU与模拟/射频芯片，可应用于传感网络 SMAFTI（Smart Chip Connection with Feed-Through Interposer），利用聚酰亚胺和铜形成FTI（Feed-Through Interposer），用于大容量堆叠存储器和逻辑IC芯片的集成，能够实现100 Gbps的数据传输速率[8]
Samsung	IDM	开发了集ARM处理器、NAND闪存和SDRAM于一体的SIP，在单一封装结构内，基于ARM的应用处理器芯片、256兆字节NAND闪存芯片和256兆字节SDRAM内存芯片垂直叠装在一起，尺寸仅为17mm×17mm×1.4mm，应用于PDA
Freescale	IDM	RCP（Redistributive Chip Packaging），真正带有可选择性的新型圆片级封装技术 第二代ZigBee®顺应式平台，将低功率2.4GHz射频收发器和一个8位微控制器封装为SIP，存储可扩展满足多种应用[9]

续表

公司名称	公司类型	典型 SiP 技术开发及应用
NXP	IDM	AWL-CSP，开发了无源器件芯片（硅基板上包含解耦电容器、射频变压器和 ESD 保护二极管等，同时可以带有 TSV）[10]
Infineon	IDM	CoSiP 研究项目，“利用芯片一封装系统的协同设计，进行高度小型化、高能效的紧凑型系统开发”。德国政府 IKT 2020 计划支持，研究成果应用于医疗技术、汽车行业，为 SiP 开发所需的设计工具奠定基础
GE	IDM	Die-First，引用于 GPS 模块
National Semiconductor	IDM	埋入式无源器件技术，应用于蓝牙射频模块[11]
STATS-Chippac	PKG House	CSMP（chip size module package），直接将无源元件（电阻、电容、电感、滤波器、平衡-非平衡变压器、开关和连接器等）集成到 Si 基板，实现 SiP 模块化；高 Q 值 IPD 技术，减少了在射频信号传输路径中的损耗，形成 IPD 组件库[12]
Amkor	PKG House	各类先进的封装技术（FC、BGA、CSP 等），已推出 ASIC 和微处理器高度集成的 SiP 计算模块、几乎容纳全部器件的 CIS-SIP 模块、集成了控制器和无源元件的高容量 SD 卡模块[13]
ASE	PKG House	封装堆叠、内埋元件基板及整合元件技术、TSV 及 TSV 芯片一圆片堆叠与封装；TSV 相关技术主要针对硅基板应用、存储器与逻辑电路堆叠应用、异质芯片整合应用[14]
SPIL	PKG House	引线键合堆叠封装、多层芯片堆叠封装、倒装芯片堆叠键合封装等技术，形成应用于微型硬盘、存储卡、手机等的 SiP 系列产品[15]
Qaulcomm	Fabless	目前对 SiP 的主要需求来源于 X32 双倍数据传输率（double-data-rate，DDR）存储设备的使用，希望集成产品具有高速总线，能进一步扩展存储容量，并把所有存储芯片和用于低端产品的逻辑电路整合在了一起
Broadcomm	Fabless	蓝牙 V3.0 ＋ HS 兼容技术现在是应用于同合作伙伴 ODM 共同生产的 mini-PCIe 组合模块中
Apple	IDM	A4 处理器与 DDR SDRAM 采用封装堆叠（PoP）技术

表中列举了一些在 SiP 技术开发领域有建树的国际化公司的相关理念、技术及观点，从中明显可以看出 IDM 和 Fabless 设计公司更多从产品的多功能、高性能化提出 SiP 的需求，而主要的封装代工企业则重点解决的是针对上述需求的物理问题，在技术上完成开发。对于整合器件制造商而言，无论是从公司的整体战略发展还是局部技术的开发，在 SiP 方面都有明确的技术蓝图；同样对于封装代工企业，其工艺技术能力的开发越来越多与芯片设计和系统设计紧密关联。

三、中国内地研究背景及现状

集成电路封装是中国内地半导体产业的重要组成部分，近年来年产值一直在半导体行业中占有“半壁河山”。在国家政策的支持下，尤其是2009年以来在国家科技重大专项（如“02”专项）的支持下，国内骨干的集成电路封装企业（如长电科技、南通富士通、天水华天、华润安盛等）在先进封装技术的开发、储备、应用上得到了长足发展，在某些方面开始对国际封装企业巨头形成了挑战；内地的研究机构在多年坚持跟踪国际研究动态的基础上，结合内地产业的现状，在紧密联系产业界的同时，也提出了在SiP技术领域的研究方向；内地信息产业的一些重要的集成制造商（如华为、中兴通讯、联想、国民技术等）在产品系统集成的过程中，不断面临着SiP技术落后的障碍，因而对SiP有巨大的需求。

（一）中国内地系统集成和芯片设计厂商对系统级封装的需求

与国际上的情况一样，系统集成制造商和芯片设计企业对SiP的需求是封装企业在SiP技术开发方面的推动力。

中兴通讯、华为、联想等大型终端产品企业对SiP技术也有较多需求。华为、中兴通讯这类通信设备厂家需要SiP技术的产品包括DDR内存集成、基站RF多频模组、手机上网卡、手机基带与射频、电源管理芯片集成等。

联想科技在手机上网卡、手机基带与射频、电源管理芯片集成、MCU和电源管理芯片集成等方面有SiP需求。

华为、中兴通讯、联想等终端产品企业将产品定位在国际一线市场，对SiP技术的需求一直跟随国际最新的发展趋势，在国内是最先进行技术研究和产品尝试的企业；国民技术、展讯通讯、中星微电子等企业产品定位在国内中低端市场，更多借用国外量产技术进行二次创新的方式来完成积累，技术方向主要由本土市场来驱动。

（二）中国内地骨干封装企业SiP技术研发现状

中国内地骨干封装企业近年来发展迅速，在先进封装技术开发上投入了大量的力量，在圆片级凸点技术、应用于CMOS图像传感器封装的TSV技术等方面已经具备了和世界级封装企业竞争的实力，正处在“全面赶上、局部突破”的关键发展阶段。

长电科技/长电先进、南通富士通（通富微电）、天水华天等企业均在系统级封装及测试领域展开了研发。这些企业已经可以提供 Wafer Bumping 的服务，TSV 技术也已取得专利成果并在产业化，在 SiP 的选型、封装设计、封装模型电性参数提取、SI/PI 分析服务方面已经积累了经验。

长电科技目前主要的 SiP 产品为存储卡、智能卡、安全芯片、MEMS、DDR 内存驱动等，其在 2010 年给国民技术设计的用于移动支付的 RFID-MicroSD 卡，里面集成了 6 颗芯片、20 颗电容电阻和晶振，总厚度不超过 0.65 毫米，已经可以量产；南通富士通（通富微电）能够提供从系统设计、电仿真、热力模拟到产品封装、测试的完整解决方案与产业链服务模式，其产品包括 CMMB 模块、电源模块等；天水华天在 SiP 方向采取低投入跟随型战略已经在试产 RF-SiM 数据卡和 side-by-side LGA-SiP 产品。

但是在整体上，国内封装产业界在系统级封装及测试领域的研发经费依然不足，在技术力量上缺乏核心团队，SiP 的产业链发展水平不均衡，呈现“中间强、两头弱”（封装工艺强、封装设计弱、封装装备和材料弱）的态势，对系统集成和芯片设计厂商缺乏足够的吸引力。

（三）中国内地研究机构 SiP 研究的现状

中国内地在先进封装技术方面的研究工作有多年的历史，在封装材料界面机制、封装工艺过程和装备原理等方面多家研究所和大学都开展过多方面的工作，但是将系统级封装作为主要的研究方向，同时持续多年在 SiP 和先进封装技术领域进行研究的机构相对较少，与国外的研究机构相比获得的资源和拥有的研究实力有较大的差距。

在先进封装技术方面，国内多家大学和研究所在金属基封装材料、无铅焊料性能与机制、封装的仿真与模拟等方面开展了基础性和应用性的研究。在 SiP 领域主要的研究力量包括中国科学院微电子研究所、中国科学院上海微系统与信息技术研究所、清华大学、北京大学、复旦大学、华中科技大学、上海交通大学、中国电子科技集团第十三研究所等机构。

近年来产业发展迅速，对先进技术的需求强烈，产业自发投入资源开始了技术研发，在设备条件等方面已经领先于研究机构。因此目前研究机构一方面在基础研究上继续开展工作，另一方面都与产业内的骨干企业建立了战略合作。集成电路高密度封装国家工程实验室（国家发改委支持）、集成电路封测产业链技术创新联盟（“02”专项支持）、中科华天西钛先进封装联合实验室（企业支持）、TSV 联合攻关体（企业支持）等联合机构的建立，是研究机构（研究所、大学）在SiP方面为产业服务的表现。

在国家科技重大专项“02”专项的支持下，中国科学院微电子研究所联合多家研究机构（中南大学、清华大学、复旦大学、北京大学、华中科技大学、中国科学院深圳先进技术研究院、中国科学院上海微系统与信息技术研究所、东南大学），以“高密度三维系统级封装的关键技术研究”为主题，重点开展了SiP的设计方法研究、可靠性和可制造性基础研究、三维集成封装的关键技术研究和多功能化集成系统实现方法等研究工作，成为内地SiP研究的主要团队，目前在系统级三维封装设计、混合信号芯片的测试方法、TSV关键工艺等方面有显著突破。中国科学院微电子研究所组织国内相关的企业和研究机构，成立了针对TSV技术的联合攻关体，更多的研究机构（上海交通大学、浙江大学、中国科学技术大学、哈尔滨工业大学、北京工业大学、西安电子科技大学等）也加入SiP的研究中。

四、小结

（1）SiP是符合电子产品轻、薄、短、小发展趋势和多功能系统整合需求的主要技术路线之一。

（2）SiP可以分为2D-SiP和3D-SiP两类基本的结构形式，涉及多种先进的封装技术，包括封装堆叠（PoP）、芯片堆叠（CoC）、硅通孔（TSV）、埋入式基板（embedded substrate）等，也涉及引线键合、倒装芯片、微凸点等其他封装工艺。

（3）目前北美（美国）、欧洲（德国、比利时、法国等）及亚洲（日本、韩国、新加坡、中国台湾等国家和地区）是SiP技术研发比较领先的地域，半导体产业的主要企业都在投入进行SiP技术的研发。

（4）中国内地系统集成制造商和芯片设计企业对SiP有迫切的需求；骨干封装企业和主要研究机构已经在SiP方面展开了研究和开发；内地封装业在SiP技术上对系统集成和芯片设计企业还缺乏吸引力。

第二节　SiP及其测试领域中的若干关键技术

一、SiP设计方法与工具

SiP设计面临着的挑战更多，由于SiP集成了多个不同工艺的同质或异质器件，融合了芯片叠层、TSV、倒装芯片等先进封装技术，导致了 SiP 的封装设计相对于单芯片的封装设计更加复杂，SiP 的设计不仅要充分了解芯片各方面的信息，了解基板生产厂商、封装厂商的加工能力，还需要协同芯片设计者、基板厂商、封装厂商共同完成 SiP 设计，甚至需要修改芯片的设计以满足封装的要求。

现有常见的 SiP 设计工具供应商包括 Cadence、Sigrity、Mentor Graphics 等，主要的产品包括 Cadence 的 Cadence SPB、Sigrity 的 Unified Package Designer（UPD）、Mentor Graphics 的 Expedition Enterprise 等。作为一个新的集成方法和技术路线，SiP 的仿真工具也是缺乏的，目前通常只能借用系统或芯片设计中常用的一些仿真工具，如 HFSS、SPICE、SIWAVE 等。

相对于单芯片的封装设计，SIP 设计更加复杂，往往在芯片设计之初就需要和封装设计工程师、PCB 设计工程师、组装工程师等讨论封装可行方案、确定焊盘分布等问题，进行系统设计、电性能仿真、热机械仿真、电磁仿真等；封装和基板设计也需要在性能、可靠性、成本上进行综合考虑，有时候甚至还需要根据封装设计工程师的建议修改相应芯片的焊盘排布，以便获得最佳的解决方案，提高 SiP 设计一次成功率，缩短设计周期，减少成本。因此 SiP 的设计不再单一是封装工艺或工程相关的设计，而是与集成电路芯片设计、电子系统设计、SiP 设计、可靠性仿真、封装基板及封装加工等半导体各个方面紧密关联的，芯片－封装－系统协同设计的特点日益突出。

SiP 的设计不能只单单考虑器件的连接性，电、热、机械、电磁干扰等方面的仿真都成为 SiP 设计中不可或缺的重要方面。芯片工作频率越来越高、信号传输速度越来越快、I/O 端口数越来越多，简单的基板布线已不能满足芯片性能的要求，必须考虑信号线的延时、阻抗匹配等电性能；系统级封装的高功率密度导致在系统正常工作时将会释放大量的热量，需要进行合理的热设计和仿真；由热引发的机械应力也是 SiP 设计过程中需要认真考虑的一个很重要的问题；对集成有 RF 器件的 SiP，需要进行电子兼容仿真以提高抗电磁干扰的特性。为了设计者能够高质量地完成 SiP 设计任务，SiP 的协同设计开发工具显得尤为重要，封装设计工程师需要在进行设计时准确地建立模型、分析模型、优化设计，同时协同开发工具还要能提取相关参数进行电磁学的仿真，以避免引起振铃、反射、近端串扰、开关噪声、串扰等问题。由于 SiP 中可能集成了新技术（TSV、芯片叠层、倒装芯片等），对新结构的仿真将是一个需要迫切解决的问题，这也对 SiP 协同设计工具提出了更高的要求。

二、SiP 关键工艺技术

SiP 从芯片排布的不同可以分为二维 SiP 与三维 SiP。芯片堆叠技术、芯片间互连技术（引线键合技术、倒装芯片技术、TSV 技术等）、封装基板等均是 SiP 涉及的关键技术。

（一）芯片堆叠技术

芯片堆叠技术是实现先进封装及 SiP 的关键技术之一，也是 SiP 中多种封装技术的基础。

图 5-4 是典型的芯片堆叠技术示意图，为了保障获得满足高密度封装需求的封装高度，芯片的厚度越来越薄。大尺寸圆片的超薄厚度减薄工艺技术是实现高密度系统封装的重要基础，是多种 SiP 中不可或缺的工艺技术。在 SiP 产品中经常采用芯片堆叠的工艺技术，因此对圆片的减薄要求很高，一般要求芯片减薄至 50～100 微米的厚度，有些甚至需要达到 25 微米的厚度。而且近年来晶圆尺寸向 12 英寸发展，同时单颗芯片的面积也超过 100 毫米^2，因而大大增加了圆片减薄、夹持、切割及芯片拾取的难度。为了确保圆片的减薄要求，超精密磨削、研磨、抛光、腐蚀作为硅晶圆背面减薄工艺获得了广泛应用。

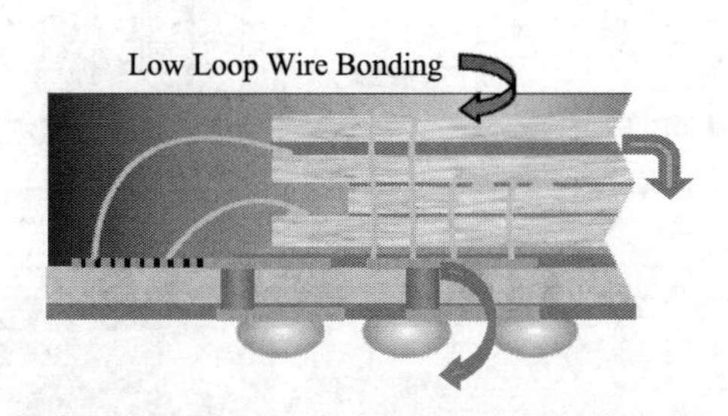

图 5-4　典型芯片堆叠技术示意图

当芯片减薄至 100 微米以下，利用传统的芯片贴片胶的黏片工艺遇到了许多挑战，如薄芯片在装片过程中离开划片膜而失去对芯片的机械支撑所导致的芯片碎裂或卷曲变形。以黏片膜（die-attach film，DAF）形式出现的划片黏片膜（dicing die-attach film，DDF）与线上可流动膜（flow over wire，FOW）已经出现并成为下一代芯片堆叠封装的有效材料[16]。其中 DDF 有效地控制了胶水的溢胶现象和芯片边缘的爬胶现象，并达到了胶层厚度控制的一致性（bond-line consistent），更为重要的是在装片过程中实现必要支撑，更薄的芯片在堆叠封装中也能接受。而 FOW 膜也是集贴片胶和划片膜的功能于一身，由于这些材料设计成可以在下层芯片引线上流淌，这样就无须堆叠芯片之间的隔层光片（Spacer）。由于 FOW 材料包裹住了堆叠芯片的引线，FOW 材料必须保证稳定以避免由水汽引起的腐蚀问题，另外，FOW 材料的黏弹特性必须优化以保证膜覆盖引线键合而不至于引起任何引线键合的变形。

图 5-5 和图 5-6 分别显示了 DDF 和 FOW 的工艺流程示意图。

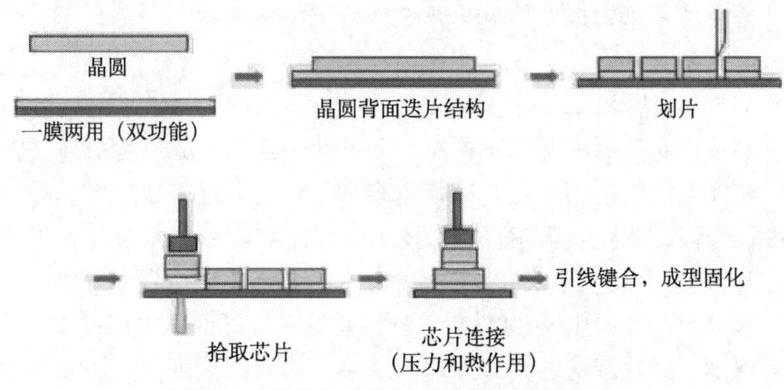

图 5-5　堆叠芯片的 DDF 工艺流程示意图

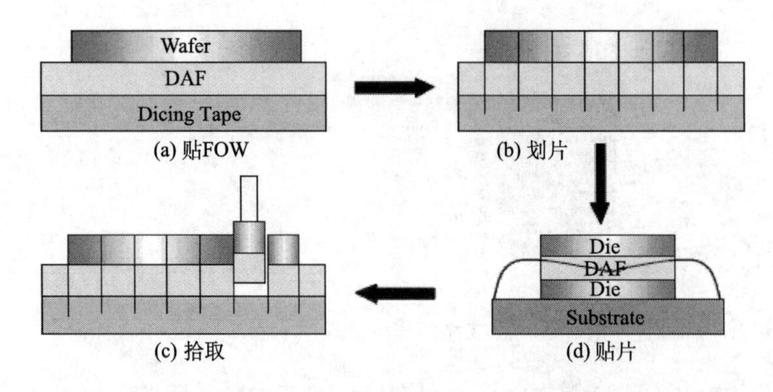

图 5-6　堆叠芯片的 FOW 的工艺流程

（二）引线键合技术

芯片间的互连是 SiP 中的关键工艺技术之一，目前占据主要地位的仍然还是引线键合技术（wire bonding）和倒装芯片键合（flip chip bonding）技术。随着 SiP 的不断发展，互连技术也将面临一些新的挑战，如节距变小等。按照 ITRS—2009 的描述，到 2015 年金丝引线键合的节距将达到 25 微米。

在 SiP 中，为了实现更薄、更高密度的集成，传统的引线键合技术面临着许多问题与挑战，如低弧度引线键合、窄节距引线键合及新型芯片粘贴技术（如 film over wire）等，如图 5-4 所示。

低引线弧度（low loop）大跨度键合是实现薄形封装的关键。随着芯片厚度的减小，不同层间的厚度相应也减小。为了避免不同层间引线短路，低层的引线弧度需要降低，而顶层引线为了避免高于模塑也需要低弧度，通常通过反向键合实现低弧度的引线键合。一般来说，对 25 微米直径的金线，正向键合的最小弧线高度是 125 微米，而采用反向键合工艺则可以将高度降低至 75 微米以下。

除了反向键合之外，还有一些新的引线键合模式被开发出来以获得非常低弧度的键合，如中国台湾 PTI 开发的超低弧度引线键合技术，采用 0.8mil 的金丝可以获得最低达到 15 微米的键合引线弧度[17]。

集成电路芯片 I/O 数量的不断增加要求引线键合的节距越来越窄，而引线键合技术的不断发展也使得窄节距引线键合的门槛由 60 微米提高到了 50 微米。窄节距引线键合技术取决于键合丝材料、设备和工艺多方面因素，国际上领先的设备供应商（如 ASM 和 K&S）已经完成了 30 微米节距的键合技术，图 5-7 为 ASM 和 K&S 的样品照片[18, 19]，中国内地封装厂得量产水平也达到了 55 微米的键合节距（长电数据）。

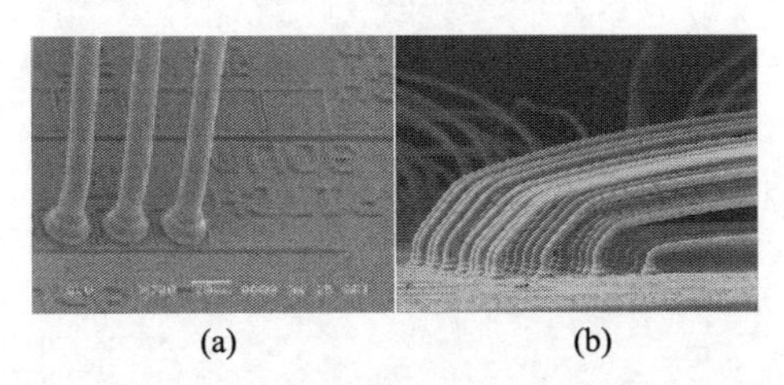

图 5-7　ASM 和 K&S 的窄节距引线键合图片

传统的引线键合主要采用金丝引线键合，随着金价不断飙升，金线引线键合的成本问题越来越突出；同时高密度芯片导致窄节距引线键合，将面临新的短路的风险。引线键合材料的重要发展方向包括小直径键合金线、用低成本的其他金属线代替金线、绝缘焊线技术（insulated bonding wire）等。

（三）倒装芯片技术

随着封装密度的不断增加，倒装焊技术也向窄间距发展；传统的电镀焊料凸点及印刷凸点等技术也都面临新的挑战，需要进行新的研究开发来适应

SiP 的需求。

1. 窄节距铜柱倒装凸点技术

利用电镀工艺实现铜柱凸点可以获得较焊料凸点更窄的节距，同时铜柱具有更为优越的电特性，因此“铜柱＋焊料盖帽”技术逐渐成为倒装封装与圆片级封装应用中取代传统锡铅凸点的一种替代选择方案。2006 年英特尔的 65 纳米工艺“Yonah”微处理器的倒装封装是铜柱凸点（copper pillar bumping）技术的典型应用[20]，之后该技术应用得到多种评估，值得注意的是英特尔采用该技术获得了 APS（现为长电科技收购）的专利许可。

铜柱凸点的典型结构示于图 5-8 中，一般铜柱高度为 60～70 微米，焊锡材料高度为 20～35 微米。2010 年 6 月，Amkor 和 TI 开发出了窄间距的铜柱（copper pillar FC）并投入市场，其最小节距达到 50 微米。下一步的研究开发需要着眼于铜柱直径的进一步缩小后组装焊接的机制、焊料组分的选择、组装之后的可靠性及电性能随尺寸的变化等。

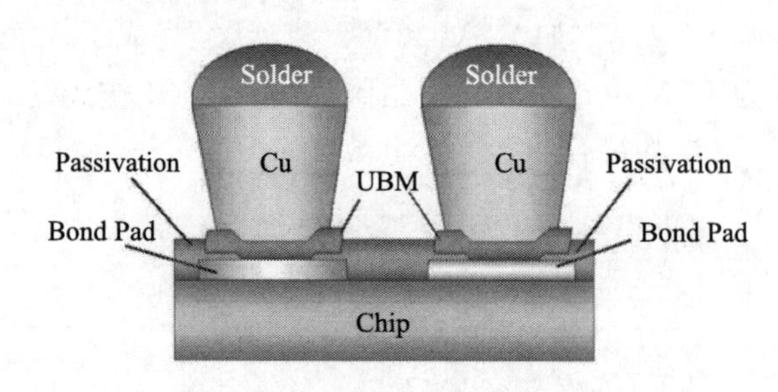

图 5-8　铜柱凸点的典型结构

2. 微凸点技术

目前工业界主流的倒装芯片焊料凸点的节距为 100～200 微米，在 SIP 尤其是三维集成中，需要获得的焊料凸点的节距已经达到了 50 微米，微凸点（micro bumping）技术是倒装凸点的研究方向之一。Stats-ChipPac 已经具有了节距为 40 微米的微凸点技术。随着微凸点尺寸的缩小，焊料和凸点下金属化层（UBM）的界面显得越来越重要，界面金属化层在微凸点中占有的比重越来越大，从而导致了新的键合机制和可靠性问题。IMEC 对节距为 20 微米的凸点进行了研究，图 5-9 为 IMEC 表示的微凸点尺度效应[21]。

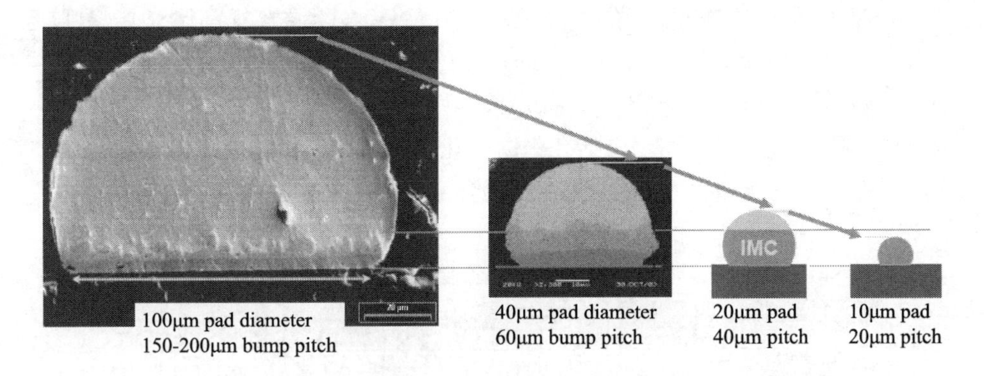

图 5-9 IMEC表示的微凸点尺度效应

（四）硅通孔技术

硅通孔（TSV）技术是三维SiP的关键技术，其工艺流程根据Via形成的工艺可以分类为Via First、Via Middle、Via Last和Via after Bonding四类。全球在TSV相关技术方面的研究也比较多，图5-10列示了全球主要的TSV研究机构[22]，其中包含半导体集成制造商、集成电路制造代工厂、封装代工厂、新兴技术开发商、大学与研究所，以及技术联盟，它们选择不同的TSV工艺方案，在孔刻蚀、孔绝缘、阻挡层和种子层淀积、3D光刻、孔填充、背面工艺和薄圆片操作等方面进行了深入的研究，获得了很多重要的进展。

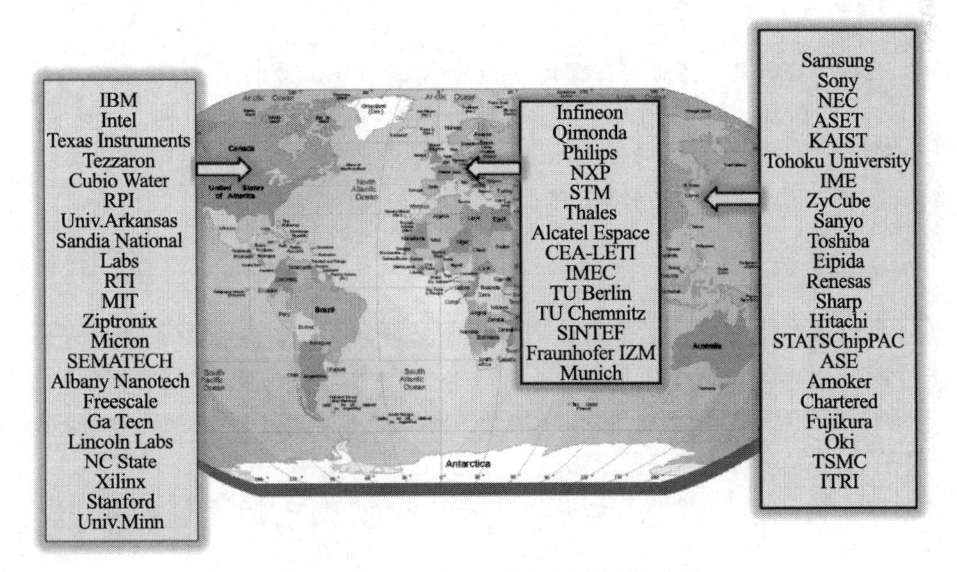

图 5-10 全球主要的三维集成领域研究机构

TSV 芯片堆叠实现需要的关键技术包括 TSV 技术（刻蚀和填充）、晶圆减薄和背面工艺（wafer thinning and backside processing）技术、芯片/晶圆键合堆叠（chip/wafer bonding）技术等。图 5-11 为 ASET 提出的一种典型的 TSV 制作工艺流程[23]，包括孔刻蚀、孔内薄膜淀积、孔填充、临时键合/去临时键合、背面减薄、芯片/圆片的键合堆叠等工艺。

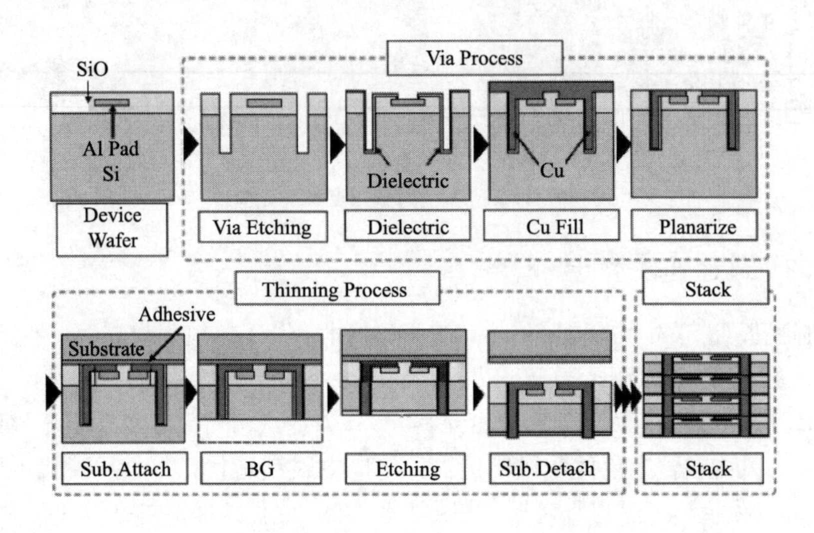

图 5-11 ASET 提出的 TSV 工艺流程

1. 孔成形

目前，在硅片内形成高深宽比（high aspect ratio，HAR）孔最主要的方法是基于 Bosch 原理的深度反应离子刻蚀（deep reactive ion etching，DRIE）。在对孔径和侧壁要求不高及低 I/O 数的情况下，也可以利用激光烧蚀（laser ablation）技术实现孔的成形。

2. 孔薄膜淀积与填充

刻蚀完孔结构后，依次在孔内侧壁和底部淀积绝缘层、扩散阻挡层和种子层。绝缘层是防止 TSV 和周围的体硅电学导通；扩散阻挡层防止孔内填充的导电材料扩散进入硅芯片；种子层是为了在孔内更好地填充导电材料。

SiO_2是目前较常见的绝缘层材料，需要针对不同的 TSV 应用进行沉积技术选择和工艺优化。

在采用 Cu 作为 TSV 互连结构时，需要在 Cu 互连结构与 Si 器件之间增加一层扩散阻挡层来阻挡 Cu 热扩散进硅器件和改善黏附性。扩散阻挡层主要的制备方法有物理气相淀积（PVD）、化学气相淀积（CVD）、化学镀淀积（ELD）和原子层淀积（ALD）工艺。

在 Cu 大马士革工艺中采用 PVD 的方法淀积 Cu 种子层，但三维集成技术里的硅孔具有更高的深宽比，采用 PVD 技术不能得到厚度均匀的薄膜，需要利用其他的沉积方法（如 CVD）获得厚度均匀的种子层。

TSV 结构导电填充的主要方式有电化学沉积（electrochemical deposition，ECD）Cu、化学气相沉积（chemical vapor deposition，CVD）W、化学气相沉积 Cu 或多晶硅（Via First 工艺下），需要根据不同的孔径进行导电材料的选择，图 5-12 绘出了不同 TSV 直径和深宽比下导电材料选择的建议[1]。

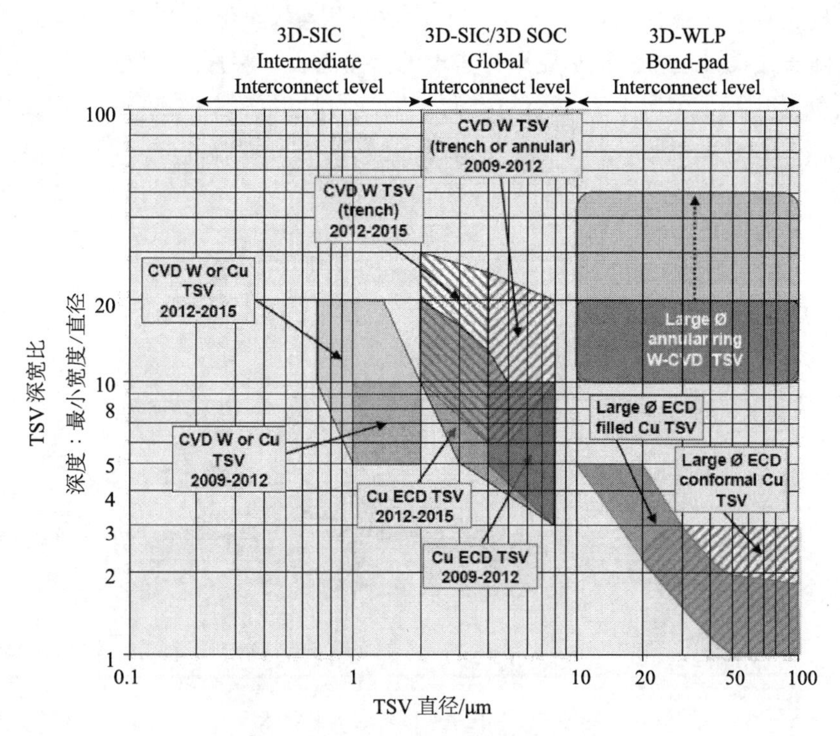

图 5-12　不同直径和深宽比 TSV 的导电填充材料

3. 晶圆减薄

基于 TSV 的 SiP 实现需要进行圆片的减薄，同时由于涉及圆片的键合，需要特别的支撑技术和临时键合（键合/拆键合）工艺方法。

4. 键合堆叠

三维 SiP 多涉及芯片/圆片的键合堆叠（Bonding），在 Bonding 之前需要进行必要的背面金属化，其方法与工艺的选择取决于三维堆叠的整体方案，尤其是芯片/圆片键合堆叠工艺的选择。

(五) 新型圆片级封装

圆片级封装是在圆片上通过再布线（Redistribution）技术和凸点成型（Bumping）技术完成封装的技术，与倒装芯片封装相比，引脚节距和焊料球尺寸稍大，具有尺寸小、质量轻和优良的电特性等优点。传统的 WLP 封装多应用于小尺寸和低 I/O 数芯片，多采用焊盘扇入型（Fan-in）结构，具有芯片尺寸封装（CSP）的优点，在 SiP 中作为单独的组件应用。

随着便携式设备、汽车应用等需求的持续增长，圆片级封装（WLP）将朝 I/O 数更高、引脚节距更小的方向发展，同时也在朝系统集成方向发展，因此新型的圆片级封装技术得到了迅速开发，扇出型圆片级封装（Fan-out WLP）技术在系统级封装中得到广泛应用，图 5-13 为系统级封装中的圆片级封装技术应用示意图[24]。

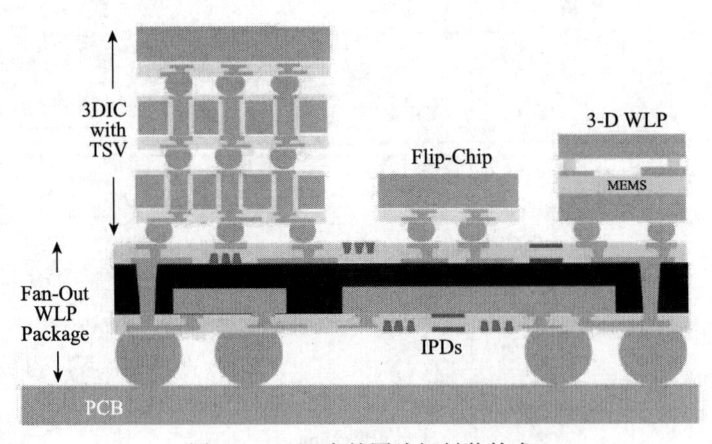

图 5-13　SiP 中的圆片级封装技术

针对 SiP 的应用，新型圆片级封装技术的开发一方面满足提高性能和增加功能的需求，另一方面满足减小系统体积、降低系统功耗和制作成本的要求，主要的技术开发如下：采用薄膜聚合物淀积技术实现嵌入器件和无源元件；在圆片级封装中集成执行器、传感器、天线等功能；在系统协同设计的基础上，利用再布线技术完成不同功能和材料的芯片/圆片的重组与键合；保障必要的 EMI；穿透封装体的通孔（through package Via，TPV）的形成与金属化；圆片减薄技术；各类相关的新型材料和工艺方案等。

图 5-14 是典型的第一代 Fan-out WLP 开发的示意图。

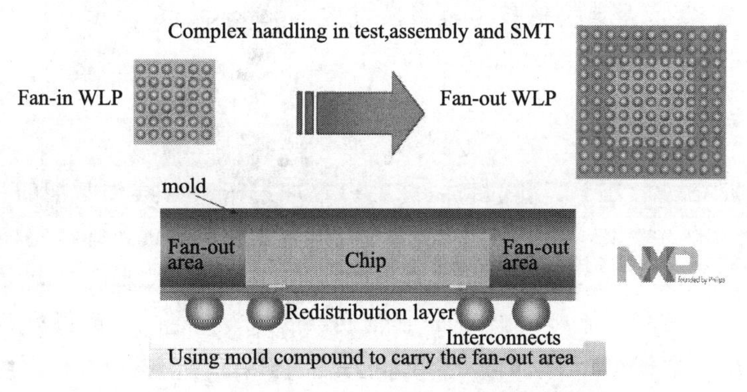

图 5-14　第一代 Fan-out WLP 的结构示意图

以 Infineon 的 eWLB 和 Freescale 的 RCP 为代表的第一代 Fan-out WLP 已经产品化，其应用主要包括基带、射频、处理器等，多数应用在消费类电子产品当中。

以多芯片和系统集成为主要特点的第二代 Fan-out WLP 正处于研发中，其技术挑战包括两层以上再布线技术、针对 SiP 的多层芯片堆叠、TSV 技术和大尺寸薄厚度芯片封装技术等，如图 5-15 所示。

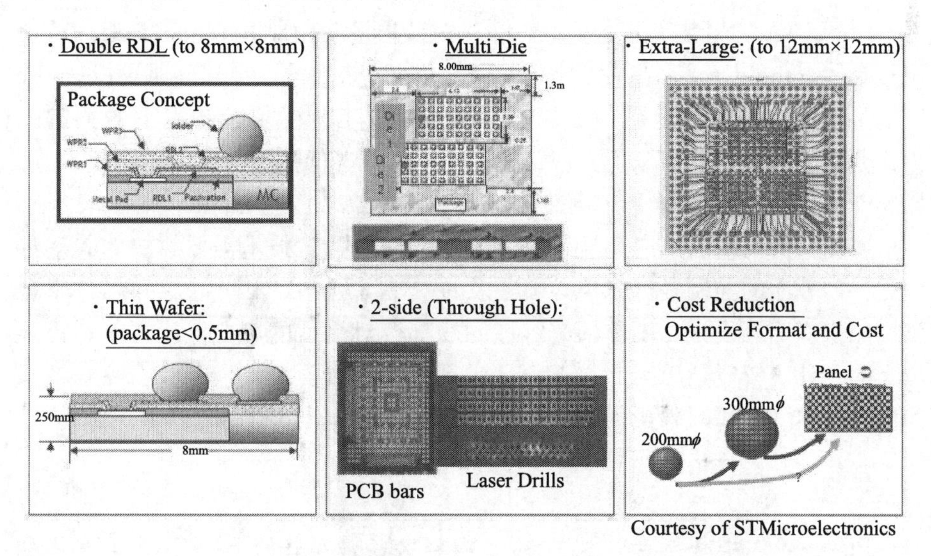

图 5-15　正在研发的第二代 Fan-out WLP 产品主要技术

(六)封装堆叠技术

SiP(尤其是三维 SiP)的堆叠实现除了芯片/圆片堆叠之外,还可以进行封装堆叠/集成,典型的技术是封装堆叠(package on package,PoP)和封装内封装(package in package,PiP)。

1. PoP

PoP 是在一个处于底部的封装件上再叠加另一个与其相匹配的封装件,组成一个新的封装整体,最早由 Amkor 开发,主要的目的是缩小整体封装体积,降低其高度,减少物料消耗并降低封装成本。PoP 目前主要应用于移动通信产品(如手机、平板电脑等),通常底部的封装体是一个高集成度的逻辑器件(ASIC 或 Baseband 器件),顶部的是大容量的存储器或存储器组合件。

图 5-16 是典型的 PoP 封装结构示意图,典型的封装包括 Amkor 的 PSvfBGA 和 PSfcBGA[25]。

图 5-16 典型的 PoP 封装结构

PSvfBGA 的封装工艺主要难点在于封装体的悬空结构(stand off)对下层塑封体(mold cap)高度的限制,由此封装各部分(die attach/die/wire loop/mold cap)的尺度受到了严格限制,封装工艺要求具备以下的关键能力:薄芯片的切割和拾取能力、跨度低的塑封体、低弧度的引线键合技术等。PSfcBGA 通过下封装体采用倒装芯片互连减少了对上述几个工艺的要求。

翘曲及由之引起的应力导致焊接点可靠性是 PoP 技术需要解决的关键难题之一,翘曲的控制是可靠性必须考虑的主要问题[26],因为上、下器件来自不同的供应商,设计、工艺的兼容性问题都会对最后的翘曲产生影响;另外 PoP 的设计比较复杂,因为它必须针对系统的具体要求权衡利弊,综合考虑产品的成本、体积、外形尺寸、总体性能及产品的上市周期时间等。

2. PiP

PiP 一般称堆叠封装,又称封装内封装,最早由 STATS ChipPAC 和 Qualcom 共同开发,是将封装体和裸芯片堆叠封装到一个 JEDEC 标准的

FBGA 封装体中的封装形式。封装内芯片通过金线键合堆叠到基板上，同样的堆叠，通过金线再将两个堆叠之间的基板键合，然后整个封装成一个元件便是 PiP[27]。

和 PoP 类似，典型的 PiP 也是集成 ASIC 逻辑器件和 Memory 芯片。PiP 封装的主要难度在于两个方面：

(1) 由于在封装之前单个芯片不可以单独测试，所以总成本会高。

(2) 事先需要确定存储器结构，器件只能由设计服务公司决定，终端使用者没有选择的自由。

(七) 高性能基板技术

高性能基板技术是 SiP 的一项关键技术，其不仅提供机械支撑和电互连，还将通过嵌入式工艺完成系统集成，SiP 的基板主要是有机基板，其他如陶瓷基板、金属基板、硅/玻璃基板也在 SiP 中有应用。

有机基板的主要市场份额被日本、韩国、中国台湾的厂商占有，主要中国台资厂商正在将中低端基板转移到中国内地生产，但高性能封装基板技术仍难以进入中国内地；高性能封装基板技术，以及主要生产设备和原材料(钻孔机、曝光机、层压机、芯板、铜箔、阻焊 SM、钻头、干膜、化学品等) 也面临着基本被日资厂商占有绝大部分市场，韩资和中国台资厂商正努力尝试打破垄断的局面，暂未有较强的内资厂商出现。

SiP 对有机基板的要求是高布线密度、薄型化，高性能封装基板的主要发展趋势包括基板布线线条的精细化（主流的封装基板厂商已经在开发 10～15 微米线宽和线间距的产品，某些新型基板的研发已经在金属化和线条的制备上应用了溅射等薄膜工艺)、日渐减薄的基板技术[28]（目前无芯板的基板技术已经推出)、面向倒装芯片组装的基板技术（不同的厂商都在基板的焊盘上通过形成凸块的方式以适应未来的倒装芯片组装)、无源元件的埋入。

在系统集成的需求下，嵌入式工艺作为未来发展的主流技术之一，提出了嵌入式封装基板的概念。嵌入式封装基板是指在有机基板制造过程中通过开槽、层压等工艺将芯片/无源元件嵌入基板内部，借助微盲孔工艺实现芯片输入输出端焊盘与基板的电气连接，可以缩短垂直方向的电连接长度，进而可以大大缩短芯片与基板之间，以及芯片与芯片之间的连线长度，为高频、高速传输器件的信号完整性提供有力的保障。图 5-17 显示了一些典型的嵌入式基板结构。

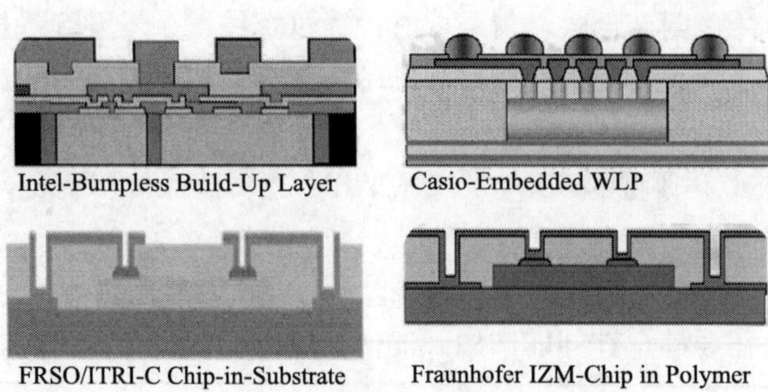

图 5-17　一些典型的嵌入式封装基板结构示意图

有源芯片在有机基板中的埋入，涉及的主要技术挑战有有源芯片（主要是 Si 基）与基板层压材料的热膨胀系数不匹配、大功率芯片在有机基板中埋入之后导致的热耗散、不成熟工艺导致的低良率及射频介电损耗等。目前针对这些主要的技术挑战的解决方案主要包括嵌入式封装基板结构的设计模拟与仿真、埋入芯片的实现（圆片减薄、再布线工艺等）、高精度芯片对位和贴片技术、多层基板积层技术、采用激光直接成像（laser direct imaging，LDI）的钻孔技术及系统集成设计技术等。

（八）SiP 关键封装工艺技术小结

SiP 应用到了目前多种发展迅速的先进封装技术，这些关键的工艺技术是实现 SiP 的工艺基础。

（1）针对芯片堆叠技术，需要突破大尺寸圆片的减薄工艺、新型芯片粘贴（DAF、FOW 等）等技术。

（2）在芯片间互连技术方面，超低弧度引线键合技术、窄节距引线键合技术、新型引线键合材料、窄节距铜柱倒装凸点技术及微凸点技术等是 SiP 中的关键封装工艺。

（3）以 TSV 技术（刻蚀和填充）、晶圆减薄和再布线工艺、芯片/晶圆键合堆叠等技术为核心的 TSV 堆叠封装是三维系统级封装/集成的核心技术。

（4）扇出型圆片级封装是实现 SiP 的重要技术。

（5）封装堆叠及高性能基板技术也是重要的 SiP 技术基础。

三、先进封装相关材料

系统级封装对封装材料提出了多种需求，材料的突破与发展直接支撑着封装技术的发展，封装材料通常可以划分为直接原材料和间接原材料两部分。

(一) 直接原材料

直接原材料为经过封装流程最终会保留在封装体上的材料，全球市场2011年销售额大约在200亿美元，主要包括基板（substrate/leadframe，对于系统级封装而言，基板的地位远远高于原材料的概念，关于基板技术的主要描述请参考前文）、键合引线、塑封料、芯片黏合剂和底填料、锡球等。

目前这些直接原材料和关键设备的主要商业市场基本为外国厂商所垄断，暂未出现有强大竞争力的国内厂商。

1. 引线框架

引线框架属于相对成熟的产业，主要市场大半被日系厂商占有，韩系，中国台系及内地厂家（康强、丰江等）较多提供中低端（100脚以下）产品。由于技术门槛较低，日系、韩系和中国台系厂商逐步把中低端生产转移到中国内地，中国内地厂商未来主要方向应该主要是BCC型等半蚀刻类型的框架或QFN，同时需要掌握电子级别铜材加工和精密模具制造能力等技术。

2. 键合引线

键合引线（金线、铜线）主要供应商目前为日系（Tanaka、Sumitomo、Mke等）和其他外资，如K&S、Heraus等，Sumitomo和Heraus均已在中国内地建立工厂生产，中国内地已有部分厂商开始进入市场，小直径、具有Pd涂覆层的铜丝是重要的引线材料。

3. 塑封料

目前市场上的塑封胶基本由日系厂商生产，只有低端分立器件的塑封胶有美资厂Henkel参与主要竞争，中国内地厂商规模不大且技术研发能力不强。塑封胶的生产加工投资和难度不大，但配方技术开发难度很大，需要有很强的材料研发水平，需综合考虑电性、散热、可靠性、结合力、与其他材料的匹配、低吸湿、低成本、阻燃及绿色。另外由于铜线键合技术的推广，提出了低氯离子含量、微小颗粒填充料等要求。

4. 芯片黏合剂和底填料

其生产为日系（Sumitomo、Hitachi、National）和美系Henekl所垄断。

这两种材料和塑封料相似，投资生产难度不大，但对材料配方开发要求高，需综合考虑多因素，如结合力、散热、吸湿、与其他材料匹配等。

除了配方技术开发，先进封装对芯片黏合剂提出的要求有厚度控制、薄膜型（DAF）、Spacer Epoxy 等，另外需要关注的是其配料的加工技术要求就非常高，如超细粉末（银粉或碳粉）及 Spacer（PTFE）加工技术等，目前基本为极少数外资企业所掌握)，近年来还有纳米技术（如碳纳米管）的应用也是一个重要的发展方向。

5. 锡球

Senju（日本）占据一半左右锡球市场，Indium 技术能力也很强。目前先进技术主要是为了更小的节距开发微小球径（0.1 毫米以下）铜核，以及减少应力而开发的有机材料核和中空锡球。

（二）间接原材料

间接原材料为封装过程中使用的配件或工具等，不保留在封装体上，主要包括各种膜（蓝膜、UV 膜、防静电膜等）或黏结剂、设备配件（磨轮、切割刀、WB 热压块、WB 劈刀、吸嘴）。

先进封装技术对间接材料也提出了新的挑战，如 Wafer 减薄能力要求小于 100 微米，甚至达到 50 微米），这就相应产生了对更高精细度的磨轮和切割刀的需求，甚至需要开发出新的材料，如超薄 Wafer 的 UV 黏合胶、激光切割刀等。由于技术门槛或设备相关门槛，中国内地厂商基本没有形成竞争力。

目前主要原材料和关键间接材料基本都没有较大的中国内地厂商，这些原材料具有高技术、高门槛，但也是高利润、高附加值的产品，同时中国内地这些关键材料的缺失对 SiP 的进一步发展是明显的障碍，同时也预示着新的机会。

四、SiP 测试技术

SiP 的测试选择是元件级（芯片或无源器件）测试优先于系统级测试，SiP 中任一个坏元件将直接影响 SiP 的成品率。由于 SiP 元件种类和数量多、结构复杂，而且各种信号参量间互扰严重，所以测试技术不能完全套用传统的电系统测试方法，在 SiP 的测试上，必须采用 KGD（known good die）测试方法作为基础，采用系统级策略作为测试路线，建立系统级领域的测试战略和测试平台，对不同子系统单独测试，并且需要考虑圆片级和系统级的老化试验。因为没有标准的测试方法，所以 SiP 测试技术成为目前研究的热点问题，同时也是一个难点问题。一个完整的 SiP 测试，所包含的测试内容是一个典型的矩阵形式，既包括 SiP 系统中集成的每一种功能块的测试，也包含 SiP 生产环节中各阶段的测试。

SiP 测试伴随着整个 SiP 生产过程，从最初独立芯片的功能测试、整合好的裸芯片最终测试，直至封装好的模块测试，都是保证 SiP 最终产品质量的主要技术监控手段。也就是说，在整个 SiP 生产过程中，一个真正意义上的全面测试需要在不同层次上进行。这些测试包括半成品测试（国外称探针测试，probed die，PD)、全芯片测试（known tested die，KTD)、良好芯片测试（KGD）测试与模块功能测试（function test)，其中 PD 测试的电特性测量仅为划片前的探针测试，其芯片的电特性、早期失效和长期可靠性均得不到保障；KTD 难以保障芯片早期失效和长期可靠性；KGD 是通过对裸芯片的功能测试、参数测试、老化筛选和可靠性测试使裸芯片在技术指标和可靠性指标上达到封装成品测试的等级要求；模块功能测试主要指成品功能测试。

图 5-18 为 SiP 的测试方案示意图，由于 SiP 可能涉及模拟电路、数字电路、存储器、功率器件、光电器件、微波器件及各类片式化元器件等，电路测试参数多，涵括了射频电路、中频电路、模拟电路、逻辑电路、混合信号电路及存储器等多方面的测试技术，同时要解决多种不同芯片集成在同一电路里测试时的相互干扰问题。

综合以上分析，SiP 测试方面的主要关键技术问题包括四个方面。

(1) SiP 测试整体架构设计。SiP 中，各芯片之间互连较多，大部分连接没有引出外部引脚，所以相应功能没有办法通过外部施加激励和采样的方法进行测试，这样就不能保证满意的测试故障覆盖率。为了保证测试效果，需要设计 SiP 测试的整体架构，考虑内嵌自测试（BIST）方法，通常内嵌扫描链，建立边界控制电路，通过外部有效的逻辑控制来对 SiP 内部逻辑电路进行检测。

(2) SiP 测试方法和设备的选定。由于产品 SiP 往往包括了由很多而非单一供应商提供的芯片（die)，所以 SiP 产品对后端生产流程提出了一些极具挑战性的问题，目前可归结为下述三个主要方面。一是为了实现成本和 DPM（data procss management）两个目标，应该开发和制定一个合理的 SiP 封装级测试战略；二是制定一个能满足不同产品、不同工艺的可靠性筛选方法（老化、电应力等）和生产流程；三是应对质量问题和系统性成品率流失

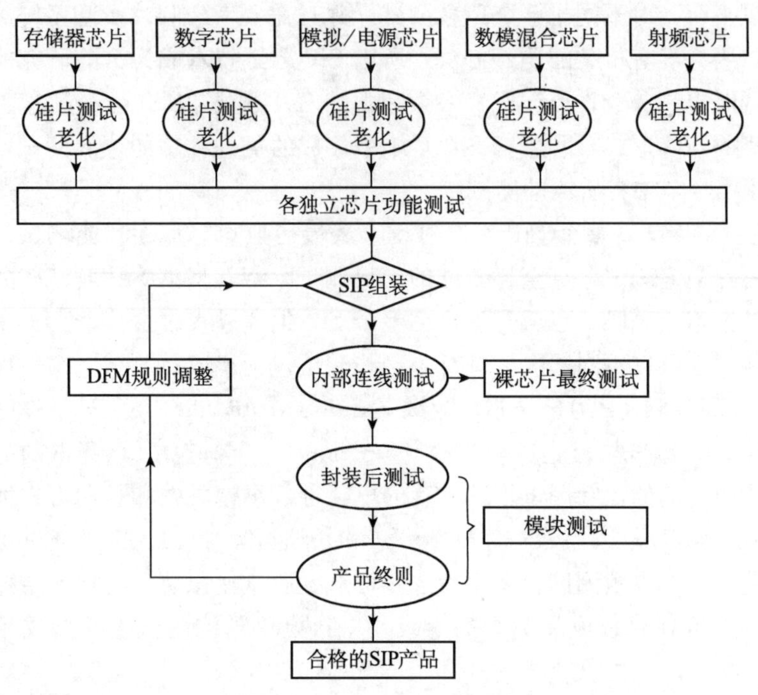

图 5-18　SiP 的测试方案示意图

争端的失效分析方法学。

(3) 测试数据的统计处理。使用统计数据分析技术来验证芯片的精细缺陷和本征缺陷是一个可以利用的手段，特别是当芯片数量不大，或者由于某种原因不适合老化，或者是一些划片分割下来已经不适合再借助传统方法在测试仪上进行测试的好芯片。KGD 意味着已经在圆片级利用标准探针在测试仪上完成了筛选，每一个芯片可以被认为是按照数据表规范，达到了出厂质量和制造可靠性指标，因此可以不再顾及最后的封装工艺而出货给终端用户。使用这种脱测试仪的统计方法，每个芯片的测试测量（如 I_{dd}、$V_{dd,min}$、F_{max} 等）已经被记录，这些测量记录可以是在不同测试条件，预应力和后应力测试，以及在不同温度条件下获得的。合格/失效判据是基于使用脱测试仪后处理算法，对测量记录进行统计分析确定的。而统计分布是基于其系统失效或早期寿命失效器件的统计概率，并进行晶圆图的相应修改所制定出来的。使用统计方法的困难在于，必须在可能的失效数与实实在在的成品率损失之间折中。

(4) SiP 工艺过程对芯片质量影响的研究。SiP 过程所必要的工艺处理可能会对芯片性能造成一些破坏。例如，当晶圆减薄时，晶圆再生特性观察到一些移位；一个在晶圆上被完全测试的一个合格芯片在被减薄并封装成 SiP 或多芯片封装（multiple chip package，MCP）以后，可能在同样正确的测试中失效。在 SiP 封装中的热处理步骤同样能引起芯片一些独立位再生特性的变化，即已知的可变位保持时间（variable retention time，VRT）改变，而这个故障不可能在封装前筛选。SiP 最后封装时可能包括减薄、堆叠等工序，这个过程有可能造成 KGD 性能改变甚至损坏，为此也需要进行测试。

问题的关键是重新建立由芯片供应商提供的芯片所需达到的质量水平。这可以通过附加的后封装测试完成，可以使用 MCP 内部独立失效内的冗余元件，或者使用专门为多芯片应用特殊设计的元件。

五、SiP 可靠性

SiP 涉及多种材料、界面、互连和组装技术，不同芯片、无源元件与基板、填充材料等之间存在热、力等性能上的不匹配因素，导致局部区域应力/应变集中、翘曲等问题，器件工作时产生的热管理问题、工艺过程中的不确定因素、材料老化等对器件的可靠性也将产生影响。而 SiP 器件中多层基板、多种芯片、叠层互连导致的复杂结构对器件可靠性测试和失效定位技术提出了挑战。

（一）SiP 技术带来的可靠性问题

首先，SiP 的复杂性导致可靠性问题变得复杂。SiP 功能越多，结构越复杂，它对每个元器件的可靠性要求越高，往往一个元器件的失效就会导致整个封装的失效；同时，复杂的结构会使得元器件之间也会相互产生影响。SiP 的失效可能是 SiP 中其些芯片的工作导致环境的变化，从而使得其他元器件发生失效。因此 SiP 中对不同环境敏感程度元器件的布局也是 SiP 可靠性急需解决的问题。

其次，小型化的发展使得器件可靠性受到影响。由于对芯片的速度要求越来越高，为了缩短存储器和处理器之间的延时，存储器和处理器之间的路径越来越短，芯片也会越来越小。复杂的功能使得芯片发热量大大增加，而小的结构又使得器件散热变差，如何使芯片更好地散热成为重要的问题。由于散热不好，器件之间也会相互影响，往往一个需低温工作的元器件距离发热量很大的元器件很近，就会导致该需低温工作的元器件发生失效。如果为了使得芯片散热更好而加入散热结构，那么整体应力分布又会发生变化，也可能会影响芯片的可靠性。

第三，SiP 对材料的选择也需要十分谨慎。SiP 在受热时由于结构复杂，应力和翘曲也会比传统的芯片更加严重，所以如何选择合适的材料来满足 SiP 的要求，是提高 SiP 可靠性的重要内容之一。

第四，复杂的结构对使用环境的要求更加复杂，这对器件的可靠性提出了更高的要求。SiP 是多种元器件的组合，每个元器件有自己的工作环境要求。当这些器件组合在一起时，要使芯片正常工作，就要使每个元器件都能满足自己对环境的需求。

第五，互连可靠性也是 SiP 可靠性研究的一个重要组成部分。由于材料不同，键合方式也不同，所以互连可靠性也会与传统的封装工艺不同。

（二）SiP 可靠性研究方法

SiP 的可靠性研究方法与传统的可靠性研究方法有很多相似之处，但是由于复杂的结构和新的工艺技术，系统级封装中引入了多种新的材料与结构，使得 SiP 的可靠性与传统封装的可靠性存在着一定的差别。随着系统级封装的进一步发展，其结构复杂性增加，在试验研究（design of experiment，DOE）的同时，可靠性研究越来越多依赖于可靠性设计（design for reliability，DFR）方法。

SiP 的 DFR 通常流程是：结合制造工艺和实际应用，建立系统级封装结构的热力仿真模型；对建立的仿真模型进行合理的简化，以加快研究的进程；与试验研究进行对比，优化所建立的仿真模型。

参考传统的封装可靠性研究及相关标准，SiP 的主要可靠性试验包括常见的环境试验（高温存储、温度循环、热冲击、温湿度等）、盐雾试验、辐照试验、寿命试验）、机械试验（跌落、振动、强度检测等），同时由于系统级封装的复杂程度，需要开发新的多影响因素耦合条件下的可靠性试验。

（三）失效分析

与传统封装类似，SiP 的失效分析的目的也是通过对失效现象的记录、鉴别、描述等提出失效机制及其改进措施。

SiP 基本采用的是传统封装失效分析的手段和方法。

无损分析技术包括电性能测试和外观检验、声学扫描显微镜（SAM）、X 射线检查仪、Moire 干涉仪及必要的有限元分析等，其中最常用的是声学扫描显微镜、X 射线透射检查仪；破坏性的分析技术包括红外热像仪、金相切片分析、各类表面分析谱仪（XPS、Auger 等）。

第三节　SiP 及其测试领域未来发展趋势

系统级封装是未来封装技术和系统集成的主流技术路线之一，它在推动半导体设计、封装、制造工艺、系统集成与组装技术发展的同时，可能改变半导体产业链的现状。

世界上几乎所有的大型半导体企业（包括设计公司、集成制造商、封装代工厂），以及相关的设备、材料企业都纷纷投入资源进行技术开发。IDM 和 Fabless 设计公司从产品的多功能、高性能化提出 SiP 的需求并与封装厂共同完成 SiP 的实现，从产品需求和技术需求上有着明确的技术蓝图；而主要的封装厂则重点解决的是针对上述需求的物理实现如何在工艺上完成，其具体的工艺能力具有明确的发展目标，同时也越来越多与芯片设计和系统设计紧密关联。

现阶段美国、欧洲（德国、比利时等）及亚洲（日本、韩国、新加坡、中国台湾）等的国家或地区在系统级封装的研究和开发方面比较领先，但是中国内地系统集成制造商在产品方面的巨大需求已经大大刺激了封装企业在 SiP 技术方面的研发，系统级封装完全可能将系统集成制造商和封装代工企业关注的重点融合起来，使得中国内地的半导体行业有新的突破。

实现系统级封装的基础一方面是系统级封装的设计，另一方面是实现该设计的多种先进封装工艺技术。从发展趋势上分析，多功能系统的集成设计与实现、三维系统级封装技术、芯片设计/封装制作/系统实现的集成系统技术将是主要的发展趋势，未来在智能系统集成电子制造方向可能导致新的产业出现。

系统级封装的设计提出的主要挑战是芯片/封装/系统的协同设计，同时目前专用设计工具和方法的缺失，限制了系统级封装的发展；在工艺技术上，包括封装堆叠、芯片堆叠、硅通孔技术与硅基板技术、嵌入式基板、新型引线键合技术与方法、先进的倒装芯片和 TSV 互联技术、新材料的开发与应用等都是关注的重点；需要建立系统级策略作为系统级封装测试路线；针对系统级封装开展多影响因素及其耦合作用下的可靠性研究。

SiP 综合运用现有的芯片资源及多种先进封装技术的优势，有机结合起来由几个芯片组成的系统而构筑成新的封装，开拓了一种低成本系统集成的可行思路与方法，较好地解决了 SoC 中诸如工艺兼容、信号混合、电磁干扰 EMI、芯片体积、开发成本等问题，在移动通信、蓝牙模块、网络设备、计算机及外设、数码产品、图像传感器等方面有很大的市场需求量。

以多叠层多芯片封装为代表的三维封装的形式已经成为目前的主流封装结构，并被广泛应用在各类高端便携式电子产品中，尤其是应用在第三代移动通信产品中满足其对高速数字信号处理和存储响应时间的要求。Intel、IBM、TI、NEC 等国际知名集成器件制造商的产品广泛使用 CoC、PoP、PiP 等系统级封装形式，NEC、STATS Chip PAC、SPIL 等公司目前已建立起完整的 SiP 生产线，批量生产用于存储器的三维封装产品。

SiP 测试技术的未来发展将主要朝着 TSV 和器件埋入工艺方向发展，而发展上述两个技术的关键是工艺的成熟与成本的降低。

第四节　我国对 SiP 及其测试领域支持建议及发展预测

一、对 SiP 及其测试领域的支持情况

近年来，中央政府和各地方政府加大了针对先进封装技术及系统级封装技术研究的支持与投入。2009 年以来，国家科技重大专项（如“02”专项）在先进封装和系统级封装技术方面的支持列于表 5-3 中，重点对先进封装技术的产业化、系统级封装技术的前瞻性研究和新产品的研发进行了支持。

表 5-3　“十一五”和“十二五”时期“02”专项对系统级封装及测试领域的支持

项目名称	项目承担单位	实施期限	联合单位
高密度三维系统级封装的关键技术研究	中国科学院微电子研究所	2009.1～2012.12	中南大学、清华大学、复旦大学、北京大学、华中科技大学、中国科学院深圳先进技术研究院、中国科学院上海微系统与信息技术研究所
高端封装工艺及高容量闪存集成封装技术开发与产业化	江苏长电科技股份有限公司	2009.1～2011.12	江阴长电先进封装有限公司、中国科学院微电子研究所、中国科学院上海微系统与信息技术研究所、清华大学、复旦大学
高密度多层封装基板制造工艺开发与产业化	深南电路有限公司	2009.1～2011.12	中国科学院微电子研究所、清华大学、深圳丹邦科技有限公司、深圳先进技术研究院

续表

项目名称	项目承担单位	实施期限	联合单位
先进封装工艺开发及产业化	南通富士通股份有限公司	2009.1～2011.12	无锡华润安盛科技有限公司、天水华天科技股份有限公司、北京大学深圳研究生院及华中科技大学
关键封测设备、材料应用工程项目	江苏长电科技股份有限公司	2010.1～2011.12	南通富士通股份有限公司
高集成度多功能芯片系统级封装技术研发及产业化	南通富士通股份有限公司	2011.1～2013.12	中国科学院微电子研究所、清华大学
三维高密度基板及高性能 CPU 封装技术研发与产业化	深南电路有限公司	2011.1～2013.12	无锡江南计算技术研究所、江苏物联网研究发展中心、江阴长电先进封装有限公司、中国科学院微电子研究所、清华大学、中国科学院深圳先进技术研究院、无锡中微高科电子有限公司
三维柔性基板及工艺技术研发与产业化	广东丹邦科技有限公司	2011.1～2013.12	深圳中兴新宇、中国科学院微电子研究所
重布线/嵌入式圆片级封装技术及高密度凸点技术研发及产业化	江苏长电科技股份有限公司	2011.1～2013.12	中国科学院微系统与信息技术研究所、复旦大学、中国科学院金属研究所、上海大学
多圈 V/UQFN、FCQFN 和 AAQFN 封装工艺技术研发及产业化	天水华天科技股份有限公司	2011.1～2013.12	北京工业大学、上海北京大学微电子研究院
多目标先进封装和测试公共服务平台	北京时代民芯科技有限公司	2011.1～2013.12	无锡中微高科电子有限公司、上海华岭集成电路技术股份有限公司
智能电网高压芯片封装与模块技术研发及产业化	西安永电电气有限责任公司	2011.1～2013.12	中国科学院电工研究所、中国科学院微电子研究所、国网电力科学研究院、北京金风科创风电设备有限公司、上海电驱动有限公司、冶金自动化研究设计院、中山大洋电机股份有限公司
高速机车高压芯片封装与模块技术研发及产业化	株洲南车时代电气股份有限公司	2011.1～2013.12	浙江大学
工业控制与风机高压大功率芯片封装与模块技术研发及产业化	华润安盛科技有限公司	2011.1～2013.12	江苏宏微科技有限公司、天津电气传动设计研究所、深圳科陆电子科技股份有限公司

二、对 SiP 及其测试领域的支持建议

经过近几年的发展，中国内地 SiP 封装和测试已有一定的基础，国家对此领域也有政策和项目支持，但由于产业投入和先进技术研发投入的需求较大，在研发、产业化的总体支持力度仍显不足，内地 SiP 及其测试的整体水平与国际先进水平还有较大差距。这种差异主要如下：在整机和消费类电子产品市场，国外知名厂商始终处在引领消费市场的地位，内地厂商基本处于跟随者的角色；内地的基础工业薄弱，产业链不完整、发展不均衡，材料、设备制造业的核心技术都被国外企业把持，内地芯片设计和圆片制造水平落后；缺乏自主研发的核心设计工具；缺乏产品标准；封装产品种类少，关键核心技术缺失。

作为半导体技术发展的重要趋势，我国必须在系统级封装及测试领域快速发展。鉴于系统级封装及测试的复杂性和先进性，参考目前国外的产业和研究现状及发展趋势，结合中国封测行业现有基础和特点，建议采取“全面赶上，局部超越”的发展战略，重点在以下方面给予支持。

（1）系统级封装设计方法与工具开发：充分了解系统集成制造商的需求，组织相关的产业和研究机构，确立针对性的系统级封装设计方法研究和工具开发；寻求电热力等多场耦合的设计工具；对高频高速子系统的设计进行深入研究。

（2）系统级封装相关先进封装技术：持续开展先进封装技术开发和研究，在新型引线键合工艺与方法（低弧度、窄节距、低成本等）、窄节距倒装芯片键合技术、新型圆片级封装技术（Fan-out WLP 等）、封装堆叠集成技术、高性能基板技术及基于 TSV 的三维集成技术上投入资源进行研究。这些工艺和技术是系统级封装实现的物理基础，同时将推动系统集成技术的进一步深入发展。

（3）先进封装材料开发：以先进封装的关键材料为突破，开展材料研发，包括键合引线材料、芯片黏接材料与底部填充材料、高端基板基本材料（芯板材料、阻焊材料）等，以及相关辅助材料；支持新材料技术在系统级封装中的基础和应用研究。

（4）系统级封装测试技术、理论研究和测试设备（系统）研究：研究单芯片 KGD 测试技术、半成品测试技术、全芯片测试技术、模块测试技术，建立针对性的系统测试方法和工艺；分析和建立圆片级 KGD 测试方法和系统级封装完成后各芯片兼容的老化试验方法；研究自适应测试技术和测试系统架构、ATE 体系结构、SiP 组成管芯单项测试技术；开展系统级封装测试

多次插入方法和技术研究、系统级封装测试并行探针技术研究、系统级封装测试数据处理和自动化研究、系统级封装测试系统研究。

（5）系统级封装可靠性技术：分析和制定在复杂封装结构下不同芯片对其他芯片和系统造成的可靠性问题；基于可靠性设计（DFR）开展系统级封装的设计仿真，确立和提出新的系统级封装的可靠性试验方法。

（6）特种封装技术研究：面向未来社会，研究包含感知、驱动、光学和电子功能的系统集成方法，研究 MEMS SiP、IGBT 高压大功率模块等特殊封装技术。

（7）异质芯片的多功能集成封装与测试：开展面向微纳电子技术前沿的异质芯片的多功能集成封装与测试。

（8）系统级封装制造及测试的设备研究：支持面向系统级封装及测试的设备研究。

三、发展预测

传统的封装测试业是以“资金密集型、劳动力密集型”为主要特点的产业，系统级封装技术的出现正在带来封装领域的一次新的革命，甚至将影响整个半导体产业链的发展。在系统级封装的推动下，封装测试业可能发展为“资金密集型、人才密集型、知识产权密集型”的系统集成产业，系统产品的需求、集成电路的芯片/封装/系统的协同设计与实现、先进封装技术的发展和融合等都将是未来系统级封装和系统集成的主要基础。以系统级封装/系统集成为主要的技术支撑，未来可能产生新的具有系统设计、芯片设计及封装/组装能力的集成制造商，并进而发展为世界级的公司。

第五节　有关政策与措施建议

系统级封装已经成为半导体技术和微纳电子学科的重要发展方向之一，国内信息产业的集成制造商也明确提出了系统级封装的需求，系统级封装可能促进我国在半导体技术领域实现突破，国家的支持将是实现这一目标的重要基础。

目前国内封装业虽然在技术上有长足进步，但是由于长期以来技术落后、人才缺失等因素，系统集成厂商对国内封装技术信心不足，已经产生的系统级封装产品通常在海外的封装大厂制造完成，实际上对推动国内先进封装和系统级封装技术的发展不利。借鉴国外发展模式，可由政府采取项目和补贴政策等措施，推动和鼓励国内系统集成厂商将现有的产品交付国内封测厂商加工，以市场来促进技术发展。

制定相关政策措施，鼓励系统集成制造商和芯片设计公司、封装企业等进行紧密的沟通与联系，按照应用需求和技术蓝图，采取"应用一代、研发一代、储备一代"的系统级封装技术产品研发战略。由系统集成厂商牵头、封测厂商参与，将现有封装技术直接应用于市场化的产品开发；由封测厂商主导，在引进、消化、吸收的基础上，研发新的系统级封装技术与产品；由实体化的技术开发平台主导研究下一代产品技术的核心设计方法和工艺技术，并由研究机构、大学面向未来技术开展基础性的新材料、新器件、新集成方法研究。

建立长期扶持系统级封装封测产业链的扶持机制，通过不同层面科研专项（如国家科技重大专项等）的设立，充分考虑产业链中各环节的研发难度和周期，提前作好规划，分步实施，尽可能让这些项目在实施期内得到国内配套支撑和验证，以达到产业链均衡发展的目的；同时鼓励从国外引进系统级封装部分新技术。对某些难度较大的研究开发项目要长期持续支持；设立科学合理的技术指标，在基础研发方面要允许失败。

在系统级封装及测试技术人才引进方面给予政策倾斜，坚持引进和培养相结合，吸引系统级封装各产业链上的国际高端人才或团队，提供研发条件和实验室，培养高层次专业技术人才，逐步建立系统级封装专家库，以支撑国内系统级封装产业的发展。

在系统级封装封测技术的研发方面，从政策上鼓励产学研用联合开发，选择有条件和长期稳定从事系统级封装产品应用、研究、设计、封测的企业、院所和基地，给予重点支持，组织联合开发；加大国家投资力度，建立独立于企业、实体化的研发示范基地或技术联盟，重点支持，在国家层次上筹建与发展关键的系统级封装联合实验室、工程试点生产线或研究中心。

落实系统级封装的知识产权策略布局与国家级 IP 平台建设新技术部署；在当前国际专利未能全面覆盖的领域进行研究，以树立我们自己的品牌。建立国家级 IP 平台，从而对封装产业链的关键技术予以分析和保护；同时鼓励国外专利技术的二次开发，通过引进、消化和吸收实现再创新。

参考文献

[1] International Technology Roadmap for Semiconductor，2009.

[2] The next Step in Assembly and Packaging：System Level Integration in the package (SiP)，SiP White Paper V9.0.

[3] www.prc.gatech.edu.

[4] www.sematech.org.

[5] Tummla R，R.SLIM：third generation of packaging beyond MCM，CSP，flipchip and micro-via board technologies，Electronics Packaging Technology Conference，1998.

[6] Aschenbrenner R. System-in-Package Solutions with Embedded Active and Passive Components. International Conference on Electronic Packaging Technology & High Density Packaging，2008.

[7] Lenihan T G，Vardaman E J. Worldwide Perspectives on SIP Markets：Technology Trends and Challenges. 7th International Conference on Electronics Packaging Technology，2006.

[8] www.renesas.com.

[9] www.Freescale Semiconductor.com.

[10] Yannou J M. NXPSemiconductors，SIP and WLP-CSP Trends：State-of-the-Art and Future Trends，Electronics System-Integration Technology Conference，2008.

[11] Koh W. System in Package (SiP) Technology Applications. 6th International Conference on Electronic Packaging Technology，2005.

[12] www.Statschippac.com.

[13] www.Amkor.co.

[14] www.ASE.com/product/SIP.

[15] www.spil.com.tw.

[16] Huneke J T，Chu R，Choi J O，等．覆膜与涂胶：堆迭芯片应用中的芯片连接选择．环球SMT与封装，2008.

[17] www.pti.com.tw.

[18] www.asmpacific.com.

[19] www.kns.com.

[20] Yeoh A，Agraharam S，et al. Copper Die Bumps (First Level Interconnect) and Low-K Dielectricsin 65nm High Volume Manufacturing. ECTC 2006，1611-1615.

[21] Swinnen B，Beyne E. Introduction to IMECs Research programs on 3D-technology.

[22] Garrou P，Bower C，Ramm P. Handbook of 3D integration：technology and applications of 3D integrated circuits. Wiley-VCH，2008-10-20.

[23] Takahashi K，et al. Process integration of 3D chip stack with vertical interconnection. Procl 54th Electronic Components and Technology Conference，2004，1 (1)：601 - 609.

[24] Yole Development. Embedded Wafer-Level-Packages.

[25] Dreiza M，et al. Joint Project for Mechanical Qualification of Next Generation High Density Package-on-Package (PoP) with Through Mold Via Technology. EMPC 2009 - 17th

European Microelectronics & Packaging Conference，June 16 th Rimini，Italy.
[26] Zwenger C，et al. Surface Mount Assembly and Board Level Reliability for High Density PoP (Packagk-on-Package) Utilizing through Mold Via Interconnect Technology. Originally published in the Proceedings of the SMTA International Conference, Orlando，Florida，August 17 - 21，2008.
[27] Pendse R，Choi B S，Kim B，et al. Flip Chip Package-in-Package (fcPiP)：A New 3D Packaging Solution for Mobile Platforms. 2007 Electronic Components and Technology Conference，1425-1430.
[28] Appelt B K，Su B，Lai Y S，et al. Coreless Substrates Status. 2010 12th Electronics Packaging Technology Conference，497-499.

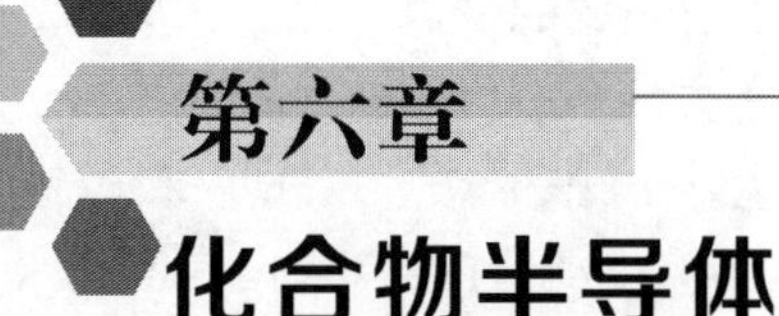

第六章 化合物半导体

第一节　化合物半导体领域研究背景及发展现状

一、化合物半导体领域研究背景

21世纪是通信和网络的时代。随着通信容量的爆炸性增长，作为未来主要的通信手段，光纤通信和移动通信的工作频率越来越高，这对通信系统中的核心器件及关键电路的性能（频率、功率及噪声等）提出了越来越高的要求。光纤通信主要采用2.5Gb/s和10Gb/s的密集波分复用技术。随着信息传输容量的飞速增长，提高单个信道的传输速度已经成为降低信息传输成本的必然途径。目前国际上40Gb/s、100Gb/s、160Gb/s的TDM传输系统已经在实验室研制成功，预计在未来5～10年内将会逐渐进入市场；在移动通信方面，随着第三代移动通信的普及和第四代手机的研发，手机芯片已开始朝更多频带、更大带宽、更高集成度方向发展；卫星通信的频率则更高，民用卫星通信也已进入C波段（4～8GHz）和Ku波段（12.4～18GHz）；在物联网的无线互连方面，要求功率附加效率高、信道噪声低的无线收发模块；毫米波（30～300GHz）通信、雷达与成像在军事领域中的研究和应用也很活跃。总之，更高的工作频率、更快的传输速度、更远的无线连接距离、更快的信息处理能力是21世纪信息产业的发展方向。

二、化合物半导体领域发展现状

随着新材料技术的发展，化合物半导体由于其优异的物理、化学及电学特性，异军突起，基于GaAs、InP、GaN、SiC等半导体材料的核心芯片以其高性能、多功能、集成化的优势在各类信息系统中发挥着关键作用。

以GaAs为代表的第二代半导体技术日趋成熟，已广泛地应用于无线通信、光电通信等领域，成为目前高端信息通信领域的主流。但是在星用高可靠技术及基于E/D工艺的多功能集成技术等方面尚有许多应用有待拓展。而InP技术随着应用领域不同朝着高工作频率（毫米波、THz）和超高速（DDS时钟速率大于＞30GHz）方向发展，对InP基HEMT和HBT技术提出了迫切需求。InP器件截至频率达到766GHz，UCSB开发出324GHz MMIC，3毫米InP HEMT器件输出功率大于25dBm，BAE研制出了工作频率达24 GHz的InP DDS，其中相位累加器为12比特，整个电路共集成了4470个单管。InP技术已经成为高频、高速、混合信号技术的主流趋势。

而新兴的以GaN、SiC为代表的第三代半导体（宽禁带半导体）技术近年来突飞猛进。GaN由于其更高的击穿电压和饱和迁移率，具有更高的输出功率，功率密度达到GaAs的10倍；而宽禁带半导体的工作电压达到30～100伏甚至更高，可有效提高系统效率。而SiC衬底拥有极好的热传导性，可以在200℃以上的高温环境下工作。目前，SiC单晶衬底尺寸由3英寸向4英寸发展，并正在开发Si等低成本衬底的GaN，应用于移动通信；美国TriQuint公司研制的SiC基GaN HEMT器件，输出功率为100瓦，效率大于55%，微波可靠性不断提升，GaN器件平均无故障时间超过1×10^7小时。SiC电力电子器件已开发出10千伏、110安（兆瓦级）模块，SiC MOSFET、IGBT等新结构器件不断涌现，在直流输变电、电驱动等新型系统中有迫切需求。随着材料和工艺的稳定，在美国宽禁带半导体目前已出现代工线，可以面向美国国内开放服务。宽禁带半导体技术已成为未来大功率技术的必然发展趋势，将在雷达探测、通信、电子对抗、动力系统等各类信息系统中发挥革命性作用。下面，将从材料类型不同的角度对GaAs、InP、GaN、SiC、其他材料的国内外发展现状进行阐述。

1. GaAs材料和器件国内外发展现状

以GaAs为代表的化合物半导体器件在高频、高速、高带宽及微波毫米波集成电路中具有明显的优势，国际上的化合物半导体材料与器件的研究已经成为一大持续升温的热点领域。化合物半导体高频器件与电路是实现高速光纤通信系统、高频移动通信系统必不可少的关键部件，并且在新兴的汽车防撞系统、卫星定位系统及军用微波/毫米波雷达系统等领域具有广阔的应用前景。随着今后通信系统频率的不断提高，它的优势会更加突出，将会形成巨大的市场需求与经济效益。更为重要的是，随着微电子技术发展到22纳米节点后，硅基集成电路正面临来自物理与技术的双重挑战，采用高迁移率化合物半导体来替代硅材料延展摩尔定律已经成为近期微电子前沿领域的研究热点。学术界普遍认为，化合物半导体将在微电子领域引发一场意义深远的技术革命。

目前，GaAs为代表的化合物半导体高频器件及电路技术已经进入了成熟期，已被大量应用于高频通信领域，尤其是移动通信和光纤通信领域，到2009年其市场规模已经达到了45亿美元。随着GaAs IC制造成本的大幅度下降，它们在功率放大器、低噪声放大器和射频开关电路，以及移动通信RF前端占据了主要地位，手机与移动基站的芯片是GaAs IC最大的市场，约占其市场份额的45%；随着DWDM驱动光纤通信容量的增加，GaAs IC在SONET芯片方面的需求大幅度增加，其市场份额大约为22%。工业、汽车、计算机和军事市场占据了GaAs IC市场的34%，工业市场主要是高频高速测试系统，计算机和网络速度已经达到Gb/s级别，需要大量LAN和WAN。汽车方面主要是防撞雷达的使用。而军事应用保持在4亿美元/年左右。目前，国际上生产民用GaAs器件及电路的代表性企业有美国的Vitesse、Triquint、Anadigics、Motorola、Lucent、Alpha、Agilent、HP，日本的NTT、Oki、Fujisu，德国的西门子，中国台湾的稳懋、宏捷、全球联合通讯及尚达等。大量事实已证明：GaAs器件及电路是一项技术含量高、利润率高，市场前景和经济效益不可低估的高技术产业。正因为目前市场需求强劲，今后发展前景良好，近年来国际上许多公司纷纷上马新的GaAs制造线。尤其是美国、日本、德国等的大公司（如Vitesse、Anadigics、Siemens、Triquint、Motorola、Alpha等）相继建成或正在新建6英寸GaAs生产线，今年这些公司都将由4英寸转入6英寸生产线的大规模生产。他们生产的主要产品是移动通信射频电路（如GaAs手机功率放大器和低噪声放大器电路等），以及光纤通信发射和接收电路（如GaAs激光驱动器、接收器、复用器及解复用器、时钟恢复电路等）、微波功率晶体管及功率放大器等各种系列产品。

我国GaAs材料和器件的研究起步较早，早在1970年就开始低噪声GaAs MESFET的研究工作，并于1978年设计定型了国内第一只GaAs微波低噪声场效应管，1974年开始研究GaAs功率器件，在1980年国内首次定型GaAs微波功率场效应管。改革开放后，受到国外成熟产品的冲击，GaAs器件和电路的研究特别是民用器件的研究进入低谷期，重点开展军用GaAs器件和电路的研制和攻关。2004年后，GaAs材料和器件进入高速发展期，国内成立了以中科稼英公司、中科圣可佳公司为代表的多家GaAs单晶和外延材料公司，开始小批量材料供应，并取得一定的市场份额。中科院微电子所通过自主创新率先在国内建立了4英寸GaAs工艺线，并成功地研制出10Gb/s激光调制器芯片等系列电路。传统的器件研制单位中电集团13所和55所通过技术引进完成从2英寸到4英寸工艺突破，初步解决Ku波段以下的器件和电路的国产化问题，其中8～12GHz T/R组件套片已成功地应用于大型系统中，但在成品率、一致性、性价比等方面尚存在一定的差距，在民品市场中尚缺乏竞争力。Ka波段以上的GaAs器件和电路尚没有产品推出，严重地阻碍了我国信息化建设。

目前，GaAs电路芯片由美国、日本、德国等国的多家大公司（如Vitesse、Anadigics、Siemens、Triquint、Motorola、Alpha、HP、Oki、NTT等公司）供应，国内手机和光纤通信生产厂家对元器件受国外制约甚为担忧，迫切希望国内有能稳定供货的厂家。由于GaAs IC产品尚未达到垄断的地步，国家对高新技术产业扶持政策的出台，正是进行GaAs电路产业化生产的绝好的市场机会。只要我们能实现一定的规模生产，开发生产一系列高质量高性能的电路，完全有可能占领大部分国内市场，并可进入国际市场参与竞争。

2. InP材料和器件国内外发展现状

InP基半导体材料是以InP单晶为衬底而生长的化合物半导体材料，包括InGaAs、InAlAs、InGaAsP及GaAsSb等。这些材料突出的特点是材料的载流子迁移率高、种类非常丰富、带隙从0.7eV到将近2.0 eV、有利于进行能带剪裁。InP基器件具有高频率、低噪声、高效率、抗辐照等特点，成为W波段及更高频率毫米波电路的首选材料。InP基三端电子器件主要有InP基异质结双极晶体管（HBT）和高电子迁移率晶体管（HEMT）。衡量器件的频率特性有两个指标：增益截止频率（f_T）和功率截止频率（f_{max}）。这两个指标决定了电路所能达到的工作频率。InP基HBT材料选用较宽带隙的InP材料作为发射极，选用较窄带隙的InGaAs材料作为基极，集电极的材料根据击穿电压的要求不同可以采用InGaAs材料或InP材料，前者称为单异质结HBT，后者称为双异质结HBT，且后者具有较高的击穿电压。InP基HEMT采用InGaAs作为沟道材料，采用InAlAs作为势垒层，这种结构的载流子迁移率可达 10 000 厘米^2/（伏·秒）以上。

以美国为首的发达国家非常重视对 InP 基器件和电路的研究。从 20 世纪 90 年代起，美国对 InP 基电子器件大力支持，研究 W 波段及更高工作频率的毫米波电路以适应系统不断提高的频率要求。最先获得突破的是 InP 基 HEMT 器件和单片集成电路（MMIC）。在解决了提高沟道迁移率、T 型栅工艺、欧姆接触及增加栅控特性等关键问题后，2002 年研制成功栅长为 25 纳米的 HEMT 器件，f_T达到 562 GHz，通过引入 InAs/InGaAs 应变沟道，实现栅长为 35 纳米器件的 f_{max}达到 1.2 THz。InP 基 HEMT 器件在噪声和功率密度方面都具有优势：MMIC 低噪声放大器（LNA）在 94 GHz 下的噪声系数仅为 2.5 dB、增益达到 19.4 dB；单片集成功率放大器（PA）的功率达到 427 mW、增益达到 10 dB 以上。美国的 Northrop Grumman 形成了一系列 W 波段 MMIC 产品。采用截止频率达到 THz 的 InP 基 HEMT 器件，也已经研制成功大于 300 GHz 的 VCO、LNA 和 PA 系列 MMIC，并经过系统的演示验证。

InP 基 HBT 的突破是在 21 世纪初，美国加利福尼亚大学圣巴巴拉分校的 M. Rodwell 领导的研究组率先将 InP 基 HBT 的 f_T和 f_{max}提高到 200 GHz 以上。其后采用转移衬底技术实现的 HBT，f_T为 204 GHz，f_{max}超过 1000 GHz；2007 年，伊利诺伊大学制作成功发射极宽度为 250 纳米的 SHBT，其 f_T超过 800 GHz，f_{max}大于 300 GHz；为了解决 SHBT 中击穿电压低的问题，2008 年加利福尼亚大学圣巴巴拉分校设计实现了无导带尖峰的双异质结 HBT（DHBT），f_T突破 500 GHz，f_{max}接近 800 GHz，击穿电压大于 4 伏；采用 GaAsSb 基极，与发射极和集电极的 InP 材料形成 II-型能带结构的 InP DHBT 的 f_T大于 600 GHz，并具有很好的击穿特性。在器件突破的同时，国外的 InP 基 PA 和压控振荡器（VCO）的工作频率都被推进到 300 GHz 以上。据报道，国外 3 毫米波段（100 GHz）的系统已经进入实用化阶段，频率高达 300 GHz 的演示系统也已出现。

我国 InP 基材料、器件和电路的研究起步较晚，近些年取得了长足的进步。在 InP 单晶方面，国内拥有 20 多年研究 InP 单晶生长技术，以及晶体衬底制备技术的经验和技术积累，已经实现了 2 英寸和 3 英寸的 InP 单晶抛光衬底开盒即用，其位错密度等与国外衬底材料相当，近年来一直为国内外用户批量提供高质量 2 英寸和 3 英寸 InP 单晶衬底；在外延材料方面，中科院在 InP 衬底上实现了 InP 基 HBT 和 HEMT 器件结构，并突破了复杂结构的 HBT 材料的生长，实现了高质量的 InP 基 HBT 外延材料，生长的 InP 基

HEMT外延材料的载流子迁移率大于10000厘米^2/（伏·秒），并已实现了向器件研制单位小批量供片；在器件研制方面，2004年前主要开展InP基光电器件的研制，如肖特基二极管、光电探测器等。2004年随着“973”计划项目“新一代化合物半导体电子材料和器件基础研究”的启动，InP基电子器件和电路的研究才逐渐得以重视，目前中国科学院和中电集团先后在3英寸InP晶圆上实现了亚微米发射极宽度的InP基HBT和亚100纳米T型栅的InP基HEMT器件，截止频率超过300 GHz。在毫米波电路的研究方面，中国科学院和中电集团已成功地研制出W波段的低噪声放大器、功率放大器和VCO样品；此外采用InP DHBT工艺实现了40GHz分频器、比较器，W波段的倍频器、混频器等系列芯片，为W波段系统的应用奠定了基础。

3. GaN材料和器件国内外发展现状

GaN作为第三代宽禁带半导体的代表，具有禁带宽度大、电子迁移率高和击穿场强等优点，器件功率密度是Si、GaAs功率密度的10倍以上。由于其高频率、高功率、高效率、耐高温、抗辐射等优异特性，可以广泛应用于微波毫米波频段的尖端军事装备和民用通信基站等领域，所以成为全球新一代固态微波功率器件与材料研究的前沿热点，有着巨大的发展前景。

GaN基HEMT结构材料和器件是当前国际上极其重视的研究方向。以美国为首的发达国家都将GaN基微波功率器件视为下一代通信系统和武器应用的关键电子元器件，并设立专项研究计划进行相关研究，如美国国防先期研究计划局（DARPA）的宽禁带半导体计划WBGS，提出了从材料、器件到集成电路三阶段的研究计划，并组织三个团队在X波段、宽带和毫米波段对GaN基HEMT及其微波单片集成电路（MMIC）进行攻关。在宽禁带半导体计划取得重要进展的基础上，美国DARPA在2009年又启动了面向更高频率器件的NEXT项目，预计4～5年内将器件的频率提高到500GHz。目前，在GaN基微电子材料及器件研究领域，美国和日本的研究处于世界领先水平。美国主要研究机构如下：大学——UCSB、Cornell、USC等，公司——Cree、APA、Nitronex。日本的主要研究机构如下：学校——名古屋理工学院，公司——NEC、Fujitsu和Oki等。2003年，ITRS Roadmap中指出：GaN基器件在高偏压、大功率、大功率密度等应用领域具有巨大潜力，是功率器件固态化的首选。德国夫琅和费固态物理应用学会也在2005年的年度报告中指出：由于GaN基HEMT器件具有的大动态范围和良好的线性，它将成为未来更大功率的基站、雷达系统使用的功率器件。经过近十年的高速发展和投入，GaN 功率器件和电路取得令人瞩目的成就，主要在宽带、效率、高频三个领域全面超越 GaAs 器件，成为未来应用的主流。在宽带电路方面，实现了 2～18GHz 和 6～18GHz 宽带 GaN 微波功率单片电路，连续波输出功率达到了 6～10 瓦，功率附加效率为 13%～25%；在高效率方面，X 波段 MMIC 输出功率 20 瓦，功率附加效率达到了 52%。X 波段内匹配功率器件脉冲输出功率 60.3 瓦，功率附加效率高达 43.4%。2011 年，Hossein 报道了 3.5GHz 下的功率器件，效率达到 80%。2010 年 M. Roberg 研制的 F 类功率放大器件，在 2.14GHz 下，输出功率 8.2 瓦，效率达到 84%；在高频率方面，美国 HRL 实验室报道了 12 路 GaN MMIC 波导合成的毫米波功率放大器模块，在 95GHz 下，输出功率超过 100W 的 GaN MMICs 功放合成模块；2011 年，美国 Raytheon 公司报道了三款分别针对高效率、高增益、高输出功率的毫米波 GaN MMIC 电路，在 95GHz 下，最高增益为 21dB；在 91GHz 下，最高功率附加效率大于 20%；在 91GHz 下，最高输出功率为 1.7 瓦。同时，长期困扰 GaN 功率器件实用化的瓶颈：可靠性问题，随着材料、工艺和器件结构等技术水平的提高，已实现了 MTTF 达到 1×10^{8}小时。2010 年，美国 Triquint 公司宣布推出 3 英寸 GaN 功率器件代工线服务，并发布了覆盖 2～18GHz 的系列器件和电路，这标志着 GaN 产品时代正式到来。

我国 GaN 功率器件和电路的研究起步较早，在前期“973”项目和国家自然科学基金委员会重大项目的支持下，材料和器件的研究取得了突破性进展：3 英寸半绝缘 4H-SiC 单晶电阻率大于 10^{8}欧姆·厘米，微管缺陷密度低于 30 个/厘米^{2}，并实现了小批量供货；SiC 衬底 HEMT 结构材料的室温方块电阻小于 270 欧姆，室温 2DEG 迁移率和面密度乘积达到 2.4×10^{16}/（伏·秒），蓝宝石衬底 HEMT 结构材料的室温 2DEG 迁移率大于 2180 厘米^{2}/（伏·秒），室温 2DEG 浓度与迁移率的乘积大于 2.3×10^{16}/（伏·秒），室温方块电阻小于 280 欧姆，达到国际先进水平。在器件和电路方面，国内建立了四条 GaN 功率器件研制线，研制出覆盖 C-Ka 波段系列内匹配器件和电路。X 波段和 Ka 波段器件输出功率密度分别达 17 瓦/毫米和 3 瓦/毫米以上；8～12GHz GaN MMIC 脉冲输出功率 20 瓦，功率附加效率为 32%；15～17GHz GaN MMIC 脉冲输出功率 17 瓦，功率附加效率为 27%；Ku 波段内匹配器件脉冲输出功率 20 瓦，功率附加效率大于 25%；Ka 波段 MMIC 脉冲输出功率达到 3 瓦，W 波段器件 f_T 大于 174GHz、f_{max}为 215GHz。上述器件和电路的技术指标达到国际先进水平，但在可靠性方面尚存在一定的差距，目前处于样品阶段。

2011 年，我国重大专项启动“中国宽禁带半导体推进技术”，重点开展 3 英寸 GaN 器件工艺线建设和器件可靠性推进工程，最终实现“用得上、用得起”GaN 功率器件和电路，实现与国际的同步发展和竞争。

4. SiC 材料和器件国内外发展现状

21 世纪初，美国国防先进研究计划局（DARPA）启动宽禁带半导体技术计划（WBGSTI），极大地推动了宽禁带半导体技术的发展。

在 SiC 单晶材料方面，主流的 SiC 晶片是 3～4 英寸的，6 英寸 SiC 晶片将很快进入市场。美国 Cree 作为全球 SiC 晶片行业的先行者，在 2007 年就可提供商用无微管缺陷的 100 毫米（4 英寸）SiC 衬底片；2010 年 8 月展示了其新成果，150 毫米（6 英寸）的 SiC 衬底片，每平方厘米微管密度小于 10 个。美国 Dow Corning、Ⅱ-Ⅴ，日本新日铁和已被日本罗姆收购的德国 SiCystal 等都可提供直径 4 英寸的 SiC 衬底片。日本新日铁向客户提供 6 英寸 SiC 晶片样品，预计 2015 年前后实现量产。

在 SiC 功率器件方面，基于 4H SiC 材料的肖特基二极管（SBD）系列、JFET，以及 MOSFETs 晶体管已经实现量产，代表公司主要有美国的 Cree、SemiSouth、GE，德国的英飞凌、SiCED，日本的 Rohm、三菱、日立、电装（DENSO）等公司。目前，商业化的 SiC 二极管主要是 SBD，已经系列产品化，阻断电压范围 600～1700 伏，电流 1～50 安。主要生产厂商有美国 Cree（最大额定电流 50 安，反向阻断电压 1700 伏）、SemiSouth（最大额定电流 30 安，反向阻断电压 1200 伏）和德国 Infineon（最大额定电流 15 安，反向阻断电压 1200 伏），以及日本 Rohm（最大额定电流 10 安，反向阻断电压 600 伏）等。商业化的 SiC 晶体管包括 SemiSouth 推出的 SiC JFET（阻断电压为 1200 伏和 1700 伏，电流为 3～30 安）及 TranSiC 公司推出的 BJT 器件（阻断电压为 1200 伏和 1700 伏，电流为 6～20 安）。另外，美国 Cree、日本 Rohm 已经可以量产 600～1200 伏 SiC DMOS，并开始提供功率模块样品。

SiC 肖特基二极管的应用可大幅降低开关损耗并提高开关频率，广泛用于如空调、数码产品 DC、DV、MP4、PC、工业控制服务器等领域。在航空航天等高新技术产业，SiC 器件的应用能够有效减小系统的体积，同时具有优异的抗辐射性能。SiC 电力电子器件市场从 2010 年开始扩展，可望出现 70%以上的年增长率，并在 2015 年达到 8 亿美元的市场规模。其中，占主要市场份额的 SiC 电力电子器件形式和应用领域依次为混合动力车专用

MOSFET、SBD 器件和功率因数校正电路用 SBD 器件。

宽禁带半导体 SiC 材料除了用于制作高频和功率器件外，满足军事、航天应用中高温、高腐蚀环境需求的功率器件、抗辐照器件、气体传感器、高温传感器等也是 SiC 器件发展的一个重要领域。

第二节　化合物半导体领域中的若干关键问题

在信息社会，人们对信息大容量传输、高速处理和获取提出越来越高的要求，使得微电子科学与技术面临许多严峻的挑战。如何充分发挥化合物半导体器件在超高频、大功率方面的优势，从而实现微电子器件和集成电路从吉赫兹到太赫兹的跨越，解决信息大容量传输和高速处理、获取的难题，依然存在若干关键问题。

1. 化合物半导体材料原子级调控与生长动力学

化合物半导体材料与 Si 材料最大的区别在于化合物半导体是由二元、三元、四元系材料组成的。结构材料是借助先进的 MBE 和 MOCVD 设备来实现的，原子级调控是利用不同种类的原子在外延过程中的结合能、迁移率等的不同，借助高温衬底提供的激活能，控制原子占据不同的晶格位置，在表面上迁移并结晶的动力学过程，使外延材料呈现出多样的晶体结构和物理特性，如不同原子层形成异质结构产生量子限制效应、不同大小原子构成应变材料产生应变效应和局域化效应，以及同种原子占据不同的晶格位置产生不同的掺杂类型等。利用原子级调控实现材料的量子限制效应、极化效应、应变效应、局域化效应和掺杂效应完成能带剪裁和材料结构设计。例如，在传统 AlGaN/GaN HEMT 材料异质结界面插入 2～3 个原子层厚的 AlN，可以改变材料的能带结构，更好地限制二维电子气，并显著降低对载流子的合金散射，提高材料中二维电子气的输运特性，能够实现对新材料、新结构设计的理论指导。因此，对化合物半导体原子级调控和生长动力学的研究是实现低缺陷、高性能化合物材料的关键问题。

通过深入研究化合物半导体材料原子的排列导致能带结构的变化，利用量子效应、极化效应、应变效应、能带工程设计化合物半导体的材料结构，减小载流子的有效质量，为实现超高频、太赫兹和毫米波大功率器件的材料结构设计提供理论指导；深入开展材料结构与器件宏观性能的关联性研究，通过材料结构设计提高二维电子气浓度和迁移率、减少导带尖峰、抑制电流崩塌和短沟效应，提高器件的性能；深入研究化合物半导体表面再构形成的机制，考虑半导体的表面能带弯曲对生长过程中原子的运动、结合机制影响，建立包含固相、气相和表面相的热力学模型，形成完善生长理论，解决同质和异质界面生长的动力学问题；深入研究应力场中原子运动和结合机制，掌握缺陷的形成、增殖和运动机制，解决大失配异质结构的生长及应力场中的高掺杂问题。

2. 大尺寸、大失配硅基化合物半导体材料生长

硅基上实现高性能的化合物半导体材料一直是研究人员和工业界追求的目标，一方面，该技术可以大大降低化合物器件的成本；另一方面，可以充分利用硅基材料与化合物材料的结合实现多功能器件和电路的融合，如光电一体、高压低压一体、数字微波融合等，将未来系统设计带来巨大的变革。因此，大尺寸、大失配硅基化合物半导体材料生长是未来化合物半导体跨越式发展的关键。但实现大尺寸、大失配硅基化合物半导体材料生长面临着诸多挑战和问题。一是大失配问题，硅衬底与Ⅲ-Ⅴ族半导体材料之间存在三种主要“失配”，即晶格常数失配、热膨胀系数失配、晶体结构失配。晶格常数失配在异质外延过程中将引入大量的位错与缺陷；热膨胀系数差异将导致热失配，在高温生长后的降温过程中产生热应力，从而使外延层的缺陷密度增加甚至产生裂纹；晶体结构失配往往导致反向畴问题。二是极性问题，由于Si原子间形成的健是纯共价键属非极性半导体，而Ⅲ-Ⅴ族半导体材料（如GaN）原子间是极性键属极性半导体。由于极性/非极性异质结界面有许多物理性质不同于传统异质结器件，所以界面原子、电子结构、晶格失配、界面电荷和偶极矩、带阶、输运特性等都会有很大的不同，这也是研究Si衬底Ⅲ-Ⅴ材料和器件所必须认识到的问题。三是硅衬底上Si原子的扩散，在高温生长过程中Si原子的扩散加剧，导致外延层中会含有一定量的Si原子，这些Si原子易于与生长气氛中的氨气发生反应，而在衬底表面形成非晶态Si_xN_y薄膜，降低外延层的晶体质量。

通过研究大失配材料体系外延生长过程中位错与缺陷的形成机制与行为规律，探索外延材料质量与生长动力学之间的内在联系，研究衬底与外延层之间的介质层对初始成核的影响，解决Si与Ⅲ-Ⅴ族材料晶体结构不同导致的反向筹的问题，优化缓冲层技术与柔性衬底技术的结构设计、材料组分、生长条件、生长模式，降低外延层中的位错和缺陷密度，采用应力补偿与低

温外延技术等方式抑制裂纹的形成与扩展，借助中断生长技术、MEE技术实现对界面的控制，从而获得低缺陷密度、高迁移率、稳定可靠的硅衬底上Ⅲ-Ⅴ族半导体材料。

3. 超高频、超强场、纳米尺度下载流子输运机理与行为规律

化合物半导体器件由于材料自身特性，如电子迁移率高、二维电子气浓度高、击穿场强高、饱和漂移速度大等特点，非常适合于超高频、大功率器件和电路的研究，特别是在利用化合物半导体实现超高频CMOS器件、InP基实现太赫兹器件、GaN基实现毫米波大功率等方面极具潜力。但随着器件频率从吉赫兹跨越到太赫兹，器件特征尺寸（FET器件沟道尺寸、HBT器件纵向结构尺寸）缩小到纳米尺度后，器件短沟效应、量子效应、强场效应的影响日趋严重，严重地制约器件性能的提高，如在HEMT器件中，沟道中的电场不断增加，强场下器件短沟效应、量子隧穿效应恶化器件性能，而载流子微观统计引起的涨落等量子效应现象对器件性能的影响有待于进一步深入研究；在HBT器件中，随着电流密度的提高，可动载流子会对集电极的电场产生屏蔽作用，使载流子的运动速度降低，使高频特性在高电流下退化；这些宏观特性与化合物半导体器件在超高频、超强场、纳米尺度下载流子输运机制与行为规律密切相关。因此，充分理解和挖掘器件在超高频、超强场、纳米尺度下载流子输运机制与行为规律是实现新原理、高性能化合物器件的关键问题。

在超高频、超强场、纳米尺度下，主导器件工作的基本原理将逐渐由经典物理过渡到量子力学。通过深入研究纳米尺度下化合物半导体器件非平衡载流子输运理论，理解影响超高频器件速度的关键因素究竟是载流子的饱和速度还是速度过冲，以及制约载流子输运速度的因素是什么，将为太赫兹新器件提供理论指导和依据，使新器件的创新乃至突破有据可依；深入研究异质结构量子隧穿效应、载流子的弹道输运及微观统计引起的涨落等现象，采用Monte Carlo等模拟方法研究纳米尺度、飞秒量级下载流子输运规律，建立一套能够描述超高频、纳米尺度化合物半导体器件的物理模型；深入研究超强场（热场、电场）下异质结构非平衡态条件下2DEG的输运行为，通过改变磁场强度、温度、栅压、光辐照等动态调制，揭示子带结构、子带占据和各种散射机制在非平衡态下，以及从非平衡态到平衡态转变过程中的变化规律，了解影响2DEG输运特性的各种物理过程。深入研究化合物半导体材料表面态、缺陷、极化效应等对载流子输运、散射、捕获及能态跃迁等机制

的影响，指导高性能材料生长和器件研制。

4. 化合物半导体器件与集成技术中电、磁、热传输机理与耦合机制

随着电路和系统工作频率的提高，特别是进入毫米波（30～300GHz）波段，电磁波波长与器件和系统的几何尺寸已经可以比拟，电磁波在传输过程中的相位滞后、趋肤效应、辐射效应等都不能忽略，相应的集成电路与系统的电特性分析与设计的基础是电磁场理论和传输线理论。信号传输采用微带线和共面波导形式，一方面其电磁场传播模式是具有色散效应的准 TEM 波，另一方面在复杂多通道的电路和系统中存在通道间耦合，这些都将导致信号的畸变、信号间串扰等影响信号完整性问题。同时，由于集成度和功率的提高，电磁耦合和电磁辐射导致的电磁兼容性问题也更加突出，已成为系统性能进一步提高的制约性因素。电路与系统间的热场分布与电磁场分布通过材料与结构的电特性和物理特性相互关联、相互作用，使得电路与系统的电性能和可靠性受到热效应的严重影响。因此，信号完整性、电磁兼容与热效应是化合物半导体器件与集成技术中的关键问题，是实现化合物半导体器件研究到电路应用的核心。

在化合物半导体器件与集成技术中，主导信号传输的基本原理将逐渐由电路理论延伸到电路、电磁场、热场一体化理论。通过深入研究电路和系统中电磁场、热场的传输机制与耦合机制，从电磁场理论出发，建立电磁热分析模型，利用电路和网络理论，研究电磁场量与热场量之间的关系，研究电路与系统中的电磁场-热场的广义网络分析方法，为电路和系统设计奠定理论基础。采用三维电磁场仿真结合电路网络理论，深入研究超高频数模电路的信号延时、畸变、失配、串扰、电磁泄漏与辐射、芯片混合集成的干扰和匹配等信号完整性问题和系统的电磁兼容问题，认识与理解这些问题产生的根源、机制和表现规律，为电路和系统设计优化奠定技术基础。

第三节　化合物半导体领域未来发展趋势

化合物半导体材料和器件经过半个世纪的发展，特别是近 20 年的突飞猛进，通过发挥化合物半导体材料的优良特性，在高频率、大功率、高效率等方面与硅基集成电路形成互补，已经广泛地应用于信息社会的各个领域，如无线通信、电力电子、光纤通信、国防科技等。近几年，随着材料生长、器

件工艺、电路集成等技术不断发展，以及新结构、新原理等不断突破，化合物半导体领域未来发展趋势呈现四个主要方向。

1. *充分挖掘材料的优势，引领信息器件频率、功率、效率的发展方向*

作为第二代化合物半导体GaAs，自出现以后引起了极大的重视，在光电子和微电子技术方面得到了飞速的发展。鉴于其迁移率远高于第一代半导体，而且异质结构可以进行能带剪裁，使其在微电子领域备受重视。美国20世纪80年代中期启动了MIMIC计划，充分挖掘GaAs材料在微电子领域的应用，经过多年的研究，GaAs材料在集成电路的应用方面，特别是射频和微波领域，获得了极大的成功，广泛地应用于各种军用和民用系统之中。随着InP材料的成熟和发展，其丰富的异质结构和极高的载流子迁移率，使其在更高频率领域的应用不断推进和发展。美国的MAFET计划，利用InP材料丰富的材料特性和极高的迁移率，将MMIC电路的频率推进到100 GHz以上。其后实施的TFAST计划，则将InP材料应用在超高速电路领域，到项目结束时InP基数字电路的工作频率提高到10 GHz以上，MMIC电路的频率突破300 GHz，显示了InP材料在高频领域应用的优势。受此鼓舞，美国启动了THz电子学研究计划，计划充分挖掘InP基材料在高频领域的优势，将电路的工作频率推进到太赫兹领域。在今后相当长的一段时间里，具有优异特性的InP基材料和电路将成为研究的热点。

GaN和SiC作为第三代半导体材料，具有非常高的禁带宽度和功率处理能力，在功率半导体领域发挥了非常重要的作用。美国DARPA启动宽禁带半导体技术计划（WBGSTI），极大地推动了宽禁带半导体技术的发展。采用GaN基异质材料和极化效应，可以得到非常高的载流子面密度，提高器件的功率密度。充分挖掘GaN材料的特性，现有的GaN微波电路的工作频率已经进入W波段，其功率密度远远超过其他半导体材料，并有向更高频率不断发展的趋势。

SiC材料具有大的禁带宽度、高饱和电子漂移速度、高击穿电场强度、高热导率、低介电常数和抗辐射能力强等优良的物理化学特性和电学特性，在高温、大功率、抗辐射等应用场合是理想的半导体材料之一。从现有的研究结果来看，SiC电力电子器件的频率高、开关损耗小、效率高。美国和日本的半导体公司纷纷投巨资进行SiC电力电子器件的研发。Cree的SiC SBD的开关频率从150 kHz提高到500 kHz，开关损耗极小，适用于频率极高的电源产品，如电信部门的高档PC及服务器电源；开发10千伏/50安的PiN

二极管和10千伏的SiC MOSFET的市场目标是10千伏与110安的模块，可用于海军舰艇的电气设备，效率更高和切换更快的电网系统，以及电力设备的变换器件，其SiC MOSFET更关注于混合燃料电动车辆的电源与太阳能模块。此外，日本半导体厂商也陆续进行SiC IC量产，Fuji Electric Holdings评估在子公司松本工厂生产SiC半导体器件；三菱电机预计2011年度在福冈制作所设置采用4寸晶圆试产线，投入量产，产能为每月3000片。Toshiba则以2013年正式投产为目标，在川崎市的研发基地导入试产线，将运用于自家生产的铁路相关设备上。充分挖掘SiC材料的优势，开发新的工艺，实现高效的电力电子器件将是今后发展的重点和研究的热点。

2. 高迁移率化合物半导体材料：延展摩尔定律的新动力

在过去的40多年中，以Si CMOS技术为基础的集成电路技术遵循“摩尔定律”，通过缩小器件的特征尺寸来提高芯片的工作速度、增加集成度及降低成本，集成电路的特征尺寸由微米尺度进化到纳米尺度，取得了巨大的经济效益与科学技术的重大进步，被誉为人类历史上发展最快的技术之一。然而，随着集成电路技术发展到22纳米技术节点及以下时，硅集成电路技术在速度、功耗、集成度、可靠性等方面将受到一系列基本物理问题和工艺技术问题的限制，并且昂贵的生产线建设和制造成本使集成电路产业面临巨大的投资风险，传统的Si CMOS技术采用“缩小尺寸”来实现更小、更快、更廉价的逻辑与存储器件的发展模式已经难以持续。因此，ITRS清楚地指出，“后22纳米”CMOS技术将采用全新的材料体系、器件结构和集成技术，集成电路技术将在“后22纳米”时代面临重大技术跨越及转型。

Ⅲ-Ⅴ族化合物半导体（尤其是GaAs、InP、InAs、InSb等化合物半导体）的电子迁移率是硅的4～60倍，在低场和强场下具有优异的电子输运性能，并且可以灵活地应用异质结能带工程和杂质工程同时对器件的性能进行裁剪，被誉为新一代MOS器件的理想沟道材料。为了应对集成电路技术所面临的严峻挑战，采用与硅工艺兼容的高迁移率Ⅲ-Ⅴ族化合物半导体材料替代应变硅沟道，以大幅度提高逻辑电路的开关速度并实现极低功耗工作的研究已经发展成为近期全球微电子领域的前沿和热点。美国、欧洲、日本等各主要发达国家和地区都在加大相关研究的投入力度，各半导体公司如Intel、IBM、TSMC、Freescale等都在投入大量的人力和物力开展高迁移率CMOS技术的研究，力图在新一轮的技术竞争中再次引领全球集成电路产业的发展。2008年，欧盟委员会投资1500万欧元（约合1.4亿元人民币）开展

DUALLOGIC项目研究，以欧洲微电子研究中心（IMEC）为研发平台，联合IBM、Aixtron、意法半导体（ST Microelectronics）、恩智浦半导体（NXP Semiconductor）等9家单位，对高迁移率Ⅲ-Ⅴ族化合物半导体材料应用于“后22纳米”高性能CMOS逻辑电路进行技术攻关，被誉为欧盟CMOS研究的“旗舰”项目。

在Intel、IBM等国际著名半导体公司的大力推动下，高迁移率Ⅲ-Ⅴ MOS器件的研究取得了一系列突破性进展：①与同等技术水平的Si基NMOS技术相比，高迁移率Ⅲ-Ⅴ NMOS技术具有显著的速度优势（速度提高3～4倍）、超低的工作电压（0.5伏电源电压）和极低的功耗（动态功耗降低一个数量级）；②与新兴的分子、量子器件相比（例如有机分子器件、碳基纳米器件），Ⅲ-Ⅴ族化合物半导体材料已广泛应用于微波电子与光电子器件领域，人们对其材料属性与器件物理的了解十分深入，其制造技术与主流硅工艺的兼容性好；③Ⅲ-Ⅴ族化合物半导体是光发射与接收的理想材料，这将为极大规模集成电路（ULSI）中光互连技术及集成光电子系统的发展带来新的契机。

鉴于高迁移率CMOS技术的重大应用前景，采用高迁移率Ⅲ-Ⅴ族半导体材料替代应变硅沟道实现高性能CMOS的研究已经发展成为近期微电子领域的研究重点，2009～2011年的国际电子器件会议（IEDM）每年有超过10篇高迁移率Ⅲ-Ⅴ MOS器件的研究论文。近年来，ITRS也将高迁移率Ⅲ-Ⅴ族化合物材料列为新一代高性能CMOS器件的沟道解决方案之一。根据Intel的预计，高迁移率Ⅲ-Ⅴ MOS技术将在2015年左右开始应用于11纳米CMOS技术节点。

目前，在世界范围内尚处于起步阶段的高迁移率CMOS技术的研究现状，为我国在“后22纳米”CMOS领域的研究提供了自主创新的新机遇。如果我们能够抓住机遇，在集成电路技术的前沿领域实现突破，这将打破我国微电子研究长期追赶国际前沿、无法取得核心技术的被动局面。

3. 与硅基材料和技术融合，支撑信息科学技术创新突破

随着信息技术向推动人类社会在健康、环境、安全、新价值深入发展的新技术范畴发展，传统CMOS技术不能满足所有信息系统在现实世界的各种不同需求，如无线电频率和移动电话，高压开关与模拟电路非数字的功能，汽车电子照明和电池充电器、传感器和执行器，至关重要的控制汽车运动的安全系统电路，这些新的电子应用领域需要发展新型

功能器件与异质融合技术。化合物半导体在功率、频率、光电集成、信息传感、量子新器件等方面具有巨大的优势，而Si基材料和集成电路在信号处理与计算、功能集成等领域占据主导地位，同时在性价比、工艺成熟度等方面具有化合物不可比拟的优势，将两者的优势有效结合，是化合物半导体发展的必然趋势。

将以GaAs和InP为代表的Ⅲ-Ⅴ族化合物半导体、以GaN和SiC为代表的第三代半导体与硅基材料集成是目前发展的重点。Si基GaAs、InP将在光电集成和量子集成等方面呈现优势，美国先后投资5.4亿美元开展CosMOS、Si基光电单片集成、光互连等计划，重点支持硅基InP材料和集成技术研究，通过将InP材料的高频和光电特性与硅基集成电路结合来发展超高频数模电路、光电单片系统和超级计算机用多核处理器等。其中，美国国防部高级研究计划局投资1820万美元（约合1.2亿元人民币）开发大尺寸Si基Ⅲ-Ⅴ族化合物半导体材料技术（COSMOS项目），已在高性能数模集成电路和单片系统集成的领域广泛应用。Si基GaN材料和器件是目前研究另一大热点，其目的是将GaN的击穿电压大、功率高的优势与硅集成电路成熟廉价的优势结合起来，为电力电子、功率传输、高亮度发光等方面技术发展和普及应用提供技术支撑。2011年5月，欧洲研究机构IMEC与其合作伙伴最近成功在200毫米规格Si衬底上制造出了高质量的GaN/AlGaN异质结构层，并正合作研究基于GaN材料的HEMT晶体管技术，这标志着在将功率器件引入200毫米规格芯片厂进行高效率生产方面取得了里程碑式的成就。由此可见，与Si基材料和技术融合将是未来信息科学技术创新突破的基础与支撑之一。

4. SiC电力电子器件异军突起，引领绿色微电子发展

多年来，由于SiC材料和器件的制备工艺难度大、成品率低，所以价格较高，影响其向民用市场的推广应用。在单晶方面，国际上一直致力于SiC衬底晶片的扩径工作，主要原因是使用大直径SiC衬底（如6英寸衬底），不但可提高生产效率，而且也有助于减少器件的制造成本。

自2007年至今，市场上的商用SiC衬底片从50毫米发展到150毫米，SiC衬底的直径越来越大，并且位错、微管等缺陷的密度越来越低，从而使SiC器件的成品率提高、成本降低，生产SiC产品的厂商越来越多，更多的领域开始使用SiC器件。法国市场调研公司Yole Development提供的数据表明，2005～2009年SiC器件市场的年增长率为27%，2010～2015年的年增

长率将为 60%～70%。我国天科合达蓝光半导体公司进入 SiC 衬底市场后，迅速降低了国际上 SiC 衬底的价格，从而推动了 SiC 器件的更快普及。

随着 SiC 衬底尺寸的加大、工艺技术水平的不断提高，节能技术快速发展的需求，SiC 电力电子器件的发展十分迅速，在 SiC 功率器件研究方面，除了 SiC SBD 系列化产品外，SiC MOSFET 性能和可靠性进一步完善，SiC 功率器件朝高速、高压、高功率方向发展，包括 SiC BJT 器件、高压 SiC PiN 器件，以及 SiC IGBT 器件。SiC 器件从实验室朝商业化制造和工程化应用方向快速发展，国际厂商纷纷进入 SiC 器件制造领域。Cree 的 SiC SBD 的开关频率从 150 kHz 提高到 500 kHz，开关损耗极小，适用于频率极高的电源产品，如电信部门的高档 PC 及服务器电源；开发 10 千伏/50 安的 PiN 二极管和 10 千伏的 SiC MOSFET 的市场目标是 10 千伏与 110 安的模块，可用于海军舰艇的电气设备、效率更高和切换更快的电网系统，以及电力设备的变换器件，其 SiC MOSFET 更关注于混合燃料电动车辆的电源与太阳能模块。此外，日本半导体厂商也陆续进行 SiC IC 量产，Fuji Electric Holdings 评估在子公司松本工厂生产的 SiC 半导体器件，该公司 2011 年度开始量产；三菱电机 2011 年度在福冈制作所设置采用 4 英寸晶圆之试产线，投入量产，产能为每月 3000 片。Toshiba 则以 2013 年正式投产为目标，在川崎市的研发基地导入试产线，将运用于自家生产的铁路相关设备上。

SiC 功率器件商业化应用提速，国际 SiC 器件厂商不断完善 SiC 功率器件系列，SiC 功率器件走向实用化。三菱电机 2010 年实现首次将 SiC 肖特基势垒二极管配置在空调上，使 SiC 二极管实用化，同时，三菱还积极推动二极管与晶体管都采用 SiC 功率器件的功率模块的“全 SiC”化。从中期来看，SiC 功率器件将向汽车和铁路机车领域扩展。SiC 功率器件将出现在混合动力车及电动汽车等电动车辆的主马达驱动用逆变器中；而且，SiC 功率器件在铁路机车应用中的时间有可能早于在汽车中的应用时间。

SiC 器件的发展带动功率模块的快速发展，部分 SiC 器件厂商计划将 SiC 功率器件以模块形式销售，面向空调、功率调节器销售 SiC 模块的通用产品，面向电动车辆及铁路车辆销售定制产品。另外，电动车辆用途方面，除了 SiC 模块之外，还有可能提供包括马达在内的综合系统。

采用碳化硅等新型宽禁带半导体材料制成的功率器件，实现人们对“理想器件”的追求，将是 21 世纪电力电子器件发展的主要趋势。

第四节　建议我国重点支持和发展的方向

一、我国对化合物半导体领域现有支持情况分析

近几年，我国对化合物半导体电子材料和器件的支持力度有较大增加。在“973”计划项目领域，从2003年起，先后安排了两期项目“新一代化合物半导体电子材料和器件基础研究”、“超高频、大功率化合物电子器件与集成技术研究”开展InP、GaN为主的材料、器件与电路的研究，项目充分发挥化合物半导体材料优势，紧扣超高频、大功率的核心目标，通过对化合物半导体材料原子级调控与生长动力学、超高频超强场纳米尺度下载流子输运机制与行为规律、超高频集成技术中电磁热传输机制与耦合机制等共性科学问题的深入研究，将新材料体系、新功能器件、新集成方法及模型模拟方面研究工作有机结合，从科学研究到技术创新形成综合解决方案，取得一批具有自主知识产权和前沿性成果，造就一支具有国际水平的创新团队，构建超高频、大功率化合物半导体电子器件集成应用平台，研制出毫米波、发射功率大于30瓦的数字收发演示系统，实现我国化合物半导体从器件研究到集成技术应用的突破，从吉赫兹到太赫兹微电子器件和集成电路的可持续发展和创新跨越。在“863”计划项目领域，2010年启动了“新型电力电子器件与系统”项目，投资8000万元，重点开展以SiC肖特基二极管和MOSHEET为主的新型电力电子器件及在电动传输、智能输变电等领域的系统应用研究。在自然基金领域，先后安排了1个重大项目、9个重点项目及若干面上项目，重点在新原理器件、新材料、新机制等方面开展相关工作，为我国化合物半导体电子材料和器件的发展提供技术支撑和理论基础。同时，在国家重大专项“核心电子器件”中重点支持了化合物半导体器件和电路的产品研制工作，Sic功率器件CaN功率器件与MMIC、在Ka波段GaAs MMIC、W波段InP MMIC等方面取得重大突破，研制出一批产品，实现了系统应用。

国家的高度重视有力地促进了化合物半导体电子器件领域的发展，与国际领先水平的差距在逐步缩小。但与国际发达国家的投入力度、市场需求水平相比，我国的支持力度尚有较大的差距；即使与化合物光电器件相比，国家系统性支持也相差较大，特别是在基础性的材料和器件研究方面，亟待加强投入和关注。

二、我国对化合物半导体领域支持建议与发展预测

目前，我国移动电话用户总数已经突破7亿，互联网用户超过3亿，数字有线电视用户将突破1亿，信息网络建设的大发展必将给光通信产品制造业带来巨大的市场需求。目前，国内华为、中兴、大唐、武邮等多家大公司正研发10Gb/s的光纤通信系统。天宇、TCL、南方高科等近10家公司生产各种型号的手机，迫切希望有价格便宜的国产相关元器件能取代国外的产品，以降低成本、增强竞争力。我国各类与移动、光纤和高速电路有关的芯片需求约达到3亿块以上，估计每年产值可达数亿元至几十亿元。当前GaAs电路芯片由多家美国、日本、德国等国的大公司（如Vitesse、Anadigics、Siemens、Triquint、Motorola、Alpha、HP、Oki、NTT等）供应，国内手机和光纤通信生产厂家对元器件受国外制约甚为担忧，迫切希望国内有能稳定供货的厂家。更为重要的是，军用微波/毫米波雷达系统需要大量高端化合物半导体集成电路，而我国在该领域的研究与生产环节相对薄弱，近几年随着国家投入已初步解决Ku波段以下的器件和电路的国产化问题，但在成品率、一致性、性价比等方面尚存在一定的差距，导致我国整机单位多从国外获得这些核心元器件，其中最重要的是毫米波化合物半导体集成电路，这一形势直接关系到我国的军事与战略安全。在InP、宽禁带化合物半导体（GaN、SiC）方面，我国处于基础研究和技术攻关阶段，形成以中科院、中电集团和高校为核心三只团队，研发出一系列高性能的样品，但目前尚没有产品出现，急需加大投入促进发展。

由于化合物半导体集成电路产品尚未达到垄断的地步，随着国家对高新技术产业扶持政策的出台，这正是发展化合物半导体集成电路产业化的绝好的市场机会。只要国家予以一定的政策与资金上的扶持，建成我国第一条商用化合物半导体集成电路生产线，并形成规模生产能力，通过依托国家级的研究院所（如中科院微电子研究所、中电集团13所、55所等）开发生产一系列高质量、高性能的化合物半导体集成电路，满足我国信息产业与国防建设的发展需求，使我国化合物半导体产业在后摩尔时代实现跨越式发展。

根据我国化合物半导体发展的现状和国际化合物半导体发展的趋势，建议我国将在下列领域进行重点支持。

（1）微波毫米波GaN功率器件与电路。

（2）毫米波InP电路与系统。

（3）太赫兹电子器件与系统。

（4）宽禁带化合物半导体电力电子器件与模块。

（5）Si 基化合物半导体材料生长技术。

（6）高迁移率 CMOS 器件与集成技术。

（7）基于新材料的器件集成与功能融合。

（8）基于化合物半导体的量子器件。

参考文献

[1] 江泽民. 新时期我国信息技术产业的发展. 上海交通大学学报，2008，42：1589－1606.

[2] 科技部. 国家中长期科学和技术发展规划纲要（2006—2020 年）.

[3] ITRS' 2003－2008. http：//public. itrs. net/Files/2005ITRS/Home. htm.

[4] Sze S M，Ng K K. Physics of semiconductor devices. Wiley-Interscience，2006.

[5] Rodwell M J，Urteage M，Mathew T，et al. Submicron scaling of HBTs. IEEE Trans. Electron Devices，2001，48：2606－2624.

[6] Jin Z，Su Y B，Cheng W，et al. High-Breakdown-Voltage Submicron InGaAs/InP Double Heterojunction Bipolar Transistor with f_t of 170 GHz and f_{max} of 253 GHz. Chin Phys Lett，2008，25：2686-2689.

[7] Feng M，Chen S C，Caruth D C，et al. Device technologies for RF front-end circuits in next-generation wireless communications. Proceedings of the IEEE，2004，92：354－375.

[8] Xuan Y，Wu Y Q，Ye P P，et al. High Performance Inversion type enhancement mode InGaAs MOSFET with maximum drain current exceeding 1A/mm，IEEE Electron Device Letters，2008，29：294-296.

[9] Rajagopalan K，Droopad J，Abrokwah J，et al. 1-μm enhancment mode GaAs N-channel MOSFETs with transconductance exceeding 250 mS. IEEE Electron Device Letters，2007，28（2）：100－102.

[10] Datta S，Dewey G，Fastenau J M，et al. Ultrahigh-speed 0. 5 V supply voltage In 0. 7Ga 0. 3As quantum-well transistors on silicon substrate. IEEE Electron Device Letters，2007，28（8）：685－687.

[11] Lai R，Mei X B，Deal W R，et al. Sub 50 nm InP HEMT device with fmax greater than 1 THz. IEDM，2007，609－611.

[12] Palacios T，Chakraborty A，Rajan S，et al. High-power AlGaN/GaN HEMTs for Ka-band applications. IEEE Electron Device Letters，2005. 26（11）：781－783.

[13] Wu Y F，Moore M，Abrahamsen A，et al. High-voltage millimeter-wave GaN HEMTs with 13. 7 W/mm power density. Electron Devices Meeting 2007，IEDM

2007. IEEE International , 2007: 405 - 407.
[14] Wu Y F, Saxler A, Moore M, et al. 30-W/mm GaN HEMTs by Field Plate Optimization. IEEE Electron Device Letters, 2004, 25: 117.
[15] Wu Y F, Moore M, Saxcer A, et al. 40-W/mm Double field plated GaN HEMTs. 64th Device Research conference, 2006: 151-152.
[16] Micovic M, Kurdoghlian A, Hashimoto P, et al. GaN HFET for W-band power applications. IEDM, 2006: 1 - 3.
[17] Mitani E, Aojima M, Maerawa A, et al. An 800W AlGaN/GaN HEMT for S-band high power Application. CS MANTECH Conference, 2007, May, 14 - 17.
[18] Pukala D, Samoska L, Gaier T, et al. Submillimeter-wave InP MMIC amplifiers from 300-345GHz. IEEE Microwave and Wireless Components Letters, 2008, 18 (1): 61 - 63.
[19] Hacker J B , Wonill H, Hillman C, et al. 250 nm InP DHBT monolithic amplifiers with 4. 8 dB gain at 324 GHz. IEEE MTT-S, 2008: 403 - 406.
[20] Radisic V, Mei X B, Deal W R, Demonstration of sub-millimeter wave fundamental oscillators using 35-nm InP HEMT technology. IEEE Microwave and Wireless Components Letters, 2007, 17 (3): 223 - 225.
[21] Scott D W, Sawdai D, Radisic V, et al. InP double heterojunction bipolar transistor technology for 311 GHz oscillator and 255 GHz amplifier. IPRM 2008, 2008: 25 - 29.
[22] Wu T L, Chen S T, Huany Y S, et al. A novel approach for the incorporation of arbitrary linear lumped network into FDTD method. Microwave and Wireless Components Letters, IEEE, 2004, 14: 74 - 76.
[23] Mrabet O E, Essaaidi M. An efficient algorithm for the global modeling of RF and microwave circuits using a reduced nonlinear lumped network (RNL2N) -FDTD approach. Microwave and Wireless Components Letters, IEEE, 2004, 14: 86 - 88.
[24] Movahhedi M, Abdipour A. Efficient Numerical Methods for Simulation of High-Frequency Active Devices. IEEE Transaction on Microwave and Techniques, 2006, (54): 2636.
[25] Akis R, Moak J S A, Ferry D K, et al. Full-band cellular Monte Carlo simulations of terahertz high electron mobility transistors. J Phys Condens, 2008, 20: 384201.
[26] Sansen W M C. Analog Design Essentials. Springer, 2006.
[27] Turner S E , Kotecki D E. Direct bigital synthesizer with sine-weighted DAC at 32GHz clock frequency in InP DHBT technology. IEEE Journal of Solid-State Circuits, 2006, 41 (10): 2284 - 2290.
[28] Nosaka H, Nakamura M, Ida M, et al. A 24-Gsps 3-bit Nyquist ADC using InP HBTs for electronic dispersion compensation. Microwave Symposium Digest, 2004 IEEE MTT-S International, 1 (1): 101 - 104.

[29] Manandhar S, Turner S E, Kotecki D E, et al. A 20-GHz and 46-GHz, 32x6-bit ROM for DDS Application in InP DHBT Technology. Electronics, Circuits and Systems, 13th IEEE International Conference on, 2006, 1003 - 1006.

[30] Jung J J, Park B H, Choi S S, et al. A 6-bit 2.704Gsps DAC for DS-CDMA UWB. Circuits and Systems, APCCAS 2006. IEEE Asia Pacific Conference, 2006, 347 - 350.

[31] Radisic V, Sawdai D. Demonstration of a 311-GHz fundamental oscillator using InP HBT technology. IEEE Transaction on Microwave and Techniques, 2007, 55 (11): 2329 - 2335.

[32] Radisic V, Samoska L. A 330-GHz MMIC Oscillator Module. IEEE MTT-S International Microwave Symposium Digest, 2008: 395-398.

[33] Aitken A G, Matsui J. Ultra high speed direct digital synthesizer using InP DHBT technology. IEEE Journal of Solid-State Circuits, 2003, 37 (9): 1115 - 1119.

[34] Bonnet B, Moufraix P, Chiniard R, et al. 3D packaging technology for integrated antenna front-ends. Microwave Integrated Circuit Conference, 2008. EuMIC 2008: 542 - 545.

[35] Uusimaki M , Renko A. A systematic approach and comparison of different 3-D chip structures for electromagnetic compatibility. IEEE International Symposium on Electromagnetic Compatibility, International Symposium on Electromagnetic Compatibility, EMC 2004, 2004: 734 - 739.

[36] Petegem W V, Geeraerts B, Sansen W, et al. Electrothermal simulation and design of integrated circuits. IEEE Journal of Solid-State Circuits, 1994, 29 (2): 143 - 146.

第七章 功率器件与集成技术

第一节 功率半导体器件与集成技术简介

一、功率半导体器件简介

功率半导体器件是进行功率处理的半导体器件。而功率半导体器件（power semiconductor devices）在我国又常被称为电力电子器件，这是因为早期的功率半导体器件，如大功率二极管、晶闸管等主要应用于工业和电力系统。而随着以功率 MOS 器件为代表的新型功率半导体器件的迅速发展，目前以计算机、通信、消费类产品和汽车电子为代表的 4C 市场占据了三分之二以上的功率半导体应用市场。

典型的功率处理功能包括变频、变压、变流、功率放大及功率管理等。根据载流子的不同，功率半导体器件分为两类，一类为双极功率半导体器件；另一类为单极功率半导体器件。后者主要由功率二极管（其中肖特基势垒功率二极管属于单极功率半导体器件）、晶闸管、绝缘栅双极型晶体管（IGBT）；前者主要包含以 VDMOS 为代表的功率 MOS 器件。根据材料分类主要分为硅基功率半导体器件和宽禁带材料基（主要是碳化硅（SiC）和氮化镓（GaN））功率半导体器件。图 7-1 为几种典型功率半导体器件应用频率和功率范围。

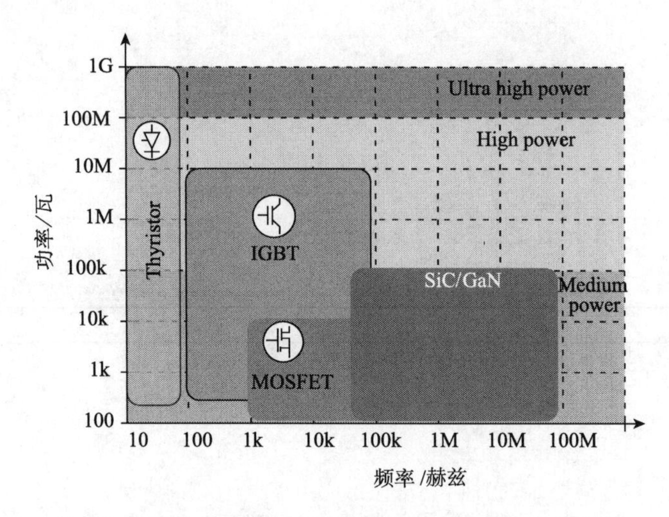

图 7-1　几种典型功率半导体器件应用频率和功率范围

二、功率集成技术简介

随着近年来半导体技术的飞速发展，半导体集成电路技术逐渐形成了两大分支：一个是以大规模集成电路为核心的微纳电子技术，实现对信息的处理、存储与转换；另一个则是以高功率、兼容性为核心功率的半导体技术，实现对电能的处理与变换，它包括功率集成电路及其集成工艺。功率集成电路（power integrated circuit，PIC）是指将高压功率器件与控制电路，以及外围接口电路、保护电路、检测诊断电路等集成在同一芯片的集成电路。图 7-2 为栅驱动芯片电路结构图。用于制造功率集成电路的工艺称为功率集成工艺。

功率集成电路的应用已渗透到国民经济与国防建设的各个领域，其技术已成为航空、航天、火车、汽车、通信、计算机、消费类电子、工业自动化和其他科学与工业部门的重要基础。功率集成电路作为系统信号处理部分和执行部分的桥梁，其主要的应用领域包括电源管理及转换、电机驱动、照明及显示驱动、射频功率放大、汽车电子等。图 7-3 为功率集成电路按照应用电压和电流的大体分类图。

功率集成电路需要将低压逻辑电路和高压器件集成到同一块芯片上实现诸如电源转换、照明驱动等功能，其涉及制造工艺、电路设计、封装测试、系统应用等技术。在这些技术中，功率集成工艺由于其独特的兼容要求而占据重要的地位，在制造过程中，必须做到高压器件和低压器件的工艺兼容，尤其要选择合适的隔离技术；为控制制造成本，还必须考虑工艺

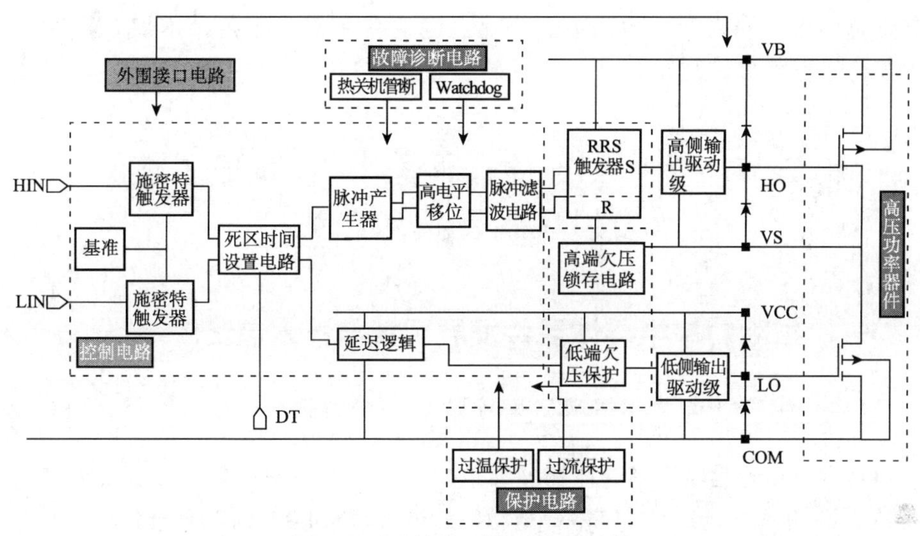

图 7-2 高压栅驱动芯片电路结构

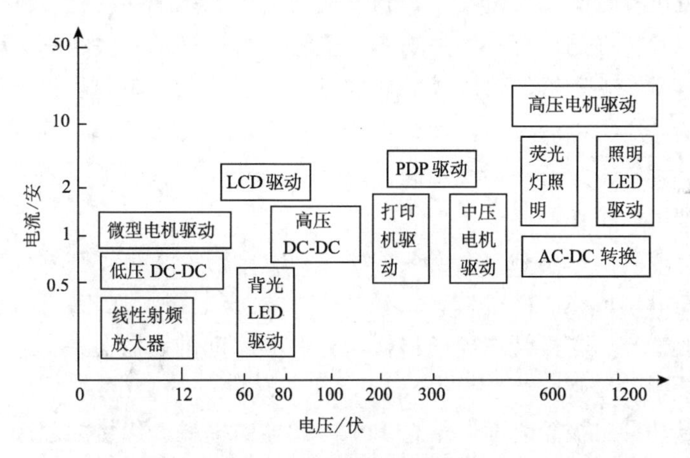

图 7-3 功率集成电路的应用

层次的复用性。随着电子应用需求的发展，系统中会包含越来越复杂的高速 IC，加上专用的多功能芯片来管理外围的显示、灯光、照相、音频及射频通信等，这就要求在同一块功率集成电路芯片中集成更多的低压逻辑电路；同时，作为强弱电桥梁的功率集成电路还必须实现低功耗和高效率，在某些恶劣的应用环境中功率集成电路还必须保证良好的性能和可靠性。因此，高低压集成工艺需要能够在有限的芯片面积上实现高低压器件兼容、高性能、高效率与高可靠性。这些严格的技术要求导致目前我国功率集成电路总体落后的局面，因此本文将重点围绕功率集成工艺技术展开，其他相关技术不作单独讨论。

第二节　功率半导体器件与BCD集成工艺的发展现状及技术趋势

一、国际功率半导体器件发展现状与技术趋势

（一）国际功率二极管的发展现状与技术趋势

功率二极管是功率半导体器件的重要分支。目前商业化的功率二极管主要是PiN功率二极管和肖特基势垒功率二极管（SBD）。前者有耐高压、大电流、低泄漏电流和低导通损耗的优点，但电导调制效应在漂移区中产生的大量少数载流子降低了关断速度，限制了电力电子系统朝高频化方向发展。具有多数载流子特性的肖特基势垒功率二极管有着极高的开关频率，但其串联的漂移区电阻有着与器件耐压成2.5次方的矛盾关系，阻碍了肖特基势垒功率二极管的高压大电流应用，加之肖特基势垒功率二极管差的高温特性、大的泄漏电流和软击穿特性，使得硅肖特基势垒功率二极管通常只在200伏以下的电压范围内工作。

为了获取高压、高频、低损耗功率二极管，研究人员正在两个方向进行探索。一是沿用成熟的硅基器件（超大规模集成电路）工艺，通过新理论、新结构来改善高压二极管中导通损耗与开关频率间的矛盾关系，二是采用新材料研制功率二极管。

在硅基功率二极管方面，结合PN结低导通损耗、优良的阻断特性和肖特基势垒二极管高频特性两者优点于一体的JBS（junction barrier schottky）、MPS（merged PiN Schottky）、TMBS（trench MOS barrier Schottky）、TMPS（trench sidewall oxide-merged PiN/Schottky）等新器件正逐渐走向成熟。此外，为开发具有良好高频特性和优良导通特性的高压快恢复二极管，许多通过控制正向导通时漂移区少数载流子浓度与分布的新结构，如SSD（static shielding diode）、SPEED（self-adjusting P emitter efficiency diode）、SFD（soft and fast recovery diode）、ESD（emitter short diode）、BJD（bipolar junction diode）等也不断出现，英飞凌、ABB和日本富士电机等公司在其高性能IGBT模块中已分别采用具有上述特性的二极管。美国北卡罗

来纳州立大学 Q. Huang 提出的 MOS 控制二极管（MOS controlled diode，MCD），通过单片集成的 MOSFET 控制 PiN 二极管的注入效率，使 MCD 正向导通时既能有 PiN 二极管的大注入效应，在关断时又处于低的甚至零过剩载流子存储状态，从一个全新的角度提出了改善高压二极管中导通损耗与开关频率间矛盾关系的新方法。中国台湾 Diode 充分利用上述理论和 VLSI 工艺研制的超势垒二极管（super barrier rectifier）已经在市场上逐步替代肖特基势垒功率二极管。

随着功率变换器输出电压的降低，整流损耗成为变换器的主要损耗。为使变换器效率达到 90%以上，传统的肖特基势垒整流器已不再适用，一种利用功率 MOS 器件低导通电阻特点的同步整流器（synchronous rectifier）及同步整流技术应运而生，低导通损耗功率 MOS 器件的迅速发展为高性能同步整流器奠定了强大的发展基础。

(二) 国际晶闸管的发展现状与技术趋势

在半导体功率开关器件中，晶闸管是目前具有最高耐压容量与最大电流容量的器件，其最大电流额定值达到 8 千安，电压额定值可达 12 千伏。国外目前已能在 100 毫米直径的硅片上工业化生产 8 千伏/4 千安的晶闸管。

晶闸管改变了整流管“不可控”的整流特性，为方便地调节输出电压提供了条件。但其控制极（门极）仅有控制晶闸管导通的作用，不能使业已导通的晶闸管恢复阻断状态。一种通过门极控制其导通和关断的晶闸管——门极关断晶闸管（gate turn-off，GTO）在这种情况下应运而生并得到迅速发展，目前已有包括日本三菱电机、瑞典 ABB 等多家厂商能在 6 英寸硅片上生产 6 千伏/6 千安、频率 1 千赫兹的 GTO，研制水平已达 8 千伏/8 千安。但 GTO 仍然有着复杂的门极驱动电路、低耐量的 di/dt 和 dv/dt，小的安全工作区（safe operating area，SOA），以及在工作时需要一个庞大的吸收（Snubber）电路等缺点。针对 GTO 的上述缺陷，在充分发挥 GTO 高压大电流下单芯片工作和低导通损耗特点的基础上，多种 MOS 栅控制且具有硬关断（hard switching）能力的新型大功率半导体器件在 20 世纪 90 年代相继问世并陆续走向市场。所谓硬关断晶闸管就是在关断时能在一个很短的时间内（如 1 微秒）完成全部阳极电流向门（栅）极的转移，此时的晶闸管关断变成了一个 PNP 晶体管关断模式，因而无须设置庞大、笨重且昂贵的吸收电路。硬关断晶闸管的代表性产品包括瑞典 ABB 公司研制的集成栅换流晶闸管

(integrated gate commutated thyristor，IGCT)、美国硅功率（Silicon Power Corp.，SPCO）提出的MOS关断晶闸管（MOS turn-off thyristor，MTO）和由美国CPES（Center for Power Electronics Systems）提出的发射极关断晶闸管（emitter turn-off thyristor，ETO)。在硬关断晶闸管中，集成门极换流晶闸管（IGCT）应用较为广泛。IGCT是集成门极驱动电路和门极换流晶闸管（GCT）的总称，其中GCT部分是在GTO基础上作了重大改进形成的，是一种较理想的兆瓦（MW）级中高压半导体开关器件。目前IGCT正朝更高电压（>10千伏)、更大电流（>10千安）方向发展。

（三）国际功率金属氧化物半导体场效应晶体管（MOSFET）的发展现状与技术趋势

功率MOS器件应用领域广阔，是中小功率领域内主流的功率半导体开关器件，是DC-DC转换的核心电子器件，也是目前功率半导体分立器件中占据最大市场份额的器件（在2010年全球120亿美元的功率半导体分立器件市场中，功率MOS器件占据了63亿美元)。

功率MOSFET起源于20世纪70年代推出的垂直V型槽MOSFET (vertical V-groove MOSFET，VVMOS)，之前的功率半导体器件主要是功率二极管、可控硅整流器（SCR）和功率BJT。除功率BJT中部分功率不大的晶体管可工作至微波波段外，其余的功率半导体器件都是低频器件，一般工作在几十至几百赫兹，少数可达几千赫兹。然而，功率电路在更高频率下工作时将凸显许多优点，如高效、节能、减小设备体积与质量、节约原材料等。在VVMOS基础上发展起来的以垂直双扩散MOSFET（vertical double diffused MOSFET，VDMOS）为代表的多子导电的功率MOSFET显著地减少了开关时间，同时利用了硅片自身的特性实现了纵向耐压，冲破了电力电子系统中20千赫兹这一长期被认为不可逾越的障碍。

功率MOSFET是一种功率场效应器件，通常由多个MOSFET元胞 (Cell）组成。目前功率MOS器件主要包括平面型（以VDMOS为代表)、槽栅型（以槽栅MOS为代表）和超结（Superjunction）型功率MOS器件。

功率MOSFET是低压（<200伏）范围内最好的功率开关器件，但在高压应用时，其多子特性使得其导通电阻随耐压的2.5次方急剧上升，正是导通电阻和耐压之间的矛盾关系限制了功率MOSFET的高压应用。

为减小功率MOSFET导通电阻，除优化器件结构（或研发新结构）外，一个有效的办法就是增加单位面积内的元胞数量，即增加元胞密度。因此，高密度成为当今制造高性能功率 MOSFET 的技术关键。以 VDMOS 为例，虽然 IR 公司的第八代（Gen-8）HEXFET 元胞密度已达到每平方英寸 1.12 亿个元胞，但进一步减小元胞尺寸受到 VDMOS 结构中相邻元胞间 JFET 效应的限制。因此在低压低功耗功率 MOSFET 领域，功率槽栅 MOSFET（Trench MOSFET）得到迅速发展。

由于功率槽栅 MOSFET 结构中没有平面栅功率 MOSFET 所固有的 JFET 电阻，功率槽栅 MOSFET 的单元密度（cell density）可以随着加工工艺特征尺寸的降低而迅速提高。例如，日本东芝公司在其开发的深槽积累层模式功率 MOSFET 中，其单元尺寸仅 0.4 微米，33 伏耐压下导通电阻仅 10 毫欧/毫米^2。为适应同步整流技术的发展，众多厂家从器件结构和封装技术着手，发展了更低栅电荷及更低 $R_{ON} \times Q_G$ 优值的功率 MOSFET，如窄沟槽（narrow trench）结构、槽底厚栅氧（thick bottom oxide）结构、W 型槽栅（W-shaped gate trench MOSFET）结构和屏蔽栅（shield gate）结构。

此外，在低压功率 MOS 器件领域，TI 公司结合 RF LDMOS 结构的低栅电荷、电荷平衡机制的低导通电阻及引入 N^+ Sinker 所具有的双面冷却所研发的 Next FETTM 获得好的市场效果。

为开发高压低功耗功率 MOSFET，Infineon 在 1998 年推出了基于 Super Junction [或 Multi-RESURF 或 3D RESURF，电子科技大学陈星弼院士的专利中称其为复合缓冲层（composite buffer layer）] 的 Cool MOS。由于采用新的耐压层结构，Cool MOS 在保持功率 MOSFET 优点的同时，又有着极低的导通损耗（Ron $\propto$BV 1.23）。目前国际上已有包括 Infineon、IR、Toshiba、Fairchild 和我国华虹 NEC 等多家公司采用该技术生产低功耗功率 MOSFET。

新材料已不断应用于功率 MOSFET 的发展中，多种基于 GaAs、SiC 和 GaN 材料的功率 MOSFET 已研制成功，其中 Cree 和 Infineon 分别研制出 2300 伏/5 安、导通电阻 0.45 欧和 1200 伏/10 安、导通电阻 0.27 欧的 SiC 功率 MOSFET。美国 DARPA 高功率电子器件应用计划——HPE 的目标之一就是研制 10 千伏的 SiC MOSFET。2011 年 1 月，继日本 Rohm 首次在市场上推出 SiC MOSFET 以后，美国 Cree 也推出了 1200 伏的 SiC MOSFET 产品。

（四）国际绝缘栅双极晶体管（IGBT）的发展现状与技术趋势

绝缘栅双极晶体管 IGBT 既有功率 MOS 器件高输入阻抗、快速开启、驱动电路简单及所需驱动功率小等优点，又具有双极型功率晶体管漂移区电导调制、导通损耗低的特点。因此，IGBT 较功率 MOS 器件具有更大的电流密度、更高的功率容量，并较双极型功率晶体管具有更高的开关频率、更宽的安全工作区。这些优势使 IGBT 在 600 伏以上中等电压范围内成为主流的功率半导体器件，且正逐渐向高压大电流领域发展，挤占传统 SCR、GTO 的市场份额。

IGBT 自 20 世纪 80 年代发明后很快走入市场并取得巨大成功。随着研发人员对其器件物理的深入理解和微电子工艺的进步，IGBT 正向导通时漂移区浓度与非平衡载流子分布控制的所谓“集电极工程”、表面电子浓度增强的“栅工程”、IGBT 芯片内含续流二极管功能的逆导型 IGBT，以及短路安全工作区和压接式封装等方面不断取得进展，各大公司不时宣布自己研制生产的 IGBT 进入了第 X 代。总体而言，可以把 IGBT 的演变归纳为以下六代。

第一代——CZ（Czochralski，直拉）晶片（异质外延片）平面栅 PT（punch though，穿通）型，采用异质双外延在 DMOS 工艺基础上制得。

第二代——CZ 晶片（异质外延片）精细结构平面栅 PT 型。

第三代——CZ 晶片（异质外延片）槽栅（trench gate）PT 型。

第四代——FZ（float-zone，区熔）晶片平面栅 NPT（non-punch though，非穿通）型。

第五代——FZ 晶片槽栅电场截止［field stop，FS 或弱穿通（light punch-through，LPT)］型，包含 CSTBC（carrier stored trench gate bipolar transistor）结构，同时也包括逆导（reverse conducting，RC）、逆阻（reverse blocking，RB）型结构 IGBT。

第六代——在第五代基础上有更薄的硅片、更精细的元胞结构。

未来 IGBT 将继续向精细图形、槽栅结构、载流子注入增强和薄片加工工艺发展，其中薄片加工工艺极具挑战（Infenion 2011 年已经展示其 8 英寸、40 微米厚的 IGBT 芯片）。同时，电网等应用的压接式 IGBT、更多的集成也是 IGBT 的发展方向，如从中低功率向高功率发展的 RC-IGBT。

除硅基 IGBT 外，SiC 材料已被用于 IGBT 的研制，2007 年，Purdu 大学研制了阻断电压高达 20 千伏的 SiC P-IGBT，同年 Cree 也报道了 12 千伏的 SiC N-IGBT，美国 DARPA 高功率电子器件应用计划——HPE 的目标之一就是研制 10～20 千伏的 SiC IGBT。随着 SiC 材料生长技术的进一步完善，SiC IGBT 将走向实用。

（五）基于宽禁带材料（SiC 和 GaN）的功率半导体器件

宽禁带 SiC 和 GaN 功率半导体器件技术是一项战略性的高新技术，

具有极其重要的军用和民用价值，得到国内外众多半导体公司和研究机构的广泛关注和深入研究，成为国际上新材料、微电子和光电子领域的研究热点。

表 7-1 为 Si、GaN 和 SiC 材料参数对比。可见，宽禁带材料具有宽带隙、高饱和漂移速度、高临界击穿电场等突出优点，成为制作大功率、高频、高压、高温及抗辐照电子器件的理想替代材料。随着 SiC 单晶生长技术和 GaN 异质结外延技术的不断成熟，宽禁带功率半导体器件的研制和应用在近年来得到迅速发展。

表 7-1　Si、GaN 和 SiC 材料参数对比

特性	Si	GaN	4H-SiC
禁带宽度/（eV，300K）	1.124	3.39	3.23
临界电场/（V/cm）	2.5×10^5	3×10^6	2.2×10^6
热导率/（W/cmK，300K）	1.5	1.3	3－4
饱和电子漂移速度/（cm/s）	1×10^7	2.5×10^7	2×10^7
电子迁移率/（cm^2/V·s）	1350	1000	950
空穴迁移率/（cm^2/V·s）	480	30	120
介电常数	11.9	9.5	10

21 世纪初，美国国防先进研究计划局（DARPA）启动了宽禁带半导体技术计划（Wide Bandgap Semiconductor Technology Initiative，WBGSTI），包括两个阶段——Phase Ⅰ和 Phase Ⅱ。Phase Ⅰ为“射频/微波/毫米波应用宽禁带技术”（RF/microwave/millimeter-wave technology- RFWBGS），Phase Ⅱ为“高功率电子器件应用宽禁带技术”（high power electronics，HPE）。DARPA-WBGSTI 计划成为加速和改善 SiC 和 GaN 等宽禁带材料和器件特性的重要“催化剂”，并极大地推动了宽禁带半导体技术的发展。它同时在全球范围内引发了激烈的竞争，欧洲和日本也迅速开展了宽禁带半导体技术的研究。美国 Cree 和日本 Rohm 推出 SiC MOSFET，耐压达 1200 伏。Northrop Grumman 推出 10 千伏/10 安 SiC DMOSFET。2011 年，Cree 和 GE 全球研发中心联合推出 10 千伏/120 安 SiC DMOS 半 H 桥功率模块，该功率模块可应用于 SSPS（solid state power substation）；ABB 等还推出基于全 SiC 功率半导体器件 10 千瓦、250℃结温、高功率密度三相 AC-DC-AC 转换器。

硅基 GaN 功率半导体是目前宽禁带功率半导体器件的一个热门方向，除美国 IR 和 EPC 在 6 英寸硅基衬底上发展 GaN 功率半导体器件，推出 GaN DC-DC 电路和 100 伏、200 伏 GaN 功率开关器件外，国际上包括 GE、三星、东芝等众多企业也在发展硅基 GaN 功率半导体器件，IMEC 已经在 8 英寸硅片上生长出适合于电子器件的 GaN 薄膜，600 伏的 GaN 功率半导体器件也即将推出。

目前，国际上一些公司和研究机构在制造出 SiC 和 GaN 分立器件的基础上，研究重点转向基于宽禁带材料的功率模块或功率系统及其与之相关的极端环境下［高温（差）、高辐照］的可靠性研究。面临的主要问题是抑制 EMI 特性的能力、器件特性与结温和辐照剂量之间的关系、热系统的设计、高温封装技术等。

二、国内功率半导体器件发展现状与技术趋势

长期以来，作为电力电子和电能管理领域核心器件的功率半导体器件没有得到人们足够的重视。国际主流功率半导体器件（如 IGBT、超结功率 MOSFET 等）几乎全部依赖进口。近年来，国家相关部门加大对功率半导体器件研发的投入，我国功率半导体器件的研究和制造取得了一些可喜的成果。

（一）国内功率二极管与晶闸管的发展现状与技术趋势

在高功率领域，株洲南车时代电气、西安电力电子技术研究所、襄樊台基半导体、江苏宏微科技等单位对大功率二极管、晶闸管等的设计、制造、测试等技术进行了长期研究，器件性能参数不断提高。杭州立昂、天津中环、吉林华微、华润华晶、苏州固锝等企业近年来在肖特基功率二极管、功率整流二极管等领域也取得了长足进步。

（二）国内功率 MOSFET 的发展现状与技术趋势

近年来，国内功率 MOS 器件取得了飞速发展，在 30～600 伏领域已开始逐渐取代国外产品，但主流产品以平面栅功率 MOS 器件（VDMOS）为主，低压低功耗功率 MOS 器件虽然国内具备加工能力，但以代工平台为主，缺乏具有自主知识产权和市场竞争力的产品。

国内针对 super junction（SJ）结构的设计和国际同步，电子科技大学、东南大学等单位对 SJ 结构进行了大量而卓有成效的研究。SJ 结构国际学术界认同的原始专利来源之一是我国的陈星弼院士，但是受到工艺条件的限制，国内在 SJ 结构的制备技术和器件开发上一直未获进展。2009 年年底，上海华虹 NEC 和电子科技大学、东南大学合作，采用深槽刻蚀和外延填充技术成功实现了 SJ 功率 MOSFET，击穿电压达到 750 伏，部分动态参数优于国外

同类产品。该成果填补了国内在 SJ 结构的制备和 SJ 器件的实用化研究方面的空白，同时也成为国际上首家 8 英寸 SJ 功率 MOSFET 代工平台。目前上海华虹 NEC 的 SJ 功率 MOSFET 平台已基本成熟，已有国内外十余家企业在其平台上逐步量产产品。

（三）国内 IGBT 的发展现状与技术趋势

IGBT 对于新型电力电子装置而言，无疑是最重要和最关键的基础器件之一，发展 IGBT 对提升一个国家电力电子装置技术水平和竞争力具有十分深远的意义。目前国内虽然可以封装 IGBT 模块，但所用 IGBT 芯片绝大部分来自进口，国内已有能力设计和小批量生产 IGBT 芯片，但技术水平为 NPT 型。

工艺制造方面，2010 年华润微电子建成 1200 伏基于平面栅 NPT IGBT 工艺平台、2011 年中国南车集团开始建设 8 英寸 IGBT 生产线、2011 年上海华虹 NEC 开发成功 1200 伏基于 Trench NPT IGBT 工艺平台。在国家科技重大专项等推动下，多条功率半导体器件工艺线的建立势必将推动器件设计水平的提高，促进 IGBT 的发展。

（四）国内宽禁带功半导体器件的发展现状与技术趋势率

目前国内针对宽禁带（主要为 SiC 和 GaN）功率半导体器件的研究才刚刚起步。在 SiC 器件结构设计方面，电子科技大学、西安电子科技大学、中国电子科技集团十三所和五十五所等单位在新结构、击穿机制、结终端技术等方面进行了大量的研究。在 SiC 材料生长方面，现阶段国内已具备 SiC 晶体生长的能力。在 SiC 整流器方面，中国电子科技集团十三所、五十五所、电子科技大学、西安电子科技大学等单位都研制出 600～1200 伏的 SiC SBD 试样。在 GaN 功率半导体器件方面，2008 年电子科技大学功率集成技术实验室的陈万军博士等提出了一种突破传统 GaN 功率整流器性能限制的 AlGaN/GaN 横向场控功率整流器结构（L-FER）。该结构击穿电压为 470 伏，正向开启电压仅为 0.58 伏，导通电阻为 2.03 毫欧・厘米^2。*Compound semiconductor* 和 *Semiconductor Today* 杂志对该研究结果进行了综述报道。目前，中国电子科技集团十三所、五十五所等单位都在进行 GaN 功率半导体器件设计制造工作。

三、国际 BCD 工艺的发展现状与技术趋势

在 20 世纪 80 年代中期以前，功率 IC 是由双极工艺制造而成的，主要应

用领域是音频放大（audio amplifier）和电机控制（motor control），双极器件用于音频放大是因为能够满足模拟电路中放大和高匹配度的要求。在电机控制应用领域，电机控制所需要的数字逻辑控制部分是双极 I^2L 结构。然而随着对逻辑控制部分功能要求的不断提高，I^2L 结构的复杂度越来越高，功耗也越来越大。对于双极工艺来说，工艺线宽减小所带来的芯片面积的缩小非常有限。而 CMOS 器件具有非常低的功耗并且电流密度由沟道的宽长比决定，电流密度容易提高，并且随着工艺线宽的减小，芯片面积可以持续减小，因此逻辑部分用 CMOS 结构来替代 I^2L 结构成为必然的选择。另外由于双极器件作为功率器件能够提供的功率有限，而 DMOS 功率器件则可以提供非常大的功率且不需要直流驱动，在高速的开关应用中具有很大的优势。因此，随着应用要求的不断提高，需要能同时集成 CMOS、BJT、DMOS 功率器件的兼容工艺，BCD（Bipolar-CMOS-DMOS）工艺也就应运而生。

BCD 工艺是将双极晶体管（Bipolar）、低压逻辑 CMOS、高压 MOS 器件（DMOS），以及电阻、电容等无源器件在同一工艺平台上集成的工艺。BCD 工艺可以充分利用集成的三种有源器件的优点：双极器件的低噪声、高精度和大电流密度等；CMOS 器件的高集成度、方便的逻辑控制和低功耗等；DMOS 器件的快开关速度、高输入阻抗和良好的热稳定性等，同时易与 CMOS 工艺兼容。这些优点使 BCD 工艺具有非常广泛的应用，如 DC-DC 转换等电源管理、LCD 驱动、LED 驱动、PDP 显示驱动及全/半桥驱动等。

根据系统应用电压的不同，可以将基于 BCD 工艺的功率集成电路分为三类：100 伏以下、100～300 伏及 300 伏以上。如图 6-3 所示。100 伏以下的产品种类最多，应用最广泛，包括 DC-DC 转换、LCD 显示驱动、背光 LED 显示驱动、POE、CAN、LIN 等。100～300 伏的产品主要是 100～200 伏的 PDP 显示驱动、200 伏电机驱动等。300 伏以上的产品主要是半桥/全桥驱动、AC/DC 电源转换、高压照明 LED 驱动。

BCD 工艺在不同的电压范围有着不同的技术发展方向。下面将按照上述分类来讲述 BCD 工艺发展的历史及现状。

（一）100 伏电压以下 BCD 工艺的发展现状与技术趋势

1. 第一代 BCD：线宽 4 微米，基于 Bipolar 工艺

BCD 工艺始于 20 世纪 80 年代中期，第一代 BCD（图 7-4）集成的功率器件为硅自对准栅垂直型 VDMOS，最小线宽为 4 微米，采用 PN 结隔离，

基于双极工艺发展而来，最大工作电压有 60 伏、100 伏、250 伏系列。主要应用在桥式驱动及音频放大领域。第一个以 BCD60 工艺制造的商用产品由 ST（SGS-Thomoson Microelectrics）于 1985 年推出的一款 H 桥马达驱动芯片。该产品通过集成 DMOS 提高了封装密度，其输出电流达到 1.5 安，性能较用 Bipolar 工艺的同样 H 桥驱动更加优越。

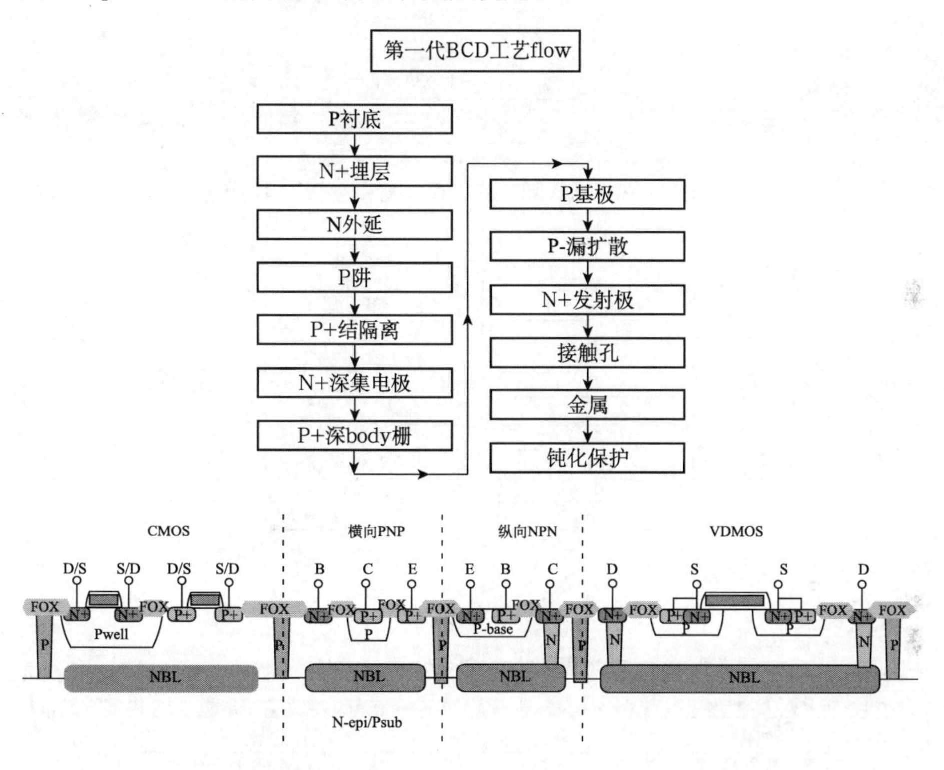

图 7-4　第一代 BCD 的简明工艺流程及集成器件的剖面结构示意图

2. 第二代 BCD：线宽 1.2 微米，集成 EPROM/EEPROM

1992 年，集成了非易失性存储器（non-volatile memory，NVM）、可擦除可编程只读存储器（erasable programmable read-only memory，EPROM）、电可擦除可编程只读存储器（electrically erasable programmable read-only memory，EEPROM）的第二代 BCD（图 7-5）工艺开发成功，从而使以系统为导向（system oriented）的功率集成电路成为现实。该工艺最小线宽为 1.2 微米，集成了 CMOS 逻辑器件、双极器件、功率器件和存储器模块，第二代 BCD 第一次使设计者利用已有的

CMOS 工艺库，集成的 EEPROM 可以使设计者实现功率芯片的可编程。为了满足逻辑器件与功率器件不同电流能力的需求，该工艺采用三层不同厚度的金属层。顶层金属较厚用于功率器件的互连，金属 1、2 较薄，用于高密度 CMOS 器件的互连。该工艺平台在体积要求小同时要求功耗低的应用领域，如便携式设备具有非常大的优势。

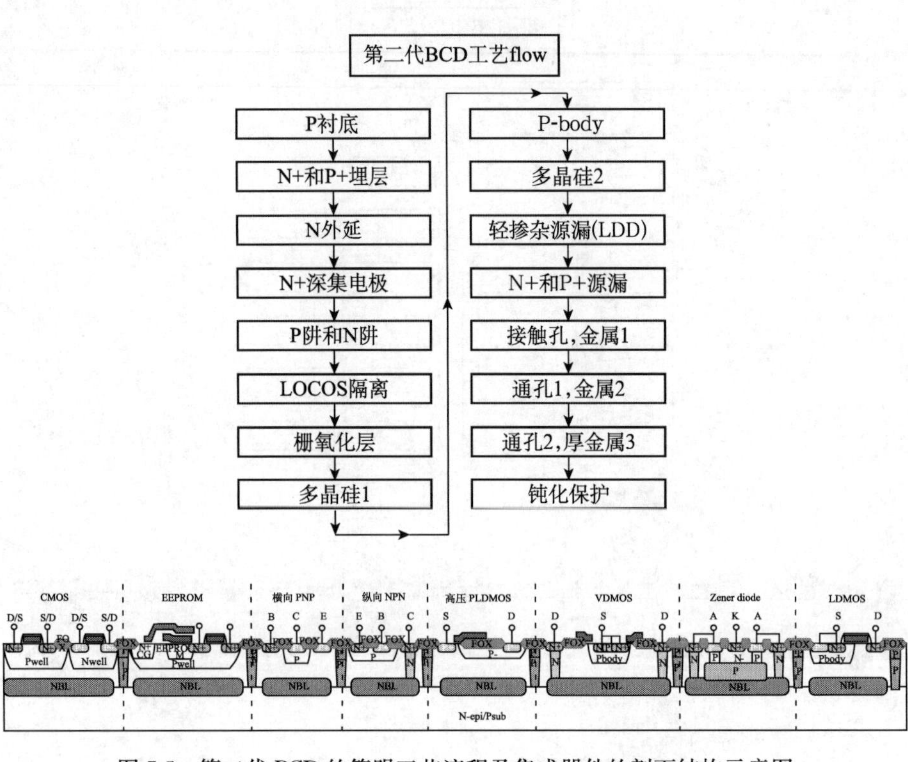

图 7-5　第二代 BCD 的简明工艺流程及集成器件的剖面结构示意图

3. 第三代 BCD：线宽 0.6 微米，集成 Flash

1995 年，第三代 BCD（图 7-6）开发成功，最小线宽为 0.6 微米，采用传统的 PN 结与埋层隔离的硅外延工艺。采用 poly buffer LOCOS 来减小隔离面积而增加集成度，并集成了闪存（Flash）。采用大角度注入以形成 LDMOS 的 P-body 以减少热过程，使该工艺可以集成 NVM（EPROM、EEPROM）和 Flash。由于以上特点，第三代 BCD 的应用领域得到了极大扩展。在汽车电子中可以用于单芯片多路无线系统的智能开关，在计算机中可以用于硬盘驱动，在通信中可以用于单芯片手机，家电中用于 one-chip network node，在视频监控中用于电机驱动和显示驱动。第三代 BCD 工艺同时代表了 BCD 工艺开始具有很强的通用性。从第三代 BCD 工艺开始，BCD 工艺进入了“super smart power”集成时代。

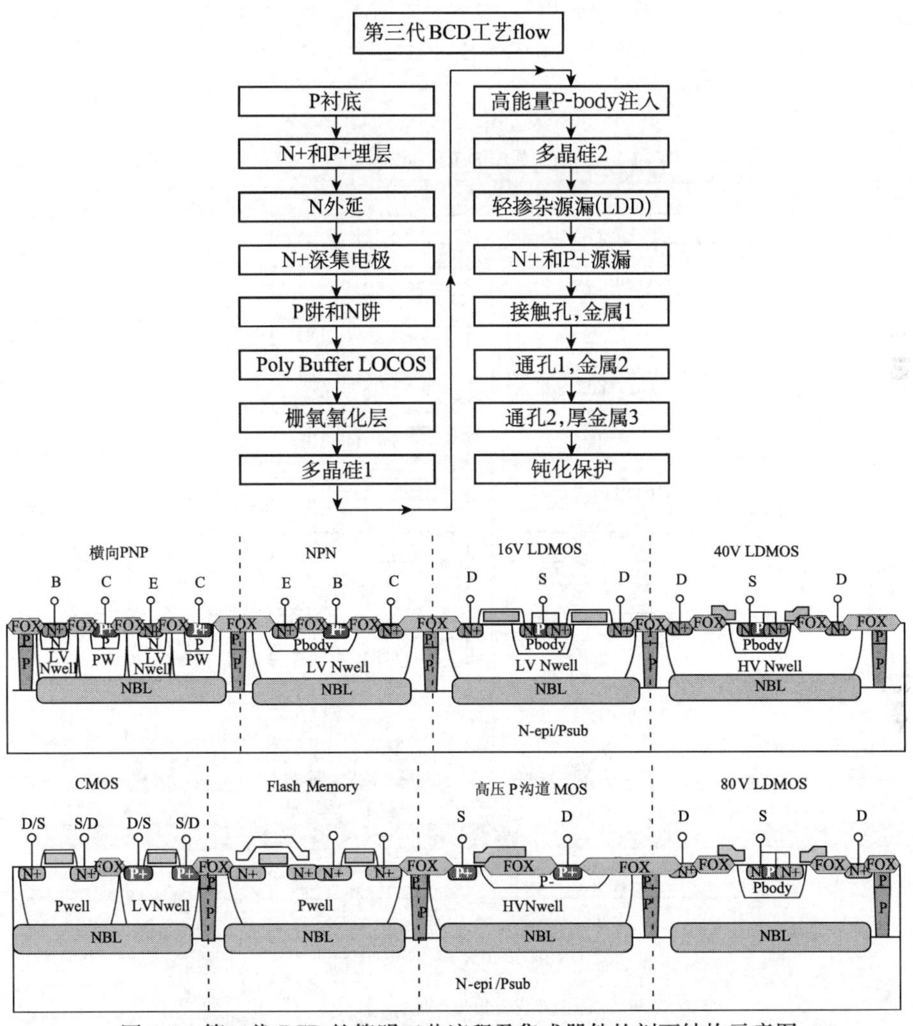

图 7-6　第三代 BCD 的简明工艺流程及集成器件的剖面结构示意图

4. 第四代 BCD：线宽 0.35 微米，集成高密度 SRAM，后端采用 CMP 工艺

2000 年第四代 BCD 开发成功。第四代 BCD 工艺（图 7-7）基于 0.35 微米 CMOS 工艺平台，集成高密度的 SRAM（static random access memory）和高密度的 Flash 存储单元。采用双倒退阱，LDMOS 的耐压层 Pbody 采用

大角度的硼注入，后端工艺孔用钨填充并采用钨 CMP（chemical mechanical polishing，化学机械抛光）和介质 CMP 技术来获得平坦化，互连采用 4 层金属，顶层金属用 5 微米厚的 Cu 来传导大电流和降低 LDMOS 的导通电阻，同 3 微米的 Al 连线相比，采用 Cu 互连金属对 LDMOS 的导通电阻的影响可以下降 60%。采用 CMOS 工艺的 Ti SALICIDE 工艺使得器件表面的电势分布均匀，提高了开关速度。

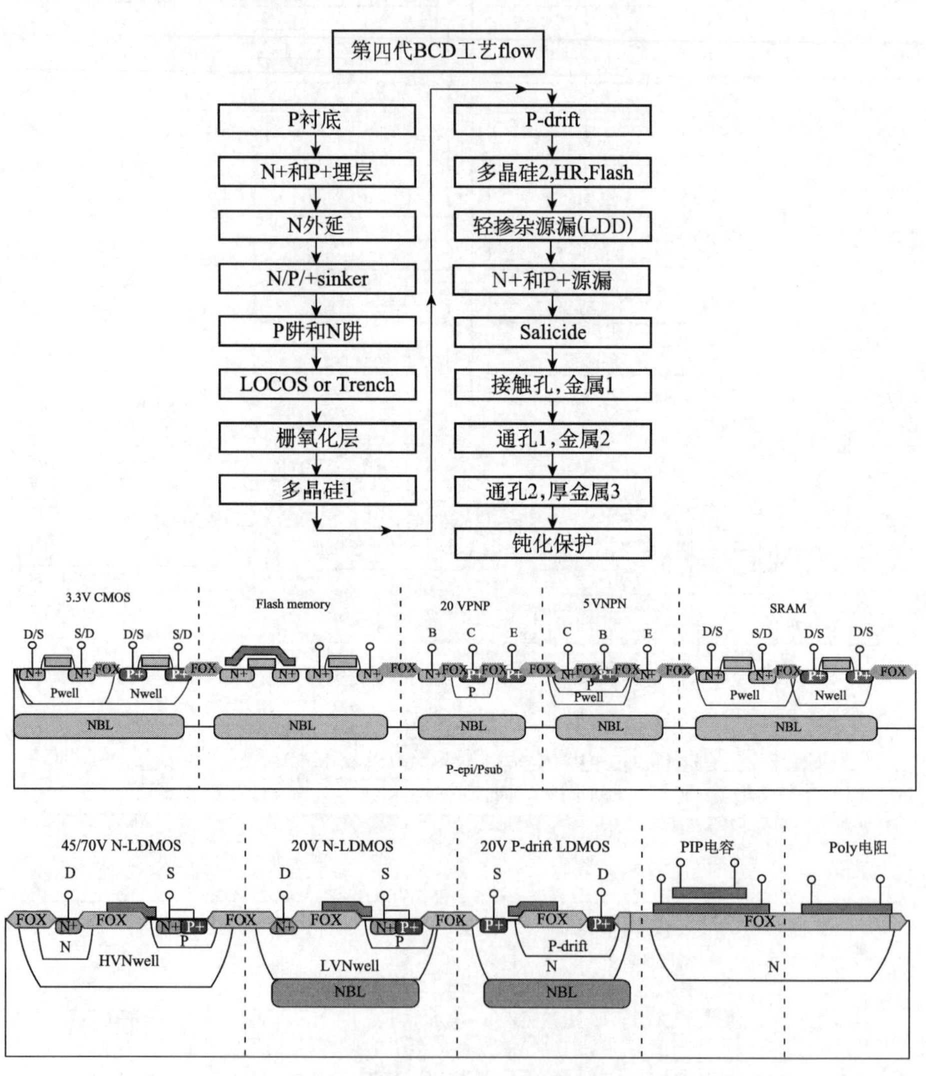

图 7-7　第四代 BCD 的简明工艺流程及集成器件的剖面结构示意图

高压器件 LDMOS 耐压为 16 伏、20 伏、40 伏、75 伏。通过场板和 RESURF 技术来实现高耐压。该工艺主要应用于向便携化、多媒体发展的消费电子产品。这些便携式系统都由数字核心（微处理器或者 DSP），外设如显示，RF 接口，存储模块和电源管理模块组成。多媒体功能中，如手机的上网、视频存储、声音识别、GPS 成像等需要大容量的存储器。这些应用要求高密度、大容量的存储器和高效的电池能量管理。电池功耗控制中，性能优越、成本低的微处理器核和 DSP 可以通过 CMOS 工艺来轻易实现。大容量、高密度的存储器需要小的线宽来实现，外设中的背光显示需要能够耐高电压（20～40 伏）的功率器件驱动，性能优良的功率 MOS 可以提高 DC-DC 转换的效率。此外第四代 BCD 工艺中还有 2003 年 ONsemi 开发成功的 50 伏、Trench 隔离的 0.35 微米 BCD 工艺，用于汽车电子，显示驱动。

5. **第五代 BCD：线宽 0.18 微米，进入深亚微米，极大提高集成度**

2003 年第五代 BCD 工艺（图 7-8）开发成功。该工艺基于 0.18 微米 CMOS 工艺平台，集成高密度的 SRAM 单元和 7～12 伏、20 伏、32 伏、40 伏的 LDMOS。CMOS 器件有 1.8 伏、5 伏。采用浅槽 STI（Shallow Trench Isolation）隔离，1.8 伏 和 5 伏 CMOS 器件采用不同厚度的栅氧化层和不同类型的多晶硅栅，采用 cobalt salicide 进一步降低器件接触电阻，4～5 层金属互联，顶层金属用 Cu 完成互连。为提高 EEPROM 的读写可靠性，采用基于氮化硅的 SONOS 技术（silicon-oxide-nitride-oxide-silicon），EEPROM 采用 3T 结构提高存储容量和集成度。1.8 伏低漏电 CMOS 器件用于 SRAM 的控制电路，5 伏 CMOS 用于 TFT 驱动电路的源端驱动。OLED 驱动电路中用 LDMOS 做高压器件代替高压 CMOS 以节省芯片面积。采用 0.18 微米工艺可以极大地缩小芯片面积，相比较 0.35 微米 BCD 工艺，相同的 SRAM 6T 存储单元，采用 0.18 微米工艺单元面积可缩小 82%。第五代 BCD 满足小尺寸彩色驱动市场飞速增长，显示驱动包括 LCD（liquid crystal display）、TFT（thin film transistors）、OLED（organic light emission diodes），虽然显示技术不同，但是对驱动 IC 的要求是一样的：高电压（20～40 伏）并且集成 SRAM，SRAM 的尺寸由像素（pixel）和颜色数目决定。大尺寸显示驱动要求高的分辨率，颜色数目增加要求新的工艺平台提升门电路集成密度和提供耐压 20～40 伏的功率器件。

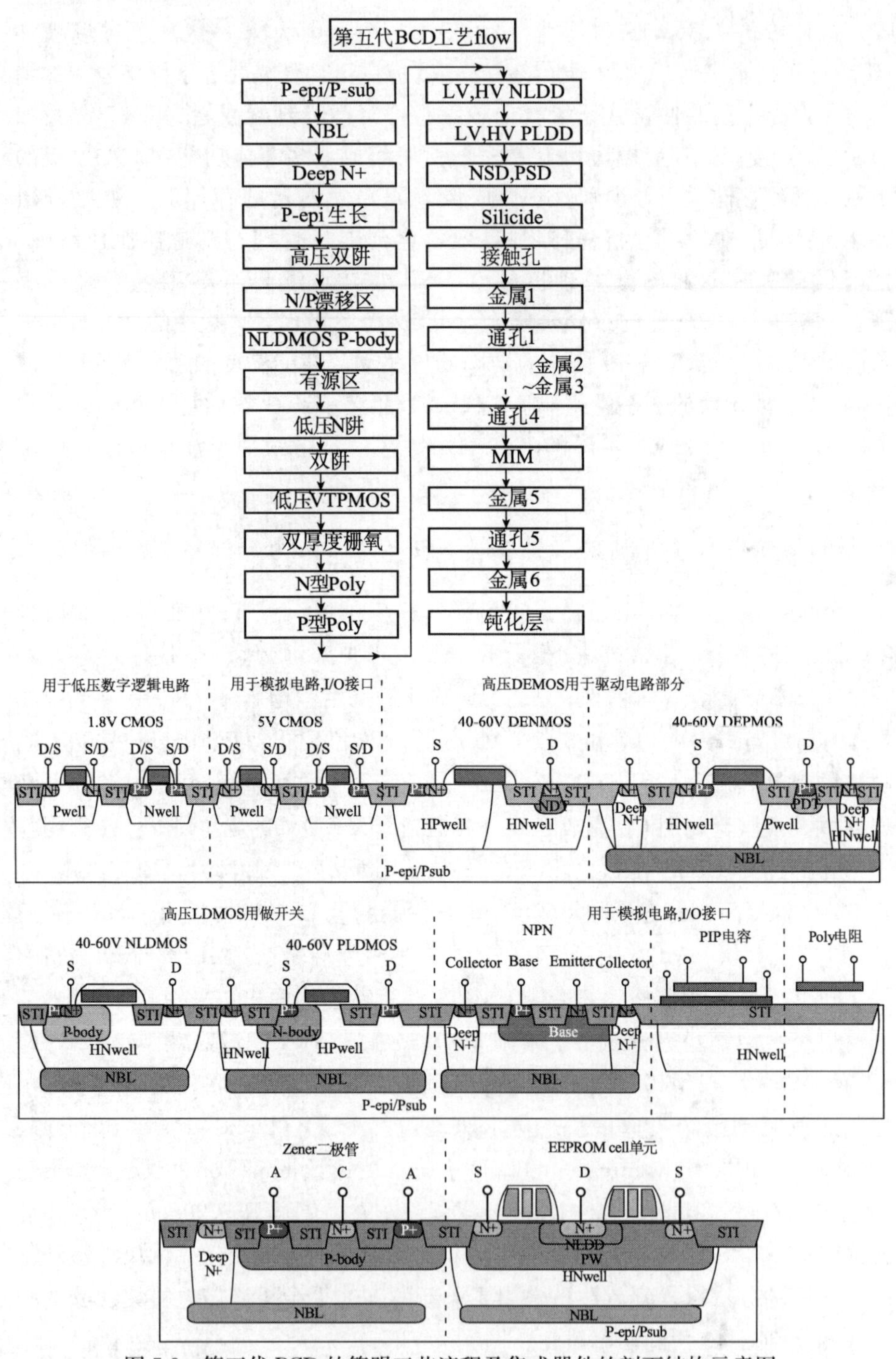

图 7-8　第五代 BCD 的简明工艺流程及集成器件的剖面结构示意图

6. 第六代BCD：线宽0.13微米，当前最先进的BCD工艺

100伏以下的应用要求BCD工艺线宽不断缩小，当前最小线宽的BCD为0.13微米，基于SOI和体硅的0.13微米的第六代BCD现均已开发成功。应用先进的CMOS工艺平台，集成的高性能存储模块（EPORM，EEPROM、Flash和SRAM）的面积不断缩小，金属互连也达到6层，工艺复杂性越来越高。

2006年Philips开发成功SOI基的100伏0.13微米BCD工艺（A-BCD9）（图7-9），该工艺可以集成Flash、RAM和ROM。该工艺采用三层多晶硅、6层金属连线，STI隔离实现全介质隔离。深槽（deep trench，DTI）内部填充Poly用于器件之间的隔离，浅槽（shallow trench，ST）全部填充SiO_2用于器件模块内部的隔离。主要面向下一代汽车电子系统高集成度和性能的需要，下一代汽车电子系统典型模块包括微处理器、Flash存储器、RAM、ROM及CAN（controller area network，控制局域网络），或者LIN（local interconnect network）收发器。系统的集成度越来越高。在单芯片中集成这些模块可以很大地提高芯片的可靠性、降低成本、减小体积。图7-9是该工艺中高压器件的示意图。高压器件的Body区通过高能量和高温退火扩展到BOX（buried oxide）层。阱在STI（shallow trench isolation）层下，阱浓度优化补偿STI腐蚀的部分。

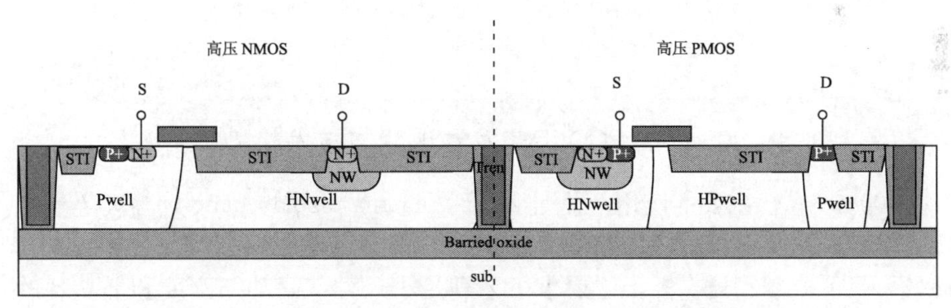

图7-9 Philips 0.13微米SOI BCD高压N/P MOS剖面图

Toshiba于2009年开发了硅衬底0.13微米的BCD工艺（图7-11），面向低压高频DC-DC转换、电源管理、音频功率放大、汽车驱动、LED驱动等。该工艺基于0.13微米CMOS工艺平台。电压系列有5伏、6伏、18伏、25伏、40伏和60伏，5～18伏用P型硅衬底，采用DNW（deep N well）来代替外延，DNW通过高能量（2兆电子伏）和高剂量的注入形成。25～60伏采用P型硅衬底上N型外延和N/P埋层工艺，隔离方式用深槽隔离（DTI）。1.5伏、2.5伏、3.3伏和5伏CMOS器件用于集成了NVM的数字逻辑电

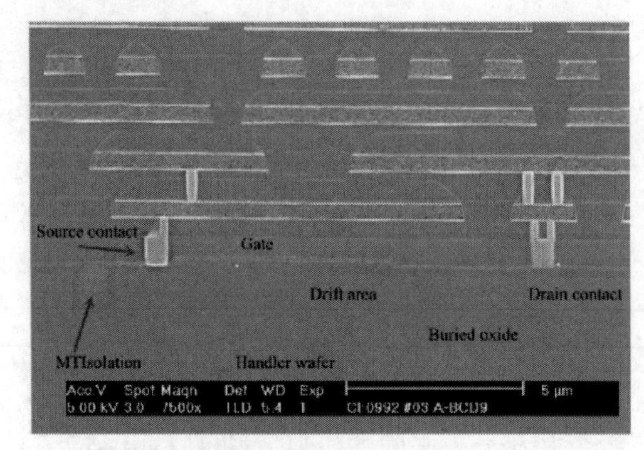

图 7-10 Philips 0.13 微米 SOI BCD 高压 NMOS SEM 照片

路。40 伏 N 沟道 LDMOS 的导通电阻 Ron·A 为 32 毫欧·毫米^2。

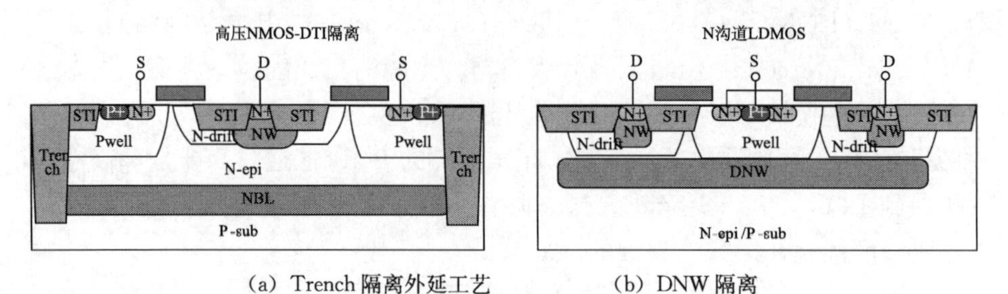

(a) Trench 隔离外延工艺　　(b) DNW 隔离

图 7-11 Toshiba 0.13 微米 BCD 高压 NMOS 剖面图

(二) 100～300 伏的 BCD 工艺发展现状与技术趋势

100～300 伏主要的应用产品是 PDP（plasma display panel，等离子显示器）驱动芯片及中压电机半桥驱动芯片，总体发展趋势是小体积、大功率、高效率、低成本、可靠性，这要求工艺满足小尺寸、高功率密度和低功耗的要求。早期的 100～300 伏工艺采用高压 CMOS 工艺，最大耐压值较低。为了满足像 PDP 驱动芯片对高耐压和大电流驱动能力的要求，第一代 100～300 伏的 BCD 工艺应运而生，它在原有高压 CMOS 工艺基础上集成三极管和高压功率管，具有更大的电流驱动能力和更高的耐压。图 7-12 是东南大学与华润上华合作开发的一套 200 伏体硅 BCD 高低压集成工艺，应用于 PDP 驱动芯片，其结构图可见图 7-13。随后为了减小芯片面积、减少成本，基于 SOI 材料的第二代 100～300 伏 BCD 工艺开发成功，具有隔离性能好、高速、电流大的特点。为了进一步满足面积减小、电流驱动能力增大所带来的电流密度不断增大的发展趋势，第三代 100～300 伏 BCD 工艺在第二代的基础上集成了具有高电流密度能力的 LIGBT，结构见图 7-14，目前第三代 100～300 伏 BCD 工艺已达到 0.35 微米线宽的水平，实现了更高的集成度。

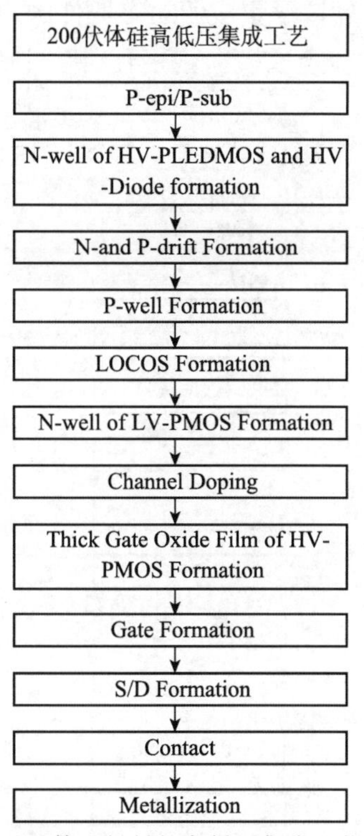

图 7-12　基于体硅材料的高低压集成工艺简要流程

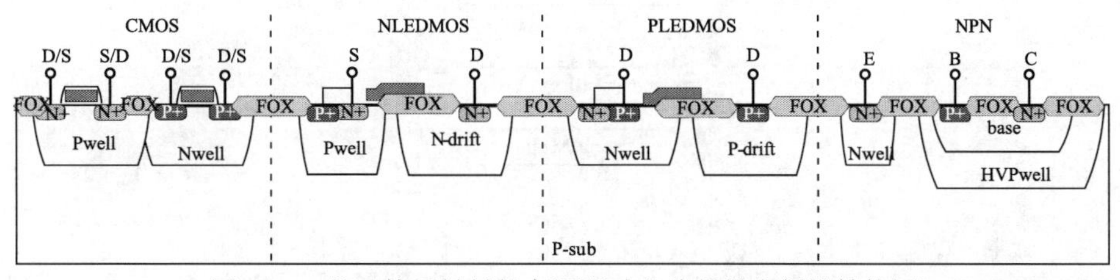

图 7-13　基于外延材料的高压驱动芯片的纵向剖视结构图

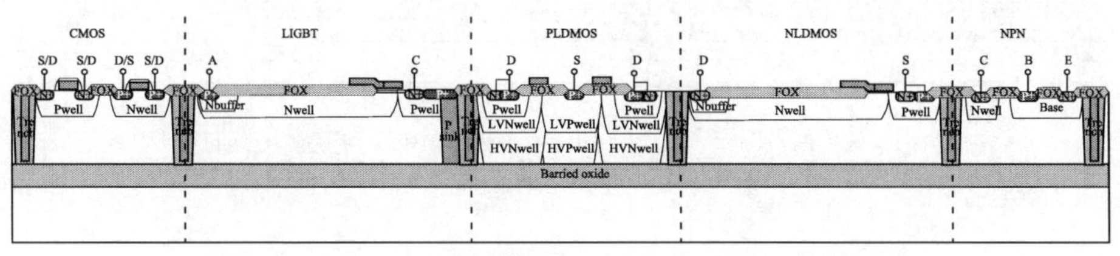

图 7-14　基于 SOI 材料集成 LIGBT 的 BCD 工艺剖面图

（三）300伏以上的高压BCD工艺发展现状与技术趋势

300伏以上的高压BCD按照集成的功率器件的耐压方式有集成纵向耐压VDMOS的VIPower技术和集成横向耐压器件的BCD工艺，这两种技术始于20世纪80年代中期。

1987年ST成功开发了VIPower工艺（图7-15），主要功率器件为纵向DMOS，其漏极由芯片背面引出，VDMOS cell并联提高电流能力。主要应用于AC-DC PWM控制芯片。

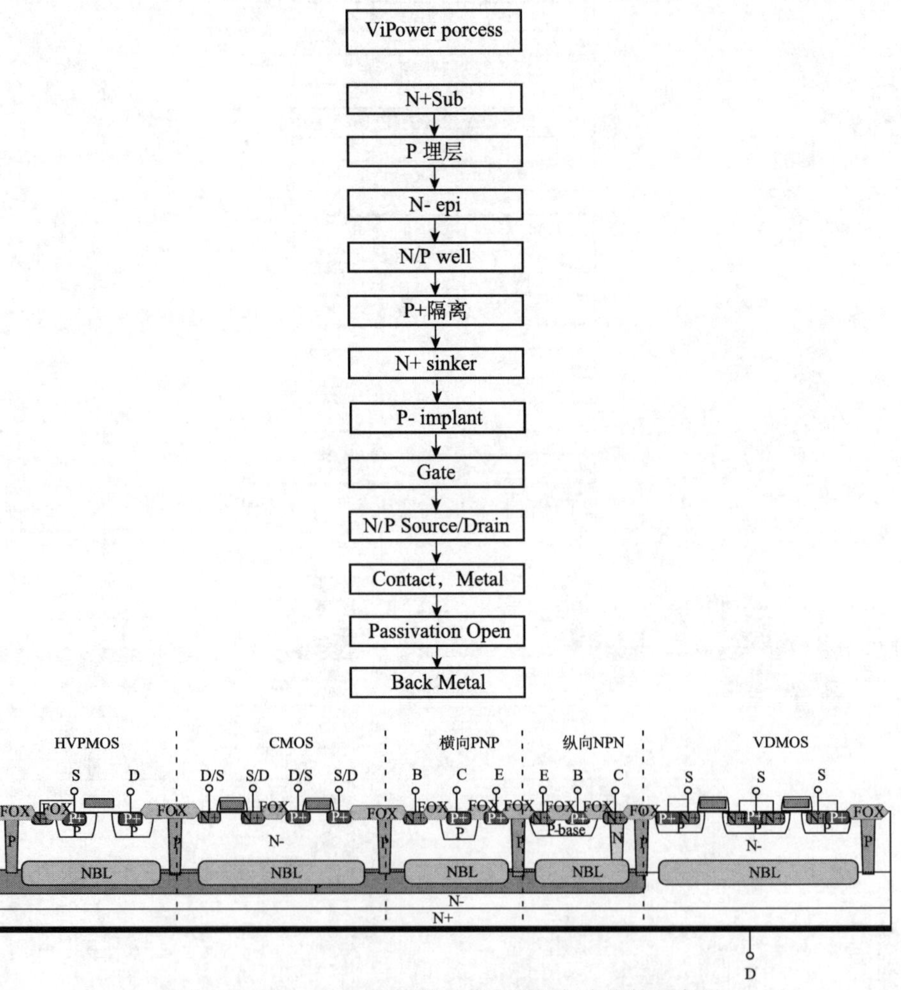

图7-15 VIpower工艺简明工艺流程及集成器件示意图

1988 年 ST 在低压 BCD 高压的 BCD Off-Line（图 7-16）工艺，其中利用 RESURF 技术集成的 DMOS 器件耐压达到 700 伏。主要应用于半/全桥驱动。

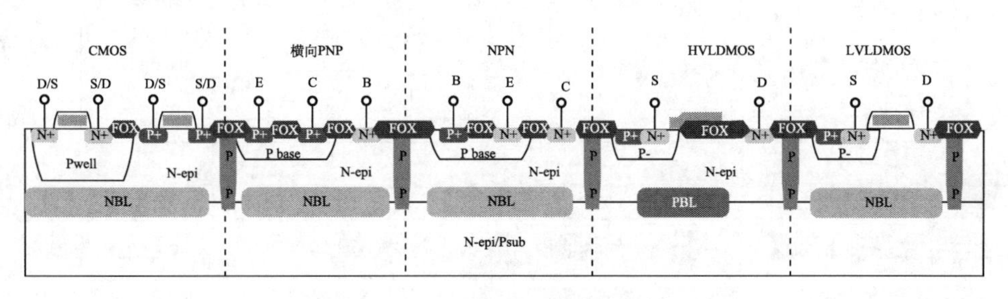

图 7-16　BCD Off-Line 集成器件剖面图

Mitsubishi 于 1993 年采用 RESURF 和多浮空场板（multiple floating field plate，MFFP）技术实现了 600 伏的隔离结构和 LDMOS 的高压 BCD 工艺，如图 7-17 所示。该工艺最初设计规则为 5 微米，现已经发展到 1.3 微米。

高压 BCD 工艺中，金属高压金属线跨过功率器件和隔离结构这将会降低高压器件和隔离结构的耐压，尤其当电压扩大到 1200 伏时采用传统方法增加介质层厚度需要到 2.5 微米，这在工艺上已不可行。Fuji 于 1996 年提出自屏蔽（self-shielding）技术，如图 7-18 所示，用来消除高压互连线的影响，从而实现了 1200 伏的耐压要求，应用于栅驱动芯片中的电平移位电路中。Mitsubishi Electric Corporation 于 1997 年提出 Divide Resurf 技术（如图 7-19和 7-20 所示）来消除高压互连线的影响获得了 1200 伏的良好隔离，采用 Double Resurf 获得了 1200 伏耐压的 N/P LDMOS 应用于电平移位电路。

Mitsubishi 于 2004 年开发出集成了 EPROM 的 600 伏高压 BCD 工艺用于栅驱动，该工艺基于 0.8 微米 CMOS 工艺平台，采用 MFFP 技术和 GSR（ground-coupled shield ring）结构实现了耐压 600 伏的 N/P LDMOS 耐压。2008 年开发了集成 24 伏 CMOS 器件的 0.5 微米 600 伏 BCD 工艺，该工艺采用 P 衬底/P 外延层，通过在 BN 埋层边缘增加微小的 BN 注入区实现了 600 伏耐压的 LDMOS 和隔离结构可以缩小隔离面积用于栅驱动芯片。

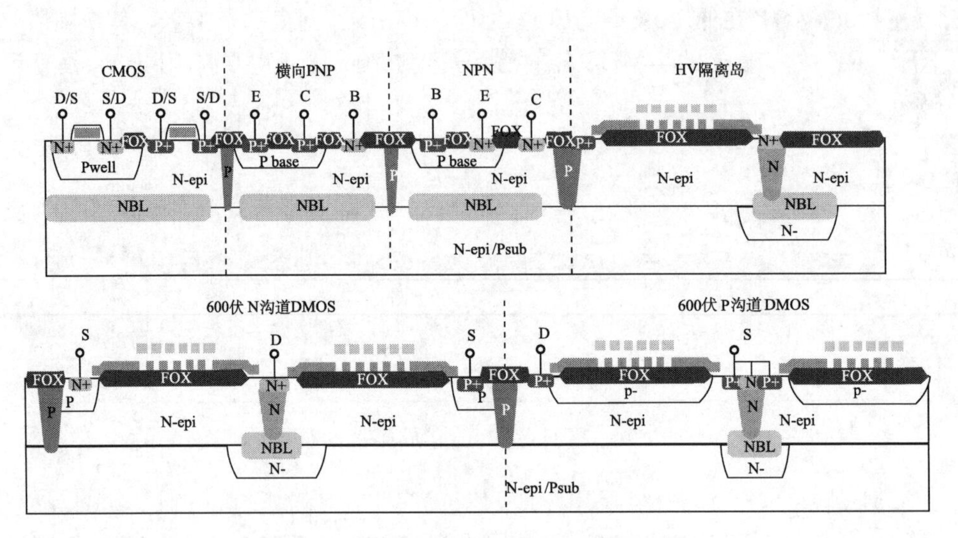

图 7-17　600 伏 BCD 工艺集成器件剖面图

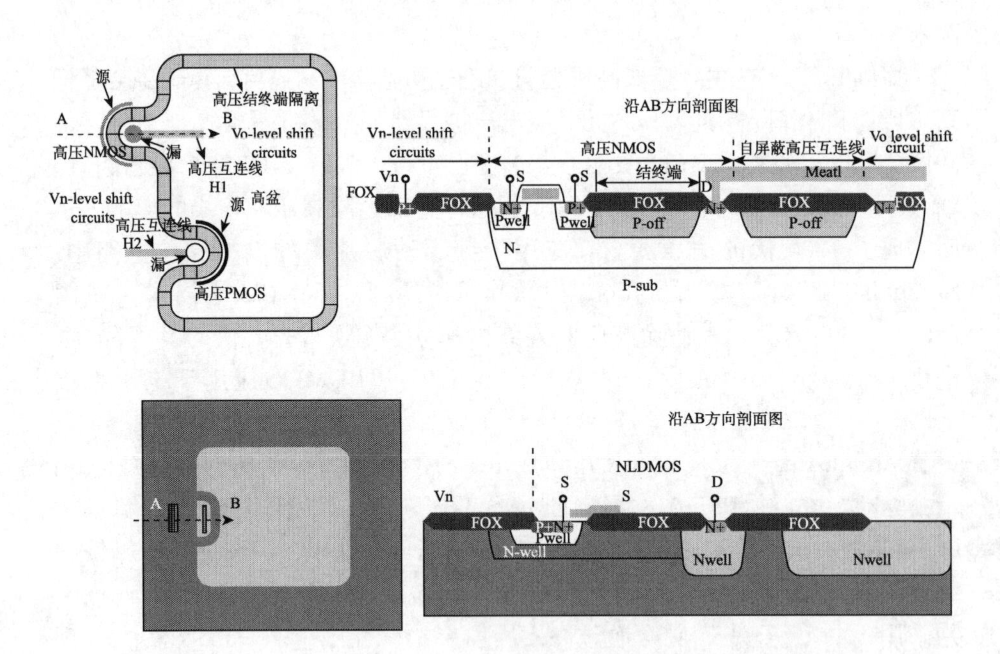

图 7-18　Self-Shielding 和 Divided Resurf 结构俯视图与器件剖面图

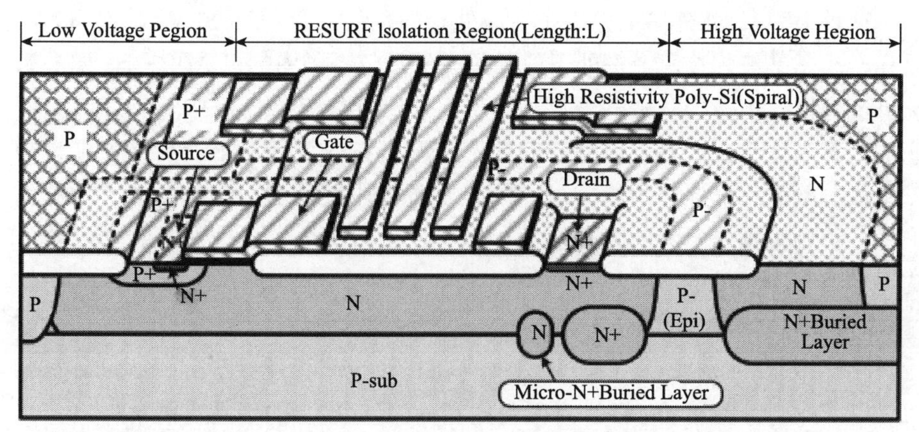

图 7-19 Mitsubishi Divided Resurf 技术 1200 伏 N 沟道 LDMOS 用于栅驱动芯片

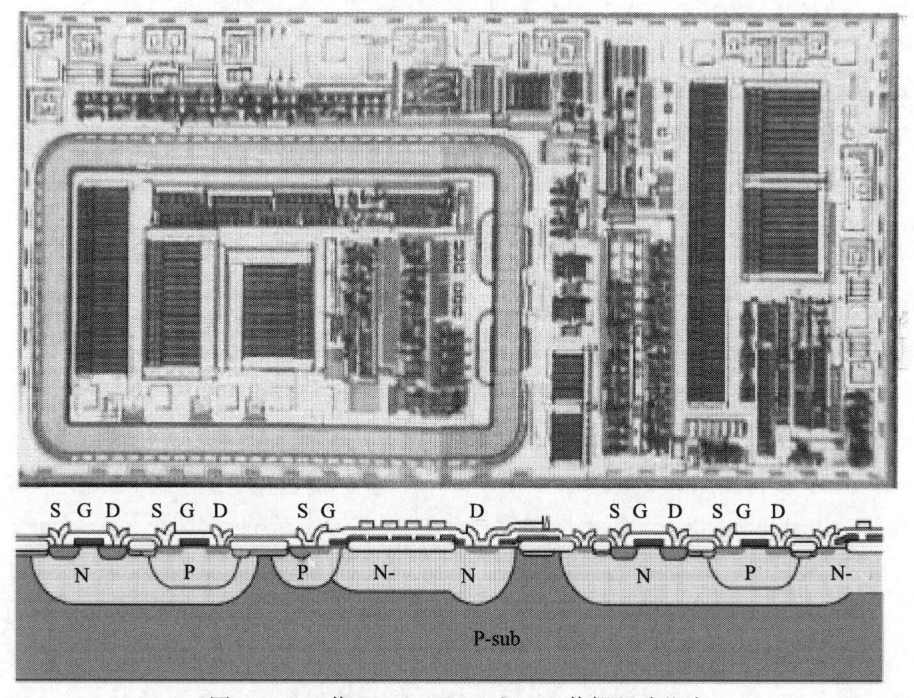

图 7-20 三菱 Divided Resurf 1200 伏栅驱动芯片

四、国内 BCD 工艺的发展现状与技术趋势

BCD 工艺的产生和发展源自应用需求的驱动，最早具备这种工艺的通常是大型 IDM 公司，它们根据自身产品应用的需求开发出对应的高压工艺。然

而，这种大型IDM公司主要集中在国外，如ST、TI、PI、FC等，它们无论是在产品还是工艺技术上都处于业界领先的地位。国内的IDM公司，如上海新进半导体、杭州士兰微电子及宁波比亚迪半导体（原宁波中纬）等，虽然它们的产品也十分成熟，但是它们的工艺不具备开放性，不能满足大多数功率集成电路芯片设计公司的需求，同时设备也比较落后，除非引入了新的生产线，否则很难有更大的发展空间。因此，从我国的发展情况来看，目前最先进的BCD高压工艺是掌握在Fab代工厂手中，其中值得一提的是华虹NEC和华润上华半导体。

中国内地的晶圆代工产业开始于20世纪90年代。1997年成立的HHNEC—上海华虹（集团）有限公司和1998年成立的华晶上华（2003年被收购重组为CSMC—华润上华科技）是中国最早发展的几家晶圆代工企业，也是目前国内模拟芯片代工实力最强的两家公司。模拟电路的制备工艺是十分复杂的，不同的客户都有基于自身产品应用的设计规则，不能形成通用的标准单元，因此可移植性十分低，这与数字电路代工是完全不同的。模拟芯片设计公司必须与代工厂进行密切的合作，根据需求对工艺进行相应的调整，经过不断的磨合，才能进入最终产品的量产。在功率集成电路代工能力上，国内Fab包括HJTC——和舰，SIMC——中芯国际，GRACE——上海宏利等具备100伏以下的HVCMOS工艺和CDMOS工艺平台，且各具特色和优势，而BCD工艺仍处于研发阶段。华虹NEC和华润上华自2008年起陆续推出了多个BCD工艺平台，处于国内领先地位。

图7-21是HHNEC、CSMC、TSMC和UMC的BCD工艺技术现状及未来的发展。

国内Fab最早开始研发的是低压（<100伏）BCD工艺，华虹NEC作为典型的代表在2008年发布了国内第一个进入批量生产的BCD工艺平台——0.35微米40伏BCD工艺平台。在此工艺平台的基础上，华虹NEC结合自身成熟的0.18微米逻辑CMOS工艺，进一步开发了具有国际先进水平的0.18微米40伏BCD平台，于2010年正式量厂，该工艺平台配备了业界标准的1.8伏/5伏的数模混合CMOS技术，低导通电阻和栅寄生电容（Rds最小可以达到39毫欧/毫米^2）的高功率LDMOS器件，该LDMOS最大工作电压可达40伏，提供了垂直的NPN，水平的PNP和衬底PNP三种双极型器件，此外，还包括可选的高精度的电阻、高密度的电容及一次与多次可编程存储器（OTP）。

在中压（100～300伏）BCD工艺上，早在2000年，东南大学就已经与

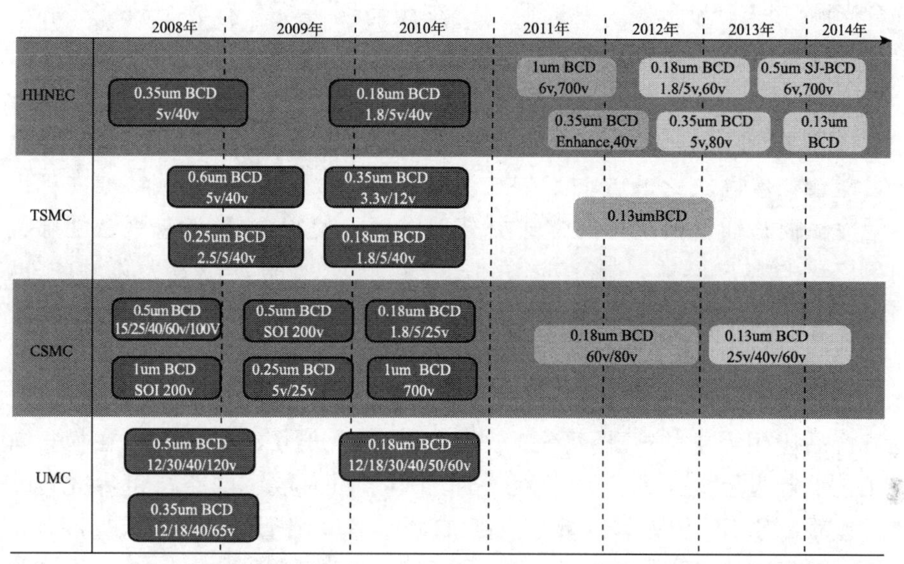

图 7-21　国内 Fab BCD 工艺现状及未来发展规划

华润上华合作，开始开发 1 微米 100 伏 BCD 工艺平台，至 2005 年此项工艺平台已较为成熟。此后，东南大学和华润上华联合先后开发了 1 微米 200 伏 SOI BCD 和 0.5 微米 100 伏 CMOS 体硅工艺平台，分别于 2007 年和 2008 年投产，主要应用于 PDP 行扫描和列寻址驱动芯片制造。由东南大学和苏州博创集成电路设计有限公司开发的高清 PDP 电视行列驱动芯片已具备国际竞争力，是除日本瑞萨科技和松下电子外，少数能够提供该种芯片的企业。

高压（＞300 伏）BCD 工艺主要是应用于 offline power supply 、LED 驱动、CFL Ballast Driver 等方面。2007 年，东南大学和华润上华联合开发的 700 伏 VDMOS 高压集成工艺是国内最早出现的高压集成电路制备工艺，填补了当时国内的空白，该工艺技术也获得了 2009 年国家技术发明奖二等奖。随后，东南大学与 CSMC 联合开发 700 伏隔离型高压工艺及相关高压浮栅驱动芯片，该工艺平台前端线宽为 1 微米，后端线宽为 0.5 微米，单层多晶，双层金属，提供常规及隔离的 5 伏低压 CMOS、20 伏中压 CMOS 器件、700 伏 LDMOS、700 伏 JFET 器件，以及多晶高阻和齐纳二极管等器件。

另外，从图 7-21 中可以看出，目前全球最大的两家数字芯片代工企业 TSMC 和 MMC，也开始把精力放在 BCD 工艺的开发上，2009 年 TSMC 推出工艺横跨 0.6～0.18 微米的模组化 BCD 工艺平台，提供 12～60 伏的工作电压范围，可支持多种 LED 的应用，包括 LCD 平面显示器的背光源、LED显示器、一般照明与车用照明等，并有数个数字核心模组可供选择，适合不同的数字控制电，此外，也提供MPW服务，支持0.25微米与0.18微米工艺的初步功能验证。图7-22为TSMC路闸密度0.25微米模组化BCD工艺平台，TSMC这一举动似乎表明未来BCD工艺可能会朝着模块化的方向发展，虽然不能像数字代工提供精准的标准单元库，但是通过模组化的方式提高集成度，使得BCD工艺平台能够面向更广泛的客户群体，显然能够使得Fab代工厂的效益最大化。此外，MMC联合日本电源芯片大厂新日本无线（New Japan Radio）开发了0.35微米50伏BCD工艺平台和0.18微米BCD高压工艺。从代工业整体来看，BCD工艺已经成为模拟功率集成电路制备的主要工艺，并且会随着产品应用需求的变化而不断改进。国内HHNEC和CSMC在模拟集成工艺上与世界先进水平的差距，远远小于国内数字电路与世界先进水平的差距（SMIC作为国内数字代工的领军者45纳米工艺仍未量产，而TSMC已经进入22纳米）。所以，国内Fab有能力和实力发展世界先进水平的BCD集成技术，可以在BCD工艺集成技术的研发上投入更多的精力以在功率代工领域占有一席之地，不至于被行业远远抛下。

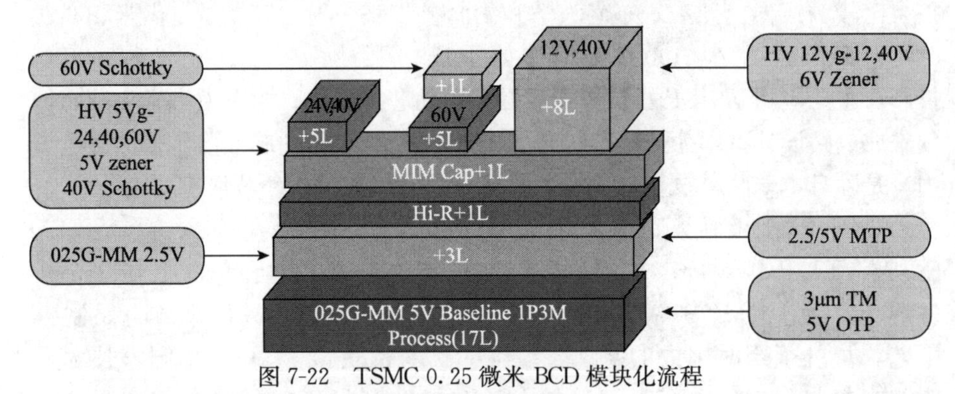

图7-22　TSMC 0.25微米BCD模块化流程

五、国内外BCD功率集成技术比较

由表7-2可以看出：在100伏以下高密度BCD工艺的领域，我国在较高的起点上开始，发展到目前在最小线宽上还落后国外1～2代，国外最小线宽为0.13微米，并拥有SOI、硅外延、非外延等一系类工艺并且其高度智能化，集成先进的SRAM、EEPROM等IP单元。国内公司BCD工艺只能集成常规器件，还没有实现智能化。

表 7-2　国内外 BCD 功率集成技术对比

		技术能力	典型产品及产品优势	典型公司（中国的用公司加 FAB）
100 伏以下	国内	0.5～0.18 微米硅外延工艺，集成常规器件，无存储及处理模块	电源管理类新品应用于低端市场	华虹、南京微盟、昂宝
	国际	0.13 微米，SOI 及硅外延，4～6 层金属互连。集成 RAM、NVM 高度智能化	应用在通信电源管理及汽车电子高度智能化，低功耗，朝集成处理器发展	Philips、TI、IR、Infineon、ST、FairChild、Mitsubishi、FUJI
100～300 伏	国内	0.5 微米 SOI	已有 PDP 驱动芯片实现量产；目前尚无栅驱动产品	SEU-CSMC、博创
	国际	0.35 微米 SOI BCD，集成 IGBT	PDP 驱动芯片，具有面积优势；200 伏栅驱动芯片，如 IR2011，具有大功率和快速等优势	Panasonic、富士通、瑞萨
300 伏以上	国内	600 伏 BCD 工艺最小线宽 1 微米，研究刚刚起步。已经开发出 700 伏 VDMOS 工艺	国内已有全集成 AC-DC 电源芯片。尚无栅驱动产品	SEU-CSMC、博创
	国际	最小线宽 0.5 微米。耐压有 600 伏、1200 伏。有核心技术专利：self-shieding、divided resruf。AC-DC 发展极为成熟	TOPSwitch-JX，TOPSwitch-HX，IR2153，IR2308，FAN7384，FAN7392，L6385 等，各公司均有自己一系列的产品	IR、FC、ST、Mitsubishi、TI、PI

在 100～300 伏领域，国外的集成工艺发展成熟，SOI BCD 工艺已达到 0.35 微米的最小线宽，以 PDP 驱动芯片为例，其中集成的 LIGBT 具有很高的电流密度，国内 PDP 驱动芯片为了达到相同的电流驱动能力所需要的 LIGBT 的面积较国外大 60%左右（19 毫米^2 vs. 12 毫米^2）。另外，国内的 200 伏栅驱动芯片还是空白，而国外已开发出多款 200 伏栅驱动芯片用于电机驱动，具有大功率、高速等优点。

在 300 伏以上的高压 BCD 领域，国外公司都拥有自己的隔离及高压器件的核心技术及专利并有一系列针对不同应用的产品系列占据了高端市场。国内 2007 年，东南大学和华润上华联合开发的 700 伏 VDMOS 高压集成工艺从而带来国内 700 伏 AC-DC 的芯片市场，目前正在探索开发 700 伏应用于栅驱动芯片的 BCD 工艺。

我国在功率集成技术落后的原因在于以下几个方面。

(1) 国外功率集成芯片大公司，如 ST、Fairchild、Mitsubishi 都是 IDM 型，其拥有自己的设计团队和自己的核心工艺，自己可以针对产品开发适合于产品的专用工艺，工艺与电路设计高度配合。而国内功率集成芯片公司较少并且几乎都是纯设计企业，工艺的实现主要是依靠代工厂设计和工艺的配合度低。现在虽有 IDM 企业，如上海先进、杭州士兰，但这些公司电路及工艺研发能力都不足，并且生产线落后。

(2) 国外公司功率集成技术发展较早，技术积累的时间长，都拥有自己的核心专利，并依靠这些专利来限制对手保持领先。国内功率集成技术发展较晚，企业研发能力不足，企业规模小，因此对研发投入及支持都不够。只能够做一些低端产品，很少有自己的核心技术和专利，在同国际先进公司竞争时受专利限制，难有进一步的发展。

(3) 国外功率集成技术已经成为一个发展很完备的产业，其人才培养体系完善。国内功率集成技术还处于起步阶段，人才培养体系未建立，高端人才缺乏。

(4) 国外生产设备先进，功率集成工艺中的特殊工艺，如高能量的离子注入、深宽比大的槽腐蚀需要先进的设备来实现。而国内生产设备较为落后，先进的工艺受制于设备能力无法实现。

值得一提的是，虽然国内功率集成技术与国外相比有不小的差距，但在企业、高校、研究机构通过产学研模式不断向前发展，如东南大学与无锡华润上华成立了功率集成技术联合实验室，电子科技大学与无锡华润上华成立了功率器件联合实验室，同时，电子科技大学、东南大学与华虹 NEC 也在高压 IGBT 器件、CoolMOS 等方面展开了合作，相关合作课题取得了可喜的成绩。

第三节　功率半导体器件与集成技术的未来发展趋势及若干关键问题

一、功率半导体器件领域未来发展趋势及若干关键问题

(一) 功率半导体器件领域的未来发展趋势

40 多年来，半导体技术沿着“摩尔定律”的路线不断缩小芯片特征尺寸。然而目前国际半导体技术已经发展到一个瓶颈：随着线宽越来越小，制造成本成指数上升；而且随着线宽接近纳米尺度，量子效应越来越明显，同

时芯片的泄漏电流也越来越大。因此半导体技术的发展必须考虑“后摩尔时代”问题，2005 年国际半导体技术发展路线图就提出了另外一条半导体技术发展路线，即超摩尔定律”。在功能多样化的超摩尔定律领域，功率半导体是其重要组成部分。虽然在不同应用领域，对功率半导体技术的要求有所不同，但从其发展趋势来看，功率半导体技术的目标始终是提高功率集成密度，减少功率损耗。结合前述市场需求，功率半导体技术研发的重点或进一步发展的解决方案是围绕提高效率、增加功能、减小体积，不断发展新的器件理论和结构，促进各种新型器件的发明和应用，并推动宽禁带半导体材料在功率半导体器件中的应用。下面我们对功率半导体技术的功率半导体器件发展趋势进行分析。

为了使现有功率半导体器件能适应市场需求的快速变化，需要大量融合超大规模集成电路制造工艺，不断改进材料性能或开发新的应用材料、继续优化完善结构设计、制造工艺和封装技术等，提高器件功率集成密度，减少功率损耗。目前，国际上在功率半导体器件领域的热点研究方向主要为新结构器件和新材料器件。

在新结构器件方面，超结（SJ）概念的提出，打破了传统功率 MOS 器件理论极限，即击穿电压与比导通电阻 2.5 次方的关系，被国际上誉为“功率 MOS 器件领域里程碑”。SJ 结构已经成为半导体功率半导体器件发展的一个重要方向，目前国际上多家半导体厂商，如 Infineon、IR、Toshiba 等都在采用该技术生产低功耗 MOS 器件。对 IGBT 器件，基于薄片加工工艺的场阻（field stop）结构是高压 IGBT 的主流工艺；相比于平面结结构，槽栅结构 IGBT 能够获得更好的器件优值，同时通过 IGBT 的版图和栅极优化，还可以进一步提高器件的抗雪崩能力、减小终端电容和抑制 EMI 特性。将各种功率半导体器件结构之间融合，以进一步提高性能是功率半导体器件发展的又一趋势，如 IGBT 与 SFD 结合以提高关断速度、将 SJ 思想融入 IGBT 或功率二极管设计中以提高优值、将 SJ 思想应用到宽禁带功率半导体器件设计中以进一步提高耐压等。

功率半导体器件发展的另外一个重要方向是新材料技术，如以 SiC 和 GaN 为代表的第三代宽禁带半导体材料。对 SiC 整流器的研究，一方面是对已有器件继续进行优化，使其能满足军事和商业应用；另一方面继续开发更低导通压降、更小芯片面积和更高工作温度的器件。SiC MOSFET 和 SiC IGBT 具有低比导通电阻、高击穿电压和高温工作稳定性等优点，而成为目前研究的热点。GaN 除了可以利用 GaN 体材料制作器件（SBD 和 PiN）以外，还可以利用GaN所特有的异质结结构制作高性能器件，如AlGaN/GaN SBD、功率二极管等。虽然GaN功率整流器在导通电阻方面突破了Si材料极限，但相对于GaN材料本身而言还有很长一段距离。因此，如何进一步优化击穿电压与比导通电阻之间的关系，充分发挥GaN材料优势，仍是今后很长一段时间内GaN功率整流器研究的重点。

（二）功率半导体器件领域的若干关键问题

（1）高能效、高击穿电压（3300～6500伏）、高电流密度、高可靠性IGBT或基于IGBT的智能功率模块（IPM）的研制。3300～6500伏耐压级别的器件主要应用于电网、高铁、工业变频、舰船等战略产业领域。器件设计的关键是优化通态压降、快速开关、高耐压等关键特性参数之间的折中。需解决的关键问题有：增强发射极侧载流子注入效率、控制集电极侧载流子浓度、EMI问题、IPM中高效的热系统等。在器件制造方面，槽栅、薄片工艺、精细图形等是亟待解决的关键问题。表7-3列出了未来IGBT发展趋势和所需解决的关键问题。

表7-3 未来IGBT发展趋势和所需解决关键问题

发展趋势	关键问题
低饱和压降、低开关损耗	精细图形、槽栅结构、载流子储存效应、载流子注入增强技术、薄片工艺
大安全工作区	精细图形、实时箝位、薄片工艺
低噪声	控制di/dt、dv/dt，改进续流二极管的恢复特性
功率集成，逆阻型、逆导型	隔离结构，深扩散、埋栅、沟槽薄片加工工艺，续流二极管元胞结构，局域寿命控制，热系统

（2）系列SiC功率半导体器件和全SiC功率模块的研制。由于SiC功率整流器结构相对简单，特别是SiC SBD器件已经比较成熟，所以针对国内SiC器件研究水平，我们认为应优先大力发展SiC整流器（包括SBD、JBS、PiN），从器件结构设计和耐压机制分析入手，寻找快速跟进国外同类器件性能的有效途径，加快国内SiC整流器实用化进程。关键问题是低反型层沟道迁移率和高温、高电场下栅氧可靠性。从国际上SiC功率半导体开关器件现状分析，600～1200伏的SiC MOSFET已量产并已在逆变电源中得到应用。国内在此领域应加快工艺和理论研究，为未来SiC MOSFET和IGBT器件发展打好基础，其中的关键问题是薄栅氧的工艺及理论，以及器件的可靠性问题。

（3）硅基GaN功率半导体器件与集成技术。硅基GaN功率半导体器件与集成技术是目前宽禁带功率半导体器件的研究重点，也是超摩尔定律思想的典型体现。随着大直径 Si 基 GaN 外延技术的逐步成熟并商用化，GaN 功率半导体技术有望成为高性能低成本功率系统解决方案。目前，国际上对 Si 基 GaN 功率半导体的研究一方面是分离器件的产品化研究，主要包括增强型技术、优化击穿电压与导通电阻、封装与可靠性、失效机制与理论研究等；另一方面，以香港科技大学、台积电、NS 等为代表的高校和企业也开始对 Si 基 GaN 智能功率集成技术开展了前期研究，而智能功率集成技术是未来功率系统的最佳选择，也是今后的发展方向。

（4）功率半导体器件和功率模块中可靠性及失效机制分析。随着功率半导体器件应用领域的不断扩大，以及功率半导体器件工作模式的特殊性，功率半导体器件需要具有更高的可靠性。而功率半导体器件发展的模块化和系统化趋势也要求模块或系统具有更高的可靠性。其关键问题在于设计的模块或系统具有良好的热系统、良好的绝缘性、良好的电流浪涌能力、良好的抗宇宙射线能力。可能的解决途径是器件结构的创新、优化工艺制程或采用新材料。

二、BCD 集成工艺领域未来发展趋势及若干关键问题

（一）BCD 集成工艺领域的未来发展趋势

40 多年来，半导体技术沿着“摩尔定律”的路线不断缩小芯片特征尺寸。然而功率集成技术由于应用范围的广泛有着其独特的发展路线及趋势。

100 伏以下的 BCD 主要面向移动通信、背光 LED 驱动、LCD 驱动、OLED 驱动等多媒体的市场和应用电压在 12～80 伏之间的汽车电子。移动通信及多媒体应用要求高集成度、低功耗、高效的电源管理。汽车电子要求高速，智能化并进一步提高系统频率，降低芯片面积集成更多的功能，促进 BCD 不断缩小线宽尺寸，朝更高密度集成、更加智能化及更加高速的方向发展。图 7-23 和 7-24 为 BCD 工艺与 CPU 工艺在最小线宽与集成度之间比较，由图可知，两者的差距在快速地缩小。

100～300 伏 BCD 的应用领域主要是 PDP 驱动芯片、栅驱动芯片，其总体发展趋势是小型化和大功率化，SOI BCD 工艺仍是未来一段时间内的主流工艺，采用更小尺寸是其发展的必然趋势。

300～1200 伏的 BCD 主要面向需求量日益扩大的 AC-DC、高压 LED 驱动、桥式驱动及 IPM 模块等市场，促进 BCD 工艺朝高压方向发展。

（二）BCD 集成工艺领域的若干关键问题

按应用电压的不同，BCD 工艺在各自不同方向上存在着不同的关键问题。

（1）100伏以下的BCD朝着更小线宽、更高密度集成、更高可靠性的方向发展，关键问题在于：如何在深亚微米的CMOS工艺平台中集成高性能功率器件，同时实现高度智能化：当前BCD的最小线宽已达到0.13微米，开始朝90纳米、65纳米发展；与CPU工艺的线宽差距在缩小，如图7-23所示；集成度达到百万门如图7-24所示。借助于先进的CMOS工艺平台，高性能功率器件及高度智能化成为电源管理等应用的BCD工艺所面临的一个挑战，采用如super junction的功率器件来降低功耗可能是一个不错的技术，与此同时还需要进一步集成高性能CPU、快闪存储器等模块，实现高度智能化（PSOC）。40～80伏的BCD工艺主要应用在汽车电子中，汽车电子要求在严格的环境下（高低温、高湿、振动）及零缺陷。这对工艺的可靠性提出了严格的要求，集成的器件必须有良好的HCI、SOA、HTRB、EM等可靠性性能。BCD工艺的集成度已经达到百万门级，金属互连也已经达到了6层，集成的器件类型也越来越多，工艺的复杂度越来越高，工艺的成本也越来越高，如何在保持性能不变的前提下降低成本是100伏以下的高密度BCD面临的另一个挑战，这需要提高工艺层次的复用性，对工艺流程及器件性能作全面折中优化。

（2）100～300伏BCD的应用领域主要是PDP驱动芯片、栅驱动芯片，其总体发展趋势是小型化和大功率化，SOI BCD工艺仍是未来一段时间内的主流工艺，采用更小尺寸是其发展的必然趋势，带来的关键问题是：保证输出功率不受影响的前提下不断缩小芯片面积，但在电流密度达到IGBT的极限后，是否有其他性能更佳的结构或材料，是一个值得研究的方向，面积缩小带来的另一个问题是芯片散热问题，其中SOI材料的散热问题是当前可靠性研究的一个重点方向。除此之外，还有诸如高低压串扰、高温反偏（HTRB）失效等问题都是这一电压区间BCD工艺必须坚决的关键技术问题。

（3）300～1200伏的高压BCD主要面向AC-DC、高压LED驱动、桥式驱动及IPM模块等市场，促使BCD工艺朝高压方向发展，带来的关键问题是：高低压模块之间的隔离，桥式驱动电平移位电路高侧驱动的电压在0～600伏浮动，极易产生Latch-Up问题，这就要求高低侧电路之间彻底隔离，避免Latch-Up是外延工艺的高压BCD工艺需要解决的一个关键问题。高压互连线跨过隔离结构会导致其耐压的下降，因此需要在隔离结构方面创新。高压器件在高压BCD工艺中一般作为最后的功率输出级，其功耗直接影响整个芯片的效率，目前的工艺大多采用Double Resurf与场板技术来达到功率器件的耐压要求，如何在给定的耐压下降低高压器件的导通电阻，提高电流输出能力并降低功耗是高压BCD急需解决的问题，采用新型的3D高压器件可能是一个很好的发展方向。SOI高压BCD在IPM模块中有很大的技术优势，如隔离性好、无 latch-up、抗辐射性强、集成度高等。然而 SOI 材料成本较 Si 高，高压器件在大电流、大电压下工作产生的热量大，而 SOI 材料的散热性较差，因此，材料成本和散热是 SOI 高压 BCD 工艺需要解决的两个问题。高压 BCD 中无源器件的性能也是不能忽略的一个方面，高性能、高稳定性无源器件的集成也是高压集成工艺需要解决的一个关键问题。

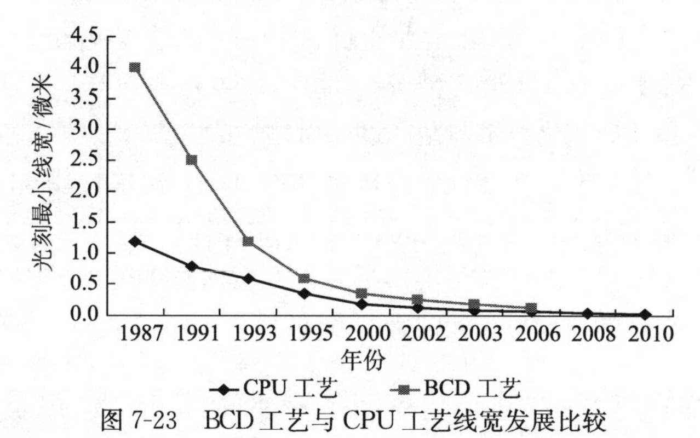

图 7-23　BCD 工艺与 CPU 工艺线宽发展比较

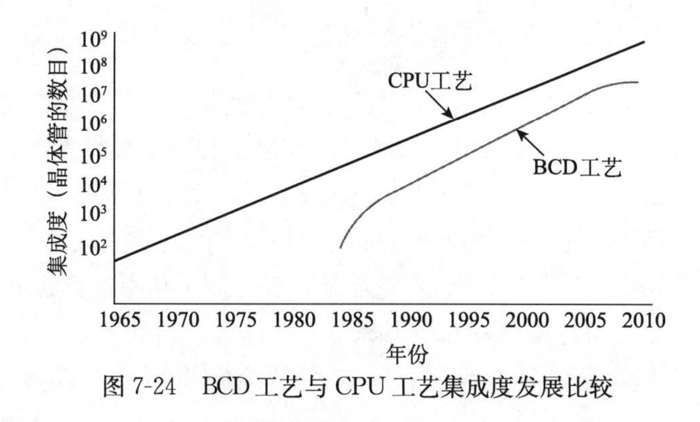

图 7-24　BCD 工艺与 CPU 工艺集成度发展比较

第四节　建议我国重点支持和发展的方向

一、我国对功率器件与功率集成技术领域现有支持情况分析

在政策方面，国家中长期重大发展规划、重大科技专项、国家“863”计划、“973”计划、国家自然科学基金等都明确提出要加快集成电路、软件、关键元器件等重点产业的发展，在国家刚刚出台的“电子信息产业调整和振兴规划”中，强调着重从集成电路和新型元器件技术的基础研究方面开展系

统深入的研究，为我国信息产业的跨越式发展奠定坚实的理论和技术基础。在《国家中长期科学和技术发展规划纲要（2006—2020年）》中明确提出，功率半导体器件及模块技术、半导体功率半导体器件技术、电力电子技术是未来5～15年15个重点领域发展的重点技术。在目前国家重大科技专项的“核心电子器件、高端通用芯片及基础软件产品”和“极大规模集成电路制造装备及成套工艺”两个专项中，也将大屏幕PDP驱动集成电路产业化、数字辅助功率集成技术研究、0.13微米SOI通用CMOS与高压工艺开发与产业化、区熔硅单晶片产业化技术与国产设备研制、600伏以上功率芯片与模块、高压功率芯片工艺开发与产业化、高压大功率IGBT模块封装技术开发及产业化等功率半导体相关课题列入支持计划。在国家“973”计划和国家自然科学基金重点和重大项目中，属于功率半导体领域的宽禁带半导体材料与器件的基础研究一直是受到大力支持的研究方向。

二、我国对功率器件与功率集成技术领域支持建议及发展预测

（一）我国对功率半导体器件领域的支持建议及发展预测

（1）充分利用国内6～8英寸硅片工艺加工能力，开发系列高速、低导通损耗的高可靠功率二极管和IGBT，满足汽车电子和节能减排等市场的需求。

（2）以SiC SBD、SiC MOSFET和GaN SBD为突破口，大力发展宽禁带功率半导体器件，建立器件设计、模块封装等方面的核心技术。

（3）功率MOSFET占据60亿美元以上市场，而其中计算机和便携式设备所需的高密度低功耗槽栅功率MOSFET占据大部分份额。利用8英寸芯片加工能力，大力发展具有自主知识产权的高密度低功耗功率MOSFET产品。

（4）物联网和3G、4G移动通信得到迅速发展，高密度大功率RF LDMOS功率放大器是无线基站的核心器件，应充分利用国内6～8英寸芯片加工能力，大力发展700MHz～4GHz的大功率射频LDMOS器件。

（5）开发包括双面冷却在内的高功率密度功率半导体器件封装工艺，进一步提升功率半导体器件的性能。

（二）我国对功率集成技术领域的支持建议及发展预测

（1）基于90纳米至0.13微米的CMOS工艺，研发集成MCU（CPU），大容量存储模块，40～100伏新型低功耗、高频功率器件，高性能保护器件，

大容量电感、电容等无源器件的高可靠性 BCD 集成工艺，满足高性能智能功率集成电路制备需求；设计出高性能智能汽车电子芯片、智能电源芯片等，满足汽车、通信、智能家电等领域的智能供电需求。

（2）研发集成新型低功耗 3D 高压 MOS 器件、高压 JFET 器件、高可靠性隔离结构、MCU、存储模块等 600～1200 伏高压 BCD 集成工艺；满足高压智能功率集成电路的制备需求；设计出高性能浮栅驱动芯片及高可靠全集成 IPM 芯片、高压照明 LED 驱动芯片等，满足新型变频电机及 LED 照明领域的应用需求。

（3）探索研究基于 GaN、SiC 材料的 1200～3600 伏的高压集成工艺，集成低压器件、多种中压器件，高性能高压器件，满足超高压功率集成芯片的制备需求；设计出超高压全集成电源转换芯片，满足智能电网及机车牵引的应用需求。

参考文献

[1] Sugawara Y. Recent progress in SiC power device developments and application studies. ISPSD, 2003：10-18.

[2] Baliga B J. Trends in power discrete devices. ISPSD，1998：5-10.

[3] Mehrotra M，Baliga B J. Low forward drop JBS rectifiers fabricated using submicron technology. IEEE Trans. Electron Devices，1993，40：2131-2132.

[4] Tu L，Baliga B J. Controlling the characteristics of the MPS rectifier by variation of area of Schottky region. IEEE Trans. Electron Devices，1993. 40：1307-1315.

[5] 何杰，夏建白．半导体科学与技术．北京：科学出版社，2007.

[6] Gupta R N，Min W G，Chow T P，Chang H R，et al. A planarized high-voltage silicon trench sidewall oxide-merged PIN/Schottky（TSOX-MPS） rectifier. ISPSD，1999：117-120.

[7] Shimizu Y，Naito M，Murakami S et al. High-speed low-loss pn diode having a channel structure. IEEE Trans. Electron Devices，1984，31（9）：1314-1319.

[8] Schlangenotto H，Serafin J，Sawitzki F et al. Im-proved recovery of fast power diodes with self-adjust-ing p emitter efficiency . IEEE Electron Device Letters，1989，10：322-324.

[9] Kitagawa M，Nakagawa A. Study of 4. 5 kV MOS-power device with injection-enhanced trench gate structure. Japanese Journal of Applied Physics，1997，36：1411-1414.

[10] You B，Huang A Q，Zhang B et al. The bipolar junction diode（BJD）-a new power diode concept. In：Proceedings of IEEE International Power Electronics

Congress. Morelia，1998：164-169.

[11] Xu Z，Zhang B，Huang A Q et al. An online test microstructure for thermal conductivity cellular automata model for photoresist-etching process simulation. IEEE Transactions on Power Electronics，2000，15：916-924.

[12] Huang A Q，Zhang B. Power Devices. New York：John Wiley & Sons，Inc，1999：608.

[13] 张波．SOI：技术障碍不断突破 应用范围逐步扩张．中国电子报，2007：11-13.

[14] Steimer P K，Gruning H E，Werninger J et al. IGCT-a new emerging technology for high power，low cost inverters. Industry Applications Conference. New Orleans，1997：1592-1983.

[15] Yamamoto M，Satoh K，Nakagawa T，et al. GCT（gate commutated turn-off）thyristor and gate drive circuit. PESC，1998，2：1711-1715.

[16] Piccone D E，De Doncker R W，Barrow J A et al. The MTO thyristor-a new high power bipolar MOS thyristor. Industry Applications Conference. San Diego，CA，1996：1472-1476.

[17] Huang A Q，Li Y X，Motto K et al. MTOTM thyristor：an efficient replacement for the standard GTO . Industry Applications Conference. Phoenix，AZ，1999：364.

[18] Li Y X，Huang A Q，Lee F C. Introducing the emitter turn-off thyristor（ETO）. Industry Applications Conference. St Louis，MO，1998：860-863.

[19] Park C，Hong N，Kim D J，et al. A new junction termination technique using ICP RIE for ideal breakdown voltages. ISPSD，2002：257-260.

[20] Zhang B，Chen W J，Yi K，et al. Influence of the minority carrier extracted by the base electrode on current gain of bipolar power transistors. Solid-State Electronics，2006，50：480-488.

[21] 张波，陈万军，易坤，等．具有基区局部重掺杂功率双极型晶体管．中国专利、申请号：200410040217.1，公开号：CN 1722460A，2004．

[22] Huang A Q，Sun N X，Zhang B. Low voltage power devices for future VRM. ISPSD，1998：395-398.

[23] Ling Ma ，Amali A，Kiyawat S，et al. New trench MOSFET technology for DC-DC converter applications. ISPSD，2003：303-306.

[24] 张波，邓小川，张有润，等．宽禁带半导体 SiC 功率半导体器件发展现状及展望．中国电子科学研究院学报，2009，4（2）：111-118.

[25] Ono S，Kawaguchi Y，Nakagawa A. 30V new fine trench MOSFET with ultra low on-resistance. ISPSD，2003：28-31.

[26] 陈星弼．功率 MOSFET 与高压集成电路．南京：东南大学出版社，1990.

[27] Chen X B. U. S. Patent 5216275，1993.

[28] Chen X B. Theory of a novel voltage sustaining（CB）layer for power devices. Chinese Journal of Electronics，1998，7：211-214.

[29] Deboy G，Marz M，Stengl J P，et al. A new generation of high voltage MOSFETs breaks the limit line of silicon. International Electron Devices Meeting. 1998：683-685.

[30] 张波．节能减排的基础技术-功率半导体芯片．中国集成电路，2009，(12)：9-14.

[31] Zhang B，Xu Z，Huang A Q. Analysis of the forward biased safe operating area of the super junction MOSFET. ISPSD，2000：37-47.

[32] 田 波，程 序，亢宝位．超结理论的产生与发展．微电子学，2006，36 (1)：75-81.

[33] Chen X B，Mawby P A，Board K，et al. Theory of a novel voltage sustaining layer for power devices. Microelectronics Journal，1998，29：1005-1015.

[34] Nassif-Khalil S G，Salama C A T. Super junction LDMOST in silicon-on-sapphire technology (SJ-LDMOST)．ISPSD，2002：81-84.

[35] Saitoh W，Omura I，Tokano K，et al. Ultra low on-resistance SBD with p-buried floating layer. ISPSD，2002：33-36.

[36] Kunori S，Kitada M，Shimizu T，et al. 120 V multi RESURF junction barrier Schottky rectifier (MR-JBS)．ISPSD，2002：97-104.

[37] Saito W，Omura I，Aida S，et al. Over 1000v semi-superjunction MOSFET with ultra-low on - resistance below the Si-limit. IEEE Trans. Electron Devices，2005，52：2317-2324.

[38] 陈万军，张波，李肇基，等．PSJ 高压器件的优化设计．半导体学报，2006，6：1089-1093..

[39] Nassif-Khalil S G，Salama C A T. Super junction LDMOSFET on a silicon-on sapphire substrate. IEEE Trans. Electron Devices，2004，51：1185-1191.

[40] Ng R，Udrea F，Sheng K，et al. Lateral unbalanced super junction (USJ) /3D-RESURF for high breakdown voltage on SOI. ISPSD，2001：395-398.

[41] Huang A Q，Zhang B. Power Devices Encyclopedia of Electrical and Electronics Engineering. USA：John Wiley & Sons Inc，1999，16：608-632.

[42] Park I Y，Salama C A T. CMOS Compatible Super Junction LDMOS with N-Buffer Layer. ISPSD，2005：163-167.

[43] Merchant S，Aronold E，et al. Realization of high breakdown voltage (>700V) in Thin SOI Device. ISPSD，1991：31-35.

[44] Zhang B，Chen L，Wu J，et al. SLOP-LDMOS-A novel super-junction concept LDMOS and its experimental demonstration. International Conference on Communications. Circuits and System. HongKong，2005：1399-1402.

[45] 张波，陈林，李肇基，等．中国专利．发明专利名称：具有表面横向 3D-RESURF 层的新型功率器件，申请号：200310104015.4，2003.

[46] Liang Y C，Gan K P，Samudra G S. Oxide-bypassedVDMOS：an alternative to super-junction high voltage MOSpower device. IEEE Electron Device Letters，2001，22 (8)：407-409.

[47] Liang Y C, Yang X, Samudra G S, et al. Tunable oxide-bypassed VDMOS (OBVDMOS): breaking the silicon limit for the second generation. ISPSD, 2002: 201-204.

[48] 张波，邓小川，陈万军，等．宽禁带功率半导体器件技术．电子科技大学学报，2009，38 (5)：618-623.

[49] Mori M, Uchino Y, Sakano J, et al. A novel high-conductivity IGBT (HiGT) with a short circuit capability. ISPSD, 1998: 429 - 432.

[50] Li Z J, Fang J, Yang J. Analytical turn-off current model for type of conductivity modulation power MOSFETS with extracted excess carrier . Solid-State Electronics, 2000, l44 (1): 1-9.

[51] Li Z J, Du J. Turn-off transient characteristics of complementary insulated -gate bipolar transistor. IEEE Trans. Electron Devices, 1994, 41 (12): 2468-2471.

[52] Huang S, Amaratunga G A J. Udrea F. The injection efficiency controlled. IGBTE lectron Device Letters. 2002, 23 (2): 88-90.

[53] Eicher S, Ogura T, Sugiyama K, et al. Advanced lifetime control for reducing turn-off switching losses of 4. 5 kV IEGT devices. ISPSD, 1998: 39-42.

[54] Takahashi T, Uenishi A, Kusunoki, et al. A design concept for the low turn-off loss 4. 5 kV trench IGBT. ISPSD, 1998: 51-54.

[55] Mittal A. Energy efficiency enabled by power electronics. IEEE IEDM, 2011: 1-15.

[56] 张波，陈万军，邓小川，等．氮化镓功率半导体器件技术．固体电子学研究与进展，2010，(01)：1-17.

[57] Mehrotra M, Baliga B J. Trench MOS barrier Schottky rectifier. Solid-State Electronics, 1995, 38: 801-806.

[58] Mori M, Yasuda Y, Sakurai N, et al. A novel soft and fast recovery diode (SFD) with thin p-layer formed by Al-Si electrode. ISPSD, 1991: 113-117.

[59] Hulla B A, Dasa M K, Richmond J T, et al. A 180 Amp/4. 5 kV 4H-SiC PiN Diode for High Current Power Modules. ISPSD, 2006: 1-4.

[60] Darwish M, Yue C, Kam H L, et al. A new power W-gated trench MOSFET (WMOSFET) with high switching performance. ISPSD, 2003: 24-27.

[61] Kanechika M, Kodama M, Uesugi T, et al. A concept of SOI RESURF lateral devices with striped trench electrodes. IEEE Trans. Electron Device, 2005, 52 (6): 1205-1210.

[62] Lorenz L, Deboy G, Knapp A, et al. COOLMOSTM-a new milestone in high voltage power MOS. ISPSD, 1999: 3-10.

[63] Wakeman F, Billett K, Irons R, et al. Electromechanical characteristics of a bondless pressure contact IGBT. APEC. 1999, 1: 312-317.

[64] Honarkhah S, Nassif-Khalil S, Salama C A T. Back-etched super- junction LDMOS on SOI. Proceeding of the 34th European Solid-State-Device Research Conference. 2004:

117-120.

[65] Wood R A, Salem T E. Evaluation of a 1200V, 800A All-SiC dual module. IEEE Transactions on Power Electronics, 2011, 26 (9): 2504-2511.

[66] Ryu S H, Cheng L, Dhar S, et al. 3.7 mΩ-cm^2, 1500 V 4H-SiC DMOSFETs for advanced high power, high frequency applications. ISPSD, 2011: 227-230.

[67] Cini C, Diazzi C , Rossi D. A new high frequency, high efficiency, mixed technology motor briver I C. ESSCIRC, 1986: 199-203.

[68] Cini C, Diazzi C, Rossi D. A new high frequency, high efficiency, mixed Technology motor driver I C. ESSCIRC, 1986: 199-201.

[69] Murari B. Smart power technology and the evolution from protective umbrella to complete system. IEDM, 1995: 9-15.

[70] Contiero C, Galbiati P, Palmieri M, et al. Characteristics and applications of a 0.6 spl mu/m bipolar-CMOS-DMOS technology combining VLSI non-volatile memories. IEDM, 1996: 465-468.

[71] Murari B. Smart power technology and the evolution from protective umbrella to complete system. IEDM, 1995: 9-15.

[72] Moscatefi A, Merlini A, Croce G, et al. LDMOS Implementation ina 0.35μm BCD Technology (BCD6) . ISPSD, 2000: 323-326.

[73] Pestel D F, Moens P, Hakim H, et al. Development of a robust 50V 0.35μm based smart power technology using trench isolation. ISPSD, 2003: 182-185.

[74] Annese M, Bertaiola S, Croce G, et al. 0.18μm BCD -high voltage gate (HVG) process to address advanced display drivers roadmap. ISPSD, 2005: 363-366.

[75] Park I Y, Choi Y K, Ko K Y, et al. BD180 - a new 0.18 μm BCD (bipolar-CMOS-DMOS) technology from 7V to 60V. ISPSD, 2008: 18-22.

[76] Wessels P, Swanenberg M, Claes J, et al. Advanced 100V, 0.13 gm BCD process for next generation automotive applications. ISPSD, 2006: 1-4 .

[77] Matsudai T, Sato K, Yasuhara N, et al. 0.13um CMOS/DMOS platform technology with novel 8V/9V LDMOS for low voltage high-frequency DC-DC converters. ISPSD, 2010: 315-318.

[78] Contiero C, Andrcini A, Cralbiati P, et a1. Design of a high side driver in multipower-BCD and VIPower technologies. IEDM, 1987, 33: 766-769.

[79] Araki T. integration of power devices-next tasks. EPE, 2005.

[80] Fujihira T, Yano Y, Obinata S, et al. Self-shielding: New High-Voltage Inter-Connection Technique for HVICs. ISPSD, 1996: 231-234.

[81] Terashima T, Shimizu K, Hine S. A new level-shifting technique by divided RESURF Structure. ISPSD, 1997: 57-60.

[82] Sun W, Li H, Yi Y, et al. Bulk-silicon power integrated circuit technology for 192-

channel data driver ICs of plasma display. IET Circuits, Devices & Systems, 2008, 2 (2): 277-280.

[83] Sun W, Shi L, Sun Z, et al. High voltage power integrated circuit technology with N-VDMOS, RESURF P-LDMOS and novel level shift circuit for PDP scan driver IC. IEEE Trans. on Electron Devices, 2006, (4): 891-896.

[84] Shimizu K, Rittaku S, Moritani J. A 600V HVIC process with a built-in EPROM which enables new concept gate driving. ISPSD, 2004: 379-382.

[85] Shimizu K, Terashima T. The 2nd Generation divided RESURF structure for High Voltage ICs. ISPSD, 2008: 311-314.

第八章 MEMS/NEMS

第一节　MEMS/NEMS 领域研究背景及发展现状

一、MEMS/NEMS 背景概述

1965 年，英特尔的摩尔提出了集成电路中著名的摩尔定律（Moore's Law）。时至今日，该定律依然成立，22 纳米特征尺寸的电路与系统已在实验性生产中可以实现，32～22 纳米特征尺寸的芯片即将投入大量生产。集成电路的集成度和性能的进一步提高将会对工艺技术提出越来越高的要求，CMOS 晶体管尺寸缩小最终也将遇到物理极限。因此，在积极寻找新的替代器件和电路的同时，人们转而将目光投到系统的尺寸缩小和性能提高上。

现在集成电路芯片的输入和输出都是电信号，只能解决信息技术中的信号处理部分，是无法直接实现对外部真实世界的信息获取和对外部世界发生作用的。因此，即使现在微电子中很热门的狭义上的 SoC（系统级芯片），也仅仅是一个较完善的微型电子系统而已，并不是一个真正意义上具有完整功能的、独立的微型系统。

早在 1959 年，著名物理学家，诺贝尔奖获得者 Richard P. Feynman，在名为 *There's plenty of room at the Bottom* 的演讲中预言：系统的微小型化与低温、高压物理方面的研究一样，将具有广阔的发展空间和重要意义。

1988 年美国加利福尼亚大学伯克利分校的研究人员成功地用半导体平面加工技术研制出了硅微机械马达，其直径仅有 100 微米左右，可以在静电的驱动下高速旋转。这个器件的出现使人们看到了将可动机械系统与电路集成在一个芯片内，构成完整的微型机电系统的可能；微机电系统——MEMS（micro electro mechanical systems）的概念也就应运而生，并迅速成为国际上研究的热点。1993年，美国ADI采用该技术成功地将微型可动结构与大规模电路集成在单芯片内，形成集成化的微型加速度计产品，并大批量应用于汽车防撞气囊。MEMS技术的特点和优势才真正地体现了出来。

顾名思义，MEMS就是集成了电子电路和机械部件的微型系统。但事实上，现在的微机电系统已经远远超越了“机”和“电”的概念，将处理热、光、磁、化学、生物等的新兴结构和器件通过微电子工艺及其他一些微加工工艺制造在芯片上，并通过与电路的集成甚至相互间的集成来构筑复杂的微型系统。所以，更准确地说，今天的MEMS包括感知外界信息（力、热、光、生、磁、化等）的传感器和控制外界信息的执行器，以及进行信号处理和控制的电路。作为输入信号，来自自然界的各种信息首先通过传感器转换成电信号，经过信号处理后（包括模拟/数字信号间的变换）再通过微执行器对外部世界发生作用。传感器可以实现能量的转化，从而将加速度、热等现实世界的信号转换为系统可以处理的电信号。执行器则根据信号处理电路发出的指令自动完成人们所需要的操作。信号处理部分可以进行信号转换、放大和计算等处理。这一系统还能够以光、电等形式与外界进行通信，并输出信号以供显示，或者与其他系统协同工作，构成一个更大的系统。

MEMS最大的特点和优点当然是“微”，其结构的特征尺寸在微米甚至纳米范围，比以往任何系统的体积都要小、质量都要轻，因此占据空间极小。对大的系统，如汽车、飞机、卫星等，节省体积就意味着有效空间的增加，减小质量就意味着功耗的降低。之前由于体积因素根本无法放进去的系统也可以借此机会找到用武之地，实现以前无法实现的功能。MEMS产品甚至还可以进入以前无法进入的狭小空间执行功能，诸如深入微细管道、血管和细胞中进行复杂操作。

MEMS另一个显著的特点是智能化。如前所述，MEMS集成了许多具有不同功能的传感器、执行器和信号处理单元，这样的一个系统可以独立地与外界进行信息与能量的交换和操作，从而实现真正的智能化系统。

MEMS还有一个不可忽视的特点便是其广泛的交叉性和渗透性。MEMS几乎可以与包括电子工程、机械工程、生物工程、物理科学、化学科学和材料科学在内的绝大多数自然科学和工程技术相结合，因此也就可以应用于包括航空、航天、军事、光通信、无线通信和生物医药在内的人类生产生活的方方面面。

另外，由于 MEMS 是从微电子的基础上发展而来的，所以它同时也具备了集成电路产品低成本和易于批量化生产等优点。

纳机电系统（nano-electromechanical System，NEMS）是 20 世纪 90 年代末提出来的一个新概念，是继 MEMS 之后在特征尺寸和效应上具有纳米技术特点的一类超小型机电一体化系统，一般指特征尺寸在亚纳米到数百纳米，以纳米技术所产生的新效应（小尺寸效应、界面效应、量子尺寸效应以及宏观量子隧道效应）为工作特征的器件和系统。由于尺寸更小及其所导致的新效应，NEMS 器件可以提供很多 MEMS 器件所不能提供的特性和功能，如超高频率、低能耗、高灵敏度、对表面质量和吸附性前所未有的控制能力，以及纳米尺度上有效的驱动方式等。对纳机电系统的研究将促使信息技术、医疗健康、能源、环境、航空航天和国防等各个领域的技术进步，并取得突破性的发展。

作为对纳机电系统开展研究的典型器件，NEMS 谐振器以其独特的结构特点及在纳米尺度表现出的独特性质引起了人们的极大兴趣和广泛关注，国际上围绕 NEMS 谐振器已开展了大量研究工作。与 MEMS 谐振器相比，NEMS 谐振器利用了纳米核心结构的尺度效应使器件性能获得了显著提升，通过谐振结构的等比例缩小，器件频率显著提高，甚至可以达到 GHz。此外，NEMS 谐振结构具有很高的品质因子，一般在 10^3～10^5，显著高于其他技术制作的谐振器。NEMS 质量传感器就是充分利用了 NEMS 谐振器有效质量小、品质因子高的特点而得到的一类 NEMS 器件。纳米悬臂梁是 NEMS 谐振器的基本结构单元。横截面边长为 10 纳米左右的悬臂梁，其质量可以小至 10^{-18}克，因而可以检测非常小的质量。以其为敏感单元的质量传感器已能检测绑定在结构上的 DNA 分子，甚至还能检测到少量原子的影响，从而有望得到灵敏度为 1 道尔顿的器件来检测电中性单分子的质量。这种敏感方法还可以用于检测其他的微小作用，如已实现的电荷传感器甚至可以检测出 1/10个电子电量，较 MEMS 电荷传感器的灵敏度更高。

二、MEMS/NEMS 的发展现状

按照 MEMS 的定义和技术特点，MEMS 的历史可以追溯到 1954 年 Bell 实验室开发出的基于硅压阻效应的应变器件。但以加利福尼亚大学伯克利分校的微马达为里程碑，20 世纪 80 年代后期至 90 年代，MEMS 的研究和产业化才真正得到迅速发展，发达国家先后投入巨资并设立国家重大项目来促进 MEMS 技术的发展。

(一) 加工技术

在研究方面，MEMS 加工技术和设计技术最先得到关注，以微电子为基础的表面牺牲层工艺和体硅工艺，以精密加工为基础的微电火花加工工艺、超精密机械加工技术、激光加工技术，以能量束为基础的聚焦粒子束加工、电子束加工和电子束诱导淀积，以及专门为特种 MEMS 开发的 LIGA 技术和聚合物 MEMS 技术相继被开发出来。

硅基微纳加工技术是在微电子加工技术的基础上发展起来的，因此它充分利用了集成电路加工和生产的经验与优势，具有工艺成熟、批量生产、成本低、加工能力强等显著特点。另外，由于利用了和微电子类似的工艺，所以可以与电路集成在同一芯片，更充分地发挥微纳米技术的优势。硅基微纳加工技术是目前 MEMS 的主流技术，市场上绝大多数大批量产品均是利用这种加工技术制造出来的。硅基微纳加工技术可以分为表面牺牲层工艺和体硅工艺两种。

1. 表面牺牲层工艺

表面牺牲层工艺是指通过在衬底表面淀积不同的薄膜并结合选择性腐蚀得到悬浮微结构的一类工艺过程，是在 IC 加工技术基础上直接发展起来的。因此这种微加工技术具有和 IC 工艺类似的特点，如批量、低成本、加工精度高，无须 IC 加工以外的特殊设备，并且 IC 兼容，容易实现与 IC 的单片集成。

基于多晶硅的表面加工用途广泛，可以用来加工多种 MEMS 器件，已经成为主流微加工工艺之一，并且是少数几种可以作为标准工艺提供给很多用户使用的工艺之一。表面硅工艺可以实现和电路集成的加速度计、微马达等多种器件，其中最有代表性的产品是 ADI 公司的集成加速度和陀螺。

代表表面加工工艺最高水平的标准工艺则是美国 Sandia 实验室的超平多层 MEMS 加工工艺，SUMMiT（Sandia Ultra-planar Multi-level MEMS Technology）。这种工艺中采用了 CMP 技术，因此可以使每层都很平，从而实现多层平面结构。目前的多晶硅已经达到了 5 层。

由表面加工的特点决定，这种工艺加工出来的只能是平面的二维结构。但通过一些特殊的结构设计和组装方法，可以实现准三维表面加工。用这种工艺实现的两种典型器件是如美国的加利福尼亚大学伯克利分校和斯坦福大学的二维扫描微镜，以及伊利诺伊大学的热线形微流量传感器。

除了多晶硅表面牺牲层工艺之外，还可以用其他结构材料和牺牲层材料来进行器件加工，以满足不同需求。例如，可以采用溅射或电镀的技术作为结构层，采用光刻胶或其他聚合物材料作为牺牲层。这样可以使结构的电阻率很低，满足低损耗要求；或者得到高反光度的镜面，满足光学器件的要求。同时，这种工艺还具有低温的特点。这种工艺加工的典型应用是美国 TI公司的微型镜面显示器件（DMD）和美国雷声公司的 RF MEMS 开关。

对红外探测器和超声波传感器，可以用 Si_3N_4 作为结构层，而用多晶硅作为牺牲层材料。Si_3N_4 材料是绝缘材料，具有更高的杨氏模量和更强的光吸收，满足器件的特殊要求。

集成化一直是 MEMS 研究领域中的热点问题。实现电路与结构的完全集成可以提高微机械器件的性能，降低加工、封装的成本。由于电路与机械结构在工艺和性能要求上有很大的不同，集成化技术的研究充满了挑战，尤其是材料和工艺的兼容性问题，电连接、电隔离和机械连接等问题。例如，对表面牺牲层工艺，工艺之间的温度兼容性问题——LPCVD 多晶硅和退火等高温工艺会对金属、电阻和聚合物等产生不利影响。

最先取得成功的是 ADI 公司的 iMEMS 工艺。这种工艺将 IC 加工与 MEMS 加工混合进行。这种工艺虽然比较有利于工艺的优化，但专门性很强，不容易被标准化和被其他加工厂复制。

从加工成本和实用化考虑，post-CMOS 是最优的方案，这样 CMOS 电路部分的加工可以在标准的集成电路代工厂完成，最大限度地降低设计成本和提高成品率。因此 post-CMOS 技术一直是集成化研究的热点。

近年来，加利福尼亚大学伯克利分校和比利时的 IMEC 开发出一种新的 post-CMOS 技术，采用多晶锗硅（poly-Si_xGe_{1-x}）取代多晶硅作结构材料。多晶锗硅的生长温度小于 450℃，因此可以用铝来作互连材料实现 post-CMOS MEMS 集成。这种工艺已经开始被产业化。

CMOS MEMS 工艺是由美国卡耐基梅隆大学开发的一种完全的 post-CMOS 集成工艺，它采用 CMOS 电路中的互连金属及金属间的介质作为机械结构，所以 CMOS 电路加工完成后只需几步各向异性和各向同性的干法刻蚀就可以完成器件的加工。这种工艺的一个特点是所有的工艺步骤都是单面加工，所以可以很容易地移植到基于不同尺寸衬底的工艺线上，可以增加选择加工服务商的自由度。这种工艺的主要缺点是机械结构的厚度有限，而且有较大的残余应力。

表面加工工艺具有一些局限性，如只能形成2D或准3D结构，而不能形成真正的3D结构；结构层薄，通常只有几个微米，因此不适合加工一些高精度的MEMS器件；由于结构层通常由多晶硅、氮化硅和金属构成，其机械性能一般要比单晶硅差。

2. 体硅加工工艺

体硅加工技术是专门为MEMS开发出的技术，其特点是选择性地去除衬底部分硅，利用硅衬底形成结构。由于这种方法可以利用整个硅片的厚度，因此可以形成较厚的复杂三维结构，有利于形成更多的器件，并提高器件的性能。以电容式微惯性器件为例，其大的质量和检测电容可以提高器件的分辨率和灵敏度。对一些执行器，可以产生更大驱动力和位移。此外，单晶硅的机械性能优异，也有利于提高器件的性能。其缺点是与IC兼容性不如表面加工技术，更不容易实现集成，其制造成本也相对较高。

在体硅加工工艺中，最具有代表性的工艺是硅各向异性腐蚀工艺、键合工艺和深反应离子刻蚀（DRIE—Deep RIE）技术。与表面硅加工技术不同，如何将不同工艺组合起来，可以形成多种多样的工艺流程，用来加工不同的结构和器件，比单项工艺的研究更为重要。

硅的湿法腐蚀工艺早在20世纪60年代就出现并应用在集成电路制造中。根据腐蚀效果可以将其分为各向同性腐蚀（isotropic）和各向异性腐蚀（anisotropic）。各向同性腐蚀对硅的晶向没有明显的选择性，各个晶向的腐蚀速率相同或比较接近。各向异性腐蚀则是指在某些腐蚀液中，不同的晶面腐蚀速度不同，得到的最终形状与晶面密切相关。除了硅以外，很多晶体（如石英）也存在这种现象。湿法腐蚀作为基本的体硅技术，至今依然被广为使用。

湿法腐蚀很难实现具有垂直侧壁的高深宽比结构，传统的干法刻蚀技术在刻蚀速度、对掩膜的选择性及深宽比等方面也无法满足要求，硅的深刻蚀技术正是在这种需求背景下开发出来的。硅的深刻蚀技术是在传统的反应离子刻蚀（RIE）技术上发展而来的，所以也称为深反应离子刻蚀（deep RIE，DRIE）技术，该技术在微机电系统的研究中起到了重要作用，是体硅加工技术中最具代表性的一种技术。深刻蚀一般采用ICP（inductively coupled plasma，电感耦合离子）作为等离子源，因此又被称为ICP刻蚀。这种工艺的优点如下。

（1）垂直侧壁：侧壁的角度控制可达90°±0.1°。

（2）高刻蚀速率：通常的速率是大约2微米/分，目前新型的刻蚀设备硅的速率已经可以达到 50 微米/分。

(3) 高选择比：对光刻胶的刻蚀选择比为 50∶1 以上，对 SiO_2 的刻蚀选择比达 100∶1 以上，对 Al 等金属几乎不刻蚀。

(4) 高深宽比：深宽比是指刻蚀槽的时候，可以达到的深度与宽度的比值，是衡量刻蚀能力的重要参量。目前 DRIE 工艺可以达到 30∶1 甚至 50∶1 以上。

在 MEMS 工艺中，键合（bonding）是一项关键技术，通常把整个硅片（或玻璃片）通过不同的作用力结合在一起，在两种材料（两个片子）之间会形成化学键，形成稳定的结合，因此被称为键合。键合的作用包括封装、提供支撑、增加额外电极、形成密封腔体、形成复杂三维结构和引入不同材料的衬底等。

硅硅直接键合（SDB）是指被抛光硅片面对面的黏接在一起，高温退火完成键合的过程，也称为热键合或熔融键合（fusion bonding）。由于硅的刚度比较大，成键难度也比较大，所以对硅表面的平整度、粗糙度、颗粒和沾染物都有非常严格的要求，否则会形成空洞，甚至完全无法实现键合。因此通常直接键合比较困难，需要高温处理。但随着表面处理技术和硅片加工技术的进展，目前低温甚至是室温键合都已经可以实现。MIT 在用 9 层硅键合实现了微型燃动发电机。

另一种主流键合技术是硅/玻璃阳极键合（anodic bonding），这种键合对衬底要求低，键合温度也相对低。因此在研究和产品中应用广泛。

过渡层键合也是常用的一种键合方式，常用的有共熔键合（eutectic bonding）、焊料（淀积焊料薄膜）键合、低熔点玻璃（glass frit）、热压（软金属薄膜）键合等，用于不同的结构和器件的加工。

采用以上所讲述的各种体硅加工方法的任何单独一种，都无法完成 MEMS 器件的加工。只有把它们合理组合起来，并结合集成电路的各种加工技术，形成完整的工艺流程，才能实现复杂的器件加工。代工企业（Foundry）生产模式使集成电路设计企业与加工企业分开，形成了一种非常有效的合作模式，是促使集成电路迅猛发展的一个很大的因素。但微纳机电系统器件，其种类繁多，结构和形状各异，难以用少数几种标准满足大多数器件的加工。与表面加工工艺相比，体硅加工工艺技术更复杂，方法也更丰富，通过不同的组合可以实现多种成套工艺，满足不同器件加工的需求。“一个器件一个工艺”仍是目前 MEMS 加工的一个显著特点。

SOI MEMS 是近年来发展起来的新型 MEMS 加工技术，该工艺采用

SOI 材料的器件层加工 MEMS 结构，以衬底硅片做支撑结构。该工艺兼具体硅和表面硅加工特点，工艺简单，结构层厚。由于 SOI MEMS 工艺与表面工艺有很大的近似性，所以它与 CMOS 的集成也具有独特的优势。从 2004 年起，ADI 公司用 SOI 工艺全面替代多晶硅表面牺牲层技术，推出新一代加速度计。由于 SOI 材料中的硅层（40～100 微米）远远大于多晶硅层的厚度，所以器件的灵敏度增加，芯片尺寸却大大缩小。同时，由于简化了工艺，虽然在材料上增加了费用，但整体成本却下降了。SOI MEMS 工艺已经成为主流加工技术之一。

在表面工艺中提过，CMOS MEMS 工艺是一种完全的 Post CMOS 集成工艺，但残余应力会带来很大的问题。为了克服 CMOS MEMS 工艺中的问题，卡耐基梅隆大学开发了一种结合深刻蚀工艺的 DRIE CMOS MEMS 工艺，改进后的工艺利用单晶硅作为机械结构，可以实现高深宽比结构，提高器件的性能。

总体来看，硅基 MEMS 基础制造技术无论从单项技术还是成套工艺，都已经趋于成熟，以前影响加工成败的应力问题、黏附问题、FOOTING 效应等都已经从设备和技术方面逐步得到全面或大部分解决。工艺研究方面已经远没有 20 世纪末期活跃，重点已经从高校和研究所转移到工业界。工业界所面临的很多焦点问题与 IC 加工有很大的类似度，提高成品率和可靠性，缩小特征尺寸增加器件集成密度，加大圆片尺寸成为关键问题。如何固定若干广泛应用的标准工艺，形成代工厂服务，摆脱“一个器件一个工艺”的局面是工业界面临的更重要课题，并且一直存在着激烈的争论。

值得一提的是基于 DRIE 技术的硅通孔 TSV（through-silicon via）技术成为半导体集成电路产业迈向 3D SiP 时代的关键技术。尽管 3D 封装可以通过引线键合、倒装（flip chip，FC）凸点等各种芯片通路键合技术实现，但 TSV 技术是潜在集成度最高、芯片面积/封装面积比最小、封装结构和效果最符合 SiP 封装要求、应用前景最广的 3D 封装技术，被誉为是继引线键合、TAB、FC 之后的第四代封装技术，TSV 也被称为终极三维互连技术。IBM、Intel、Samsung 等大公司已经建立了自己的 3D 硅系统，一旦这项技术的成本可接受，就可以大量生产。

根据半导体业内厂商及专业研究机构预测，从 2011 年开始，TSV 技术将会渗透到 DSP、NAND Flash、DRAM、RF 等芯片领域；未来，基于 TSV 技术的 3D，SiP 封装将进一步应用至 CPU、GPU、传感器、MEMS 等各类领域。TSV 技术将成为 3D SiP 的主流封装技术。

3. 聚合物 MEMS 技术

随着微纳米加工技术的不断进步，生物微机电系统（BioMEMS）近年来已经成为生命科学研究的有力工具，并成为 MEMS 领域研究的前沿和热点。生物 MEMS 加工的要求是成熟、稳定、高成品率、低成本和材料的生物兼容性。硅基微加工也被应用于生物 MEMS 加工，但对于很多可抛弃型或小批量生物 MEMS 器件来说，其成本仍然过高，相关材料的生物兼容性、在液体环境中的长期可靠性仍有待解决，硅材料的脆性和不透明性也影响了其使用范围。近年来生物 MEMS 工艺的热点逐渐转移到低成本、高生物兼容性的聚合物微加工上。

因此，采用聚合物有机材料作为衬底材料制作生物 MEMS 芯片越来越受到研究者们的重视，这些聚合物材料的显著优点是具有良好的生物兼容性，可以进行化学反应，不易被生物化学类溶液腐蚀或与特定细胞和蛋白等发生作用的能力；其低成本加工便利，便于大规模生产；很多聚合物材料宽波段的透光性对用荧光等光学方法作为检测手段的器件也有很大的优势；一些聚合物材料的杨氏模量很低，并可以作大幅度的弹性变形。聚合物微加工技术非常适合用于加工低成本、可抛弃型的生化 MEMS 产品，因此成为生化 MEMS 加工的主要方向。

目前聚合物微加工技术往往建立在热压或注塑工艺的基础上，通常情况下加工精度远低于常规硅基微制造技术，这也极大地限制了聚合物材料在微系统中的应用。近年来，随着微加工设备的进步，应用于高性能的聚合物微制造技术的设备不断地被开发出来，如 EVG 公司就推出了精度在纳米尺度量级的热压设备，并开发出纳米热压（线宽精度为 100 纳米量级）、紫外曝光纳米压印（线宽精度 50 纳米）和微接触纳米压印（线宽精度为 100 纳米量级）等不同技术。这些技术的进步也将进一步促进聚合物微制造技术的发展，并使之广泛地应用于生物医学、高密度存储、光子晶体、塑料电子学、太阳能电池、传感器和高精度印刷电路板制作中。

（二）加工服务与代工企业

集成电路在研究上的巨大成功和迅速发展极大程度上受益于其标准化工艺及代工模式。MEMS 虽然脱胎于集成电路，但如前所述，工艺标准化的难度远高于集成电路，因此其代工模式的建立也十分困难。即便如此，人们也从来没有放弃过这方面的努力。

最早的标准工艺和代工服务是美国的 MCNC（现被 MEMSCAP 并购）在 20 世纪 90 年代推出的基于多晶硅表面牺牲层工艺多用户 MEMS 工艺（multi-user MEMS processes，MUMPs），这种工艺的最大特点是可以在同一个硅片上实现多用户的器件。这个工艺的推出，使很多不具备加工条件的大学和研究结构受益，只需要支付 3000 美元的代工费用，就可以得到几十个加工好的样品。对美国的 MEMS 科研和早期产品研发起到了举足轻重的作用。随着工艺的发展，MEMSCAP 又相继推出了基于 SOI MEMS 工艺的 SOI MUMPs 和基于金属结构层的 Metal MUMPs 工艺。

美国 Sandia 实验室的超平多层 MEMS 加工工艺、SUMMiT，卡耐基梅隆大学的 CMOS MEMS 工艺也都提供类似的多用户代工服务。

以上这些代工服务得到美国政府的大力资助，所以这些服务并不以营利为目的，而是以促进 MEMS 整体的研发为目的。虽然这些代工部门从没出现在代工企业的营收排行榜上，但其取得的间接收益和社会效益，则是无法估量的。

台湾地区的工研院（ITRI）是一个应用研发中心，10 多年前就开始了 MEMS 研发工作，并为高校和企业提供加工平台和代工服务，创造了如今台湾地区的 MEMS 产业。

然而，真正的规模化 MEMS 产业是无法靠这些代工服务来完成的，必须靠真正的大型制造商来完成。与 IC 一样，MEMS 的制造商也分成集成器件制造商和代工企业两种。由 MEMS 的特点决定，目前 Texas Instruments、Hewlett Packard、Robert Bosch 和 STMicroelectronics 等大型 IDM 公司仍然继续占据大部分的消费 MEMS 市场，但 MEMS 代工企业已经体现出强劲的增长势头。以上四家中的 STMicroelectronics 和 Texas Instruments 也提供代工服务，并且名列前茅。

图 8-1 是 Yole Développement 公司统计的 2010 年代工企业收入前 20 位的公司。2010 年，TOP20 的 MEMS 代工企业总收入达到 5.35 亿美元，与 2009 年相比增长了 10%。STMicroelectronics 公司继续位列 MEMS 代工企业榜首，年收入达到 2.04 亿美元。瑞典 Silex Microsystem AB 公司由于新提供了硅通孔（TSV）加工服务，2010 年收入达到 3700 万美元，与 2009 年相比增长了 85%。在 20 个企业中，中国台湾占了 4 家，分别是 AisaPacific Microsystems、TSMC、IMT 和 UMC。值得注意的是 CMOS 代工企业的巨头 TSMC 和 UMC 高调进入 MEMS 代工行业，2010 年 TSMC 在排行榜上仅以 2000 万美元排在第九位，但据著名咨询公司 IHS iSuppli 分析报告，2011 年

台积电相关营业收入达到 5300 万美元，超过纯 MEMS 代工企业 Silex Microsystems 跃升为第一位。虽然营收与其集成电路相比还很少，但增长速度却十分惊人。由自身特点所决定，台积电进入 MEMS 代工业伊始就定位于 MEMS 与 IC 的兼容与集成加工，并在行业内广泛宣传这次策略。目前台积电的主要代工对象涵盖了 3 轴陀螺仪、加速度计、MEMS 麦克风、压力传感器、片上实验室和喷墨打印头等众多 MEMS 产品，但其最主要的业务营收来自于 InvenSense 的陀螺仪、惯性测量单元（IMU）及模拟器件公司（ADI）的麦克风，这两种器件均是以集成方式制造的。另一知名集成电路代工企业联电（UMC）也继台积电之后实现了 CMOS MEMS 的量产。

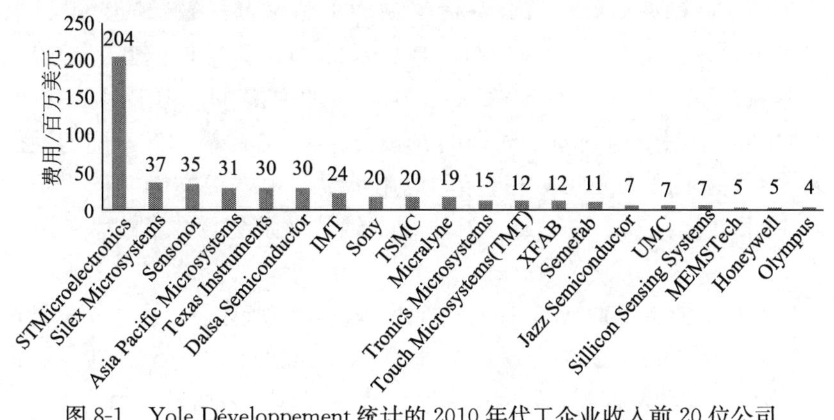

图 8-1 Yole Développement 统计的 2010 年代工企业收入前 20 位公司

（三）MEMS 器件和系统

由于 MEMS 是在 CMOS IC 的基础上发展而来的，所以人们习惯性地用 IC 的思维考虑 MEMS 的问题。很多年来人们一直在寻求像 IC 中的 CPU 和存储器一样的 Killer Application，产生一个新的飞跃，并带来甚至比 IC 更大的市场。然而，这一目标至今尚未实现，而且也没有一个公认的未来的可能器件或系统跃入人们的视野。压力传感器、加速度计、陀螺、微麦克风、FBAR 等 MEMS 器件虽然销售量都早已过亿，但由于其自身价格都不高，都无法担任起这一使命，MEMS 的整体影响和市场都尚无法与 IC 相比拟。然而，在这一寻找过程当中人们也意识到，MEMS 的多样性和渗透性正是它区别于 IC 的鲜明特性。MEMS 已经进入各个领域和行业，并且在不同程度上改变着其现状和发展走势。与其说这些器件和系统是 MEMS 产品，不如说它们是所在领域和行业的新一代产品。MEMS 研究的情况也是如此，最初的 MEMS 器件研究往往是以微电子或机械背景的人为主体，与相关的研究者合作进行；而近年来，随着MEMS技术日益成熟，MEMS技术已经成为强有力的研究工具。不同领域的研究者根据自己的需要和想法，利用MEMS技术研发所需的新型器件和系统。事实上，这恰恰说明了MEMS的强大生命力和光明的发展前景。它不会由于加工技术和一些器件的成熟而失去研究上的发展动力，而是会随着其他领域的不停发展而继续前进。

MEMS的多样性也造成了它的分类很复杂。例如，根据其基本功能可以分成微传感器和微执行器两大类；按照其应用，可以分成军用MEMS、汽车用MEMS、微型仪器、通信应用MEMS和医用MEMS等；按照它与其他学科的交叉结合方式，可以分成微型力学传感器、光学MEMS、射频MEMS（RF MEMS）、生物MEMS（Bio MEMS）、化学传感器、微流控系统、微能源系统（Power MEMS）等。在每一类中都包含很多种MEMS器件和系统，而根据应用不同，同样的MEMS器件又有着非常不同的性能要求。表8-1是不同领域MEMS产品的应用情况（根据葛文勋《微系统与纳米技术应用》，周兆英、王中林、林立伟主编《微系统与纳米技术》补充整理）。

（1）汽车工业：目前MEMS器件应用最成功的产业。已经应用的器件包括安全气囊、电子稳定系统（ESP）、胎压监测系统（TPMS）、刹车防抱死系统（ABS）、发动机控制、转向控制和防盗器等。一般而言，每一辆汽车都会安装几个到十几个MEMS器件。

表8-1 不同领域MEMS产品的应用情况

应用领域	MEMS产品	应用
汽车	加速度计，陀螺，压力传感器，流量传感器，温度计	气囊，车辆动态控制，TPMS，滚动传感器和控制器，燃料注入，HVAC，ABS，变速箱，空气、油量控制，湿度检测，振动检测
航空航天、军事	加速度计，陀螺，气压计，偏航传感器，微致动器，压力传感器，生物、化学传感器，芯片实验室，射频MEMS	惯性制导，红外成像，机翼空气动力控制，高度控制，引擎控制，化学武器探测，通信，智能军需用品
信息科学	加速度计，陀螺，磁盘驱动头，喷墨打印头，微显示，光学传感器	操纵杆，碟片和照相机稳定控制，数据存储与恢复，打印机，视频发射，便携系统，鼠标
生物医学	微麦克风，扬声器，超声传感器，刺激电极，药物泵，微喷嘴，智能药物传输系统，压力传感器，生化传感器	助听器，植入式耳蜗，神经刺激器，人造视网膜，胰岛素及其他药物的输运，药物注射，智能药丸，主动式修补，血液压力，体液压力，血糖监测

续表

应用领域	MEMS产品	应用
过程控制自动化	压力计，加速度计，角度、湿度、流量传感器，磁、气体、生物传感器，微泵，机械制动器	食品与制造业质量控制，制造自动化，管理和安全控制
通信	微镜，可调电容，电感，光源和探测器，V型槽连接器，光开关，射频开关，谐振器，滤波器	通道开关，光学衰减器，信号通道，控制，光学通信，可调激光器，激光光纤校准，选频和频率控制
环境	加速度计，生物传感器，微全分析系统，生物芯片，离子传感器	震动/地震检测，污染控制，环境监测，水和气体质量控制
科学与仪器	物理、化学、生物传感器和制动器，生物芯片，芯片实验室，微分光计	新科学研究，如DNA研究，基因、细胞研究，物理科学研究，表面物理、微纳材料研究，工程研究
消费类/家庭	压力，加速度计，流体、湿度、温度传感器，平板显示器	洗衣机，位置感测，HVAC，舒适度控制，自动清洁机器人，TV，DVD

(2) 消费类产品：目前的消费类电器越来越多地采用了MEMS器件，如家用血压计和血糖分析仪等都是基于MEMS的产品；另外，手机、摄像机和洗衣机等家用电器都已经广泛地使用到了MEMS器件，形成了一个巨大的消费类MEMS器件市场。到2012年，消费类产品领域的MEMS产品的份额超过40%。

(3) 生物化学及医疗：生化技术的飞速发展为MEMS产品带来了巨大的市场。目前生化领域中最为先进也是最为热门的DNA生物芯片及LOC（芯片级实验室）即为MEMS产品。此类产品可广泛应用于生物制药、病理诊断、DNA采样和血糖检测等各个方面。

(4) 工业自动控制：在全球的MEMS市场份额中，工业自动控制对各种MEMS器件的需求比例也很高。在这类器件中，压力传感器所占比例最大，达25%。

(5) 环保仪器（化学分析、环境监测）：采用MEMS技术可实现低成本的组合化学敏感器，作为大气及室内环境监测系统的核心器件将拥有潜力巨大的市场。

(6) 信息与通信产业：信息产业是世界第一大产业。各种网络终端设备、办公设备间通信、正在推广的蓝牙（blue tooth）技术和全光通信网络等都会给RF和光MEMS器件带来很大的市场。

(7) 玩具：玩具是MEMS业界未来最看好的一个市场。由于玩具种类繁多，更新速度快，MEMS技术一旦发展成熟后，其在玩具市场中的规模将难以估量。我们仅从当前集成电路产品在玩具行业中的市场规模就不难看出MEMS产品日后在此行业中的前景。

（8）武器装备：军事应用是 MEMS 器件最早和最大的发展动力，也是 MEMS 器件最大的市场之一。

（四）MEMS 市场

早在 MEMS 概念出现以前，一些事实上的 MEMS 产品已经出现在市场上，并且取得了很大的商业和应用上的成功。其中压力传感器和喷墨打印头是最有代表性的两种产品。这两种产品时至今日仍然占据很大的市场份额。随着 MEMS 技术的发展，越来越多的 MEMS 产品出现在市场上，MEMS 的市场规模增长迅速。

目前世界上有两家著名的 MEMS 咨询机构：Yole Développement 和 IHS iSuppli。这两家公司每年给出 MEMS 分类市场的统计和预测。由于数据来源和统计方法的不同，统计和预测数据通常存在比较大的差异，但两家公司的数据都显示：MEMS 的市场规模虽然还不是太大，但成长速度却非常快。根据 Yole Développement 的统计，2010 年全球 MEMS 市场强劲增长，市场产值较 2009 年增长 25%，达 86 亿美元。5 年 MEMS 市场的复合年均增长率为 14%。MEMS 市场主要增长动力将是消费电子市场和手持移动设备，尤其是智能手机和平板电脑的兴起成为最大的增长点。

很多 MEMS 器件已成为智能手机中的标准配置。以苹果 iPhone 系列和三星的 Galaxy 系列为代表的智能手机，都采用了惯性传感器。由于智能手机可以一直在线进行互联网访问，与 MEMS 传感器相结合，智能手机正在快速成为最大的无线传感器网络。

MEMS 加速度计、陀螺仪、电子罗盘相结合可以实现室内导航；加速度计可以实现自由落体检测、倾斜控制、计步器、手势检测、单击/双击检测、画面翻转等功能；陀螺仪还可以实现图像防抖、虚拟现实等功能；压力传感器提供多层建筑及商场的精确高度数据，推进 LBS（local based service）服务；硅微麦克风正在逐步取代传统的电容式麦克风；MEMS 振荡器、滤波器和 RF 开关等 RF MEMS 器件可以构成高性能收发模块。其中压力传感器、加速度计和陀螺仪已经进入了成熟期，麦克风和电子罗盘还处于发展期，其他的很多传感器还处于孕育期。

汽车是目前 MEMS 的一个成熟的大市场，进气歧管绝对压力传感器（MAP）在 MEMS 概念出现之前就被广泛应用，目前仍保持着稳定的市场。目前最受关注的是基于 MEMS 的汽车安全系统，最大的汽车 MEMS 应用是安全气囊，但 TPMS 到 2015 年将超过安全气囊。这主要是出于安全考虑，很多国家指令性地要求汽车加装这些安全系统。据 ABI Research 分析，2010 年有将近 1 亿个安全气囊、胎压监测及电子稳定控制安全系统采用了 MEMS 器件。这些系统包含了超过 3 亿个 MEMS 芯片。到 2016 年，约有 1.5 亿套系统将被安装到车辆上，这些系统包含的 MEMS 器件总数将超过 8.3 亿个。目前来讲，进入汽车市场的 MEMS 供应商还很少，对于新建的公司来说很难插足，但是对于那些成功的供应商来讲，确实获得了巨大的利润。

前四大 MEMS 公司——德州仪器（TI）、惠普（HP）、博世（Robert Bosch）与意法半导体公司（ST）2010 年的合计销售额约达 30 亿美元，已显著拉开与其他竞争对手的差距，四者合计营收已占总产值三成比重。这主要是因为 MEMS 器件开发成本很高，从概念到产品所需要的时间和金钱代价都很高。而诸如加速度计、压力传感器之类成熟市场的成本压力都很高。TI 公司的 DMD 产品（现更名为 DLP，数字光学处理器）经历了近 20 年，花费了数十亿美元才取得商业上的成功。Acoustika 公司花费了上亿美元开发微麦克风，但由于在成本上无法与 ST 公司竞争而被并购。

要想改变这种局面有两种可能的途径：一是代工企业迅速成熟，并推出足以支撑很多 MEMS 器件生产的多种低价标准工艺，使类似 IC 模式的 Fabless 企业可以很快地推出产品，并且在成本上具有优势；二是新的 MEMS 器件和系统涌现，促进新兴企业的崛起。生物医疗、高端仪器和物联网节点可能会成为新的增长点。2009～2014 年，医学诊断和药物输运方面的 MEMS 市场将分别实现 34%和 32%的复合年增长率。

（五）国内发展现状（不含港台）

1. 总体情况

中国的 MEMS 研究起步并不晚，早在 20 世纪 80 年代复旦大学、东南大学、清华大学和中国科学院上海微系统与信息技术研究所（当时的冶金所）就已经开始了 MEMS 工艺和器件的研究，并且在键合技术和 KOH 腐蚀技术等方面取得了很好的成果。例如，“集成压阻式压力传感器”获 1985 年电子工业部科技进步奖二等奖，但中国的 MEMS 大规模发展应该始于 20 世纪 90 年代后期和“十五”期间，2000 年 MEMS 被正式列入“863”计划中的重大专项，总装备部、教育部的教育振兴计划、中国科学院的知识创新体系、国家自然科学基金委员会，以及地方政府和企业也进行了投入。1996 年，在北京大学和上海交通大学建设的微米/纳米加工技术重点实验室，2000年在中国科学院上海微系统与信息技术研究所建设的微系统技术重点实验室，在中国电子科技集团（简称中电集团）第十三研究所建立了MEMS工艺封装基地，建立了多个MEMS制造技术平台，制造技术水平有了大幅度提高，并已具备了小批量生产MEMS产品和进行MEMS规模制造技术研究的能力。这些制造技术平台不仅可以支持用户进行MEMS的研究和产品化关键技术开发，为百余家用户提供制造服务，而且还具有产品的小批量制造能力。

上海微系统与信息技术研究所以发明的专利技术为核心，形成了压阻MEMS传感器、电容式MEMS器件、SOI基MEMS器件和圆片级气密MEMS封装等4套MEMS制造工艺组合，建立了国内唯一的集MEMS芯片制造和封装于一体的MEMS制造技术平台。经过不断的改进和完善，目前该技术平台的年产能达到1200万只MEMS传感器，为科研院所、高校、中小MEMS产品公司和国际大公司等百余家用户提供了芯片制造和封装服务，不仅为用户带来超过亿元的销量额，还为用户完成国家重要科研项目和生产研制重要武器装备提供了有力支撑，获得了用户的好评。经过多年的高效运行，在国际上也有一定的影响。目前除了许多国际大公司（如美国Honeywell、韩国三星、德州仪器半导体技术（上海）有限公司、美国模拟器件（中国香港）有限公司、飞利浦元件及模组（上海）有限公司、富士通微电子（上海）有限公司等）是技术平台用户外，技术平台还经常为许多美国等国外用户提供加工服务。

北京大学在微米纳米加工技术重点实验室的硅基MEMS工艺平台上开发了多套MEMS标准工艺和一批关键技术，为国内外80多家500多种微结构的研制提供了2000多次工艺技术服务，使键合深刻蚀释放工艺成为国内MEMS器件研制采用最多的工艺流程；可裁剪的模块化压阻工艺能够满足压力计、流量计、加速度计等一系列MEMS器件芯片加工的需求，制造了压力计芯片300多万个。大量的技术服务使北京大学成为既具有小批量制造能力又能够为多种MEMS器件研制提供研究支撑的硅基MEMS工艺平台，带动了我国MEMS技术的发展。

随着MEMS的市场规模不断扩大，一些集成电路制造企业对MEMS的代工产生了浓厚的兴趣，我国像中芯国际、上海先进半导体和无锡华润上华等集成电路制造商也开始进入MEMS制造领域。中芯国际计划专门拿出一条8寸线用于MEMS的制造，有望为我国MEMS的产业化提供相当的规模制造能力。上海先进半导体拿出一条6寸线用于MEMS的制造，并已开始为国外大客户提供代加工服务，预计每月出片量达到2000片。这些集成电路制造企业的加入，不仅为MEMS产品的规模生产提供了基础，而且还将加快我国MEMS产业化的进程。

在器件和系统方面，我国MEMS研究则涵盖了物理量传感器（惯性MEMS、微压力传感器、硅微麦克风）、光学MEMS、RF MEMS和生物MEMS等诸多领域。北京大学和清华大学联合研制的陀螺、中国科学院上海微系统与信息技术研究所研制的微纳悬臂梁、中国科学院大连化学物理研究所的芯片实验室、中国科学院电子学研究所研制的电场传感器、清华大学研制的微型燃料电池等都步入了国际先进行列。中国科学院上海微系统与信息技术研究所利用建立的MEMS制造技术平台，攻克了汽车胎压传感器关键制造技术，研制出系列压力传感器芯片，芯片尺寸仅1毫米×1毫米，在4英寸硅圆片上可制作7000余个传感器，实现了小批量生产，目前每年销售超过500万只，已累计销售超过1000万只，并在国内汽车胎压计市场占有约30%的份额，成为国内胎压计市场主流芯片供应商。此外，它们还研制出电子血压计用压力传感器和天气预报/气压计用压力传感器，每月销售出数十万只传感器，开始进入国内市场。它们研制的高冲击加速度传感器已销售数千只，并在多个重要武器装备中应用，成为这些武器装备中的核心器件，加快了我国武器装备更新换代的步伐。

我国在国际重要的MEMS会议和权威期刊上面的文章也从凤毛麟角到批量出现。例如，在MEMS领域最大的会议Transducers上面，2011年的文章已经达到70余篇；在公认的最好的会议IEEE MEMS上面，2012年录用的文章有14篇。在权威刊物JMEMS上，2000年以前每年只有屈指可数的几篇文章，目前几乎每期都会有中国内地作者的文章出现。

从研究机构来看，我国进行MEMS研究的高等院校和研究所早已经超过100个。高校方面处于优势地位的有北京大学、清华大学、东南大学、上海交通大学、复旦大学、浙江大学、西安交通大学、西北工业大学、厦门大学、哈尔滨工业大学、大连理工大学、重庆大学等；在研究所方面有中国科学院上海微系统与信息技术研究所、中国科学院电子学研究所、中国科学院半导体研究所、中国科学院微电子研究所、中国科学院大连化学物理研究所、中国科学院长春光学精密机械与物理研究所、中电集团第十三研究所、中电集团第五十五研究所、中电集团第四十九研究所、沈阳仪表科学研究院等。这些研究机构各具特色，在不同的方面具有自身的优势。同时国内在微纳米制造方面已成立了3个专业学会，即中国微米纳米技术学会（一级学会）；中国机械工程学会微纳米制造技术分会；中国仪器仪表学会微器件与系统技术学会。

2. 重点实验室、加工中心与代工厂

加工技术和加工服务是MEMS研究的基石，也是实用化的支柱，因此建立高水平的加工服务体系对我国MEMS的发展至关重要。早在1987年，国家就在中国科学院上海微系统与信息技术研究所和中国科学院电子学研究所建立了传感技术联合国家重点实验室，进行传感技术的新原理、新方法、新技术、新器件、新系统的研究。1996年，总装备部在北京大学和上海交通大学建设的微米/纳米加工技术重点实验室，专门进行MEMS工艺开发和加工服务。2000年总装备部在中国科学院上海微系统与信息技术研究所建设了微系统技术重点实验室。其后，中电集团第十三研究所也建设了MEMS加工线。这些工艺平台的建设，提升了我国MEMS的加工能力，有力地支撑了我国MEMS的研究和产业化工作，形成了更广泛和更强的加工服务体系。

近年来，国家部委、地方政府甚至民间机构也分别通过不同计划和途径建立了多个MEMS重点实验室和加工中心。其中比较具有影响力的包括中国科学院苏州纳米技术与纳米仿生研究所（简称苏州纳米所）、厦门大学萨本栋微纳米技术研究中心、中国工程物理研究院微系统中心、东南大学MEMS教育部重点实验室、西北工业大学陕西省微/纳米系统重点实验室、重庆大学微系统中心、大连理工大学微系统中心等。其中苏州纳米所的开放度最高，不但为高校和研究所提供加工服务，还支持了很多新兴MEMS企业进行产业前期开发；萨本栋微纳米技术则是由海外华人华侨捐资开始建立的重点实验室。中国科学院微电子研究所、中国科学院半导体研究所、中电集团第五十五研究所、中电集团第二十四研究所也都具有MEMS加工实验室，并各具优势方向。

然而，中国面向产业的MEMS代工业的发展并不能令人满意。虽然在21世纪初开始，国内的一些集成电路制造商和重点实验室就开始了一些MEMS器件的小批量产业化生产，但都是根据特殊器件定制加工，并且没有形成规模，谈不上真正的代工生产。MEMS代工能力的薄弱直接制约着中国MEMS产业化的发展。要靠MEMS研发公司自己建立MEMS加工厂，生产自己的产品，难度非常大，这就是很多MEMS成果无法转化成产品的一个重要原因。

中国最大的集成电路代工厂中芯国际（SMIC）从2008年第二季度起涉足MEMS代工，并宣称将致力于提供各项MEMS服务，推出单片CMOS与MEMS集成，以及WLP（晶圆级封装）等业务，并在2009年通过基于MEMS的流体控制开发商Microstaq的验证，开始进行产业化生产。虽然由于中芯国际自身重整，在成都的MEMS代工厂转让给其他公司，但其

MEMS代工业务并没有停止，而是转到了上海继续进行。

上海先进半导体（ASMC）打造的国内MEMS工艺生产平台已进入量产。设计月产量可达3000片，具MEMS前道和后道工艺加工能力，可以进行各类MEMS代工。不过，由于刚刚推出不久，服务能力和工艺能力还有待市场检验。

无锡上华也是介入MEMS加工较早的IC加工厂商。2011年开始承担了国家科技重大专项“与CMOS生产线兼容的MEMS规模制造技术”，旨在在现有的IC生产线上建立MEMS制造技术。如果项目成功，可以满足一部分MEMS产品的生产需求。

此外，“973”计划也从2011年起资助了MEMS规模制造技术基础的研究，计划从基础角度上解决MEMS产业化技术，希望可以对国内的MEMS代工厂提供深层次技术上的支持。

3. *产业和市场*

同其他行业一样，中国的MEMS具有巨大的市场和发展潜力。近年来，中国汽车、消费电子产品和医疗领域的市场和产业同步发展，因此也刺激着中国MEMS市场的发展。来自iSuppli的数据显示，2010年中国MEMS市场增长了18%，预计2009～2014年将实现13%的年均复合增长率，超过了中国整个半导体市场预计的10%的年均复合增长率。据《中国电子新闻》预测，2011年中国MEMS市场的总收入将达到32亿美元。在中国公布建设智能电网的计划之后，基于MEMS的流量传感器和加速计智能电表的部署开始加速。2011年，智能电表的销量将会大增，从而使MEMS受益。物联网是中国近几年来大力发展的方向，驱动着多个行业的发展。其中高性能、低成本、低功耗的传感器节点是传感网中的基石，其中的关键部件都是由MEMS器件构成的。这必将刺激MEMS产业蓬勃发展。中国社会老龄化趋势加重，需要研发更多的便携式医疗设备，从而带动MEMS传感设备在医疗领域的应用。

与巨大的MEMS市场相比，中国MEMS产业发展相对滞后，但近年来也取得了长足进步，涌现出很多MEMS专业公司，成为一股新兴的产业力量。

中国的MEMS公司可以分成四种类型。

一是依托于各大学和研究所建立公司，将科研成果转化为产品，实现产业化。其中有代表性的有依托于北京大学微电子研究院的北京青鸟元芯公司，主要产品是压力传感器；依托于中国科学院上海微系统与信息技术研究所的上海芯敏微系统技术有限公司，主要产品有压力传感器、红外气体传感器和加速度计等，目前年销售传感器超过500万只；依托于西安交通大学的维纳仪器有限责任公司，主要产品是石油勘探用高温压力传感器等。类似地，一些集团公司的研究所，本身就同时承担科研和生产的双重任务，其研究成果可以直接形成研究和产品的“一条龙”。具有代表性的是中电集团第十三研究所，研制的流量计和RF MEMS器件已经产业化；中电集团第五十五研究所的RF滤波器、谐振器等也实现了产业化。这类公司的优势在于技术实力和研究实力雄厚，大学和研究所的固定资产也有利于降低其成本压力。然而，由于这些公司还不是真正的商业化运作，竞争压力也造成了危机感和进取心相对不足。研究人员虽然有较高的基础研究水平，但产业化研究的经验和投入的精力都不足。所造成的结果是，真正转化成产品的并不是代表最新研究水平的创新性成果，而是相对成熟的技术和产品，真正的研究优势难以完全体现出来。

二是传统企业转型。原来一些传统传感器生产企业，采用新的微纳技术进行产品升级或开发新产品。这些技术升级和更新通常也是通过和大学或研究所合作完成的，有一些也采用和国外的研究机构合作等方式来完成。具有代表性的有重庆金山、北京国浩微磁、山东歌尔声学、西安中星测控等。这些公司通常具有很强的资金和设备后盾，并且拥有从研发一直到营销的人员体系，因此会很快形成产品规模，取得不错的产值和利润。其中重庆金山的胶囊式内窥镜是在“863”计划的支持下开发出来的，并形成了很大的市场，一直被作为明星产品宣传。与中国传统的高科技公司类似，中国的大多数大公司还缺乏做高风险、高投入的长线产品的魄力。因此这类公司的产品大多数也是国外已经在技术和市场上相对成熟的产品，很难产生有竞争力的原创产品。

三是外资公司在中国建立的独资公司，依赖中国的人才、资源和成本优势。其中最具有代表性的是无锡的美新公司，由ADI公司的留美华人赵阳博士创立。该公司从创立之初就立足于中国，从器件原型开始，在短短几年内，就完成产品的开发和量产。在加速度计、流量计和磁传感器方面都取得了产业化方面的成功，并最终在纳斯达克成功上市。另一类代表是楼氏电子公司，这家总部在美国的硅MEMS麦克风的最大供应商把加工和封装放在了中国，从而取得了成本上的优势。ST、Bosch等公司也在中国进行部分的生产和封装。这些公司的技术和产品都在世界上处于领先水平，对我国MEMS的发展和产业化也起到了良好的促进作用。但由于核心的技术和人员都来自国外，无法使中国的MEMS实现从“中国制造”到“中国创造”的转变。

四是留学归国人员或国内从事MEMS研究的高端人才以自己的研发成果为基础，在国家、地方及风险投资的资助下，成立的高新科技公司。这种公司的数目最多，MEMS产品的种类也最为繁杂。其中比较著名的包括以芯片实验室为主要产品的北京博奥、以非制冷红外传感器产品的北京广微积电、以硅麦克风为主要产品的苏州敏芯、以陀螺为主要产品的上海深迪、以微镜相关器件为主要产品的无锡微奥等。这些公司除了北京博奥得到了国家大力支持而形成很大规模之外，其他公司的规模还都比较小，而且一些公司的产品仍在研发中，尚未形成批量产品。然而，这些公司所研发的产品大多数都代表着MEMS科研的先进水平，具有很高的原创性，代表着MEMS公司的发展方向。国家应该在政策和资金方面给予倾斜扶持。

总之，目前我国在MEMS研究方面有基础，部分产品已进入国内消费市场，在与境外产品竞争中取得了好的效果；国内主流集成电路制造商开始进入MEMS制造领域，具备了形成我国MEMS规模生产能力的条件；国家需求和国内传感器市场的需求日益旺盛，为未来几年我国参与MEMS竞争提供了大的市场空间。种种趋势表明，目前我国MEMS正处于大规模应用突破的前夜。

第二节 MEMS/NEMS领域中的若干关键问题

一、MEMS/NEMS材料问题

材料性能及其制造方法是MEMS/NEMS发展的基础，由于硅材料是IC的主流材料，加工技术先进且成熟，硅有良好的机械特性，可以利用业已建立起来的IC工业强大的基础设施，容易将敏感、执行结构和信息处理电路集成，所以硅仍然是目前MEMS/NEMS发展的主流。非IC微纳制造技术发展的驱动力是IC技术无法提供而MEMS需要不同的材料和结构（如金属、陶瓷、聚合物等），特定应用必需（如生物化学分析、发动机高温环境等），执行器（如热驱动）等。非IC微纳三维加工技术中的某些技术初步在生化MEMS和光MEMS中得到了应用。表8-2总结了MEMS/NEMS已经应用或正在应用的材料特点及实例。

表 8-2　MEMS/NEMS 常用材料特点及应用实例

材料	特点	实例
单晶硅（Si）	高性能电子特性 选择性各向异性腐蚀	体微机械加工 压阻敏感
多晶硅（Poly-Si）	牺牲层之上的掺杂硅薄膜	表面微机械加工 静电执行器
二氧化硅（SiO_2）	绝缘层 能被 HF 腐蚀 与多晶硅兼容	多晶硅表面微机械加工的 牺牲层器件钝化层
氮化硅（Si_3N_4）	绝缘层 化学稳定 机械坚固	静电器件电隔离层 隔膜与微桥材料
多晶锗（Poly-Ge） 多晶锗硅（Poly Si-Ge）	能够低温淀积	集成表面微机械 加工的 MEMS
金（Au） 铝（Al）	导电薄膜 灵活的沉积方法	互连层 掩模层 机电开关
体钛（Ti）	高强度 抗腐蚀	光 MEMS
镍铁（NiFe）	磁性合金	磁执行器
碳化硅（SiC） 金刚石	高温下电学和机械特性稳定 化学惰性 高杨氏模量与密度比	恶劣环境的 MEMS 高频 MEMS/NEMS
砷化镓（GaAs） 磷化铟（InP） 砷化铟（InAs）等	宽禁带 在相关三元化合物上外延生长	RF MEMS 光电子器件 单晶体和表面微机械加工
锆钛酸铅（PZT）	压电材料	机械传感器与执行器 振动能量收集
聚酰亚胺（Polyimide）	化学稳定 高温聚合物	机械柔性 MEMS 生物 MEMS
SU-8	厚膜 光致光刻胶	微型铸模 高深宽比结构
聚对二甲苯（Parylene）	生物兼容聚合物 可在室温下 CVD 淀积	防护涂层 植入式芯片
液晶聚合物（LCP）	化学稳定 低湿气渗透性	生物 MEMS RF MEMS

纳米尺度材料或结构的量子效应、局域效应及表面/界面效应所呈现的奇特性质，可以大幅度提高 MEMS/NEMS 的性能，也可能使以前不可能实现的器件或系统成为可能。例如，2004 年英国曼彻斯特大学的 K. S. Novoselov 和 A. K. Geim 成功制备出可在外界环境中稳定存在的单层石墨烯（Graphene），其特异的性质，如量子霍尔效应、超高迁移率、超高热导率和超高机械强度已经引起人们的广泛重视，是目前材料和凝聚态物理领域的研究热点之一，表 8-3 列出了石墨烯的机械特性，表 8-4 列出了石墨烯的热特性；而当气体分子吸附在石墨烯表面时，吸附的分子会改变石墨烯中的载流子浓度，引起电阻突变，可实现单分子检测。但实际上，只有将纳米结构与微米结构互连后，才能与宏观世界联系起来，通过微米技术进行集成，可将基于纳效应的功能和特性转变成新的器件和系统，因此，MEMS 技术可作为纳米科学走向纳米技术的桥梁。鉴于纳米硅、ZnO、碳纳米管等材料已经在 MEMS/NEMS 领域广泛研究，石墨烯独特的二维层状结构使其有大的比表面积和独特的电子结构，电导率高，为制作高灵敏度传感器提供了必要条件，在传感器的制作及应用方面也将有很好的发展前景，已经迅速成为近年热点领域。表 8-5 所示是已经报道的有关石墨烯在电化学传感器及生物传感器方面的研究进展。此外石墨烯电场传感器、磁场传感器、质量传感器、应变传感器、光电传感器等也已经开展研究。

表 8-3　石墨烯的机械特性

测量方法	材料	机械特性
AFM	单层石墨烯	$E=1\pm0.1$TPa
		σint$=130\pm10$GPa（εint$=0.25$）
Raman	石墨烯	$\varepsilon\sim1.3\%$（张应力状态）
		$\varepsilon\sim1.3\%$（压应力状态）
AFM	单层石墨烯	$E=1.02$TPa；$\sigma=130$GPa
	双层石墨烯	$E=1.04$TPa；$\sigma=126$GPa
	三层石墨烯	$E=0.98$TPa；$\sigma=101$GPa

表 8-4　石墨烯和氧化石墨烯的热特性

测量方法	材料	热导率
Raman	单层石墨烯	4840～5300W/mK（室温）
Raman	悬浮石墨烯薄片	4100～4800W/mK（室温）
热测量	单层石墨烯（悬浮）	3000～5000 W/mK（室温）
热测量	单层石墨烯（SiO_2 支撑）	600W/mK
四探针	还原氧化石墨烯薄片	0.14～0.87W/mK

表 8-5　石墨烯在电化学传感器及生物传感器方面总结

电极材料	检测对象	检出限/(mol/L)	线性范围/(mol/L)
功能化石墨烯（FG）	扑热息痛	3.2×10^{-8}	—
聚苯乙烯磺酸钠石墨烯（PSS-G）	肼	1×10^{-6}	$(3.0\sim300)\times10^{-6}$
石墨烯-壳聚糖/血红蛋白/石墨烯/离子液体（G-CS/Hb/G/IL）	CH_3NO_2	6.0×10^{-10}	$9.9\times10^{-9}\sim4.0\times10^{-7}$
葡萄糖氧化酶/石墨烯（GO_X/G）	葡萄糖	$(10\pm2)\times10^{-6}$	$(0.1\sim10)\times10^{-3}$
过氧化物酶/石墨烯（HRP/G）	H_2O_2	1.05×10^{-7}	$6.3\times10^{-7}\sim1.68\times10^{-5}$
石墨烯/金/壳聚糖（G/AuNPa/CS）	葡萄糖	1.80×10^{-6}	$(2\sim14)\times10^{-3}$（0.5V）
聚吡咯接枝共聚物/还原氧化石墨烯（PSSA-g-PPY/RGO）	次黄嘌呤	10×10^{-9}	$3.0\times10^{-8}\sim2.8\times10^{-5}$
功能化石墨烯/金（FG/Au）	葡萄糖	1×10^{-6}	30×10^{-3}
羧酸功能化石墨烯（G-GOOH）	腺嘌呤、鸟嘌呤	5.0×10^{-8}；2.5×10^{-8}	$(0.5\sim200)\times10^{-6}$
还原氧化石墨烯/树脂（RGO/N）	有机磷	1.37×10^{-7}	—
离子液体/功能化石墨烯（IL/FG）	烟酰胺腺嘌呤双核苷酸	5×10^{-6}	$(0.25\sim2)\times10^{-3}$
石墨烯掺杂壳聚糖/纳米金（GDCS/AnNP）	甲胎蛋白	0.7ng/mL	1.0～10ng/mL
石墨烯/铂（G/Pt）	胆固醇	0.2×10^{-6}	—
乙二胺四乙酸/还原石墨烯/树脂（EDTA/RG/Nafion）	多巴胺	0.01×10^{-6}	$(0.20\sim25)\times10^{-6}$
纳米金颗粒/石墨烯（GNPs/G）	尿酸	2×10^{-7}	$2.0\times10^{-6}\sim6.2\times10^{-5}$
多酶片功能化碳纳米球/石墨烯（MFCNSs/G）	α-甲胎蛋白	0.02ng/mL	0.05～6ng/mL
磷钨酸/氧化石墨烯（PTA/GO）	茉莉酸甲酯	2.0×10^{-7}	$5.0\times10^{-7}\sim8.0\times10^{-5}$

二、MEMS/NEMS 设计问题

（一）MEMS CAD 目前的设计方法与设计工具进展

MEMS 的发展基本上是借鉴了 IC（集成电路）工业的成功之处，即集中化批量制造，提供高性能价格比产品。但 MEMS 又与 IC 有较大的差别，因此，MEMS 产业化面临关键技术的挑战又不同于 IC 产业。在 IC 中，有一个基本单元，即晶体管。利用这个基本单元的组合并通过合适的连接，就可以形成功能齐全的IC产品。在数字IC中，电路工作在单个布尔能量范畴（即0或1状态），用单个变量（电压）基本上可以描述系统的工作，并且单元之间不存在其他范畴的耦合。因此，数字化IC设计周期短、容易集中制造，因此价格便宜。在模拟IC中，由于单元之间还有相互作用，因此，还需要第二个变量（电流）来描述系统的工作。一个附加的变量导致了如下几个问题：输入输出阻抗、电路单元的互负载、线性度等。这些问题决定了模拟IC有较长的设计周期，单位功能块价格较高。在MEMS中，不存在通用的MEMS单元，而且MEMS器件不仅工作在电能范畴，还工作在机械能范畴或其他能量范畴（如磁、热等）。因此，MEMS是多种能量耦合并是模拟性质的。由于MEMS的复杂性，采用CAD技术是必然的。MEMS CAD技术的意义表现在：优化MEMS结构与性能，缩短MEMS设计周期，模拟制造过程、降低生产成本，理解微小范围内机械、电、磁、热等能量之间的相互作用，为发明新的MEMS器件奠定基础。

MEMS器件或系统开发中包含的设计问题有概念设计、形状设计、工艺模拟、由光刻掩模与工艺描述产生的固体几何结构、几何结构与工艺次序的优化、微组装设计、规划与模拟、完整系统设计。通常，概念设计与产品设计对CAD要求完全不同。新器件的概念设计过程是用CAD工具寻求实际的结构，而产品设计过程更加关注物理行为和寄生现象。如果实际器件的掩模与工艺描述能够作为输入数据用于模拟，那将是非常有益的。由光刻掩模与工艺描述产生的三维固体模型允许几何结构检查并作为物理模拟的输入，这样确保了正在模拟的器件就是要构造的器件。MEMS CAD可以分为四个层次：系统级、器件级、物理/行为级、工艺级，在这些层次中，分别包括了集总参数网络、基于能量的宏模型、3D模拟、TCAD。这些层次中MEMS CAD系统对建模与模拟要求如下：①所有工艺步骤的工艺建模工具；②完成所希望器件结构的工艺优化（如拓扑优化）工具；③多个耦合能量域的物理模拟；④由模拟（微模型）构造出设计者有用的行为模型；⑤完成所希望器件行为的器件优化工具；⑥把行为期间模型插入系统级模拟工具；⑦完成所希望系统性能的行为模型优化。

在理想的MEMS设计环境中，设计者首先模拟每一步制造工艺，从而产生出3D几何模型，这个模型包括工艺相关的材料特性及初始条件（如工艺诱致的应力）。这种模拟步骤的输入文件包括掩膜板图（以CIF或GDS II格式）和工艺描述文件（如PFR）。为了计算工艺相关的初始场，将初始的几何结构进行网格划分，基于物理的工艺模型（淀积、腐蚀、铣蚀、键合、退火等）将生成用于模拟的虚拟模型，这个模型具备完整的材料特性、边界/体条件、物理/数值参数，因此适于场求解器。所有模型参数应该是直接面向“几何结构”而不是面向“网格”，因此能够完成多种分辨率（与网格无关）和基于求解的网格自适应划分。当然，最终的目的是制造这个器件及其相关的系统，并且系统的性能是希望的性能。通过模拟和建模在某种程度上可以预先处理这些问题，这又称为计算原型，因此可降低制造试验成本、提高效率。图 8-2 给出了 MEMS 设计与制造集成的自上而下或自下而上的设计方法、3D 微器件 CAD 流程及 CAD 工具。如上所述，MEMS 技术的挑战之一在于：MEMS 器件或系统设计必须将采用了不同材料与工艺的制造次序及封装工艺分离开，允许设计者使用与工艺无关的设计工具。

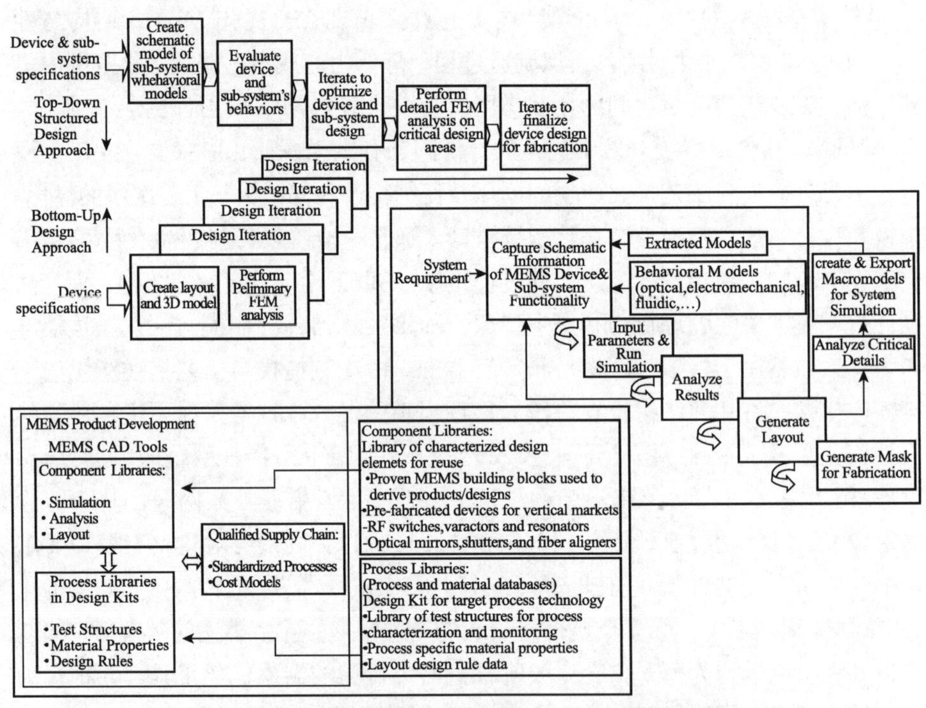

图 8-2　MEMS 设计方法、3D 微器件 CAD 流程及 CAD 工具

MEMS CAD 工具应具备下列特性：①三维固体模型的快速构建与可视化；②材料特性的综合数据库；③基本物理现象的模拟工具，如热分析、机械分析、结构分析、静电分析、电磁分析、流体分析等；④耦合模拟器，如热诱致的变形、静电执行器、静磁执行器、流体与变形结构的互作用等；⑤宏模型和形成与使用，如复杂结构的集总机械发等效电

路、谐振器的等效电路、耦合力的反馈表示等；⑥工艺模拟或工艺数据库，包括光刻与腐蚀工艺偏差、厚度、横向尺寸、掺杂、电阻率的容差；⑦设计优化与灵敏度分析，如变化器件尺寸来优化性能、工艺容差效应分析；⑧掩膜板图；⑨设计验证，包括用实际的掩模和工艺次序构造三维固体模型、检查由工艺决定的设计规则一致性、构造电路模拟器可用的宏模型进而模拟出设计所期望的性能，来评估整个系统的性能。

国际上正在开发综合 MEMS 设计工具，包括器件级或系统级 CAD。这些设计工具是从现有微电子设计工具（ECAD/TCAD）或机械设计工具衍生而来的，这些设计系统处于两大 CAD 工业的边界：电子设计自动化（EDA）和机械设计自动化（MDA），因此，MEMS CAD 系统的主要任务是将这两种系统集成。Coventor、ANSYS、ISE 和 CFD 等正在开发 MEMS CAD 软件系统。目前的 MEMS CAD 程序有 Oyste、CAEMEMS、CoventorWare、SESES、IntelliSense、MEMSCAP、CyberCAD 等。例如，Coventor 是用 Java 编程的自由 MEMS 版图设计工具，可在 MS Windows、Linux、Sun、HP 等平台运行。这些工具侧重于结构设计，很少有把功能与结构相连接的设计（即综合）。而且，这些工具还不能提供设计工艺管理。图 8-3 给出了现有 MEMS CAD 及其模拟工具汇总。现有设计工具的关键技术之一是功能和结构的建模，其中仅功能建模较为成熟，而没有功能与结构连接起来的建模。目前大部分 MEMS 器件的设计处于“试探性”设计方式，即经过几次反复设计才能达到所要求的性能，这种设计方法使 MEMS 器件原型的制造成本高、时间长。

同样，由于目前的 MEMS 设计工具是从现有微电子设计工具（ECAD/TCAD）或机械设计工具衍生而来的，无论从市场角度看还是从工具性能看，都需要与大型设计工具集成，尤其要与电子设计自动化工具集成，图 8-4 给出了 MEMS 设计工具（Coventor）与 IC 设计工具（Cadence）集成方式。

（二）MEMS/NEMS 设计需要解决的关键问题

由于目前的 MEMS 设计工具主要基于场计算，因此仅能对结构的性能分析，为适应 MEMS 发展，需要解决以下关键技术问题。

(1) 开展工艺模拟并建立工艺数据库，某些工具已经可以提供单步工艺模拟，但尚不能提供由不同工艺次序所完成的器件结构及其分析，因此不能分析工艺偏差对结构或器件性能的影响。

Mask Layout & Transformation

IntelliSuite
MEMCAD or Covntor Ware,
An's MEMSCAD
Web-MEMS Designer

System Simulation Tools

Saber
Silvaco/SmartSpice
MATLAB

Microfabrication Process Simulation Tools

Surface Micromachining:
IntelliSuite, ISE ,MEMCAD/Coventorware
Avant TCAD, Silvaco TCAD…
Bulk Micromachining: IntelliSuite

Device Simulation Tools

Thermo-Electro-Mechanical Analysis:
IntelliSuite,MEMCAD/Coventorware,ANSYS,ISE/ISE/Solidis
Fluid Structure Interaction:
ANSYS/Flotran
Structure Analysis:
ANSYS,IntelliSuite,ABAQUS,NATRAN,Solidis,MARC,
MEMCAD/Coventorware…
Mechanism Analysis:
ADAMS,DADS
Electro-Magnetic Analysis:
ANSYS,Ansoft,IntelliSuite,MEMCAD/Coventorware…
Fluid Analysis:
StarCD,FIDAP,Flotran,FLumeCAD…

Geometric Modeling & Meshing Tools

ANSYS,IntellisSuite,PATRAN, I-DEAS,
MEMCAD/Coventorware,Hypermesh,
ABAQUS/CAE,Pro/E

MEMS Material Database & Fabrication Database

IntelliSuite,Web-MEMS Designer

Macromodel Generation Tools

MEMCAD/Coventorware/AutoMM
Saber

Design for Manufacturability/ Assemblability(DFMA)

MEMCAD/Coventorware,
Web-MEMS Designer (Manufacturing Advisory System)
MicroCE

图 8-3　现有 MEMS CAD 及其模拟工具汇总

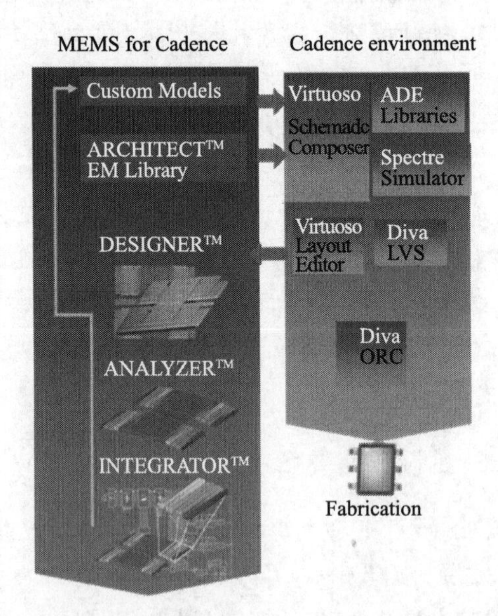

图 8-4　MEMS 设计工具（Coventor）与 IC 设计工具（Cadence）集成方式

（2）适应微传感器的迅速发展，由于目前的 MEMS 设计工具主要基于场计算，因此，尚不能包括基于半导体效应的传感器分析如压阻效应、霍尔效应、磁阻效应、塞贝克效应、珀耳帖效应、汤姆逊效应、光电效应等。

（3）随着微纳制造技术的发展，集成电路制造工艺能够进行大规模制造的特征尺寸已经达到 32 纳米。纳米尺度的硅材料性能与体材料性能不同，不是连续体理论所能够描述的，因此，目前基于有限元分析的 MEMS 设计工具的基本框架不再适用，需开展并探索微纳机电系统的设计研究。

1）工艺模型及其实际器件结构模拟

目前，MEMS 的加工工序日益增多，而且每一道工序都会对最终产品的性能产生直接影响，采用传统的反复试验方法为这种多变量过程确定出最佳工艺条件，已经变得非常困难且成本剧增，因此，MEMS 工艺仿真已经成为完善和改进已有 MEMS CAD 系统的关键技术之一。工艺模拟的目的是通过建立每一步工艺的物理模型，采用合适的算法，模拟出 MEMS 的拓扑结构。

工艺级设计是按照 MEMS 器件制造的工艺流程、根据每一步工艺的物理模型，结合两维版图信息，采用合适的算法，模拟出 MEMS 器件的拓扑结构。该结构即为器件级或系统级设计的基础，但由于目前商用软件无法提供这种拓扑结构，因此这些商用软件中 MEMS 器件结构的获取是通过编辑器编辑得到的。造成 MEMS 工具设计器件的性能与实际制造出的器件性能偏差较大。图 8-5 给出了编辑器生成的器件结构与实际加工的器件结构比较。

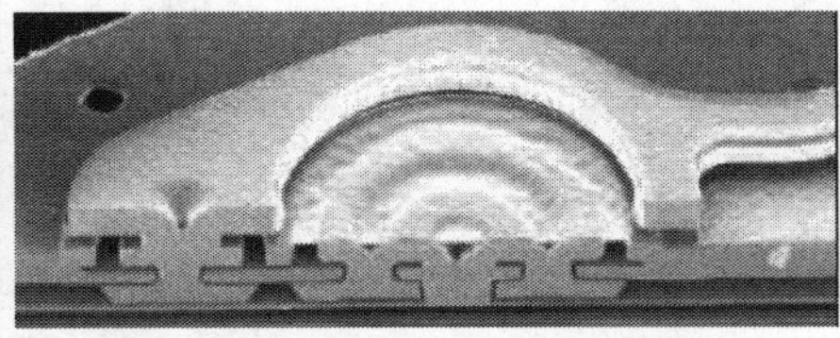

图 8-5　目前 MEMS 设计工具生成的器件几何结构与实际加工的结构比较

2）MEMS/NEMS 多尺度设计问题

随着微纳制造技术的发展，集成电路制造工艺能够进行大规模制造的特征尺寸已经达到 32 纳米。硅纳米悬臂梁可以实现高达 10^9 赫兹频率、10^5 的品质因数、10^{-24} 牛的力感应灵敏度、远低于 10^{-24} 卡的热容、小到 10^{-15} 克的有效质量、以及 10^{-17} 瓦的功耗。图 8-6 给出了硅热导率与硅尺寸的试验测量结果，可以看出，随着尺寸减小，热导率减小。图 8-7 给出了硅横向和纵向压阻系数与硅尺寸的关系，可以看出，随着尺寸减小，横向压阻系数增加，纵向压阻系数减小，目前的试验表明，硅力学、热学、压阻特性明显不同于体材料，表现出尺寸效应。

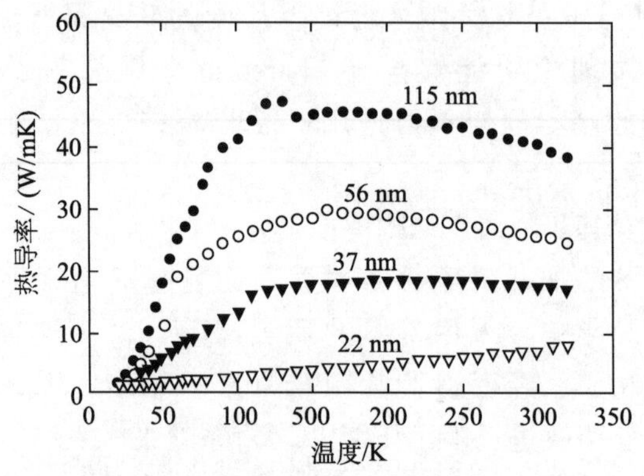

图 8-6 硅热导率与硅尺寸的试验测量结果

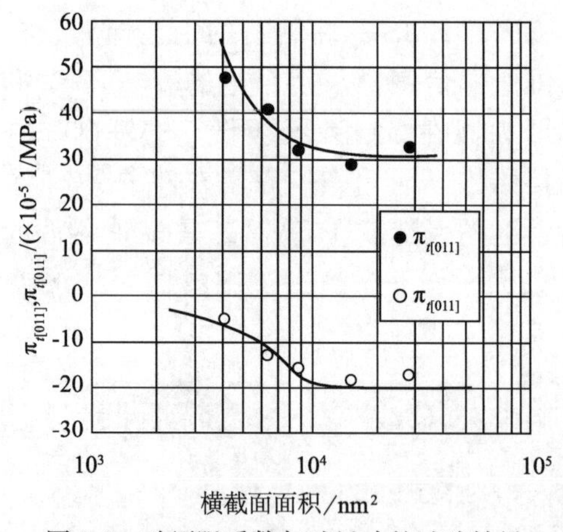

图 8-7 硅压阻系数与硅尺寸的试验结果

硅材料的力学和热学等性能明显偏离甚至不服从固体的连续性假定，所用的科学基础，由描述微观粒子状态的量子力学、大量粒子的统计力学到宏观的连续体规律，使用的计算方法包括分子动力学（MD）、蒙特卡罗（MC）、元胞自动机（CA）方法及这些方法的改进或混合。这些数值模拟能在一定程度上揭示平衡系统的涨落或非平衡系统输运过程的物理本质。

对于微纳传感器的模拟和设计来说，尽管纳米结构或材料服从的是微观科学规律，但显示出的却是宏观性能。由于器件结构跨越了微纳尺度，问题则更为复杂。基于原子或分子级作用模型，采用 MD、MC、CA 计算，虽适用于微纳尺度，但计算量太大，具体应用往往不现实；而采用周期性边界条件是否合适也有待探讨；基于单原子系统的势能模型是否可靠和算法是否完备也有待验证；对微纳传感器而言，还需要了解并计算材料的力电耦合、力热耦合、热电耦合和力热电耦合等性能，如何从单一的性能模拟实现多性能耦合模拟也有待进一步研究。

国内外近年在理解微纳尺度材料电、热、力等性能科学本质的情况下，采用了个别简化的模型来处理这样的问题。例如，研究微纳尺度材料的力学行为时，假定材料表面行为与体内不同，分别用连续介质力学描述，进而求出材料的本构关系；或者对连续体的本构关系进行修正，在连续体弹性模型中，某点的应力状态完全由该点的应变状态确定，而在微纳尺度下，某点的应力状态由材料所有点的应变状态确定，进而建立微纳尺度的本构关系，或将原子级的作用模型看做一个单元，再将原子级作用模型耦合到连续体模型中，可以简化计算，同时又与微纳米结构或材料服从的微观科学规律相联系。

三、MEMS/NEMS 加工问题

MEMS/NEMS 的特征在于小型化、微电子集成、高精度的批量制造。MEMS/NEMS 加工技术包括制造与封装技术。而制造与封装技术源于微电子的制造与封装技术，同时，考虑到 MEMS/NEMS 三维可动结构，制造与封装技术的发展是针对三维可动结构进行的。

小型化：单个典型 MEMS/NEMS 器件的长度尺寸在 10 纳米到 1 厘米之间，而 MEMS/NEMS 器件阵列或整个系统的尺寸会更大一些。小尺寸具有柔性支撑、高谐振频率、低热惯性等很多优点。例如，微加工器件的热传递速度通常较快，喷墨打印机喷嘴的喷墨时间常数大约为 20 微秒；由于 MEMS/NEMS 器件尺寸小，在生物医疗方面的应用中不容易损伤生物体；在微流控应用中试剂用量少；小型化还可以满足卫星和航天器对高精度和有效载荷的需求。

微电子集成：由于微传感器需要信号放大、信号处理和校准，微执行器需要驱动和控制。因此，在系统中，MEMS/NEMS器件需要和微电子电路集成，这种集成可以在很多层次上完成，包括仪器层次、电路板层次、封装层次和芯片层次。至于在哪个层次上实现集成，取决于系统性能和成本。芯片层次的集成又称为单芯片集成，它是将机械传感器和执行器与处理电路和控制电路同时集成在同一块芯片上。单片集成方式已经促成了多种MEMS产品商业化，如加速度传感器、数字光处理器及喷墨头。对于汽车加速度传感器而言，与纯机械加速度传感器相比，单片集成使得MEMS/NEMS传感器系统体积更小，减小信号传输的距离和噪声，提高了信号质量。单片集成是实现大面积、高密度传感器和执行器阵列寻址的唯一方法。例如，对数字光处理器，每个微镜都由集成在其下方的CMOS逻辑电路控制。如果没有片上集成电路，那么是不可能对如此大面积、高密度阵列中的每个微镜实现寻址的。

高精度的批量制造：MEMS/NEMS加工技术可以高精度地批量加工二维、三维微结构，而采用传统的机械加工技术不能重复地、高效率地或低成本地加工这些微结构。结合光刻技术，MEMS/NEMS技术可以加工独特的三维结构。例如，倒金字塔状的孔腔、高深宽比的沟道、穿透衬底的孔、悬臂梁和薄膜，而且整片工艺的一致性、批量制造的重复性好。

（一）MEMS/NEMS制造技术发展

MEMS/NEMS所用材料主要有半导体硅、玻璃、聚合物、金属和陶瓷等。由于所用材料不同，习惯上，将MEMS/NEMS制造分为IC（集成电路）兼容的制造技术和非IC兼容制造技术。IC所完成的功能主要利用了硅单晶的电学特性，而硅单晶也有良好的机械特性，例如，硅单晶的屈服强度比不锈钢的高、努氏硬度比不锈钢的强、弹性模量与不锈钢的接近，同时，硅单晶几乎不存在疲劳失效。硅单晶良好的机械特性，以及微电子已经建立起来的强大工业基础设施，使其成为MEMS/NEMS的主流材料。但由于微电子制造技术基本上是一种平面制造工艺，为在芯片上制造可动部件，需要微机械加工技术。硅微机械加工技术主要包括表面微机械加工技术、体微机械加工技术、硅片直接键合技术，以及这些技术的相互融合。

表 8-6　MEMS/NEMS 制造技术分类

分类	方法	特点
硅基制造技术	湿法腐蚀体加工技术； 表面微机械加工技术； 干法深刻蚀体微机械加工技术； 硅片直接键合技术等	发展趋势： 其他半导体材料（如Ⅲ-Ⅴ材料、SiC 等）的微纳加工技术； 在 IC 加工线引入新的材料，以扩展 IC 兼容的微纳制造能力； 缩小加工线宽； 增加刻蚀的深宽比； 表面加工技术中，增加结构层和牺牲层的数量； 采用平面化工艺，如 CMP（化学机械抛光）； 缩小器件尺寸； 微机械元件与 IC 器件的集成化； 敏感与执行多功能芯片的制造工艺
非硅三维加工技术	LIGA 与准 LIGA 技术； 激光三维加工技术； 微细电火花加工技术； 热压成型三维加工技术； 注射成型三维加工技术； 快速成型技术； 微纳米压印技术； 双光子三维微加工技术等	非 IC 三维加工技术发展的驱动力是： MEMS 需要不同的材料和结构（如金属、陶瓷、聚合物等），而 IC 技术无法提供； 特定应用的需要（如生物化学分析、发动机高温环境等），执行器需要（如热驱动）； 传统宏制造发展到微制造的趋势； 非 IC 三维加工技术中的某些技术初步在生物化学 MEMS 和光 MEMS 中得到了应用
自组装技术	自组装单层（SAM）； 自组装双分子层（BLM）； 层层自组装（LBL）等	这是一种自底而上的加工技术，其方法是借助分子、原子内的作用力（范德瓦耳斯力、静电力、疏水相互作用、氢键与配位键等），把特定物理化学性质的功能分子、原子精细地组成宏观尺度的结构； 这种制造技术从原子和分子的层次上设计、组装材料、器件和系统，但目前还只是处于实验室研究阶段

如图 8-8 所示，硅基 MEMS/NEMS 制造工业大体上经历了三个阶段：体微机械加工技术、表面微机械加工技术、SOI 加工技术，目前朝着集成化方向发展。

（二）MEMS/NEMS 封装技术发展

集成电路封装的目的是为其提供物理支撑、散热、保护其不受环境的干扰与破坏，同时实现与外界信号、能源及接地的电气互连。MEMS/NEMS 封装不仅需要这些封装功能，而且 MEMS/NEMS 中含有可动结构

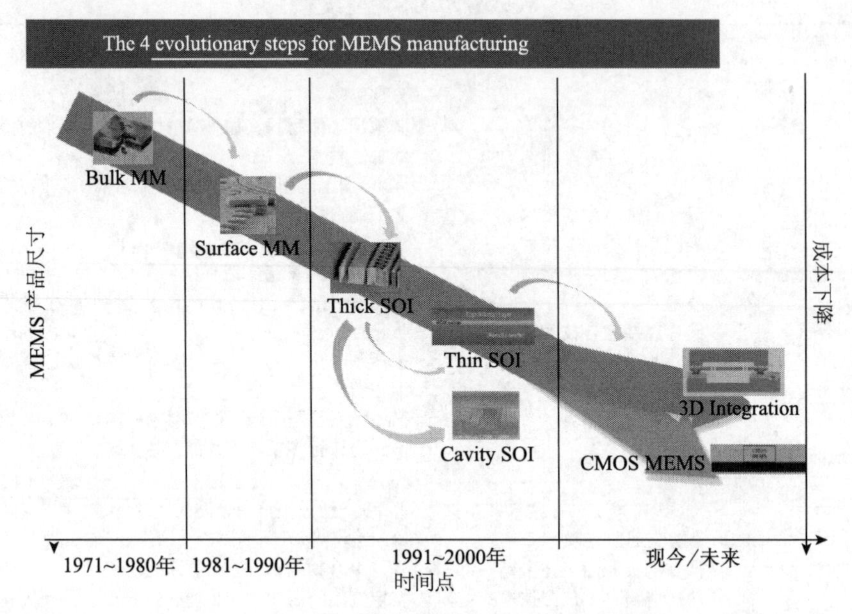

图 8-8 硅基 MEMS/NEMS 制造技术发展趋势

或与外界环境直接接触，因此 MEMS/NEMS 封装比集成电路封装更复杂。MEMS/NEMS 封装层次见表 8-7，封装方法见表 8-8，按封装外壳材料分类见表 8-9。利用这些技术可实现 MEMS/NEMS 的真空封装、气密封装和非气密封装。

表 8-7 MEMS/NEMS 封装层次

封装层次	特点
芯片级封装	芯片级封装包括组装和保护微型结构中的微细部件。主要目的是保护芯片或其他核心元件避免塑性变形或破裂、保护系统信号转换电路、对这些元件提供必要的电和机械隔离等
器件级封装	器件级封装需要包含适当的信号调节和处理。该级封装的最大挑战是接口问题：芯片和核心部件的界面与其他封装好的部件尺寸不匹配，器件与环境的接口界面需考虑温度、压力、工作场合及接触媒介的特性等
系统级封装	系统级封装主要是对芯片、核心元件及主要的信号处理电路的封装。系统级封装需要对电路进行电磁屏蔽、力和热隔离

表 8-8 MEMS/NEMS 封装方法

封装方法	说明
键合技术	键合技术分为引线键合和表面键合两种 引线键合的作用是从核心元件引入和导出电连接，根据键合时所用能量的不同，可分为热压键合、楔-楔超声键合和热声键合几种形式。引线键合要求引线具有足够的抗冲击和振动的能力，并且不会引起短路。常用的引线有金丝和铝丝。引线键合形成的内引线具有较大的引线电阻和电感，对电性能有重要的影响 表面键合是实现封装的基本技术，可以用来进行密封、微结构的黏结和固定，以及产生新的微结构。表面键合包括阳极键合和硅熔融键合、低温表面键合等
密封技术	MEMS 器件或者需要与外界直接接触，如压力传感器、微通道和阀等；或者需要控制器件工作环境的气氛，如加速度传感器、陀螺等。因此，MEMS 器件都需要密封 主要的密封技术有黏合剂密封、微壳密封和化学反应密封

表 8-9 MEMS/NEMS 封装外壳材料分类

封装外壳	特点
金属封装	金属封装是以金属材料为器件外壳的一种封装方式。由于具有良好的散热性和电磁屏蔽效果，金属封装常用于真空封装、恶劣环境使用的 MEMS 封装、微波集成电路和混合集成电路中 金属外壳一般不能直接安装各种元器件，大多通过陶瓷基板完成元器件的安装和互连，然后将固定好元器件的基板与底座黏接，最后进行封帽。在完成最后组装前要进行烘焙处理，以去除残留的气体和湿气，从而减少可能的腐蚀现象
陶瓷封装	陶瓷封装可把厚膜或薄膜置于封装基板内部，而具有可直接安装元器件的金属化图形的陶瓷结构称做多层陶瓷封装。多层陶瓷封装能使器件尺度变小、成本降低，并能集成 MEMS 和其他元件的信号。陶瓷封装密封最常用的方法是钎焊密封和低熔点玻璃密封。陶瓷封装具有可靠、可塑、易密封、低成本和易于大批量生产等特点，在 MEMS 封装领域占有重要地位
塑料封装	塑料封装的主要优点是成本低廉、可塑性强。但是长期气密性不能保障，如果采用吸气剂可去除 MEMS 器件内部的湿气及其他一些会影响器件可靠性的微粒。使用适量吸气剂的塑料封装能获得准密封的封装效果，从而在降低封装成本的同时保证了 MEMS 器件的可靠性。但由于在高温和潮湿的环境下，塑料封装容易分层和开裂，塑料封装一般不能用于真空封装和气密封装
多层薄膜封装	多层薄膜封装技术利用多层聚合物薄膜来代替陶瓷进行封装。多层薄膜封装主要有两种技术，一是采用低温共烧陶瓷，将聚合物薄膜压叠在一起；另一种则是采用聚酰亚胺聚合物材料，将聚合物层采用旋涂的方法涂在基板上。聚合物薄膜介电常数低可大大降低引线电容并减少引线之间的耦合

EVG、Karl Suss、Micro Montage、TNO 等许多公司已经有 MEMS/NEMS 特定封装和装配设备，但是到目前为止，许多 MEMS/NEMS 器件的开发使用了非专用的设备，也就是改进后的半导体加工设备，因此，目前的封装方式是“试差”方法实现封装的设计和制造。MEMS/NEMS 器件有朝着“产品家族”概念发展的趋势，根据器件最终使用的环境，制造商用不同的方法封装器件。例如，体内生物 MEMS/NEMS 器件必须包封以实现无创性和生物兼容性；发动机内的 MEMS/NEMS 器件必然要耐高温；而在空间应用的 MEMS/NEMS 器件则必然要抗辐射。

MEMS/NEMS 封装未来的发展取决于下列独特技术的发展：①用于封装设计和加工工艺的机械、热、电学模型；②低成本与高成品率的圆片级芯片尺度（CSP）封装技术；③圆片级有效测试技术，以降低测试成本；④通过垂直穿通互连的器件集成技术，以避免热失配问题。

MEMS/NEMS 封装设计与模型、封装材料选择、封装工艺集成及封装成本都是在开发新型 MEMS/NEMS 封装技术需要考虑的问题。

（三）MEMS/NEMS 集成化技术发展

MEMS/NEMS 微传感器需要信号放大、信号处理和校准，MEMS/NEMS 微执行器需要驱动和控制。因此，在应用中，MEMS/NEMS 器件需要和微电子专用电路（ASIC）集成，这种集成可以在很多层次上完成，包括仪器层次、电路板层次、封装层次和芯片层次。至于在哪个层次上实现集成，取决于系统性能和成本。单芯片集成是将传感器及执行器与处理电路及控制电路同时集成在一块芯片上，多片集成实际上涉及了封装技术。

随着 MEMS/NEMS 技术在消费类电子、医疗及无线传感网等中的应用，为了实现低功耗和小体积，要求将完整的电子系统或子系统高密度地集成在只有封装尺寸的体积内。这种封装方法称为系统级封装，封装内包含各种有源器件，如数字集成电路、射频集成电路、光电器件、传感器、执行器等，还包含各种无源器件，如电阻、电容、电感、无源滤波器、耦合器、天线等。未来电子产品将所有的功能集成在一个很小的体积内，如将计算机、音响、游戏、电视、导航（GPS）、MP3、无线通信、PDA、电子照像、摄像等集成在一个手表大小的体积内。在医学上，可将传感器、数据处理器、无线传输等集成在一个很小的胶囊里，植入人体或吞服或注入血管，可适时监测病人的身体状况或进行其他医学检查和治疗。

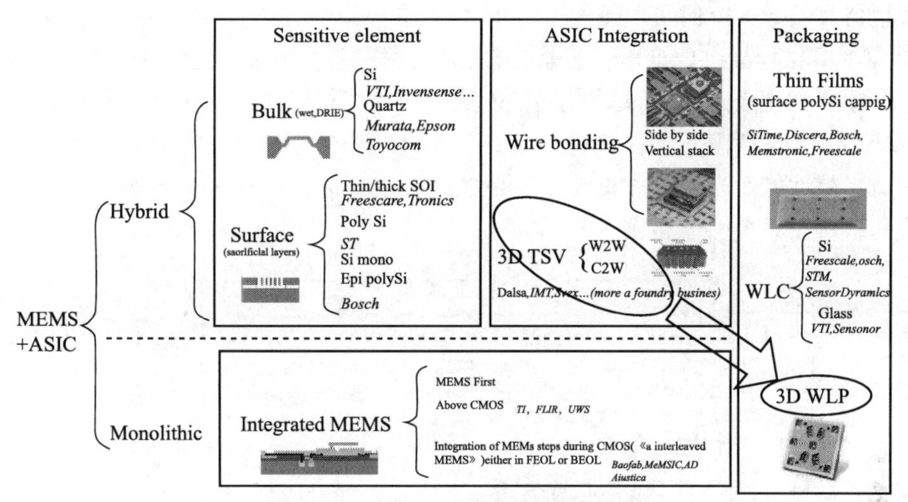

图 8-9　MEMS/NEMS 集成化技术路径

图 8-9 给出了 MEMS/NEMS 集成化技术路径，显见，集成化技术的发展使制造与封装工艺逐渐融合为一体。在未来的新型系统级封装解决方案中，下列技术将发挥重要作用：①非常窄节距的倒装芯片凸点；②穿透硅片的互连（TWEI）技术；③薄膜互连技术；④三维芯片堆叠技术；⑤封装堆叠技术；⑥高性能的高密度有机基板技术；⑦芯片、封装和基板协同设计与测试技术。

CMOS MEMS/NEMS 技术是一种单芯片集成技术，它利用集成电路的主流 CMOS 工艺制造 MEMS/NEMS。MEMS/NEMS 器件与电路单片集成的主要优点。

（1）可以实现高信噪比。一般而言，随着传感器的面积减小，其输出的信号也变小，对输出信号变化在纳安（电流输出）、微伏（电压输出）或飞法（电容输出）量级的传感器，敏感位置与外部仪器引线的寄生效应会严重影响测量，而单片集成可降低寄生效应和交叉影响。

（2）可以制备大阵列的敏感单元。大阵列的单元信号连接到片外仪器时，互连线制备及可靠性是主要问题。对较小阵列，引线键合等技术就可以满足要求，但对较大阵列，互连问题会影响生产成本和器件成品率甚至不可能实现大的阵列。因此，采用片上多路转换器串行读出，不仅降低了信号调理电路的复杂性，而且大大降低了键合引线的数量，提高了可靠性和成品率。

（3）可以实现智能化。除信号处理功能外，诸如校准、控制及自测试等功能也可以在芯片上实现。

单片集成已经促成了多种 MEMS 产品商业化，如加速度传感器、数字光处理器及喷墨头。但是，使用 CMOS MEMS/NEMS 技术，可用材料被限制到 CMOS 材料及和 CMOS 工艺兼容的材料，其制备与封装工艺也有较多限制。

图 8-10 给出了不同集成化路径的成本估计，集成化方式包括单芯片集成（MEMS 位于 CMOS 电路周围，或 MEMS 位于 CMOS 电路之上）和多芯片集成。就性能而言，单片集成无疑是最佳方案，但至于在哪个层次上实现集成，取决于系统性能和成本。

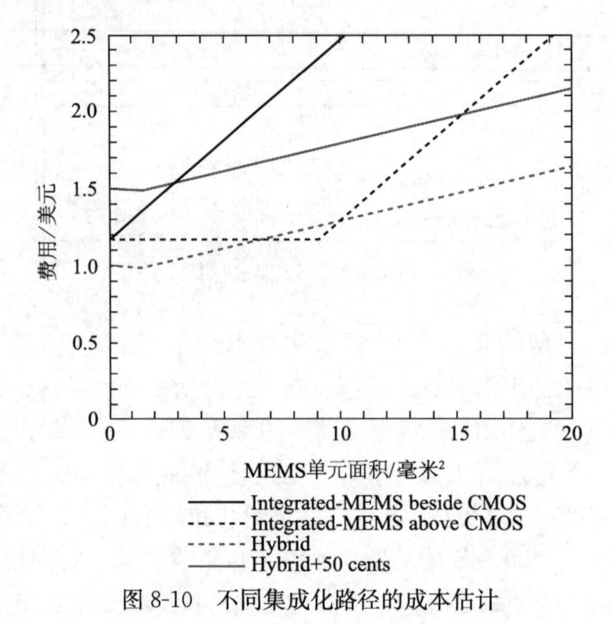

图 8-10 不同集成化路径的成本估计

四、小结

由于纳米尺度材料或结构的量子效应、局域效应及表面/界面效应所呈现的奇特性质，可以大幅度提高器件性能，也可能使以前不可能实现的器件或系统成为可能，但只有将纳米结构与微米结构互连后，才能与宏观世界联系起来，通过微米技术进行集成，可将基于纳效应的功能和特性转变成新的器件和系统，所以 MEMS 技术可作为纳米科学走向纳米技术的桥梁。MEMS/NEMS 的发展涉及相关材料、理论模型及其设计方法和工具、制造与封装、测试与表征技术的进步。

尺寸更小、功能更强、价格更低的系统是人们不断追求的目标，在这一长期目标牵引下，电子信息处理系统的微型化取得了突飞猛进的发展。集成化和微型化不仅使系统体积大大减小、功能大大提高，同时也使性能、可靠性大幅度上升，功耗和价格却大幅度降低。从一个完整的系统来看，不仅要求电子信息处理系统的微型化，也必须有相应的信息获取、高密度存储和信息执行（应用）系统的微型化，即MEMS/NEMS进一步的微型化。MEMS/NEMS中主要是非电元件，其微型化比较困难，进程明显落后于电子信息处理系统，已成为信息系统技术进一步发展的“瓶颈”之一。

第三节 MEMS/NEMS领域未来发展趋势

采用微纳制造技术制备的微传感器与微执行器具有体积小、质量轻、成本低、功耗低、可靠性高、易于批量化生产、易于集成和实现智能化等特点，同时还可以带来器件性能的提高。基于MEMS/NEMS的微纳制造技术已经在高端微系统中广泛应用，在航空航天、汽车电子等诸多领域中发挥了重要的作用。随着微传感器、微执行器、微电子、微纳制造、无线通信、纳米、生物等技术的交叉融合，MEMS/NEMS系统进一步朝着微型化、集成化、多功能、智能化与网络化的方向发展。MEMS/NEMS领域的发展呈现以下趋势。

（1）生化传感器与生机电系统发展迅速。面向健康监护、环境监测、公共安全、生物医学检测、药物筛选等领域各类新型生化微传感器发展迅速，在纳米敏感材料、样品预处理、光电复合检测等方面的新原理、新方法和新技术将有较大的发展；面向植入式医疗的多种植入式器件成为未来研究的热点之一，新型的生物微机电系统将有较大突破。

（2）微流控芯片和光流体技术将逐步走向实用化。微流体和光流体技术将实现更精细的控制操纵，以实现更微量的检测。另外，最大限度地把分析实验室的功能转移到便携的分析设备中（如各类芯片），实现分析实验室的“个人化”、“家用化”。

（3）无线网络传感器系统将逐步形成产业化。目前物联网技术的发展和应用受到广泛关注，传感器是物联网信息采集的源头，是物联网产业链中最基础的环节。物联网的发展对传感器提出了迫切的要求，将需要大批量、多品种的传感器系统，对传感器的微型化、低功耗、集成化、高可靠、长寿命提出了更高的要求，促使传统的MEMS器件进一步向高端发展，并促进面向各种应用需求的新产品不断涌现。开发适合物联网应用的传感器节点芯片系统成为MEMS/NEMS研发的一个重要趋势和研究热点，其创新点主要体现在新原理、新结构、新工艺等方面。

（4）微能源器件及系统将取得突破。在微型能量收集器方面期待取得突破，实现机械能、热能、光能的高效收集，在燃料电池、能量存储、无线能量传输等方面的技术期待得到较大发展。

（5）纳米材料和纳米效应进一步提高器件的性能。利用材料与结构的纳米效应，可以进一步提高器件的性能。例如，纳米尖端与对电极在纳米间距内可以产生隧道击穿，利用隧穿电流对空气间隙位置的高度敏感作用，原理上可以比微米机电器件的灵敏度提高几个数量级，但要使这些新敏感效应的机电器件实用化，还要面对和解决一些问题，如纳米敏感效应的非线性敏感特性。

（6）微纳制造技术进一步发展。作为实现微器件与微系统的基础，微纳加工、封装技术将不断发展。封装技术是微纳器件与系统的技术瓶颈。随着体积与成本的要求，目前封装正在向 3D 集成技术发展，少数技术已经实用化。进行多圆片或芯片的 3D 集成，将 CMOS、MEMS/NEMS 等器件集成封装，用较短的垂直互连取代很长的二维互连，从而降低了系统寄生效应，并达到体积最小化和优良电性能的高密度互连的目的，此外 3D 集成还可以解决由于工艺兼容性不能单片集成的问题。3D 集成技术涉及的技术范围很广，主要包括材料匹配技术，综合屏蔽技术、穿硅通孔（TSV）的形成与金属化、圆片减薄与对准键合技术等。

（7）集成化芯片系统更加受到重视。进入 21 世纪以来，集成化芯片系统将敏感器件（sensor）、微执行器（actuator）、专用集成电路（ASIC）与微能源（micro power）等集成在同一芯片上，不仅可以大大降低系统的体积和功耗，还可以提高系统的性能与可靠性，已经成为微电子领域和传感器领域的热门方向，已成为世界各国争相发展的重要战略方向之一，美国、日本、欧盟、韩国和中国台湾均投入了大量物力和人力，把集成化芯片系统的设计和制造技术作为一种战略高技术来研究和开发。

（8）MEMS/NEMS 与生物技术相结合，实现细胞与单分子检测等。在分子与细胞水平进行检测在生物医学与特种检测领域具有十分重要的应用价值，比如检测一些重要有毒物质或实现对爆炸物不开包检查，痕量识别高传染致病病原体和对癌症进行早期诊断等，都需要有分子水平的敏感检测。面对检测环境的混杂性，特异性反应或特异性结合是实现 MEMS/NEMS 器件高选择性的关键。在敏感表面上进行纳米单分子层修饰，在此基础上再去均质定向地固定一层生物、化学特异性结合探针分子，可以进行特异性敏感检测。MEMS/NEMS 器件的特征尺寸与细胞的尺寸相当，可以为体外细胞检测提供有力的工具。

第四节　建议我国重点支持和发展的方向

一、我国对 MEMS/NEMS 领域现有支持情况分析

1992 年，我国 MEMS 开始由国家重点自然科学基金支持；1994 年，科技部设立攀登计划项目支持；1995 年，国防科工委从“九五”开始设立预先研究项目；1999 年，科技部启动“973”计划项目；2000 年，科技部从“十五”开始设立“863”计划项目。此外上海、重庆等许多地方政府也对 MEMS 给予了大力支持。目前我国对 MEMS 的支持计划主要有“973”计划和“863”计划项目、总装备部预先研究计划项目、国家重大专项、国家自然科学基金项目和上海市等地方政府支持项目，预计“十二五”期间国家将投入 6 亿～7 亿元的科研经费。经过国家和相关地方政府各种科技计划的多年支持，我国的 MEMS 发展取得了较大的进步，目前已经从“能看不能动，能动不能用”，发展到“不仅能看能动，而且还能用”，并开始进入产业化发展期。

国家自然科学基金在信息学部和工程与材料学部均对 MEMS/NEMS 给予了支持，分别设立了二级申请代码（信息学部：F0407 半导体微纳机电器件与系统；工程与材料学部：E0512 微/纳机械系统），2009 年，信息学部启动了 MEMS 重点项目群，同时支持了三个重点项目。2009 年，工程与材料学部开始实施重大研究计划“纳米制造的基础研究”，该计划实施以来也对 MEMS/NEMS 项目给予了大力支持。总之，随着 MEMS 逐渐进入纳米尺度，国家自然科学基金支持的重点以微纳器件与系统为主，突出了基础性与前瞻性，体现了基金支持的特色。

“973”计划从 1999 年开始支持 MEMS 的研究，先后启动了 7 个与 MEMS 相关的“973”计划项目，目前正在实施的此类“973”计划项目有 4 个，这些项目主要还是以微纳传感器为应用目标，进行微纳效应、制造和新型微纳传感器与系统的基础性研究工作。随着 MEMS 全面走向应用，对 MEMS 规模制造的需求非常迫切，国内集成电路制造工厂也开始进入 MEMS 代工领域，但集成电路工厂转向 MEMS 代工将会遇到诸如工艺应力、工艺兼容和在线检测等特殊的工艺基础问题。因此，针对此类问题，2011 年启动了 MEMS 规模制造技术基础问题研究的“973”计划项目，这是第一次专门针对制造技术设立的 MEMS“973”计划项目，说明国家对制造技术基础问题的重视。

“863”计划“十五”开始设立 MEMS 重大专项，投入约 2 亿元的经费，“十一五”以专题的形式继续对 MEMS 给予支持，投入约 2 亿元的经费，“十二五”在智能制造方向对 MEMS 继续予以支持，目前已有两个项目列入了“863”计划备选项目，预计投入经费约 9000 万元，一个项目是关于微传感器与系统方面的研究工作，另一个项目是关于批量制造方面的工作，希望通过项目的实施，能向市场推出一些 MEMS 产品与境外产品竞争，同时形成我国的 MEMS 产品制造能力，为我国的 MEMS 产品公司进行产品开发提供制造保证。预计在“十二五”期间，“863”计划还将会对 MEMS 予以支持。

国家重大科技专项“02”专项针对我国集成电路工厂开始进入 MEMS 代工领域的现况，于 2011 年启动了 MEMS 规模制造方面的项目，投入约 2 亿元的经费，该项目以集成电路制造工厂为主承担，联合科研院所和高校，重点是在集成电路制造工厂突破 MEMS 规模制造技术，形成我国 MEMS 规模生产能力，可为我国 MEMS 产品公司提供规模生产服务，促进我国 MEMS 的产业化。这个项目也是目前为止投入最大的 MEMS 科研项目，通过这个项目的实施，有可能形成我国 MEMS 的规模制造能力，在 MEMS 代工市场占有一定的份额，带动一批 MEMS 中小产品公司的发展。

总装备部预先研究计划从“九五”开始支持 MEMS 方面的研究工作，先后建设了微米纳米加工技术重点实验室和微系统技术重点实验室，除了预先研究计划之外，还在重大基础研究计划和创新计划中对 MEMS 给予了支持。“十二五”期间，预先研究计划还将继续对 MEMS 予以支持，同时正在实施两个重大基础研究计划项目和一些创新计划项目。这些计划的特点是，需求非常明确，要求围绕明确需求进行攻关，突破关键技术问题。因此，设立的项目大多数是以器件或系统为主。

上海、重庆和苏州等许多地方政府对 MEMS 也给予了支持。上海从“十五”开始支持 MEMS 的研究工作，2001 年设立了重大项目投入 1400 万元，重点支持 MEMS 器件和系统的研究工作。2011 年针对上海一些集成电路制造工厂开始进入 MEMS 代工领域及中小 MEMS 产品公司逐步增多的情况，为了解决中小 MEMS 产品公司产品开发遇到的工艺验证的难题，投入 1000 万元启动了 MEMS 规模制造工艺验证平台建设项目，这样中小 MEMS 产品公司可以先利用工艺验证平台进行产品开发，产品定型后再到集成电路工厂进行规模生产，从而降低产品开发成本和门槛。与此类似，苏州也正在建设 MEMS 加工平台。总之，地方政府对 MEMS 的支持更多考虑的是项目要有带动性，期望通过政府项目实施，能带动当地相关企业的发展，从而推动地方经济的发展。

总体来看，以往我国对MEMS的支持主要存在三大问题，一是投入严重不足。如果从“九五”算起，全国三个五年计划累计投入在10亿元上下，目前预计“十二五”投入在6亿～7亿元。MEMS的工艺基础是集成电路技术，一般来说需要高强度的研究经费支持，才有可能取得大的突破，目前的投入强度显然严重偏低。二是投入以器件和系统模块为主，制造和相关基础问题的研究投入相对不足。这主要是因为器件和系统模块直接面向应用，而制造和相关基础问题不直接与应用相关，重视则相对不够。实际上，对于MEMS的发展来说制造是关键，再好的想法如果不能通过制造来实现，结果还是没有解决问题。尽管进入“十二五”后，国家已经认识到这个问题，并开始针对规模制造设立了一些项目，但由于涉及的工艺主要还是集成电路工艺，因此需要高强度支持才有可能取得大的突破，目前的支持强度还是显得严重不足。三是缺乏连续支持导致真正走向应用的成果不多。MEMS是与应用紧密结合的研究领域，因此，MEMS的许多研究必须走向市场和应用才算成功。一个MEMS研究项目要走向应用，相对来说研究周期较长，但我国的立项周期大多数为3～5年，如果缺乏连续支持，许多项目也许就差“一口气”，难以走向应用。

二、我国对MEMS/NEMS领域支持建议及发展预测

MEMS/NEMS从本质上讲是应用性很强的研究领域，特别是经过20余年的研究，国际上MEMS已全面走向应用，国内MEMS也开始走向应用。因此，未来应该重点支持与MEMS应用相关的研究工作，大力推进MEMS的产业化。另外，随着MEMS从微米向纳米尺度发展，与纳米相关的基础问题研究也显得非常重要。对于MEMS应用来说，形成相应的制造能力是关键，通过制造能力的形成，可以实现高性价比的MEMS器件，从而在市场竞争中处于优势地位。此外，就需要寻找新的应用领域，为MEMS开拓新的市场，这时与不同领域的交叉融合就显得非常重要，并有可能带来新的市场。基于上述考虑，建议重点支持下述研究。

1）强化规模制造技术研究，形成规模制造能力

对于MEMS应用来说，关键是要有规模制造能力，这也是我国MEMS一直没有取得大规模应用的主要原因。尽管目前我国的主流集成电路制造商开始进入MEMS领域，但毕竟MEMS规模制造与集成电路的制造有很大的不同。因此，应重点研究工艺的应力控制、多材料多物性的兼容、标准工艺

规范、三维加工方法、封装和非硅加工等工艺问题，形成规模制造能力，从而为我国大规模生产 MEMS 产品提供制造保障。

2）针对现有市场，研究替代产品

我国是制造大国，国际上许多流行的产品在中国制造，同样我国也是 MEMS 传感器的消耗大国，市场巨大，但很遗憾的是这些市场绝大多数被境外产品占领。针对这种情况，我们应想办法进入这些主流市场，研究替代境外产品技术，主要应解决主流市场 MEMS 器件的低成本和高性能制造技术，推出有市场竞争力的替代产品，逐步提高国产 MEMS 器件在国内主流市场的占有率，推动我国 MEMS 的大规模应用。

3）发挥集成优势，研究微/纳系统

MEMS 一个显著的特点是智能化和集成化。MEMS 可以集成不同功能的传感器、执行器和信息处理单元，从而实现真正的智能化微/纳系统。微/纳系统一直是 MEMS 研究的一个重点领域，特别是随着集成技术的提高，这一工作就显得更重要。在这方面，我们可以研究与 IC 工艺兼容的 MEMS 制造技术、多芯片集成技术、多种材料兼容制造技术、微/纳系统设计技术和新型微/纳系统等内容。

4）结合中国实际，研究中国特色产品

小批量多品种是 MEMS 器件的特征，因此，产品的专用性强。我国许多需求也很有特色，如结合社区医疗、小区管理、农村医保等民生需求，利用 MEMS 的低成本优势可以带来有中国特色的市场，为 MEMS 带来新的应用领域。因此，我们应结合中国的实际，研究有中国特色的 MEMS 产品，这方面的研究要与需求密切结合，提炼出有应用前景的 MEMS 器件，并推出解决中国需求的 MEMS 新产品，推动 MEMS 的应用。

5）与 IC 技术融合，研究超越摩尔手段

集成电路发展到今天，基本上是按摩尔定律往前走，随着集成度的不断提高，再按摩尔定律往前走就非常困难了。过去所指的摩尔定律，主要是从 MOS 器件层面上来提高电路性能的。实际上，为了实现某一系统功能，如果换一个角度来思考，除了采用 MOS 器件外，还可以考虑将传感器、无源器件、光学器件等多种器件集成在电路中，那将可以大为简化系统的复杂性，从而超越摩尔定律。MEMS 技术来源微电子技术，可以制造传感器、无源器件、光学器件等多种器件，并可以与集成电路集成在一起，是非常有效的超越摩尔定律的解决方案。针对这种情况，我们可以研究 MEMS 工艺与 IC 工艺的兼容性、不同材料制备与 IC 工艺的兼容、兼容工艺新方法和设计新方法

等问题，探讨超越摩尔定律新手段。

6）与生物技术融合，研究生物传感器

生物检测对生命科学研究和临床医学诊断有重要意义，同时也是存在问题较多的领域，传统的生物检测技术一般来说有检测时间长、系统体积大和成本高等问题，很具有挑战性。MEMS 技术与生物技术融合，可以研究新型生物传感器，探索生物检测新方法，提高生物检测限、降低检测成本和简化检测程序等。针对生物检测需求，我们可以研究与 MEMS 工艺兼容的生物材料制造技术、适合于 MEMS 应用的生物敏感机制、MEMS 生物传感新方法和新型生物传感器等内容。

7）与纳米技术融合，研究超高灵敏传感器

当器件结构进入纳米尺度后，会产生显著的尺度效应。例如，硅材料在纳米尺度下其热传导、杨氏模量和压阻系数等特性与材料的尺度有关，这些尺度效应可以用于高性能微纳传感器的研究，从而大幅度提高传感器的灵敏度。在这方面我们可以开展纳米尺度效应、微纳融合制造方法、跨微纳尺度器模型、微纳传感新机制、新型微纳传感器研究内容，进一步提高传感器的性能，推动 MEMS 技术从微米向纳米发展。

随着 MEMS 全面走向应用，MEMS 的发展将会越来越与应用结合，重点要围绕应用来解决问题，根据这一发展思路，预计 MEMS 将会呈现出以下一些发展趋势。

1）系统集成化

目前大多数 MEMS 还需要与相应的处理电路和其他一些部件组装在一起才能完成其功能，这不仅使系统的尺寸难以进一步小型化和微型化，也提高了系统的成本。随着技术的不断进步，将不同性能的器件与电路集成在一个芯片上，形成微型化多功能系统，提高其性能，就显得非常重要。因此，系统的集成化趋势非常明显，人们不仅在发展单片集成技术，而且还在发展混合集成，特别是 MEMS 芯片制造与封装作为一个整体来考虑将有利于系统集成，并可提高制造的成品率。

2）加工标准化

微电子技术发展的经验告诉我们，标准化加工可以带来巨大的效益。与集成电路不同，MEMS 没有一个类似于像 MOS 管那样的基本单元，且制造工艺涉及不少微机械加工的新工艺，标准化比较困难。随着 MEMS 研究的进一步完善，人们已有一些经验和教训，一些常用的工艺可以逐渐固化起来，将不同的工艺组合可以形成一些应用相对比较广的制造工艺流程规范，从而形成一些与IC类似的标准制造工艺。目前已建立了一些MEMS Foundry，人们希望通过建立MEMS Foundry的方式来提高制造水平，因此，标准化制造工艺就显得非常重要。

3）尺度微纳化

当材料的尺度到了纳米尺度后，会产生明显的尺度效应，利用好这些纳米尺度效应，就有可能大幅度提高器件的性能。为了进一步提高器件和系统的性能，近年来人们正在将MEMS技术从微米制造向纳米制造推进，发展微纳融合的设计和制造技术。此外，人们还在不断探索新的纳米效应，以求利用新的纳米效应从根本上提高器件和系统的性能。随着研究的深入，各种高性能的器件和系统将会不断涌现。

4）应用多样化

MEMS是一项应用面非常广的通用技术，涉及的应用领域多种多样，随着技术的逐渐成熟，MEMS的应用领域也在逐步拓宽。MEMS应用面的拓宽主要有两条途径：一是用MEMS产品替代现有的产品，从而提高性能和降低成本；二是开展全新的应用，在这个过程中，创新的思路将会起到决定作用。MEMS应用领域多的特点决定了创新的思路绝大多数将会通过学科交叉产生，不同学科的人在一起碰撞将会比较容易产生新的应用。总之，随着MEMS的进一步发展，MEMS将会在许多重要领域起到核心作用，形成大的市场规模，在经济建设中发挥重要作用。

第五节　有关政策与措施建议

由于目前我国MEMS正在全面走向应用，所以相关的政策和措施也应该围绕突破MEMS的应用来考虑。针对这一实际情况，建议采取以下一些政策和措施。

（1）整合产业链，形成产研用合作联盟。MEMS要真正实现大规模应用，不仅是研究的事，要涉及科研、生产和市场等许多方面，而不同的事情需要不同的人来做，科研涉及科研院所，生产涉及规模制造厂，市场涉及相关MEMS产品公司。因此，将产研用三方结合起来，整合三方资源，形成战略合作联盟，对MEMS的发展将会有巨大的推动作用。

（2）强化制造技术，打造产品研发与规模生产平台。制造一直是MEMS发展至关重要的技术，产品质量的好坏和价格，与制造密切相关。MEMS产品研发和规模生产有明显的不同，规模生产要求客户有一定数量的出片量，且不能过多的调整工艺；产品开发则与此相反，产品开发投片量非常小，且要不断调整工艺。因此，从经济角度出发，必须分别打造产品研发平台和规模制造平台，这样产品开发可以在研发平台进行，确定好工艺流程和需要扩大生产的时候，再移植到规模生产平台进行大批量生产，这样可以大幅度降低 MEMS 产品开发门槛和开发成本，取得显著的经济和社会效益。

(3) 改变观念，重视产品开发工作。产品研发与通常意义上的科研有明显的不同，科研是以达到指标和完成任务为目标，产品研发是以产品大批量卖出去为考核指标，要解决的问题有很大的不同，达到指标是基本的。因此，我们要改变观念，组织大团队进行攻关，重视产品开发工作，使我们的科研工作能真正走完一个产品链，成果真正得到应用。

(4) 宽容失败，持续支持增加投入。与集成电路相比，MEMS 显得很不成熟，研究难度较大，产品开发周期长，赢利能力也较差。因此，不受领导重视，十几年来支持强度较低（三个五年计划支持 7 亿～8 亿元，预计“十二五”支持 6 亿～7 亿元）。这种状况使得 MEMS 的研究成果实现转化的产品非常少，这就要求对 MEMS 项目给予更优惠的支持，特别是持续支持和增加投资强度。这些将对 MEMS 的发展起到非常重要的作用。

参考文献

[1] Moore G. Cramming more components onto integrated circuits. Electronics，1965，38 (8)：114 - 117.

[2] Spencer B，Wilson L，Doering R. The semiconductor technology roadmap future. Fab Int’ l，2005，18.

[3] Zhang G Q，Graef M，Roosmalen F V. Strategic research agenda of “More than Moore”. 7th Int Conf on Thermal，Mechanical and Multiphysics Simulation and Experiments in Micro-Electronics and Micro-Systems，2006：1 - 6.

[4] Feynman R. There's plenty of room at the bottom. Journal of Microelectromechanical Systems，1992，1 (1)：60 - 66.

[5] Huang X M H，Zorman C A，Mehregany M，et al. Nanoelectromechanical systems：Nanodevice motion at microwave frequencies. Nature，2003，421：496 - 497.

[6] Ilic B，Yang Y，Aubin K，et al. Enumeration of DNA molecules bound to a nanomechanical oscillator. Nano Lett，2005，5：925 - 929.

[7] Cleland N，Roukes M L. A nanometer-scale mechanical electrometer. Nature，1998，

392：160－162.

[8] www. yole. fr.

[9] Petersen K E. Silicon as a mechanical material. In Proc IEEE 70，1982，420－457.

[10] 郝一龙，李志宏，张大成．表面牺牲层工艺．电子科技导报，1999，12：16－20.

[11] Bustillo J M，Howe R T，Muller R S. Surface micromachining for microelectromechanical systems. In Proc IEEE 1998，86：1552－1574.

[12] Tai Y C，Fan L S，Muller R S. IC-processed micro-motors：design，technology，and testing. In Proc IEEE Micro Electro Mechanical Systems（MEMS）. Salt Lake City：UT，1989，1－6.

[13] Koester D A，Mahadevan R，Hardy B，et al. MUMPs design handbook，revision 5. 0. cronos integrated microsystems. Research Triangle Park，NC，2000.

[14] Franke A E，Heck J M，King T，et al. Polycrystalline silicon-germanium films for integrated Microsystems. J Microelectromechanical Systems，2003，12：160－171.

[15] Yao Z J，Chen S，Eshelman S，et al. Micromachined low-loss microwave switches. J Microelectromech. Syst，1999，8：129－134.

[16] Hornbeck L J. 128 * 128 deformable mirror device. IEEE Transactions on Electron Devices，1983，30：539－545.

[17] Goldsmith C，Randall J，Eshelman S，et al. Characteristics of micromachined switches at microwave frequencies. In Tech Digest，IEEE Microwave Theory and Techniques Symp，1996，1141－1141.

[18] Kovacs G T A，Maluf N I，Petersen K E. Bulk micromachining of silicon. In Proceedings of the IEEE，1998，86（8）：1536－1551.

[19] Kovacs G T A. Micromachined transducers sourcebook. McGraw-Hill，1998.

[20] STS. Anisotropic dry silicon etching. In the symposium on microstructures and microfabricated systems at the Annual meeting of the electrochemical society. Montreal，Quebec，Canada，1997.

[21] Petersen K，Barth P，Poydock J，et al. Silicon fusion bonding for pressure sensors. In Proceedings of Solid-State Sensor and Actuators Workshop，IEEE，1988，144－147.

[22] Xie H，Erdmann L，Zhu X，et al. Post-CMOS processing for high-aspect-ratio integrated silicon microstructures. J. Microelectromechan. Syst，2002，11：93－101.

[23] http：//www. supplierlist. com/manufacturer-Tire _ Air _ Gauge. htm.

[24] http：//www. hella. com/produktion/HellaUSA/WebSite/Channels/Drivers/Products/New _ Products/New _ Products. jsp.

[25] http：//www. martinrothonline. com/personalhealthmonitor/blood _ pressure _ monitors. htm.

[26] http：//www. eetimes. com/.

[27] Nguyen N T，Wereley S. Fundamentals and applications of microfluidics. ARTECH

HOUSE，INC，2006.
［28］ Manz A，Graber N，Widmer H M. Miniaturized total chemical analysis systems：a novel concept for chemical sensing. Sensors and Actuators B，1990，1：244－248.
［29］ Maluf N. An introduction to microelectromechanical systems engineering. Boston：Artech House，2000.
［30］ Burns M A，Johnson B N，Brahmasandra S N，et al. An integrated nanoliter DNA analysis device. Science，1998，282：484－488.
［31］ Chong C Y，Kumar S P，Hamilton B A. Sensor networks：evolution，opportunities，and challenges. Proceedings of the IEEE，2003，91（8）：1247－1256.
［32］ Varadan V K，Vinoy K J，Jose K A. RF MEMS and their applications. John Wiley and Sons，Inc，2002.
［33］ www. avagotech. cn.
［34］ http：//www. sitime. com.
［35］ Ymeti A，et al. Fast，ultrasensitive virus detection using a Young interferometer sensor. Nano Lett，2007，7：394－397.
［36］ 孙立宁，周兆英，龚振邦 . MEMS 国内外发展状况及我国 M E M S 发展战略的思考. 机器人技术与应用，2002，1：1－4.
［37］ 王立鼎，褚金奎，刘冲，等 . 中国微纳制造研究进展 . 机械工程学报，2008，44（11）：3－8.
［38］ http：//www. mdl. sandia. gov.
［39］ 王喆垚. 微系统设计与制造. 北京：清华大学出版社，2008.
［40］ 李昕欣，夏晓媛，张志祥 . 从 MEMS 到 NEMS 进程中的技术思考 . 微纳电子技术，2008，45（1）：1－5.
［41］ http：//www. mems. me/.
［42］ 葛文勋 . 微机电系统的应用//周兆英，王中林，林立伟 . 微系统和纳米技术 . 北京：科学出版社，2008.
［43］ http：//www. chinairn. com/.
［44］ http：//www. isuppli. com. cn/market-watch.
［45］ http：//www. analog. eet-china. com/.
［46］ ITRS' 2003-2009，http：//public. itrs. net/.
［47］ Sze S M，Ng K K. Physics of semiconductor devices. Wiley-Interscience，2006.
［48］ Petersen K E. Silicon as a mechanical material. Proceedings of the IEEE，1982，70：420－457.
［49］ Howe R T. Polysilicon Integrated Microsystems：Technologies and Applications. Pro Transducers 95/ Eurosensensors IX，Vol I，Stock holm，Sweden，June 25-29，1995：43－46.
［50］ Bao M H，Wang W Y. Future of microelectromechanical systems（MEMS）. Sensors

and Actuators, 1996, A56: 135-141.

[51] Fatikow S, Rembold U. Microsystem Technology and Microrobotics. Springer-Verlag Berlin Heidelberg, 1997.

[52] Nguyen C T C, Katehi L P B, Rebeiz G M. Micromachined devices for wireless communications. Proceedings of The IEEE, 1998, 86: 1756-1768.

[53] Harrison D J, Skinner C, Cheng S B, et al. From micro-motors to micro-fluidics: the blossoming of micromachining technologies in chemistry. Biochemistry and Biology, Transducers' 99, 1999: 12-19.

[54] MANCEF Micro-Nano roadmap, 2nd Ed, 2004.

[55] http: //www. ti. com/corp/docs/company/history/.

[56] Bishop D J, et al. The lucent lambda router: MEMS Technology of the Future here Today. IEEE Comm Mag, 2000: 75-79.

[57] Rebeiz G M. RF MEMS: Theroy, design, and technology. John Willy&Sons, 2003.

[58] http: //www. chem. agilent. com/cag/products/sv _ 2100home _ nonflash. htm.

[59] Wang Y L, Li X X, Li T, et al. Nanofabrication based on MEMS technology. IEEE Sensors, 2006. 6: 686-690.

[60] Yang Z X, Li X X, Wang Y L, et al. Micro cantilever probe array integrated with Piezoresistive sensor. Microelectronics Journal, 2004. 35: 479-483.

[61] Li X X, Ono T, Wang Y L, et al. Ultrathin single-crystalline-silicon cantilever resonators: fabrication technology and significant specimen size effect on Young's modulus. Appl Phys Lett, 2003, 83: 3081-3083.

[62] Gaidarzhy A, Zolfagharkhani G, Badzey R L. Evidence for quantized displacement in macroscopic nanomechanical oscillators. Phys Rev Lett, 2005, 94: 030402.

[63] Lei Y, Chim W K. Highly ordered arrays of metal/semiconductor core-shell nanoparticles with tunable nanostructures and photoluminescence. Journal of the American Chemical Society, 2005, 127: 1487-1492.

[64] Masako Tanaka. An industrial and applied review of new MEMS devices features. Microelectronic Engineering, 2007. 84: 1341-1344.

[65] Clark T C N. RF MEMS in wireless architectures. Proceedings of the 42nd annual Design Automation Conference, 2005, 416-420 .

[66] Bhushan B. Handbook of Nanotechnology. 2nd Ed. Springer, 2007, 299-319.

[67] Singh V, et al. Graphene based materials: Past, present and future. Progress in Materials Science, 2011, 56: 1178-1271.

[68] Liao M, Koide Y. Carbon-based materials: Growth, properties, MEMS/NEMS technologies, and MEM/NEM switches. Critical Reviews in Solid State and Materials Sciences, 2011, 36 (2): 66-101.

[69] Kuila T, et al. Recent advances in graphene-based biosensors. Biosensors and Bioelect-

ronics，2011，26：4637－4648.

[70] Hill E W，et al. Graphene Sensors. IEEE Sensors Journal，2011，11（12）：3161－3170.

[71] Leondes C T . MEMS/NEMS handbook：techniques and applications，Vol 1. Springer，2006，1－31.

[72] Ekinci K L，Roukes M L. Nanoelectromechanical systems. Review of Scientific Instruments，2005，76（6）：061101－061112.

[73] MacKinnon A. Theory of some nano-electromechanical systems. Physica E，2005，29：399－410.

[74] Madou M J. Fundamentals of Microfabrication. 2nd Ed. London：CRC，2002.

[75] Esashi M. Wafer level packaging of MEMS . J Micromech Microeng，2008，18：073001－073013.

[76] Lee S H，Mitchell J，Welch W，et al. Wafer-level vacuum/hermetic packaging technologies for MEMS. Proc SPIE，2010，7592（05）：1－10.

[77] 布兰德 O，费德 G K. CMOS MEMS技术和应用．黄庆安，秦明译．南京：东南大学出版社，2007.

第九章 碳基纳米技术

第一节 引　　言

基于传统无机半导体材料（如硅、砷化镓、氮化镓）的微电子科学和技术及其产业，推动着信息技术的发展和信息社会的进步。众所周知，长期以来，微电子技术及其产品的发展遵循“摩尔定律”。如此稳定而迅猛的发展，主要源于电子产品性能和稳定性的持续提高，以及单元器件生产成本的不断降低。然而，目前单元器件尺寸已经逼近其物理极限。微电子要继续保持良好的发展趋势只能另辟蹊径，所以开发新材料、新器件工作概念逐渐成为业界的新关注点。自 20 世纪后叶兴起的石墨烯和碳纳米管等新材料，不断引领着一轮又一轮的科学研究和应用实践的浪潮，“国际半导体技术路线图”提出了相应的发展蓝图，为微电子产业未来的发展带来了新的曙光。本章重点评述石墨烯和碳纳米管相关的基础科学和技术研究进展。

第二节 石 墨 烯

石墨烯（graphene）作为 21 世纪初最引人注目的新型材料，由于其在未来超高性能器件上的潜在应用，它被认为是未来电子产业界中最具有战略性的研究领域之一[1~4]。短短几年的时间里，关于石墨烯的各方面研究工作都得到了异常迅速的进展。其中，包括有在量子科学等基本理论框架下对石墨烯材料特性的研究，制备大尺寸高品质石墨烯薄膜的实验技术和方法，以及多种以此为核心材料的电子器件的开发。

一、石墨烯电学特性的基础理论研究

关于石墨烯的电学特性的理论研究，早在 20 世纪 40 年代就有相关科技文献[5]。目前，关于石墨烯电学特性研究值得关注的一个领域是，石墨烯中起到电荷载流子作用的激子是零质量且具有手性的狄拉克费米子，从而带来了各种新奇的物理现象[6~12]。此外，对石墨烯电学特性研究的另一重要性是基于狄拉克费米子的克莱恩佯谬（Klein paradox）这一特殊电学行为，即能够以数值为 1 的概率隧穿过经典电动力学架构下的高宽势垒，并因此使得狄拉克费米子不受外加电场的影响[13,14]。而同时，狄拉克费米子又会在约束势的作用下表现出 Zitterbewegung 现象，即波函数的抖动行为[15]。由于材料中的缺陷能产生约束势，所以很多研究工作在此理论模型上深入研究了缺陷对石墨烯中电子物理行为的影响[16]。同时，由于石墨烯是二维结构，电子受到界面散射的影响很大[17]。理论和实验证明，改进石墨烯的界面性质可以大幅度提高石墨烯的载流子迁移率等器件性能[18,19]。类似的工作有益于不断深入理解微尺度下相对论粒子的量子力学行为，同时也为进一步提高石墨烯器件性能奠定坚实的理论基础。

二、新型石墨烯制备方法

微机械剥离法，是目前最普通也是最初获得石墨烯的实验方法，通过这样的办法获得的石墨烯样品在空气中稳定，缺陷少，相应的器件性能稳定，同时也存在尺寸小可控性差、在衬底的沉积位置与分布性无法控制等问题。这直接导致通过微机械分离法获得的石墨烯仅能够作为实验室的研究对象，而无法适用于未来实际器件的开发与制备。

在此同时，各种新型的石墨烯合成制备方法也不断地涌现，如晶膜生长法、加热 SiC 法[20]、化学还原法、化学解理法[21]，以及各种化学气相沉积（CVD）法[22~24]等。对于电子器件应用而言，石墨烯材料合成有四个值得关注的重要进展[25~36]。①大尺度石墨烯薄膜。利用 CVD 或碳化硅高温热分解技术合成晶圆级石墨烯，并成功用于研制高性能电子器件；利用 roll-to-roll 转移技术，可将 30 英寸石墨烯成功转移至任何柔性衬底上。②单晶石墨烯。在铜箔上生长石墨烯，通过控制成核点来控制石墨烯的生长可获得毫米级的单晶石墨烯；或者利用 CVD 技术在铂片、二元金属合金上生长毫米尺度单晶石墨烯，室温载流子迁移率高达 7100 厘米^2/（伏・秒）；利用液态铜，消除基底晶向的影响，生长出厘米尺度的单晶石墨烯，该突破表明制备晶圆级单晶石墨烯是有可能的；利用单层硅插入石墨烯和金属衬底层之间，制备出硅-石墨烯异质膜结构，直接应用于器件制备。③室温合成石墨烯。可在 25～160 ℃温度范围内获得石墨烯，并可在 SiO_2、塑料或玻璃衬底表面上直接形成、无需转移。④硅基衬底上直接合成石墨烯材料等。目前，大量的研究工作仍然致力于新型的石墨烯制备方法。为了使石墨烯在未来成功成为传统无机半导体材料之后的重要功能材料，相关研究工作的重点和目标是获得高质量的样品、低成本和高产出等。同时我们也应该认识到，材料是一切器件的基础，新型器件的问世往往是根基于对新型材料足够深入的认识，因此要抓住 21 世纪科学研究这一重要契机，制备对实际器件适应度高的材料正是努力之所在。

三、基于石墨烯的晶体管器件与禁带开启问题

这里我们着重讨论基于石墨烯的晶体管器件。尽管在短短的几年中，石墨烯晶体管的研究就取得了显著进展，但仍然有很多尚待解决的科学问题。其中，禁带开启是最受关注的问题。目前已发展出了多种方法以打开石墨烯禁带，如双层石墨烯上加载电场、制备小尺寸的石墨烯纳米带、附加应力于石墨烯，以及通过有机物与石墨烯相互作用[37～54]。通过制备高质量的小尺寸石墨烯纳米带确实可以使得禁带打开，但是这不仅在实验设备与技术上提出了相当的难度，同时禁带开启后，原本锥形能带会转变为抛物线形状，随之会带来载流子有效质量的增加及迁移率降低等一系列的问题。此外，通过有机物与石墨烯在界面上的相互作用来开启禁带的方法，也包含有机物在空气中性质性能退化等问题[55]。这些问题的解决，不仅是在禁带开启大小与材料、器件性能高低之间找出一个恰当的平衡点，从而更有利于实际器件中的应用，同时更重要或更具有挑战性的课题则是在不牺牲或小幅度可接受程度内的性能损耗的前提下，开发出新的石墨烯制备与电子性能调控方法。

此外，石墨烯晶体管器件的结构优化一直是个繁杂的问题，也同时需要大量的人力和物力投入相关的研究中。这包括，栅极绝缘层材料的介电性质对载流子聚集与传输的影响、形貌与电学性质上高质量界面的制备方法、界面对器件性能的影响、源极与漏极处的接触电阻问题，以及最终获得典型的半导体特性曲线所涉及其他一系列相互关联的问题。

四、石墨烯射频场效应晶体管

石墨烯射频场效应晶体管在近年取得了重要突破[56～59]。目前截止频率最

高的石墨烯晶体管已超过 400Hz，与 GaAs 和 InP 等化合物半导体的射频晶体管相当。最近 IBM 利用 CVD 技术制备的石墨烯和类金刚石碳（DLC）衬底，成功研制出截止频率为 155GHz 的射频场效应晶体管。IBM 还制造出晶圆级石墨烯集成电路，实现了 10GHz 范围的混频器，证明石墨烯可以在更复杂的功能电路中得到应用。同时，石墨烯射频场效应晶体管的性能在液氦温区（4.3K）不会退化，可在冷极端环境下（如太空）正常工作。

五、基于石墨烯复杂集成电路的设计和制备

随着石墨烯晶体管器件的发展，人们已经能够基于稳定高性能的相关器件设计并制备出更为复杂的集成电路的雏形。例如，通过从漏极偏压引起的势能叠加效应，使同一石墨烯样品在不同区域表现出 P 型或 N 型的半导体性质，并由此得到了第一个基于石墨烯的反向逻辑电路[60]。大面积石墨烯制备对复杂集成电路具有极为重要的意义，也决定着谁能最先占据这一领域的最高点。

六、石墨烯在电子器件上的其他应用

高电导性能的透明电极：石墨烯的透明特性，使其制造的电导面板比其他材料具有更优良的透光性[61]。通过使用石墨烯，得到的薄膜电导率可以达到 550 秒/厘米，同时 1000～3000 纳米波长光的透过率高于 70%，因而可以用于太阳能电池和触摸显示屏等器件应用中[60]。此外，作为电极的石墨烯薄膜还具有较好的化学和热学稳定性。

柔性器件：由于其二维结构和良好的力学性质，石墨烯器件具有良好的柔性和延展性。目前已经有多项工作将高性能石墨烯器件集成在塑料衬底上，实现了可折叠弯曲的柔性器件[61,62]，可以预见石墨烯将在这个领域扮演重要角色。

如上所述，石墨烯在各个方面的性能，尤其是电学性能上的超高优异性，使其在被报道以来的几年时间内，就得到了各个国家的强烈关注。迄今为止，石墨烯已经在这方面给人们带来了许多惊喜，而且随着研究的不断深入，更多的突破也将有望呈现在人们面前。目前亟待解决许多科学问题和技术手段，包括石墨烯电学特性的基础理论研究，高质量、大面积、低成本的石墨烯制备方法的开发，为实现场效应逻辑器件的禁带开启问题，以及基于石墨烯复杂集成电路的设计和制备等。我们今后

应致力于解决以上几个问题，这将对我国未来在世界材料及电子等科学领域取的领先产生重大影响。

第三节 碳纳米管

碳纳米管的研究工作在20世纪90年代中后期以及21世纪初期的几年里，呈现出迅猛的态势，展示出各种优异性能，以及令人向往的潜在应用，科学家们曾预测碳纳米管将成为21世纪最有前途的纳米材料之一[63~66]。目前，碳纳米管研究领域所面临的问题具有一定普遍性，即大多集中于实验室研究，而在面对实现工业化、产品化转型必须解决的各类难题时，却采取忽视和避让的态度。这些问题涉及相关领域的热点难点，有些甚至关系到碳纳米管研究的未来趋势，倘若我们能够找到合适的解决方法，必然会带动相关学科的发展，推动微电子学的发展。

一、碳纳米管的基本结构

碳纳米管可以分为单壁（SWNTs）和多壁（MWNTs）两种结构。单壁碳纳米管的多数性质性能与手性相关，其禁带宽度可以在0～2电子伏范围内调制，从而使纳米管的电学性能表达为金属特性或半导体特性[67,68]。基于碳纳米管小直径、大长径比的特点，期待其在小尺寸的器件上获得应用，替代传统半导体材料，并改变传统微电子器件的工作方式，使得微电子行业在器件性能提高和单元器件成本降低等方面保持持续发展；多壁碳纳米管被认为是由多个单壁纳米管同轴套联组成的，其中每一个单元均有可能是金属性或半导体性，整体上往往表现为零带隙的金属性材料。多壁碳纳米管的研究和应用也是一个重要领域。

二、碳纳米管的合成方法

碳纳米管的合成主要有石墨电弧法、激光蒸发法和化学气相沉积法（CVD）。石墨电弧法是首次报道碳纳米管问世时所提到的实验方法[69,70]。通过对电弧放电条件、催化剂、电极尺寸及电极间距等工艺条件优化，可以得到高质量的、较薄的纳米管样品，但存在产出率偏低、电弧放电过程可控性差、制备成本偏高等缺陷，这些均不利于未来实现工业化生产；激光蒸发法是通过高强度的激光束脉冲入射在样品靶上，使得碳元素从石墨中被蒸发出来而凝聚成纳米管的形态[71~73]。用激光蒸发法制备的碳纳米管直径通常为5～20纳米，长度为几十到几百微米。

化学气相沉积法是目前应用最为广泛的方法，且是最有可能实现大规模生产的实验方法[74~83]。该方法得到的碳纳米管受到很多因素的影响，如反应温度、反应持续时间、气体流的组成以及漂移速度、催化剂的形态和尺寸、衬底材料与表面形貌等。其中碳氢气体和催化剂的成分是最重要的因素。催化剂导致的碳、氢分解通常只是在衬底上纳米尺寸的金属点表面上发生。使用这种方法，人们可以在衬底上对碳管进行可控生长，包括位置、密度、取向等，但手性的控制仍是最大难题。根据生长条件不同，碳管既可以平行于衬底，也可以垂直于衬底生长。选择适当的衬底（如石英），可以控制碳管的方向，有利于大面积器件集成。

三、碳纳米管的电学性质

碳纳米管的特殊结构使其具有多种特异的性质，并表现出在各领域的不同应用前景。这里仅围绕电学性质进行评述。表征碳纳米管不同构成方式的一对整数（n，m）往往和其材料性质有关，特别是电学性质。如果$n=m$，碳纳米管表现为金属性；当$n-m$为3的整数倍时，纳米管为金属性；除此之外的纳米管为一般的半导体特性，禁带宽度大体与直径成反比。因此碳管约有1/3为金属性，2/3为半导体性。当纳米管孔径很小的时候，曲率效应也会改变上述碳纳米管电学性质的规则。碳纳米管的电学特性也表现在超导性质上。内部单元纳米管相连的多壁管能够在相对较高的转变温度下（12K）表现出超导特性[84,85]。

在实际碳纳米管中，电荷传输会受到缺陷及晶格振动的影响，并在宏观上表现为其电阻。此外，碳纳米管的一维结构特性及碳原子之间较强的价键的作用，使得在纳米管中不存在小角度的电荷载流子散射，载流子只存在向前或向后的运动方向。考虑到宏观大小的金属电极与碳纳米管的接触界面上，由于在纳米管边界处的电子限制效应，会产生分立的能态，并叠加在金属电极的连续能态上。这种纳米管与金属电极在能态上的失配，会导致接触电阻的量子化。如果仅有量子接触电阻，那么纳米管中的电荷就会呈现出弹道传输的特点。载流子在弹道传输时的迁移率能够达到硅体材料中的1000倍以上，因而具有深远的应用前景。然而载流子保持弹道传输的长度取决于结构的理想度、温度及驱动电场的大小等因素，能够达到100纳米左右，已经超过了当前小尺寸单元器件的长度。

四、基于碳纳米管的电子器件

（一）场效应晶体管[86~93]

基于碳纳米管的场效应晶体管的文献最先发表于1998年。具有半导体特性的纳米管作为构成沟道的功能材料，由于孔径小，使得栅极可以控制整个沟道的电势，从而能够制备不受短沟道效应影响的更小尺寸的器件。另一方面，碳纳米管的良好表面也避免了界面态和粗糙度引起的电荷散射，因而具有高的迁移率［10^3～10^4厘米^2/（伏·秒）］。单根半导体碳纳米管器件的开关比可以达到10^6以上，电流密度远高于硅器件，同时可获得极低的电压阈值。此外，基于碳纳米管晶体管结构器件的交流电状态下的性质也受到关注，理论预测短纳米管可作为太赫兹发射器。近期的实验研究通过将碳纳米管制备成混频器或调整器，得到了高达50GHz的频率。

（二）集成电路[94~100]

碳纳米管器件目前已经突破单一器件研究局限，可以用来制备更为复杂电路。已成功演示将碳纳米管晶体管作为逻辑元件，并采用电阻-晶体管逻辑电路，在同一芯片上组合了各种逻辑电路：反相器、与非门、静态随机存储器和环形振动器。最近，美国沃森研究中心借助电子束光刻技术，在一根18微米长的单壁碳纳米管制备了12个P型和N型场效应晶体管，每一对P型和N型场效应晶体管组成一个反相器，并利用其中的五个反相器实现的由五级CMOS型的环形振荡器，频率响应提高5～6个数量级，可应用于高频（THz）电路。北京大学彭练矛研究组在传输晶体管逻辑（PTL）电路研究上取得突破，通过无掺杂技术在碳管上制备出高性能的CMOS器件，并采用PTL方式构建电路，大大提高单个晶体管的效率，从而简化电路设计。然而，如果要在大规模集成电路中应用，碳纳米管面临的最大问题是如何生长出单一手性的碳管，以及如何定位生长。碳管的性质和器件性能取决于其手性，作为沟道材料，希望使用半导体性的碳纳米管，去掉金属性。而最理想的情况是使用单一手性的碳纳米管，对大规模集成电路中器件的均一性控制是必要的。尽管人们在碳管手性分离方面取得了很大突破，但是离大规模集成电路的要求尚有一定距离，还有待突破。

（三）其他电子器件

碳纳米管在电子器件中的潜在应用非常的广泛，除了上述几种常见的重要基本器件之外，碳纳米管还被应用在交叉点结构电阻型存储器[101~103]、电缆电线[104]、太阳能电池[105]、发光二极管[106,107]等器件。

目前，导致碳纳米管在微电子科学与技术研究工作进展逐渐缓慢及进一步的实际应用至今未有实质性突破的主要原因是从成熟的实验室研究探索迈入大规模生产时必须解决的一系列关键问题似乎难以解决。总之，碳纳米管材料向大规模工业生产的转型，主要需要解决以下几个问题：①碳纳米管在硅晶圆尺度上的大规模生长和转移问题；②碳纳米管的手性和直径等控制问题；③碳纳米管器件的可控性问题；④碳纳米管器件的大规模集成技术；⑤与其他电子、半导体材料，尤其与硅基材料的兼容性。希望碳纳米管的各种优异、特殊的性质能够通过以上的技术改进，成为一种新的重要功能性材料，带动整个微电子工业界的发展。

第四节　结　　语

我们简要回顾了石墨烯和碳纳米管等研究领域的相关内容。通过全球科研工作者的努力，这一重要学科已取得了令人瞩目的发展和成果。对材料的结构、性质和性能等基本认识也越来越深入，相信上述两种材料及其器件在推动微电子的发展中将起到越来越重要的作用。

我国也在这一领域的最初阶段就敏锐地意识到其重要性，并投入了大量的人力、物力和科研资助。通过科研人员的不懈努力，我们在碳基纳电子学领域目前也处于世界领先地位。但是未来的发展将会不断影响当前的格局，任何一个重大突破都极有可能重新定位出新的排序。因此，我们应该始终保持对科研热点的敏感性，保持对技术难点的无畏精神，充分结合各个学科的优点，努力在碳基纳米技术——21世纪初颇具挑战和机遇的研究领域中，不断进取，为我国在这一科研领域上的进步做出贡献。

参考文献

[1] Novoselov K S，Geim A K，Morozov S V，et al. Electric field effect in atomically thin carbon films . Science，2004 ，306：666-669.

[2] Geim A K，Novoselov K S. The rise of graphene. Nat Mater，2007，6：183-191.

[3] Geim A K. Graphene：status and prospects. Science，2009，324：1530-1534.

[4] Neto A H C, Guinea F, Peres N M R, et al. The electronic properties of grapheme. Rev Mod Phys, 2009, 81: 109-162.
[5] Wallace P R. The band theory of graphite. Phys Rev, 1947, 71: 622-634.
[6] Castro N A H, et al. Phys World, 2006, 19: 33.
[7] Katsnelson M I, Novoselov K S, Geim A K, et al. Chiral tunnelling and the Klein paradox in graphene. Nature Phys, 2006, 2: 620-625.
[8] Katsnelson M I, Novoselov K S, et al. Graphene: New bridge between condensed matter physics and quantum electrodynamics. Solid State Commun, 2007, 143: 3-13.
[9] Gusynin V P, Sharapov S G. Unconventional integer quantum Hall effect in graphene. Phys Rev Lett, 2005, 95: 146801.
[10] Peres N M R, Neto A H C, Guinea F. Conductance quantization in mesoscopic graphene. Phys Rev B, 2006, 73: 125411.
[11] Novoselov K S, Geim A K, Morozov S V, et al. Two-dimensional gas of massless Dirac fermions in graphene. Nature, 2005, 438: 197-200.
[12] Zhang Y, Lu H , Bargmann C I. Pathogenic bacteria induce aversive olfactory learning in Caenorhabditis elegans. Nature, 2005, 438: 179-184.
[13] Calogeracos A, Dombey N. History and physics of the Klein paradox. Contemp Phys, 1999, 40: 313-321.
[14] Itzykson C, Zuber J B. Quantum Field Theory. New York: Dover, 2006.
[15] Song H S, Li S L, Miyazaki H, et al. Origin of the relatively low transport mobility of graphene grown through chemical vapor deposition. Scientific Reports, 2012, 2: 00337.
[16] Berger C, Song Z M, Li T B, et al. Ultrathin epitaxial graphite: 2D electron gas properties and a route toward graphene-based nanoelectronics. J Phys Chem B, 2004, 108: 19912-19916.
[17] DasSarma S, Adam S, Hwang E H, et al. Electronic transport in two-dimensional graphene. Rev Mod Phys, 2011, 83: 407-470.
[18] Dean C R, Young A F, Meric I, et al. Boron nitride substrates for high-quality graphene electronics. Nature Nanotech, 2010, 5: 722-726.
[19] Wang X M, Xu J B, Wang C L, et al. High-performance graphene devices on SiO_2/Si substrate modified by highly ordered self-assembled monolayers. Adv Mater, 2011, 23: 2464-2468.
[20] Wang H M, Wu Y H, Ni Z H, et al. Electronic transport and layer engineering in multilayer graphene structures. Appl Phys Lett, 2008, 92: 053504.
[21] Chen Z P, Ren W C, Gao L B, et al. Three-dimensional flexible and conductive interconnected graphene networks grown by chemical vapour deposition. Nat Mater, 2011, 10: 424-428.

[22] Kim K S, Zhao Y, Jang H, et al. Large-scale pattern growth of graphene films for stretchable transparent electrodes. Nature, 2009, 457: 706-710.
[23] Li X S, Cai W W, An J H, et al. Large-area synthesis of high-quality and uniform graphene films on copper foils. Science, 2009, 324: 1312-1314.
[24] Kim K B, Lee C K, Choi J W. Catalyst-free direct growth of triangular nano-graphene on all substrates. J Phys Chem C, 2011, 115: 14488-14493.
[25] Yan Z, Peng Z W, Sun Z Z, et al. Growth of bilayer graphene on insulating substrates. ACS NANO, 2011, 5: 8187-8192.
[26] Ramon M E, Gupta A, Corbet C, et al. CMOS-compatible synthesis of large-area, high-mobility graphene by chemical vapor deposition of acetylene on cobalt thin films. ACS NANO, 2011, 5: 7198-7204.
[27] Dai B Y, Fu L, Liu Z F, et al. Rational design of a binary metal alloy for chemical vapour deposition growth of uniform single-layer graphene. Nature Commun, 2011, 2: 522.
[28] Schwierz F. Industry-compatible graphene transistors. Nature, 2011, 472: 41-42.
[29] Wessely P J, Wessely F, Birinci E, et al. Transfer-free fabrication of graphene transistors. J Vac Sci Technol, 2012, B30: 03D114.
[30] Meng L, Wu R T, Zhou H T, et al. Silicon intercalation at the interface of graphene and Ir (111) . Appl Phys Lett, 2012, 100: 083101.
[31] Kim K S, Zhao Y, Jang H, et al. Large-scale pattern growth of graphene films for stretchable transparent electrodes. Nature, 2009, 457: 706-710.
[32] Reina A, Jia X T, Ho J, et al. Large Area, Few-layer graphene films on arbitrary substrates by chemical vapor deposition. Nano Lett, 2009, 9: 30-35.
[33] Gao L B, Ren W C, Cheng H M, et al. Repeated growth and bubbling transfer of graphene with millimetre-size single-crystal grains using platinum. Nature Commun, 2012, 3 : 699.
[34] Li X S, Cai W W, An J H, et al. Large-area synthesis of high-quality and uniform graphene films on copper foils. Science, 2009, 324: 1312-1314.
[35] Ahn J H, Kim H K, Lee Y B, et al. Roll-to-roll production of 30-inch graphene films for transparent electrodes. Nature Nanotechnology, 2010, 5: 574-578.
[36] Han M Y, Ozyilmaz B, Zhang Y B, et al. Energy band-gap engineering of graphene nanoribbons. Phys Rev Lett, 2007, 98: 206805.
[37] Kim P, et al. Tech Dig, IEDM. IEEE, 2009: 241 - 244.
[38] Li X L, Wang X R, Zhang L, et al. Chemically derived, ultrasmooth graphene nanoribbon semiconductors. Science, 2008, 319: 1229-1232.
[39] Yang L, Park C H, Son Y W, et al. Quasiparticle energies and band gaps in graphene nanoribbons. Phys Rev Lett, 2007, 99: 186801.

[40] Chen Z H, Lin Y M, Rooks M J, et al. Graphene nano-ribbon electronics. Physica E, 2007, 40: 228-232.

[41] Evaldsson M, Zozoulenko I V, Xu H Y, et al. Edge-disorder-induced Anderson localization and conduction gap in graphene nanoribbons. Phys Rev B, 2008, 78: 161407.

[42] Castro E V, Novoselov K S, Morozov S V, et al. Biased bilayer graphene: Semiconductor with a gap tunable by the electric field effect. Phys Rev Lett, 2007, 99: 216802.

[43] Gava P, Lazzeri M, Saitta A M, et al. Probing the electrostatic environment of bilayer graphene using Raman spectra. Phys Rev B, 2009, 79: 165431.

[44] Ohta T, Bostwick A, Seyller T, et al. Controlling the electronic structure of bilayer graphene. Science, 2006, 313: 951-954.

[45] Zhang Y B, Tang T T, Girit C, et al. Direct observation of a widely tunable bandgap in bilayer graphene. Nature, 2009, 459: 820-823.

[46] Rotenberg E, Bostwick A, Ohta T, et al. Origin of the energy bandgap in epitaxial graphene. Nature Mater, 2008, 7: 258-259.

[47] Zhou S Y, Gweon G H, Fedorov A V, et al. Substrate-induced bandgap opening in epitaxial graphene. Nature Mater, 2007, 6: 770-775.

[48] Kim S, Ihm J, Choi H J, et al. Origin of anomalous electronic structures of epitaxial graphene on silicon carbide. Phys Rev Lett, 2008, 100: 176802.

[49] Bostwick A, Ohta T, Seyller T, et al. Quasiparticle dynamics in graphene. Nature Phys, 2007, 3: 36-40.

[50] Peng X Y, Ahuja R. Symmetry breaking induced bandgap in epitaxial graphene layers on SiC. Nano Lett, 2008, 8: 4464-4468.

[51] Sano E, Otsuji T. Theoretical evaluation of channel structure in graphene field-effect transistors. Jpn J Appl Phys, 2009, 48: 041202.

[52] Pereira V M, Neto A H C, Peres N M R. Tight-binding approach to uniaxial strain in graphene. Phys Rev B, 2009, 80: 045401.

[53] Ni Z H, Yu T, Lu Y H, et al. Uniaxial strain on graphene: Raman spectroscopy study and band-gap opening. ACS Nano, 2008, 2: 2301-2305.

[54] Sols F, Guinea F, Neto A H C. Coulomb blockade in graphene nanoribbons. Phys Rev Lett, 2007, 99: 166803.

[55] Raza H, Kan E C. Armchair graphene nanoribbons: Electronic structure and electric-field modulation. Phys Rev B, 2008, 77: 245434.

[56] Lin Y M, Dimitrakopoulos C, Jenkins K A, et al. 100-GHz transistors from wafer-scale epitaxial graphene. Science, 2010, 327: 662.

[57] Liao L, Lin Y C, Bao M Q, et al. High-speed graphene transistors with a self-aligned

nanowire gate. Nature，2010，467：305-308.

[58] Wu Y Q，Lin Y M，Bol A A，et al. High-frequency，scaled graphene transistors on diamond-like carbon. Nature，2011，472：74-78.

[59] Lin Y M，Dimitrakopoulos C，Jenkins K A，et al. 100-GHz transistors from wafer-scale epitaxial graphene. Science，2011，332：1294-1297.

[60] Li S L，Miyazaki H，Kumatani A，et al. Low operating bias and matched input-output characteristics in graphene logic inverters. Nano Lett er，2010，10：2357-2362.

[61] Lu C C，Lin Y C，Yeh C H，et al. High mobility flexible graphene field-effect transistors with self-healing gate dielectrics. ACS Nano 2012，6：4469-4474.

[62] Sire C，Ardiaca F，Lepilliet S，et al. Flexible Gigahertz Transistors Derived from Solution-Based Single-Layer Graphene.，Nano Lett er，2012，12：1184-1188.

[63] Iijima S. Helical microtubules of graphitic carbon. Nature，1991，354：56-58.

[64] Bethune D S，Kiang C H，Vries M S D，et al. Cobalt-catalysed growth of carbon nanotubes with single-atomic-layer walls. Nature，1993，363：605-607.

[65] Iijima S，Ichihashi T. Single-shell carbon nanotubes of 1-nm diameter. Nature，1993，363：603-605.

[66] Wang X S，Li Q Q，Xie J，et al. Fabrication of ultralong and electrically uniform single-walled carbon nanotubes on clean substrates. Nano Lett er，2009，9：3137-3141.

[67] Bhushan B. Springer Handbook of Nanotechnology. New York：Spinger-Verlag Berlin Heidelberg，2004：1222.

[68] Lu X，Chen Z F. Curved Pi-conjugation，aromaticity，and the related chemistry of small fullerenes (<C60) and single-walled carbon nanotubes. Chem Rev，2005，105：3643-3696.

[69] Ebbesen T W，Ajayan P M. Large-scale synthesis of carbon nanotubes. Nature，1992，358：220-222.

[70] Guo T，Nikolaev P，Rinzler A G，et al. Self-assembly of tubular fullerenes. J Phys Chem，1995，99：10694-10697.

[71] Guo T，Nikolaev P，Thess A，et al. Catalytic growth of single-walled nanotubes by laser vaporization. Chem Phys Lett，1995，243：49-54.

[72] Thess A，Lee R，Nikolaev P，et al. Crystalline ropes of metallic carbon nanotubes. Science，1996，273：483-487.

[73] Li L，Papadopoulos C，Xu J M，et al. Highly-ordered carbon nanotube arrays for electronics applications. Appl Phys Lett，1999，75：367-369.

[74] Yuan Z H，Huang H，Liu L，et al. Controlled growth of carbon nanotubes in diameter and shape using template-synthesis method. Chem Phys Lett，2001，345：39-43.

[75] Kong J，Cassell A M，Dai H J. Chemical vapor deposition of methane for single-walled carbon nanotubes. Chem Phys Lett，1998，292：567-574.

[76] Li W Z, Xie S S, Qian L X, et al. Large-scale synthesis of aligned garbon nanotubes. Science, 1996, 274: 1701-1703.

[77] Lee J S, Gu G H , Kim H, et al. Growth of carbon nanotubes on anodic alumin templates: fabrication of a tube-in-tube and linearly joined tube. Chem Mater, 2001, 13: 2387-2391.

[78] Yun Y H, Shanov V, Tu Y, et al. Growth mechanism of long aligned multiwall carbon nanotube arrays by water-assisted chemical vapor deposition. J Phys Chem B, 2006, 110: 23920-23925.

[79] Yu M F, Lourie O, Dyer M J, et al. Strength and breaking mechanism of multiwalled carbon nanotubes under tensile load. Science, 2000, 287: 637-640.

[80] Sun L F, Xie S S, Liu W, et al. Creating the narrowest carbon nanotubes. Nature, 2000, 403: 384.

[81] Kong J, Soh H T, Cassell A M, et al. Synthesis of individual single-walled carbon nanotubes on patterned silicon wafers. Nature, 1998, 395: 878-881.

[82] Fan S S, Chapline M G, Franklin N R, et al. Self-oriented regular arrays of carbon nanotubes and their field emission properties. Science, 1999, 283: 512-514.

[83] Kang S J, Kocabas C, Ozel T, et al. High-performance electronics using dense, perfectly aligned arrays of single-walled carbon nanotubes. Nature Nanotech, 2007, 2: 230-236.

[84] Anantram M P, Leonard F. Phyiscs of carbon nanotube electronic devices. Rep Prog Phys, 2006, 69: 507-561.

[85] Charlier J C, Blase X, Roche S. Electronic and transport properties of nanotubes. Rev Mod Phys, 2007, 79: 677-732.

[86] Tans S J, Verschueren A R M, Dekker C. Room-temperature transistor based on a single carbon nanotube. Nature, 1998, 393: 49-52.

[87] Martel R, Schmidt T, Shea H R, et al. Single- and multi-wall carbon nanotube field-effect transistors. Appl Phys Lett, 1998, 73: 2447-2449.

[88] Ding L, Liang S B, Pei T, et al. Carbon nanotube based ultra-low voltage integrated circuits: Scaling down to 0. 4V. Appl Phys Lett, 2012, 100: 263116.

[89] Castro L C, John D L, Pulfrey D L, et al. Method for predicting fT for carbon nanotube FETs. IEEE Trans Nanotechnol, 2005, 4: 699-704 .

[90] Frank D J, Appenzeller J. High-frequency response in carbon nanotube field-effect transistors. IEEE Electron Device Lett, 2004, 25: 34-36.

[91] Li S D, Yu Z, Yen S F, et al. Carbon nanotube transistor operation at 2. 6 GHz. Nano Lett, 2004, 4: 753-756.

[92] Rosenblatt S, Lin H, Sazonova V, et al. Mixing at 50 GHz using a single-walled carbon nanotube transistor. Appl Phys Lett, 2005, 87: 153111.

[93] Bethoux J M，Happy H，Dambrine G，et al. An 8-GHz ft carbon nanotube field-effect transistor for Gigahertz range applications. IEEE Electron Device Lett，2006，27：681-683.

[94] Chen Z H，Appenzeller J，Lin Y M，et al. An integrated logic circuit assembled on a single carbon nanotube. Science，2006，311：1735-1735.

[95] Bachtold A，Hadley P，Nakanishi T，et al. Logic circuits with carbon nanotube transistors. Science，2001，294：1317-1320.

[96] Derycke V，Martel R，Appenzeller J，et al. Carbon nanotube inter- and intramolecular logic gates. Nano Lett，2001，1：453-456.

[97] Liu X L，Lee C，Zhou C W，et al. Carbon nanotube field-effect inverters. Appl Phys Lett，2001，79：3329-3331.

[98] Javey A，Wang Q，Ural A，et al. Carbon nanotube transistor arrays for multistage complementary logic and ring oscillators. Nano Lett，2002，2：929-932.

[99] Ding L，Zhang Z Y，Liang S B，et al. CMOS-based carbon nanotube pass—transistor logic integrated circuits. Nature Communications，2012，3：1-7.

[100] Yu W J，Kim U J，Kang B R，et al. Adaptive logic circuits with doping-freeambipolar carbon nanotube transistors. Nano Lett，2009，9：1401-1405.

[101] Ding L，Zhang Z Y，Peng L P，et al. CMOS-based carbon nanotube pass-transistor logic integrated circuits. Nature Comm，2012，3：677，DOI：10. 1038/ncomms1682.

[102] Pradhan B，Batabyal S K，Pal A J. Electrical bistability and memory phenomenon in carbon nanotube-conjugated polymer matrixes. J Phys Chem B，2006，110：8274-8277.

[103] Liu G，Ling Q D，Teo E Y H，et al. Electrical conductance tuning and bistable switching in poly（N-vinylcarbazole）-carbon nanotube composite films. ACS Nano，2009，3：1929-1937.

[104] Hwang S K，Lee J M，Kim S，et al. Flexible multilevel resistive memory with controlled charge trap B- and N-doped carbon nanotube. Nano Lett，2012，12：2217-2221.

[105] Zhao Y，Wei J Q，Vajtai R，et al. Iodine doped carbon nanotube cables exceeding specific electrical conductivity of metals. Sci Rep，2011，1：83.

[106] Guldi D M，Rahman G M A，Prato M，et al. Single-wall carbon nanotubes as integrative building blocks for solar-energy conversion. Angew Chem，2005，117：2051-2054.

[107] Misewich J A，Martel R，Avouris P，et al. Electrically induced optical emission from a carbon nanotube FET. Science，2003，300：783-786.

[108] Chen J，Perebeinos V，Freitag M，et al. Bright infrared emission from electrically induced excitons in carbon nanotubes. Science，2005，310：1171-1174.

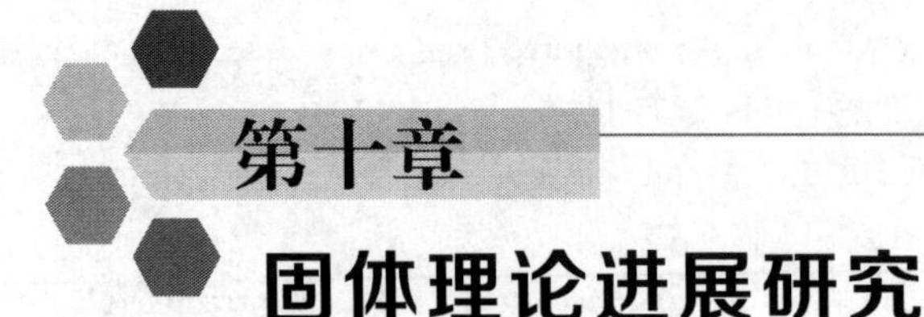

第十章 固体理论进展研究

第一节　引　　言

固态物理（在广义上又可称为凝聚态物理）是物理领域里最为活跃的一个学科，这与集成电路的广泛应用不无关系。用固体（主要是半导体）实现的电路不仅规模大、性能好，同时重复性好，易于低成本地大批量生产。这很大程度上是因为固态集成电路的加工是基于类似印刷技术的平面工艺：光刻与薄层淀积/生长。

半导体器件与集成电路的发展与固态物理的进展相辅相成，近半个世纪来，两者都有了量子跃进（quantm leap）式的进步。尤其在集成电路工艺加工的精度进入了纳米尺度（可以以 Intel 在 2003 年 90 纳米，即亚 100 纳米，CMOS 工艺节点[1]为起始点）以来，固体物理研究的显著特点是低维（即二维或一维，相对于三维而言）材料与器件的加工精度日益趋近于原子的尺度，量子力学原理在固体器件的工作上起关键性的作用。

本章从集成电路发展的角度来回顾、总结固态物理在理论与实践方面的进展。内容分三个方面：能带结构与载流子量子输运计算、低维材料物理（包括铁基超导）及硅基集成电路器件与新型存储器结构。

因为篇幅的限制，为尽可能反映近期的有现实影响的事件与进展，我们忽略了这半个世纪来在固体理论领域中其他一些重大的进展。①量子霍尔效应［1980，K. von Klitzing（University of Würzburg，德国），1985 年获诺贝尔物理学奖］；②铜氧化物高温超导体（高临界温度陶瓷材料）［1986，J. G. Bednorz，K. A. Müller（IBM Zurich）[2]，1987 年获诺贝尔物理学奖］；

③超晶格［1970，L. Esaki，R. Tsu（IBM）］；④光子晶体［1987，E. Yablonovitch（UCLA），S. John（Princeton）］；⑤量子计算与固态实现［1998，B. Kane（University of New South Wales，澳大利亚）[3]］。

第二节　能带结构与载流子量子输运

固体物理与原子物理的基本不同之处在于固体中的电子波函数不再局限于单个原子核附近，而是在整个固体内都存在。因而固体物理的一个基本任务是找到固体作为一个量子系统的电子本征态（即波函数）与本征能量。固体的其他物理（包括光学）性质都可由有关这两个量的知识出发得到。因为固体物理的主要研究对象是晶体，而晶体具有晶格的周期性（或称平移对称性），根据布洛赫定理（Bloch theorem）①，电子的波函数增加了一个量子数，为波函数中平面波部分的波矢，一般情况下为一个三维矢量，记为 $\boldsymbol{k}$。这样波函数的本征能量不仅与能带指数（记为 n，由原子中电子轨道能级派生而成）有关，而且为 $\boldsymbol{k}$（或简写为 k，可视为一个连续量）的函数。我们一般称固体中能带（亦称为电子结构）计算为 $E-\boldsymbol{k}$ 关系的计算，即由此而来。

经典的能带计算方法在所有的固体物理教材中都有描述，包括紧束缚(TB)、平面波展开（增强型——APW，或正交型——OPW）、赝势法、格林函数法（以三位发明人命名：KKR）及 k-dot-p（读为 k 点 p）法。本章中仅以应用在纳电子材料与器件能带计算中十分广泛的紧束缚方法的进展进行讨论。

在经典的能带计算方法之后的最重要的理论进展则是考虑了多体问题（即具有相互作用的多电子体系）的 HK 方法。这是由 P. Hohenberg（法国巴黎高等师范学校，Ecole Normale Superieure，ENS）与 W. Kohn（美国加利福尼亚大学圣地亚哥分校，UCSD）（合称为 HK）在 1964 年提出的密度泛函理论（density functional theory，DFT）[4]。他们在 *Physical Review* 发表的用密度泛函方法来求得在晶格势的作用下一个有相互作用的非均匀电子气系统的基态文章奠定了被称为“第一原理计算”（或称 *abinitio*，即从头计算）的计算固态物理的基础。次年（1965 年），Kohn 与 Sham（UCSD）（KS）又

① 1928 年，Felix Bloch（布洛赫，斯坦福大学 Max Stein 讲座教授），1952 年因为发展了对核磁进行精确测量的方法与美国物理学家 Edward Mills Purcell（珀塞尔）一起获得诺贝尔物理学奖。

在 *Physical Review* 发表文章提出了用局域密度近似（local density approximation，LDA）来得到DFT方法中最为关键（也是最难得到的）交换关联（exchange and correlation，XC）能的泛函形式[5]。至此，DFT-LDA成为了求固体能带结构的一个广为流行的重要手段①。

在纳米尺度的器件中，除了能带结构与体材料的能带有所不同外，考虑到其中的载流子（电子与空穴）的输运，经典与半经典的输运模型，如扩散漂移（DD）及水动力学（HD）模型，都不再适用。这是因为除了依赖于扩散与漂移的机制外，量子隧穿成为载流子输运的常态。目前广泛采用的非平衡格林函数法（non-equilibrium Green's function，NEGF）是用来计算开放量子系统（半导体器件在纳米尺度下就是这样的一个系统）载流子输运的理论方法，其综合了结果（电流电压特性 *I-V*，电容电压特性 *C-V*）的准确性与计算量的可实现性，可视为近20年来在量子输运计算方面的最大进展事件。NEGF方法的普及可追溯到美国普渡大学（Purdue）的Datta教授在1995年由剑桥大学出版社出版的《介观系统的电子输运》一书[6]。

下面，我们分别讨论经典能带计算方法的进展、第一原理能带计算方法与量子输运模型。

一、能带计算方法的进展

如前面已说明的，晶体的能带结构是基于晶体的周期性与布洛赫波函数理论而形成的。晶体能带结构计算的基本思路是将要求的晶体波函数（以波矢 $\boldsymbol{k}$ 与能带指数 n 为参量，统称为晶体量子数）在以实空间周期矢量 $\boldsymbol{R}$ 或倒格子空间周期矢量 $\boldsymbol{K}$ 为指数的基函数级数上展开。不同的计算方法以依赖的指数不同分为两大类，在各大类中又以基函数是如何构造来进行区分。

（一）能带计算方法回顾

经典的基于布洛赫波理论的晶体能带结构计算方法有7种。

（1）紧束缚（tight-binding，TB）方法。

（2）基于原胞（cellular）的计算方法（在糕模子势，muffin-tin，场下）。

---

① 这两篇 *Physical Review* 文章，在2005年的 *Physics Today*（《今日物理》）上被指出为在物理评论系列期刊（包括Phys Rev B，Phys Rev Lett，Rev Mod Physics）中被引用次数最多的两篇文章（依当时的统计分别是2460与3227次）。

（3）增强平面波（augmented plane-wave，APW）基展开方法（用倒格子空间周期矢量 $\boldsymbol{K}$ 展开）。

（4）KKR 格林函数法（薛定谔方程的积分形式，球坐标）（对波矢与晶体结构的依赖关系都在格林函数上反映出来）。

（5）正交平面波（orthogonized plane-wave，OPW）基展开方法（不做糕模子势假设，基函数与原子核心波函数正交）。

（6）赝势（pseudo potential）法（非局域，本身又依赖于待确定的本征能量）。

（7）k-dot-p（k 点 p）法（基于量子力学的微扰方法）[7]。

（二）紧束缚近似计算的进展

近年来，采用紧束缚近似计算能带结构有很大的进展。采用紧束缚近似的优点是能够处理原胞中包含几百个原子的大系统。这个方法具有直观性，采用化学键来真实地描述结构与电介质特性。传统的采用 sp^3 的 Slater-Koster 紧束缚方法[8]，能够满意地描述价带的 $\boldsymbol{E}$-$\boldsymbol{k}$ 关系，但不能正确地重现半导体的非直接禁带。奥地利的 P. Vogl 在 1983 年提出将最外层激发态的 sp^3s^* 轨道包含在供晶体波函数展开的基函数内，而得到了所谓的方法（名称中的 s^* 表示激发态的类 s 轨道或反键合轨道）[9]。这个方法采用了 13 个参数，能正确地重现诸如 Si、Ge、C、SiC、GaAs 一类的半导体价带与导带的主要特征。

在经历了 sp^3s^* 、sp^3d^2 TB 模型的发展之后，意大利比萨的J. M. Jancu又在 1998 年提出了一个针对Ⅳ族与Ⅲ-Ⅴ族半导体（立方体晶体结构）的经验型紧束缚方法，称为 $sp^3d^5s^*$ 的紧束缚方法[10]。该方法包括了原子所有的 d 电子轨道作为展开的基，因而有 10 个原子的电子轨道。其用到的经验参数是原子本身的（on-site）能量与最近邻间的双中心积分值。此方法可以很好地重现由能带结构决定的对载流子输运有影响的参数，如态密度、约化质量与形变势。这个模型也重现了价带与两个最低的导带的主要特征。在纳电子材料与器件，如硅纳米线的能带结构计算上得到了十分广泛的应用。

二、第一原理计算与密度泛函方法

（一）Hohenberg-Kohn 密度泛函理论（1964 年）

Hohenberg-Kohn 密度泛函理论（简称 HK 理论）的要点是具有相互作用的一个多电子系统在外场［通常是指晶格势 $v(\boldsymbol{r})$］作用下，该系统的基态能量可以表示为一个依赖于电子浓度 $n(\boldsymbol{r})$（本身为空间位置的函数）的泛函 $F[n(\boldsymbol{r})]$。这个方法因此被称为密度泛函理论（density-functionalt heory，DFT）或 DFT 方法。

DFT 方法由两个定理（theorems）组成。

（1）一个多电子系统的基态性质为一个在三维空间的电子浓度唯一确定。通过解依赖于这个电子浓度（以泛函形式）的单粒子薛定谔方程就可以得到该多电子系统的基态，包括基态能量。

（2）定义了依赖于电子空间密度的能量泛函，并且证明了正确的基态电子密度必然导致该能量泛函的最小化。

（二）Kohn-Sham DFT 方法（1965 年）

在文献［5］中，当时都在 UCSD 的 Kohn 与 Sham（KS），提出了一套自洽的方程组，这是基于 HK 理论来处理有相互作用的非均匀电子气系统的一个近似方法，被称为 KS-DFT。DFT 方法中的主要困难是如何确定单电子薛定谔方程中的有效电势（effective potential）。这个有效电势包括电子间的因库伦力引起的各种相互作用，如交换关联相互作用。对于这个交换（exchange）关联（correlation）能Exc的计算，一个最简单的方法是采用局域密度近似（local-density approximation，LDA）。要得到 LDA 交换关联能，只要求知道一个均匀的有相互作用的电子气的真实化学势 $\mu[n(\boldsymbol{r})]$，注意，这个量也是电子密度的泛函。

KS-DFT 方法中一共有两组方程，分别类似于固体物理中用到的 Hartree（哈特里）与 Hartree-Fock（哈特里-福克）方程组。这些方程组中用到了局域的有效势。对实际的、非均匀的金属与合金，我们关心的量有相干能、弹性常数等。通过解 KS-DFT 方程组可以得到这些宏观量。

类似于 HK 在文献［4］得到的对非相互作用电子气的结果，对有相互作用的电子气，只需解单粒子薛定谔方程就可得到多粒子系统的基态能量与电子密度分布函数。

因为这个单粒子薛定谔方程中的交换关联能本身又依赖于空间电子密度，KS-DFT 方法包含一个方程组，需要通过迭代求解。其步骤如下：

（1）给 $n(\boldsymbol{r})$一个初始值（猜解）；

（2）构造 E_{xc}［$n(\boldsymbol{r})$］；

（3）求得一个新的 $n(\boldsymbol{r})$。

如此循环，直到自洽的 $n(\boldsymbol{r})$达到。据此，就可求得系统的基态能量。

密度泛函理论作为第一性原理计算的理论框架，对多粒子体系的基态性质给出了非常成功的描述。在固体中，对价带结构、体模量、晶格类型与晶格常数、形变势与晶格振动色散关系等都有满意的结果。但是对多粒子的激发态，特别是半导体与绝缘体的带隙，总是呈现出系统性的偏小，这被称为“带隙偏小”问题［还有个名称叫做剪刀（scissor）效应，即如果将带隙剪开，人为地增加 0.5 电子伏，就可以得到大致正确的带隙值］。但对于金属，则存在着“带隙偏大”的问题。究其原因，是因为 DFT 本来就是一个基态理论，用这个理论得到的本征能量与能带结构没有严格的对应关系。同时实际的多粒子量子系统的能带结构是与系统内粒子数相关的。

解决这个问题的方法之一是建立一个适合于激发态（被称为准粒子）的运动方程，这就是下面要介绍的 GW 近似（或称 GWA，A 是近似的意思，GW 的含义下面会介绍）。

（三）DFT 第一原理计算的 GW 方法（1965 年，1986 年）

应用 DFT 方法的关键步骤是找到系统能量作为电子密度 $n(\boldsymbol{r})$ 的泛函形式，而这其中的核心问题又是将多电子系统的交换关联能表示成为电子密度的泛函。

美国 Argonne 国家实验室的 Lars Hedin 于 1965 年提出的针对电子气的 GW 方法[11]是解决这个问题的一大进步。但真正成为实用的计算方法是由美国加利福尼亚大学伯克利分校（UCB）的 Hybertsen 于 1986 年在此基础上实现的，他对半导体与绝缘体的禁带宽带作了计算，发现结果与实验数据符合极好[12]。GW 的主要方程为

$$(T+V+U)\Psi_{nk}(\boldsymbol{r})+\int \mathrm{d}\boldsymbol{r}' \sum(\boldsymbol{r},\boldsymbol{r}';E_{nk})\Psi_{nk}=E_{nk}\Psi_{nk}(\boldsymbol{r})$$

式中，U 是由于电子间的相互库伦力作用的平均哈特里电势；Σ 是电子自能算符，包含了电子间的交换关联效应。$\sum$ 是一个非局域、依赖于能量的非厄密（non-hermitian）矩阵，由上述方程解得的本征波函数代表准粒子（quasiparticle）态，而本征值 E_{nk} 是一个复数，具有准粒子的激发（excitation）能的物理意义，其虚部代表准粒子的寿命。需要注意到的是，因为方程中的自能本身又依赖于本征能量 E_{nk}，所以该方程的解要通过迭代求得。

现在的难点是找到一个恰当的对于自能算符的近似。Hedin 采用了如下方法：将 $\sum$ 展开为一个因带电粒子间库伦相互作用引起的微扰的一个级数，且只保留级数的第一项：

$$\sum \infty GW$$

其中，G 是单粒子着装（dressed）的格林函数，W 是动态粒子间被屏蔽后的相互作用势①。

GW 方法也被称为随机相位近似（random phaseapproximation，RPA）。因为该方法基于一个精确的多体场理论，因此被普遍认为是比 LDA 更为自然的方法。但 GW 方法也存在着一个问题，即是对同一个物理量计算得到的结果在元素周期表中的不同族（group）间会有变化。这个情况与 LDA 方法应用的早期是类似的。其原因是在计算过程中作了许多种的近似，尤其是假设自能是由 $G^{LDA}W^{LDA}$ 计算得到的。其他一些严重影响结果的精度的近似包括忽略了原子核芯部分的电子态（core state）及用赝势近似来取代核部分，等等。

（四）Faleev-Schilfgaarde 准粒子自洽 GW 方法（QPscGW）（2004）

2004 年美国 Sandia 国家实验室的 Sergey V. Faleev 与亚利桑那州州立大学（ASU）的 Mark van Schilfgaarde 提出了一个被称为准粒子自洽 GW 的方法（quasiparticle self-consistent GW，QPscGW）[13,14]。这个方法消除了上面提到的在经典的 GW 方法中所作的一些近似，使得 GW 方法更为可靠与准确。

采用 DFT-LDA 方法计算得到的带隙几乎对所有的半导体都偏小。小的带隙使得 G 增加了屏蔽效应，因而低估了对带隙的纠正。而由大带隙的准粒子构造的 G 则减少了屏蔽效应，导致 GW 产生宽的带隙。

QPscGW 这个方法采用了包括全部电子与完全电势自洽的 GW 方法的实现，在最大限度上保留了独立粒子的图像。因此这个方法被命名为准粒子自洽 GW 方法，即 QPscGW 近似。该方法的一个基本点是除了 RPA 近似外，不再作其他关键性的近似。

QPscGW 方法对几乎所有的化合物特别是弱关联材料，如硅的光学性质都可以很好地描述。尽管对强关联的带有 d 与 f 轨道电子的材料误差有些大，但是这些误差是系统性的，并且能用相比于精确理论而能确定的丢失部分来解释误差的产生。这个方法中的自洽特点是十分重要的，它大大地改善了与实验结果的一致性。

QPscGW 理论是一个第一性原理计算方法，可以产生单粒子经历的真实电势，因而能计算得到可靠的准粒子激发能。

① W 这个符号的来源很可能是因为用 V 来表示裸露的离子引起的电势，因而着装的电势就用英文字母表中 V 后的下一个字母，即 W 来表示。

(五) KS-DFT 的其他一些改进方法

除了用 LDA 来构造基态交换关联能外，还有一种方法称为 GGA (generalized gradient approximation)。

其他的一些对 LDA 的交换关联势进行改进的方法有 7 种①。

(1) 准粒子 GW 近似。

(2) sX-LDA（对半导体激发态）。

(3) 自相互作用修正（SIC）。

(4) LDA＋u（对强关联系统）。

(5) LDA＋＋。

(6) 优化有效势（OEP）方法（对强关联、激发态）。

(7) 含时密度泛函理论（TDDFT）（原子、分子与固体的激发态）。

三、载流子量子输运

当纳米尺度的半导体器件（包括一维纳米材料电子元器件如用硅纳米线、碳纳米管（CNT）、石墨烯纳米带（graphenenano-ribbon，GNR）做成的两端电阻）的特征尺寸与载流子的输运特征长度（最常用的当属载流子平均自由程，但载流子相位相干长度在决定是否需要考虑量子输运上起更重要的作用）可比拟时，经典的载流子扩散漂移模型不再适用。这时我们要考虑载流子的弹道输运（平均自由程大于器件特征长度）与量子输运（相位相干长度大于器件特征长度）。我们将这种尺度下的器件工作状态称为“介观态”，其相应的器件物理称为介观物理，即介乎于宏观物理与微观物理之间。

这一节，我们先描述决定量子电导的 Landauer-Büttiker 公式，这是针对在导体中载流子弹道输运为主的情形，同时包括了接触电阻的影响。然后讨论近 20 年来逐渐成为计算纳米尺度器件的电特性（I-V，C-V）的非平衡格林函数（NEGF）方法。

(一) 弹道输运与 Landauer-Büttiker 公式

在 20 世纪 80 年代，由于半导体器件中二维电子气的实现与微细加工能力的进步，在实验上观察到介观尺度（即与电子波长可比拟，在微纳米数量级）下导体的量子化了的电导（简称量子电导，为 1988 年由荷兰 Delft 大学

① 黄美纯：DFT-8 凝聚态物理中的 GW 近似。

的 van Wees 与英国剑桥大学的 Wharam 同时发现[15, 16]）。

处于介观态的器件内部载流子输运呈现出明显的波动特性，与量子力学的其他效应，如波函数的模式数（在量子约束维度方向），一起决定了弹道导体的电导。早在 1957 年 IBM 的 Landauer 就提出了对这种两端导体一个计算电导的公式[17]。然后在 1988 年由 IBM 的 Büttiker 扩展到多电极（大于两个电极）的情形[18]。这个公式以后统称为 Landauer-Büttiker（LB）公式（formalism），该公式由于明确地考虑了波函数相位对输运的影响，在解释介观结构中各种量子相干输运现象时获得了很大的成功。

对一个两端接电极的弹道导体，假设由一侧入射的电子波经过导体到另一侧时透射率为 T，则反射率为 $R = 1-T$（我们此时将导体看做是一个散射势垒）。两端的电极被视为处于热平衡的“电子库”，用各自的化学势 μ_1、μ_2 表征。LB 公式给出的整个系统的电导（包括电极与导体的接触电阻）为

$$G=\frac{I}{\mu_1-\mu_2}=\frac{2\mathrm{e}^2}{\mathrm{h}}MT\text{（假设 }\mu_1>\mu_2\text{，}I\text{ 为正）}$$

式中，e 为电子电荷；h 为普朗克常数；M 为在传输沟道（具体来讲是连接被测导体与电极间的窄导线）中电子波函数的模式数，为一正整数。系数 2 是考虑到电子的自旋简并。这个式子传递了两个重要的与经典物理预测不同的信息：①即使导体本身的电阻为零（$T = 1$，即在导体中完全没有散射的载流子弹道输运），整个系统（或称装置，set-up）依然存在着电阻。这个电阻当 $M = 1$ 与 $T = 1$ 时为 12.9 千欧；②与经典的欧姆定律不同，电导不再与导体的长度相关，与导体的截面也没有直接的正比关系（欧姆定律：$G = \sigma A = l$，其中 σ 为电导率，A 为截面，l 为导体的长度），而是由模式数 M 与透射系数 T 决定。而且因为 M 是整数，所以弹道导体的电导是量子化了的。注意，一个非零的接触电阻总是存在，其来源是载流子在进入电极这个电子库区时发生的能量损耗。

对于有两个以上电极的情形，上面公式中的 T 要用散射矩阵 S 来代替。具体的方法在文献[18]中有详细讨论。

（二）量子输运的非平衡格林函数（NEGF）计算方法

纳米尺度下的半导体器件（上述的弹道导体也包括在内）是一个开放的量子系统。这是因为一方面，器件与周围环境（主要就是器件被使用的电路）的交互作用是通过电极来进行的（这就是开放的意思），同时载流子在器件内部的行为由量子力学的原理（即薛定谔方程）所决定（即为量子系统）。器件的电学（甚至光学或光电）行为原则上通过解这个具有开放边界条件的薛定

谔方程就可以确定。量子力学中有用格林函数解薛定谔方程的做法，但并不在解封闭量子系统上常用。对这种封闭量子系统，通常是采用解本征值问题来求得量子系统的本征函数（即波函数）与本征值（即本征能量）。但是在处理如半导体器件这样的开放量子系统时，格林函数特别是非平衡格林函数法是一个十分有效的计算方法。特别是 1995 年美国普渡大学的 Datta 教授的《介观系统的电子输运》[6]，对普及 NEGF 这个方法起了十分重要的作用。目前，NEGF 已成为纳电子器件模拟的一个最通用的方法。在此，将对 NEGF 理论与方法进行介绍。格林函数法是数学物理方程中一种常用的方法。在一般的数学物理（如静电场）应用上，格林函数是用来表示一个源点上的某种信号源（如电激励）在场点上产生的场。例如，泊松方程中点电荷在空间各处产生的静电场。格林函数应用的一个优势是其线性叠加性。即在不知道激励源的分布情况下，根据无源系统的描述（用算符与边界条件表述）就可以得到格林函数。然后给定源的分布，可直接利用格林函数来积分/求和得到场的分布。但在量子力学中应用的格林函数与上述通常的描述有较大的不同，这也是为什么 NEGF 方法在很长一段时间内（甚至到现在）没有得到广泛的应用。

量子力学中应用格林函数的目的是解薛定谔方程。而薛定谔方程并没有独立于待求解量（即波函数与本征能量）的激励源这一项。因此我们需要将格林函数满足的方程扩展成

$$(z-L)\ G\ (r,\ r';\ z)\ =\delta\ (r-r')$$

这里 z 是一个复数参量，可记为 $z=\lambda+is$。对比薛定谔方程的形式，我们立即可以看出，如果算符 L 是哈密顿量 H，那么 z 就相当于本征能量，只不过这里我们允许本征能量为一复数。如果 $z=\lambda$，为一实数，则 λ 就代表能量。采用这样定义的格林函数，有许多优异的特性，尤其是对纳电子器件而言。除了由得到的格林函数直接知道（薛定谔）方程的本征函数与本征值外，还可以知道简并能级所对应的简并态数[19]。与纳电子器件更有关联的是由格林函数可以引出/得到局域态密度的概念与值，进而得到能量空间的态密度。

对开放量子系统，格林函数或非平衡格林函数法通过引入自能的概念，可以将一个无穷的系统（比如器件与其引线）变成一个仅局限于所关心的器件的有限区域，而且能理论上严格地将器件内的载流子散射（可以由各种散射机理引起）用自能的概念处理（即所谓的 Büttiker probe）。从应用上来讲，NEGF 方法可以自然地将隧穿电流自洽地包含在解之内。因此可以

这么讲，NEGF 方法的普及将量子力学真正应用到半导体器件模拟上去。

格林函数方法也是处理相互作用的多粒子体系乃至多体物理的一个有力工具。该方法将粒子间相互作用作为对单粒子哈密顿量的一个微扰[20]。

第三节　低维材料物理(包括铁基超导)

场效应晶体管的出现，在半导体衬底的表面自然地形成了二维电子气。这是低维物理与器件研究的开端。量子电导现象就是在二维结构上首先发现的[15, 16]。20 世纪 90 年代后期兴起的碳纳米管、半导体（主要是硅、锗）纳米线研究又将一维结构与物理的研究推向了堪称纳米技术研究一度的核心地位。但 2004 年石墨烯的发现[21, 22]又将二维结构置于纳米舞台的中心。

与一维结构的研究不同，二维结构的行为与磁场的作用关系密切（霍尔效应），石墨烯的发现是一个例子。2006 年以来的拓扑绝缘体研究[23]也与电子自旋和轨道磁矩的相互作用相关。即使是我们在下面将要讨论的铁基超导体（在该领域，中国的研究人员十分活跃，做出了重要的贡献）领域，磁矩与二维层状结构也起了关键性的作用。

这一节，我们讨论一维、二维纳米结构，也包括量子点（可称为零维结构）的研究历史与现状。内容涵盖量子点/量子线/量子阱、石墨烯、拓扑绝缘体与铁基超导。

一、量子点、量子线、量子阱

固态电子器件（如晶体管）不断小型化的发展，自然给人们提出了这样一个问题：宏观体系的物理规律（如欧姆定律）在小尺度上能否保持其正确性？现在我们知道这个答案是否定的。这是因为如果电子器件的尺寸比电子的非弹性散射长度小，那么电子在传输过程中就能保持相位记忆，即能保持相位相干性，这样电子的波动特性就能得到很好的体现，电子器件的许多功能将发生质的变化。随着微电子器件尺度的不断缩小，人们一方面希望未来的电子器件能充分利用随之出现的量子力学效应，另一方面也不得不研究电子输运过程中的量子特性。这就产生了一门新的凝聚态物理学分支——介观物理学。

（一）量子点

介观物理学中最简单的模型就是所谓的量子点。量子点的主要特征是电子在实空间中的 x，y，z 三个方向的运动都受到限制，电子只能占据类似于原子的分立能量状态，具有零维特性。因此，有时量子点又被称为人造原子。目前，有许多方法形成量子点，由于半导体量子点的形状、大小、电子数及电子间的相互作用可借助于当前先进的纳米技术调控，所以在以下的讨论中我们仅限于半导体量子点。它是在二维电子气加上调制电极而形成。半导体量子点的大小约为几纳米到几毫米，其中的电子数由一个至几百个不等。需要指出的是，这里的电子是自由电子。事实上，半导体量子点大约由 100 万个原子及相同的电子所构成，但其中的绝大多数电子为物质的原子核所束缚，仅有少数（几个至几百个）是自由的。这些自由电子的德布罗意波长可与量子点的尺寸相比拟，电子占据分立的量子能级并有分立的激发能谱。半导体量子点的另一个特征是所谓的充电能，它表示在量子点中增加或移去一个电子所需的能量，这与原子的电离能相类似。对量子点的研究，不像原子物理那样研究原子与光的相互作用，而是测量其输运特性，换句话讲，是研究量子点负载电流的能力。

量子点的几个特性：①分立的量子能级；②量子点所包含电荷的量子化；③库仑阻塞效应，这一点我们适当展开：

量子化的能量和电荷强烈地影响着电子通过量子点的输运特性。库仑阻塞现象是关于量子点输运特性的一个典型实验测量结果。当我们在源极和漏极之间加上很小的偏压，通过改变栅压，我们可以观察到十分新奇的现象：量子点的电导随栅压的变化呈现出一系列近似周期的尖锐的共振峰，这就是著名的库仑阻塞振荡。研究表明，这个周期对应于在量子点中增加一个电子时所需的电压。

（二）量子线

当我们将电子在材料中的限制增加到两个方向，这样电子在材料中只在某一个方向（比如 z 方向）是自由的，在其他两个方向上受限，就得到了一个等效的一维结构，我们称之为纳米线或量子线。由于纳米线在光电子器件、量子计算领域的潜在应用，大量半导体和金属纳米线已经被合成，所使用的方法包括化学气象沉积、水热法、模板法等。同时能够通过生长条件调控纳米线的形貌和内在结构。半导体纳米线通常被应用于光电子领域，其能够表现出类似于量子阱结构中的激子效应，又考虑到纳米线中的天然谐振腔结构，半导体纳米线被认为是实现常温激射的一种途径。而作为金属纳米线，在导电通路的长度减小到远小于电子平均自由程时，其中的输运模式可能会发生改变。这也被认为是解决量子计算中量子态传输的一种途径，这是由于传输过程都有可能发生退相干过程，而退相干会使整个体系表现出经典行为，阻碍量子计算的过程。

（三）量子阱

在过去的几十年中，量子阱器件一直是主要研究领域之一，其中一部分器件已经转变为成熟的产品应用于电子电路中。为了进一步发展量子阱器件使其巨大的潜能获得充分的挖掘，对相关器件性能的探索成为广大研究人员的关注重点，而器件的研究必然是建立在对量子阱的基本物理性质研究之上的。

量子阱的生长一般依赖于分子束外延（MBE）或金属有机化合物化学气相沉淀（MOCVD）。由于量子阱宽度（只有当阱宽尺度足够小时才能形成量子阱）的限制，导致载流子波函数在一维方向上的局域化，从而产生有别于传统材料的奇异特性。

在具有二维自由度的量子阱中，电子和空穴的态密度与能量的关系为台阶形状，而不是像传统体材料那样的抛物线形状。目前，人们除了利用量子阱异质结构的特性来实现基于此的晶体管及光电器件外，如利用量子阱对载流子的强限制效应和阶梯式态密度的激光器，还利用量子阱中的能级分裂实现光探测器等。

量子阱中的电子行为有三种。

1. 带间跃迁

我们可以通过调节量子阱的厚度来得到与体材料中不同能量的光子发生，也使得这种结构在光电子器件中得到了广泛的应用。

2. 激子效应

一般来说，在传统体材料中我们需要在极低的温度下才能观测到激子效应，这是由于一般材料激子（电子-空穴对）的激子束缚能都很低，很容易被热能打破。但是在量子阱中，或者我们也可以推广到一切小尺度结构中，由于量子阱的尺寸限制，电子和空穴被强制地靠得更近，从而使电子空穴对的束缚能增大。当尺寸减小到一定程度时受限的激子可以在更高的温度存在。

3. 量子限制 Stark 效应

另一个比较特别的现象我们称之为量子限制 Stark 效应。在体材料中，电场使吸收峰偏移的过程被称为夫兰兹-凯耳什效应，但这种现象只能在很高的外加偏压下才能观测到，我们基本可以忽略其对材料或器件性能的影响(通常影响该效应的为电场大小)。但是对于量子阱结构来说，尺寸带来的限制效应使得其中的激子能够比较稳定地存在于较高温度下。所以在量子阱结构中电场能够轻易地改变包括自由电子和激子的吸收峰。由于这种偏移效应类似于原子中在电场中的行为（Stark 效应)，所以也被称为量子 Stark 效应。

二、碳纳米管

1991 年，日本 NEC 公司基础研究实验室的电子显微镜专家 Iijima 在高分辨透射电子显微镜下检验石墨电弧设备中产生的球状碳分子时，意外发现了由管状的同轴纳米管组成的碳分子，这是世界上最早发现的碳纳米管[carbon nanotube（CNT，NEC 1991)][24]。1993 年，Iijima 和 Bethune 同时报道了采用电弧法，在石墨电极中添加一定的催化剂，可以得到仅仅具有一层管壁的碳纳米管，这也成为最早关于碳纳米管制备的文献报道。

碳纳米管由于其独特的电学、热学与机械性质，其相关的研究在 20 世纪 90 年代中后期及 21 世纪初期的几年里，呈现过异常迅猛的态势。但在近几年来，出现了下降的趋势。这与材料制备的可控性与一致性差有关，而且 CNT 作为电子器件的应用必须要强调在集成的环境下实现，这是至今几乎所有纳米材料相比于半导体材料的致命的弱点：不易集成有规模的电路，集成后的器件性能比单个器件性能要差很多，更谈不上与进入 32/22 纳米技术节点的硅基 CMOS 器件相比。下面简单总结一下碳纳米管的结构与性质。

(一) 碳纳米管的基本结构

碳纳米管可以分为单壁（SWNTs）和多壁（MWNTs）两种结构。绝大多数单壁碳纳米管的直径大约只有一个纳米，而长度却能达到微米量级。单壁碳纳米管可以简单地认为是由一层碳原子层，即石墨烯卷曲成的管状圆柱体。由石墨烯而成的碳纳米管可以用一对整数（n，m）表明不同的卷曲方式，从而使得单壁碳纳米管依其结构特征可以分为三种类型，即扶手椅式纳米管、锯齿形纳米管和手型纳米管。单壁碳纳米管的重要性表现在其多数性质性能与（n，m）相关，尤其是其禁带宽度可以在0～2电子伏内调制，从而使纳米管的电学性能表达为金属特性或半导体特性。

（二）碳纳米管的性质

碳纳米管的特殊结构使其具有多种特异的性质，并表现出在各领域的不同应用前景。如前所述，碳纳米管具有纳米量级的孔直径，同时长度能够达到微米量级。有很多研究工作关注单壁纳米管的性质与结构上的关系，并由此发现了很多新的现象。多壁碳纳米管的性质也与其结构和质地有关。在这里，我们将简单总结一下碳纳米管的各个方面的性质性能。

1. 力学性质

在抗拉强度和弹性模量上，碳纳米管是目前发现的最强最硬的材料。这一力学上的显著特点来源于碳原子之间的sp^2杂化轨道。相比sp^3杂化，sp^2杂化中s轨道成分比较大，从而使碳纳米管具有高模量、高强度。碳纳米管的硬度与金刚石相当，却拥有良好的柔韧性。

2. 热学性质

由于存在弹道输运，而垂直与管轴方向却有良好的绝缘性，所以几乎所有纳米管结构的材料都被认为具有良好的热学传导性质。实验测量表明，室温下的单壁碳纳米管在轴方向上的热传导能力与铜相当。

3. 光学性质

碳纳米管的光学性质包括光吸收、光致发光性质及拉曼光谱中的信号响应。碳纳米管，尤其是多壁碳纳米管具有良好的微波频段波的吸收特性。通过在多壁碳纳米管中填入金属元素，能够提高微波区的波吸收效率。

4. 电学性质

前文中提到，表征碳纳米管不同构成方式的一对整数（n，m）往往和其材料性质有关，包括电学性质。如果$n=m$，碳纳米管表现为金属性；当$n-m$为3的整数倍时，纳米管为带隙极小的半导体特性；除此之外的纳米管为一般的半导体特性。当纳米管孔径很小的时候，曲率效应也会改变上述碳纳米管电学性质的规则。碳纳米管的电学特性也表现在超导性质上。内部单元纳米管相连的多壁管能够在相对较高的转变温度下（12 K）表现出超导特性。

在实际碳纳米管中，电荷传输会受到缺陷及晶格振动的影响，并在宏观上表现为其电阻。此外，碳纳米管的一维结构特性及碳原子之间较强的价键的作用，使得在纳米管中不存在小角度的电荷载流子散射，载流子只存在向前或向后的运动方向。宏观大小的金属电机与碳纳米管的接触界面上，由于在纳米管边界处的电子限制效应，会产生分立的能态，并叠加在金属电极的连续能态上。这种纳米管与金属电极在能态上的失配，会导致接触电阻的量子化。如果仅有量子接触电阻，那么纳米管中的电荷就会呈现出弹道传输的特点。

载流子在弹道传输时的迁移率能够达到硅体材料中的1000倍以上，因而具有深远的应用前景。然而载流子保持弹道传输的长度取决于结构的理想度、温度及驱动电场的大小等因素。目前该长度能够达到100纳米左右，已经超过了现代小尺寸单元器件的长度。

（三）基于碳纳米管的电子器件

1. 场效应晶体管

1998年，第一篇基于碳纳米管的场效应晶体管的文献发表，具有半导体特性的纳米管被作为构成沟道的功能材料。由于纳米管孔径很小，有较好的栅极与沟道的耦合，栅极可以控制整个沟道的电势，从而能够制备不受短沟道效应影响的更小尺寸的器件。另外，碳纳米管的良好表面也避免了界面态和粗糙度引起的电荷散射，因而通常具有高的迁移率。此外，也有研究工作关注基于碳纳米管晶体管结构器件的交流电状态下的性质。理论预测短的纳米管能作为太赫兹发射器。

2. 集成电路

碳纳米管器件目前已经突破单一器件研究与开发的局限，可以用来制备更加复杂的器件。美国斯坦福大学也有三维集成的有益尝试。

3. 交叉点结构电阻型存储器

基于交叉点结构（crossed-bar）的存储器件由于其非常简单的器件构成而受到广泛的关注。通过对碳纳米管掺杂硼和氮，之后分散在聚苯乙烯的介质中，可以得到具有电学转换行为的功能层材料，从而实现交叉点结构的存储器件。此外，这一类方法往往能够将器件制备在柔性衬底上。

4. 其他

电子器件碳纳米管在电子器件中的潜在应用非常广泛，除了上述几种常见的重要基本器件之外，碳纳米管还被应用在太阳能电池与发光二极管等器件中。

三、石墨烯

石墨烯（graphene）（*Science*，2004 ）在 2004 年的发现与物理性质的确认[21]，无疑是固体物理 21 世纪以来的一个重大里程碑事件。尽管在此前，碳纳米管（CNT）自 1991 年由日本 NEC 公司的 Iijima 确认以来，在 20 世纪末期（20 世纪 90 年代后期）与 21 世纪初期占据了纳米技术研究的中心舞台，但石墨烯的出现以其独特的理论价值与优异的电学、光学性质很快地形成了势头可以与 CNT 比拟甚至压倒的世界范围内的研究热潮。其发明者，英国曼彻斯特大学（U Manchester）的 Novoselov 与 Geim（NG）也在发表他们的第一篇 *Science* 文章（2004）[21]的 6 年后就得到了诺贝尔物理学奖(2010 年)。

石墨烯的发现是有其强烈的集成电路发展驱动背景的。为了克服场效应晶体管（FET）的短沟效应（现在 CMOS 已处在 22 纳米技术节点），一个有效的手段是减薄沟道区的厚度。当然最薄的可能达到的就是单原子层二维材料。另外，金属有大量的电子作为沟道载流子，但问题是如何用场效应的手段来实现栅控。这两个目标是驱动石墨烯研究的原始动力的重要因素（尽管还可能有别的因素）。石墨烯的发现有其偶然成分（如置于长在硅片上 300 纳米厚二氧化硅层上的石墨烯可以用光学显微镜分辨出来），但 NG 及其研究小组，做了十分细致的实验工作与理论分析，包括用量子霍尔效应（QHE）来定性地区分石墨烯（单层，半整数 QHE）与二层石墨材料（整数 QHE），这在 2005 年的 *Nature* 文章上得以近似完美的表述[22]。

有关石墨烯的研究，可以从物理性质、理论价值与材料制备三个方面来说明。我们主要是从集成电路的应用方面来加以阐述。石墨烯是单层的碳原子以正六角形晶格排列，一个碳原子的 4 个价电子有 3 个与最邻近的碳原子成键（原子间的键长是 1.42 埃）。剩下的一个价电子在平行于碳原子所在二维平面的近邻平面上形成大 π 键。这些 π 电子是石墨烯的活动载流子，其运动所受的阻力很小。因此石墨烯的迁移率很高。对架空（suspended）的石墨烯测量的迁移率最高的可达 200 000 厘米^2/（伏·秒）[25][相比之下电子在体硅材料的迁移率为 1450 厘米^2/（伏·秒）]。石墨烯的能带结构决定了以下的载流子特性：

（1）载流子的饱和速度为 10^8 厘米/秒（为光速的 1/300），相比之下，电子在硅中的饱和速度为大约 10^7 厘米/秒。

（2）在布里渊区的狄拉克点（有 6 个）带隙为零，因此石墨烯是半金属。

（3）处于中性状态（即电子与空穴浓度均为零，或者称费米能级通过狄拉克点）的石墨烯，载流子的静止质量为零，其输运由狄拉克相对论方程决定，而相应的"光速"即上面提到的饱和速度（又称费米速度，也是由狄拉克点的能带结构所决定）。因而石墨烯是研究相对论物理的一个很好平台，因为其要达到的光速仅为实际光速的 1/300。

（4）石墨烯中费米能级相对于狄拉克点的位置（在电子能量空间中）可以由栅电极控制/调节。当费米能级在狄拉克点之上时，石墨烯为 N 型，是电子导电；而费米能级在狄拉克点之下时，石墨烯为 P 型，是空穴导电。这就是被称为双极性（ambipolarity）导电的行为。

所以，从理论上讲，石墨烯提供了一个在普通实验室条件下研究相对论的平台：在狄拉克点附近的载流子是静止质量为零的费米子，而其要呈现相对论效应所对应的光速仅为 10^8 厘米/秒。从集成电路的应用角度来看，石墨烯令人吸引的优点是高载流子迁移率及容易实现场效应晶体管（栅可控沟道载流子的面密度）。但石墨烯的半金属（带隙为零）特性，不利于其作为数字电路器件的应用，因为漏电流太大，导致器件的开/关电流比太小。

迄今石墨烯作为电子器件的应用研究主要集中在两个方面：①设法在石墨烯作为沟道材料时打开带隙；②在石墨烯集成到器件时（主要是场效应管），能最大限度地保持高迁移率。打开带隙的一个典型办法是将片状石墨烯切成纳米带（nano-ribbon，典型的宽度为几个纳米），但这样做的一个负面效果是沟道载流子的迁移率会变得非常差，相对于硅 MOSFET，毫无优势可言。在经历了数年的研究之后，石墨烯的电子器件应用逐渐转向模拟、射频器件的研究。因为在模拟、射频电路的应用中，器件的漏电流影响并不大，所以可以用石墨烯片来维持高的沟道载流子迁移率。最新的研究结果（IBM，Nature Lett，2011）是 CVD-graphene（置于类金刚石碳基衬底）射频晶体管，顶栅长 40 纳米，其截止频率可达 155 GHz。

（一）石墨烯电学特性的基础理论研究

关于石墨烯的电学特性的理论研究，实际上早在 20 世纪 40 年代就有相关科技文献。当然，那时二维单层原子膜还仅仅是作为理论研究的简单模型出现。目前，关于石墨烯电学特性研究值得关注的一个领域是，石墨烯中起到电荷载流子作用的激子是零质量且具有手性的狄拉克费米子，这带来了各种新奇的物理现象。研究表明，中性石墨烯的化学势位于狄拉克点处，这便可以在低能量时在石墨烯中模拟零质量费米子的各种量子电动力学的物理效应。同时由于其饱和速度又比光速低 300 倍，因此在实验中能观测到很多有趣且具有重大科学意义的实验现象。在磁场的作用下，狄拉克费米子有与普通电子相异的表现，并导致新物理现象，如室温下就可出现整数量子霍尔效应等。此外，对石墨烯电学特性研究的另一重要性是基于狄拉克费米子的克莱恩佯谬（Klein paradox）。这一特殊电学行为能够以数值为 1 的概率隧穿过经典电动力学架构下的高宽势垒，并因此使得狄拉克费米子不受外加电场的影响。而同时，狄拉克费米子又会在约束势的作用下表现出 Zitterbewegung 现象，即波函数的抖动行为。由于材料中的缺陷能产生约束势，所以很多研究工作在此理论模型上深入研究了缺陷对石墨烯中电子物理行为的影响。例如，不同的缺陷对石墨烯中电子传输具有不同的影响特性，如点缺陷、线缺陷和表面杂质缺陷，并且迁移率主要受到颗粒边界处线缺陷的影响，这也正是用化学气相沉积（CVD）方法制备的石墨烯样品的载流子迁移率大大低于通过微机械分离方法制备的样品的原因。类似的工作有助于不断深入理解微尺度下相对论粒子的量子力学行为，同时也为进一步提高石墨烯器件性能奠定坚实的理论基础。

（二）基于石墨烯的晶体管器件与禁带开启问题

无论是在理论上还是实验上，石墨烯都不断给凝聚态物理学家们带来出人意料的结果。同时，为了将这一新型的、具有巨大应用潜力的材料应用到实际器件中，电子器件领域的科学家们也在石墨烯被报道之后很快开展了相应的研究工作。这里我们着重讨论基于石墨烯的晶体管器件，因为晶体管是各种电子器件中核心组成部分，包括有源矩阵显示器、智能识别卡等。尽管在短短的几年中，石墨烯晶体管的研究就取得了显著的发展，但是目前仍然有很多尚待解决的科学问题。最重要的几个问题包括：石墨烯禁带开启问题、具有较好饱和特性的大尺寸石墨烯晶体管，以及制备出具有高可控性、高质量的石墨烯纳米带。其中，禁带开启是目前最受关注的问题之一。

对于传统场效应晶体管来说，沟道部分的半导体材料须要具有 0.4 电子伏或更高的禁带宽度。而大尺寸的石墨烯却体现出半金属性质，禁带宽度为零，其导带和价带于能带图中是锥形结构，在布里渊区的K点重合。由于零禁带宽度，倘若用大尺寸的石墨烯作为功能层，相应的晶体管器件无法被调制到关闭状态，从而无法将石墨烯用于逻辑电路的应用中。尽管如此，石墨烯的能带结构是可以被调制的，而且目前也已经有多种方法可以打开石墨烯禁带宽度，如在双层石墨烯上加载电场、制备小尺寸的石墨烯纳米带、附加应力在石墨烯上，以及通过有机物与石墨烯的相互作用等。

然而，尽管关于石墨烯禁带开启这一领域的研究目的非常明确，单纯而直接的实验与项目构想也能够在结合多学科的前提下“信手拈来”，但是，方向明朗的研究课题往往在开展过程中，很快就会面临各种各样的科学与技术问题。例如，通过制备高质量的小尺寸石墨烯纳米带确实可以使得禁带打开，但是这不仅在实验设备与技术上提出了相当的难度，同时禁带开启后，原本能带图中形状为锥形的石墨烯导带和价带则会转变为抛物线形状，随之会带来载流子有效质量的增加及迁移率降低等一系列问题。此外，通过有机物与石墨烯在界面上的相互作用来开启禁带的方法，也包含有机物在空气中性质性能退化等问题。这些问题的解决，不仅需要在禁带开启大小与材料、器件性能高低之间找出一个恰当的平衡点，从而更有利于实际器件中的应用，同时更重要或更具有挑战性的课题则是在不牺牲或小幅度可接受程度内性能损耗的前提下，开发出新的石墨烯制备与电子性能调控方法。

此外，无论基于何种材料，关于晶体管器件的结构优化一直是个繁杂的问题，也同时需要大量的人力和物力投入相关的研究中。这其中包括栅极绝缘层材料的介电性质对载流子聚集与传输的影响，形貌与电学性质上高质量界面的制备方法及界面对器件性能的影响，源极与漏极处的接触电阻问题，以及最终获得典型的半导体特性曲线所涉及的其他一系列相互关联的问题。每一个小问题，对于科研与工业生产来说，都是巨大的挑战。往往一个小的进步就会导致更多问题的解决。因此，这值得我们时刻保持高度的警觉性和创造性。

（三）基于石墨烯复杂集成电路的设计和制备

随着石墨烯晶体管器件的发展，人们已经能够基于稳定高性能的相关器件设计并制备出更为复杂的集成电路的雏形。例如，通过从漏极偏压引起的势能叠加效应，使同一石墨烯样品在不同区域表现出P型或N型的半导体性质，并由此得到了第一个基于石墨烯的反相逻辑电路。尽管如此，良好的石墨烯器件仍然更多地是依赖于样品的制备方法，尤其是通过微机械分离法。虽然这些石墨烯样品性能和稳定度都比较好，但是并不适用于未来工业生产中更大面积、更多单元数量的器件制备。

为此，大面积的石墨烯制备显然具有重要的意义，但是这目前仍然是个难题。日本富士通公司在2009年通过将原料气体吹向事先涂有用做催化剂的铁的衬底，从而制作出直径为7.5厘米的石墨烯膜，并在此基础上制成了石墨烯晶体管。这为未来进一步改进技术、扩大石墨烯面积提供了可行性，这样能够制作出更多的晶体管和石墨烯集成电路，为生产高性能电子产品创造了条件。

（四）石墨烯的其他应用

这里，仅举几个例子。

1. 高电导性能的透明电极

因为石墨烯是透明的，用它制造的电板比其他材料具有更优良的透光性。通过使用石墨烯，得到的薄膜电导率可以达到550西/厘米，同时1000～3000纳米波长光的透过率高于70%，因而可以用于太阳能电池和触摸显示屏等器件应用中。此外，作为电极的石墨烯薄膜还具有较好的化学和热学稳定性。

2. 高速电池

美国俄亥俄州Nanotek仪器公司的研究人员利用锂离子可在石墨烯表面和电极之间快速大量穿梭运动的特性，开发出一种新型储能设备，可以将充电时间从过去的数小时之久缩短为不到一分钟[26]。新型石墨烯电池实验阶段的成功，无疑将成为电池产业的一个新的发展点。

（五）石墨烯应用前景

如上所述，石墨烯在各个方面的性能，尤其是电学性能上的超高优异性，使其在被报道以来的几年时间内，就得到了全世界各个国家研究结构和知名公司企业的强烈关注。这是因为石墨烯被视做是最有潜力能够在未来给人们带来出乎意料的电子产品的新型材料之一。我们已经简单地列举了一些石墨烯方面已经取得的成果，从而总结将会面临的挑战与机遇；在这里，我们也将对未来的应用前景做出展望，这有利于在高速的科技发展过程中，保持良好而精准的方向性，始终把握最新最前沿的科研课题，有益于我们在这一领域始终保持重要的地位。

1. 对外加条件相应的物理现象与性能特性

材料的新应用往往来源于新的基本物理现象及性能上的奇异特性。例如，各种传感器的研发就离不开材料的某种性质相应于外界条件的变化。迄今为止，石墨烯已经在这方面给人们带来了许多惊喜，而且随着研究的不断深入，更多的突破也将有望呈现在人们面前。相关科研工作的重要性，不仅仅在于提高已有的已知性质性能，同时甚至能够开创新的研究领域。

2. 超高性能的纳米电子器件

这里我们仍然需要再次提到石墨烯的超高载流子迁移率，室温下石墨烯具有 10 倍于商用硅片的高载流子迁移率，并且受温度和掺杂效应的影响很小，表现出室温亚微米尺度的弹道传输特性，这是石墨烯作为纳电子器件最突出的优势，使极具吸引力的室温弹道场效应管在未来成为广受关注的研究领域。同时，我们也需要结合之前提到的另一个问题，即目前高性能的石墨烯仍然局限于微机械分离方法获得的样品。

正如有机电子学领域在早期很长一段时间内主要研究通过热蒸镀制备成功能层的有机小分子材料，仅仅是由于在当时这一类材料的器件性能远远大于可溶性聚合物半导体材料。但是事实与发展证明，工业产品苛刻的要求，即难容忍较高生产成本和较低的产品产出，最终使得目前的研究热点成为高性能可溶性小分子材料的开发与器件的优化，而之前占主导地位的不可溶有机半导体材料越来越多地用于基础器件特性与工作机制的理解等研究上。

类似地，目前关于石墨烯的研究，大多数科研单位还执著在微机械分离法所获得的样品上，虽然大多数人早已认识到这一方法最终是无法用于工业产品的生产上的。这一局限性，同时也是由于关于石墨烯的工作仍然需要大量的研究关注在基础物理机制的理解上。而这里，超高性能的纳米电子器件，旨在脱离较理想化的实验室研究，更倾向于未来实际器件上的应用。这一方面的努力尚处在起步的阶段，目前仅在美国、韩国和日本有成功的文献和科技报道；我国在这一时刻，倘若能够做到及时跟进、及时调整、及时突破，将会有至关重要的收益。

四、拓扑绝缘体

(一) 引言

整数与分数量子霍尔效应揭示了物质的一种量子态，即在外加磁场下，一个二维电子气系统在“体内”是绝缘的，而在体的表面或边缘存在着来回导电的量子态。21 世纪开始以来，物理学家逐渐意识到，即使没有外加磁场，对于某些具有强的电子自旋-轨道耦合效应的绝缘体，一种鲁棒的导电表面/边缘态也可能存在。这种特别的绝缘体被称为拓扑绝缘体（topologicalinsulator，TI）（*Science*，2006[23]）。在这种绝缘体中，自旋-轨道耦合效应就起了外加磁场的作用，在体的边缘，不同朝向的自旋电子沿着边缘反向运动，而形成导电的路径。

二维的拓扑绝缘体（具体的是由碲化汞，HgTe，形成的量子阱）最早为美国斯坦福（Stanford）大学张首晟教授的研究组于 2006 年在理论上预测到[23]，于第二年（2007）在实验上被观察到[27]。而宾夕法尼亚大学（UPenn）的 Liang Fu 与 Charles Kane 在 2007 年预测了铋锑合金（$Bi_{1-x}Sb_x$）作为一个三维固体，可以存在导电表面态，因而是 TI 材料[28]。在同一篇文章中，他们也预测了在铋锑合金体内有三维狄拉克费米子的存在。次年(2008 年)，这两个预测都在普林斯顿大学的光发射实验中得以证实[29]。

拓扑绝缘体与一般绝缘体的差别是由晶体布里渊区中的 Z_2 不变性来表征的，其体内的激发态带隙因自旋－轨道相互作用而产生。这被称为量子自旋霍尔相（quantum spin-Hall，QSH）。拓扑绝缘体或 QSH 相的特征是在绝缘体的表面（三维）或边界（二维）上存在着带隙为零的态。从细致的能带结构上看，二维的 TI 有单个 Z_2 不变性，而对三维 TI，则有四个。三维的 TI 又分为“弱”与“强”两类。对于二维与三维强拓扑绝缘体，这些导电态因为没有带隙是鲁棒的，它们不因弱的无序性（disorder）与相互作用而发生变化。文献［28］中提出了对 Z_2 不变性求值的方法来预测哪些材料具备强 TI 特征。这些材料包括具备半导体性质的铋锑合金，以及在单轴应力下的 α-Sn 与 HgTe。

作为 TI 材料，其晶体结构要具有反演对称性，同时显现出宇称本征值。在拓扑绝缘体中，导电的表面态是得到保护的，不会因固体表面形变而发生变化。这个独立于拓扑变化的原因是数学上描述表面态的哈密顿量不因小的扰动而发生变化。这些导电的表面态可以被测量到，而且在量子自旋霍尔态的情况下，这些态是自旋极化的。

下面，我们给出相关拓扑学的基础知识，拓扑绝缘体的研究现状与中国研究人员在这个课题研究中起到的重要作用与贡献。

（二）拓扑、拓扑数和拓扑绝缘体

1. 拓扑学相关知识

在拓扑学里不讨论两个图形全等的概念，而是讨论拓扑等价的概念。比方说，尽管圆形和方形、三角形的形状不同，但在拓扑学中它们是等价图形，通过拓扑变换可以使它们互相转化。因此，从拓扑学的角度来看，它们是完全一样的。如有几种形状不同的三维多面体，虽然它们的形状不一样，但是可以通过计算发现：顶点数（v）减去棱数（e）再加上面的数目（f），对这些多面体都是 2。那么是不是对于所有的多面体而言，$v-e+f=2$ 都成立呢？答案是否定的，只有正多面体和凸多面体满足上面的公式。定义多面体的欧拉（Euler）数为 $v-e+f$，具有相同欧拉数的多面体之间是拓扑等价的，它们被称为同胚。假设有一个光滑球面，在上面任选一些点用不相交的线把它们连接起来，这样球面就被这些线分成许多块，然后让球面变成光滑的平面，就可以变成一系列的四种图样，因此其拓扑数一致是不难理解的。在拓扑变换下，点、线、面的数目仍和原来的数目一样，这就是拓扑等价。一般来说，对任意形状的闭曲面，只要不把曲面撕裂或割破，它的变换就是拓扑变换，就存在拓扑等价。所以可以说在拓扑学中，一个实心小球无论怎么进行拓扑渐变，它都不可能变成甜甜圈。对于甜甜圈，我们可以通过拓扑等价得到一个中空的立方体，通过计算可以得到，对甜甜圈类型的物体，其欧拉数是 0。因此，对于一个实际物体无论怎么进行拓扑变换，其欧拉数都是恒定，即欧拉数守恒是受拓扑学保护的，它是一个拓扑不变量。对于类似欧拉数的其他拓扑不变量，只要是拓扑变换，那么拓扑不变量的值就不会改变。这种性质对于能带中的拓扑结构也是相似的，描述能带中的拓扑结构的拓扑不变量在拓扑变换下是不会改变的。

2. 一般绝缘体的概述

从能带理论来说，能带绝缘体和半导体并没有本质上的区别：价带全满，导带全空。在半导体和能带绝缘体中，下方是其价带，上方则是其导带。能带绝缘体和半导体并没有半满态，费米面正好处于满带和空带的能隙之间。由于能隙并没有可以容纳电子的允许态，所以电子一般被束缚价带之中而无法跃迁至导带成为自由电子。如果能够任意改变导带与价带间能隙的距离，理论上来说我们可以构造所有能带绝缘体的能带结构，这是由它们的拓扑不变性决定的，即能带绝缘体之间是拓扑等价的，且等价于真空。根据狄拉克相对论量子力学，对产生的过程中确实会出现一个能隙。对湮灭是正负电子碰撞从而转化为电磁波的过程，而对产生则是其逆过程。那么对真空，电子跃迁过程相当于在导带中产生的电子在价带中产生正电子，必然需要克服能量，所需要的能量可以理解为真空的能隙。

3. 拓扑绝缘体的引入

并不是所有的绝缘体都具有和真空一样的拓扑结构，拓扑绝缘体就是这样一个反例。由于其具有不同于一般绝缘体的表面态特性，这种特性受拓扑性质保护，所以这种绝缘体就称为拓扑绝缘体（topological insulator)。在拓扑绝缘体中，其体内的态与普通绝缘体中并没有不同，费米面处于导带和价带之间，但是我们能看到有两条能带穿越了禁带，它们对应的是拓扑绝缘体的金属表面态。事实上，拓扑绝缘体在边界上会维持稳定的低维金属态，这些无能隙的边缘激发态对应的能带处在禁带之中，连接着价带顶和导带底，表现出类似金属的性质。为什么说这种性质是受拓扑学保护的呢？由于强烈的自旋轨道耦合，拓扑绝缘体电子轨道会发生 sp 电子反转，体态内的拓扑结构就必然不同于真空。如前面已阐明的，拓扑变换并不能改变一种材料内部的拓扑结构，所以在体态和外界的交界处存在奇异的拓扑学现象，这就是受拓扑学保护的拓扑表面态。物理学界之所以对拓扑绝缘体充满兴趣，其原因之一就是其表面态存在的这种特别性质。

4. 拓扑绝缘体的分类

1）第一类拓扑数的引入：整数量子霍尔体系

对理想的二维电子体系，电子可以在二维平面上做任意的自由运动。当加上垂直于该平面的磁场时，由于其表面态的粒子要满足量子化条件，可用半经典理论来计算。电子在磁场下受洛伦兹力做圆周运动，圆周长满足玻尔条件，可以得出量子化的朗道能级，这被称为整数量子霍尔效应。1981 年，Laughlin 给出了二维电子气在强磁场下霍尔电流的表达式，1982 年，Thouless 等根据 Laughlin 的结果推算出二维晶格周期系统具有霍尔电导。霍尔电导产生的原因是由于磁场作用下，费米面保持不变，但是随着磁场的增加，能级间隔改变，费米面下的朗道能级会越过费米面，表现出绝缘体—导体—绝缘体依次转变的性质，量子霍尔平台表现出了这种性质。事实上，对于霍尔电导而言，通道数 N 是一个拓扑不变量。由于布里渊区是二维闭合曲面，所以可以进行积分计算通过该曲面磁通的总和，该数总是一个整数：这也是一个拓扑不变量，称之为第一类陈数/第一类拓扑数 n（Chern number），这里的 n 与 N 是等价的。一般绝缘体的 $n=0$，而量子霍尔效应下第一类陈数 n 不为 0，该数是一个拓扑不变量。量子霍尔效应下，$n\neq 0$ 的绝缘体是破坏时间反演对称的量子霍尔体系的拓扑绝缘体。系统存在边界时，由于陈数 n 是一个拓扑不变量，必然不能在不破坏物质结构的前提下，是 n 从体态的一般绝缘态（$n=0$）过渡到表面导态（$n\neq 0$），所以在边界上能隙应该是闭合的。

2）第二类拓扑数引入：自旋量子霍尔效应

对引入自旋的载流子体系，将保持时间反演对称性。而整数霍尔效应的特点是破坏时间反演对称，因此必然不能用第一类拓扑数来描述这一系统。这里引入第二类拓扑数。引用 Kramers 定理：满足时间反演不变的哈密顿量本征态都至少有两重简并。在自旋轨道的相互作用下，Kramers 简并即为两个自旋方向的简并。1988 年，以色列 Avron 的论文认为需要用第二类拓扑数来替代第一类拓扑数，以表征时间反演不变系统的拓扑学性质。2001 年，斯坦福大学的张首晟和胡江平把量子霍尔效应从二维推广到四维，整个系统在这种情况下是时间反演不变的。2005 年，宾夕法尼亚大学 Kane 和 Mele 指出单层石墨中会出现量子化的自旋霍尔效应，这是基于系统总自旋 S_z 是个好量子数。而对于 S_z 不是一个好量子数时，只要自旋轨道耦合等散射项不破坏时间反演对称，边缘态的无质量狄拉克电子就将保留。这些态的自旋和轨道会耦合形成“Helical liquid”。由此，他们提出二维量子霍尔绝缘体的拓扑分类，可简单阐述为边界上时间反演共轭对数目的奇偶性。若边界只存在一对时间反演共轭对时，共轭对间的耦合不会被破坏（非磁杂质），因此其无能隙的金属态受时间反演对称保护而稳定存在的。但如果边界上有两对时间反演共轭对，两对间的背散射将发生从而导致狄拉克点的简并被破坏，因此其边缘金属态也将被破坏。所以，对表面态有奇数个狄拉克锥的二维拓扑绝缘体，其本身具有受拓扑学保护的自旋螺旋边缘态，而对有偶数个狄拉克锥的二维拓扑绝缘体，则不会表现出自旋螺旋性边缘态。

（三）三维拓扑绝缘体的发现及实验证据

1. HgTe/CdTe 量子阱：拓扑绝缘体的初次发现

为了得到更大的能隙，需要更强的自旋轨道耦合，因此必须在重原子材料中寻找 Z_2 奇异结构。2006 年，Bernvig、Hughes 和张首晟指出[23]可以在

HgTe和CdTe形成的量子阱结构中实现这一拓扑转变，其中由自旋轨道耦合导致的能带反转是实现量子自旋霍尔效应的关键。CdTe中，导带的电子是由s轨道贡献的，价带则是由p轨道的电子形成。但在HgTe中，由于自旋轨道耦合很强，引起s-p轨道之间的反转。这种能带反转会导致材料能带出现非平庸的拓扑结构，从而实现二维量子自旋霍尔效应。在CdTe-HgTe-CdTe量子阱中，可以通过调节HgTe的厚度来实现正常能带结构到反转能带结构的转变。2007年，König等人制备了这种量子自旋霍尔绝缘体并测量了其输运性质[27]。这种低温下的弹道边缘态可以用Landauer等人的工作解释，这些边缘态是由化学势导致的。这样每个边缘就产生了量子化的电导$e_2=h$。这是拓扑绝缘体的最早的实验观察。

2. 时间反演对称性保护（Z_2）的三维强拓扑绝缘体：理论预言和实验实现

1）强拓扑绝缘体和弱拓扑绝缘体

时间反演不变的拓扑绝缘体由三个小组从二维推广到三维。从另一角度来看，这也可以从四维的量子自旋霍尔效应的降维来得到。对于三维拓扑绝缘体来说，其表面是一个准二维电子系统，在布里渊区存在4个时间反演对称点。当体系存在表面态时，在这些特殊点上，会出现Kramers简并，从而可能形成二维的狄拉克能谱。和二维自旋霍尔绝缘体类似，三维拓扑绝缘体也可以通过Z_2的拓扑不变量来分类，即表面布里渊区中狄拉克点数目的奇偶性决定了绝缘体的拓扑类别。Fu和Kane从单粒子波函数的角度，利用体材料在布里渊区的波函数性质，定义了一个拓扑不变量来刻画拓扑绝缘体的拓扑分类[28]。他们引入了一个具有完全反对称性的矩阵。在考虑三维体系时，在动量空间一共有8个时间反演不变的点。

他们的计算涉及表面布里渊区中4个时间反演不变点。针对不同的表面，计算4个特征系数v_0，v_1，v_2，v_3。当$v_0=1$时，体系被称为强拓扑绝缘体；当$v_0=0$而v_1，v_2，v_3不为零时，即弱拓扑绝缘体，此时材料是否会展示狄拉克能谱的表面态，取决于表面的指向。Fu和Kane更进一步指出，当材料具有镜面对称性时，在这些时间反演不变的点上，系统的波函数还具有确定的宇称。这个特点有助于人们寻找到合适的拓扑绝缘体。Fu和Kane通过该方法预言了$Bi_{1-x}Sb_x$和α-Sn是拓扑绝缘体。

2）第一类三维拓扑绝缘体

2008年，普林斯顿大学的Hsieh等人通过角分辨光电子谱（angleresolved photoemissionspectroscopy，ARPES）观测到 $Bi_{1-x}Sb_x$ 材料表面的表面态电子态和狄拉克型色散关系[29]，从而证实了以上理论预言，这是实验上首次对三维拓扑绝缘体的报道。从温度电阻关系上看，$x=0.1$ 时，材料电阻具有负温度系数，这说明材料已经具有一个带隙，约为 0.36 电子伏。他们还利用角分辨光电子能谱描绘了表面态的色散曲线。可以看到，表面能级与费米面交叉 5 次，这说明该材料就是之前预言的强拓扑绝缘体。然而，这种材料的缺点是它是一种合金，其结构和表面态性质较为复杂。

3）第二代拓扑绝缘体

2009 年，方忠和张首晟等人合作报道了他们对 Bi_2Te_3、Bi_2Se_3 及其他一些材料的能带计算结果[30]，报道表明前面两种材料都是强拓扑绝缘体，并给出了其表面的单个狄拉克能谱的低能有效模型。这些材料的价带和导带被线性的表面能带所连接，并且具有单个狄拉克锥。与此同时，美国普林斯顿大学的研究小组也报道了他们对 Bi_2Te_3，Bi_2Se_3 的角分辨光电子谱的实验结果，确定了这两种材料都是表面只有一支的狄拉克能谱的强拓扑绝缘体。结果显示，表面态具有狄拉克锥形结构。

值得注意的是，Bi_2Se_3 的禁带宽度达到了 0.3 电子伏，Bi_2Te_3 的带隙宽度也达到了 0.16 电子伏，都远高于室温。另外，Bi_2Se_3 家族与 $Bi_{1-x}Sb_x$ 不同，它是晶体，是传统的热电材料，可以获得纯度很高的样品，具有进一步的潜在应用价值。目前，清华大学薛其坤等通过分子束外延的方法，生长了高质量的 Bi_2Se_3 和 Bi_2Te_3 薄膜，并通过角分辨光电子能谱的实验验证了表面狄拉克锥的存在。三维拓扑绝缘体的表面态可以用纯粹的自旋轨道耦合模型来描写。当电子态绕狄拉克点转一圈后，电子自旋转过了 2π 角度，引起了一个 π 的贝利（Berry）相位。从另外一个角度来看，时间反演对称性保证了 k 到 $-$k的背散射不会发生，这使得理想的强三维拓扑绝缘体的表面态输运非常稳定，不会被非磁杂质散射而导致局域化。从这个意义上说，三维拓扑绝缘体和二维拓扑绝缘体的性质是非常相似的。此外，由于磁性杂质可能会破坏时间反演对称性，从而在狄拉克点打开能隙，并进而破坏表面态的金属性，因此拓扑绝缘体中的磁性杂质效应非常重要。

4）其他拓扑绝缘体

以上工作建立了一些简单的原则，可以用来判别一种材料是不是拓扑绝缘体。例如，对于一个具有反演中心的体系，判断其宇称的变化；对于拓扑数和 Berry 相的计算等。所以 2009 年以来大量的理论工作被开展用以搜索新型的拓扑绝缘体和狄拉克电子体系，如 $NaCoO_4$、AmN 和一些多元化合物等。其中 AmN 被认为可作为一个可利用拓扑表面态快速散射的核燃料。也有理论同行提出在烧绿石结构中存在一种“三维的狄拉克点”一费米弧。虽然其散热机制不一定能实现，但是该工作本身即是拓扑绝缘体理论领域的一个重要进展。而实验上的工作则仍然较多关注 Bi_2Se_3 家族，近来也发展到 Bi_2Te_2Se 等的制备和研究。

3. 三维拓扑绝缘体中的拓扑相变

在区别强拓扑绝缘体和弱拓扑绝缘体时，使用拓扑不变量 v_0。对 $v_0=0$，可能表现出一定的拓扑绝缘体性质，也可能就是普通的能带绝缘体。2011 年 4 月，普林斯顿大学 Xu Suyang 等人的掺杂实验为我们展示了由一般能带绝缘体到拓扑绝缘体的拓扑相变过程。

我们知道，对于第二代拓扑绝缘体 Bi_2X_3（X 可为 Se 或者 Te）而言，并不能通过一个不具有金属表面态的一般能带绝缘体进行连续的相变而产生，这就如同不能通过连续的拓扑变换将一实心球的拓扑结构变成甜甜圈的拓扑结构。Xu Suyang 的实验中采用 $TlBi(S_{1-\delta}Se_{\delta})_2$ 样品，成功地向我们展示了由“实心球”变成“甜甜圈”的相变过程。随着 δ 的增加，材料上的电子也由单纯的费米电子气体变成了自旋与动量相关联的狄拉克电子气体，表现出了自旋螺旋性。这种材料在输运过程中由于其独特的结构而拥有巨大的优势，但是表面态却具有磁不稳定性，这点预计将会在自旋传输中表现出强烈的波动现象。最近一篇文献指出，基于 Zener 平均场理论计算可以得出结论：如果材料表面态具有奇异拓扑结构，那么将可能实现螺旋磁有序化（helical magnetic order，HMO），对材料 $TlBi(S_{1-\delta}Se_{\delta})_2$，转变温度可能达到 100K，这是相当难得的高温。这使得该材料在未来的研究中抢占先机，成为具有更广泛市场前景的下一代拓扑绝缘体。

（四）拓扑奇异表面态的输运表现

1. 扫描隧道谱

2010 年 8 月，薛其坤小组首次使用扫描隧道显微镜在线表征 Bi_2Se_3 薄膜，测量其扫描隧道谱，并在垂直于膜面（111）方向加上磁场，测量到了 Bi_2Se_3 薄膜表面准二维电子气的朗道量子化现象。还通过朗道能级和磁场的平方根关系得出表面能带的线性色散关系，并通过拟合载流子浓度随磁场的

变化关系得出 Bi_2Se_3 具有单狄拉克锥的能谱。在垂直于膜面加上磁场后原来连续的表面能级，变成离散的朗道能级。此时通过改变扫描探针和薄膜之间的电压从而扫描到一个个的朗道能级。

2. AB（Aharonov-Bohm）效应

2009 年 12 月，斯坦福大学张首晟研究组通过测量 Bi_2Se_3 纳米线的磁致电阻，发现其振荡周期乘以截面积等于 $h=e$。考虑到费米能级处于带隙之间，那么参与导电的来自于表面态。说明这个 $h=e$ 的周期来自于 AB 效应。这也提供了一种研究表面态性质的方法。在他们的工作中，沿着一个 200 纳米宽，50 纳米厚的纳米线的电流方向加一磁场后，测到了其 0.4 特的振荡周期，可以计算 200 纳米 ×50 纳米×0.4 特＝ $h=e$，FFT 明确展示了明显的 $h=e$ 的峰，但是没有观察到量子干涉中常出现的 $h=2e$ 的周期。这证实了一种表面导电态。后来加利福尼亚大学洛杉矶分校和南京大学课题组也开展了进一步的工作，UCLA 课题组实现了栅电压调控的 AB 振荡，南京大学课题组则在一些精细选择过的解理样品中观察到了 AAS（Altshuler，Aronov，Spivak）振荡，其表面相的相干长度可以达到微米以上。AB 振荡方面的测量因受到表面能带弯曲引起的二维电子气的干扰，需要更进一步的工作。

3. Shubnikov de Haas（SdH）振荡

2010 年 12 月，James G. Analytis 等人测量了 Bi_2Se_3 在强磁场下的 SdH 振荡，提供了一种探测拓扑绝缘体表面态的方法。他们展示了不同掺杂下 Bi_2Se_3 的体载流子浓度在 $10^{16}\sim10^{19}$ 厘米$^{-3}$是通过霍尔效应测得。通过测量其 SdH 振荡及关系式 $1/(\Delta B)=(\hbar/2\pi e)A_k$，其中 $1/(\Delta B)$ 为振荡周期，$A_k=\pi k_F{}^2$ 为费米面面积，三维和二维的载流子浓度则分别为 $n_{3D}=k_F^3/(3\pi^2)$，$n_{2D}=k_F^2/(4\pi)$，可以得出不同载流子浓度样品的费米面面积。这和霍尔效应测得的载流子浓度相一致。我们可以发现，当磁场达到 50 特的时候二维表面态出现了分数量子霍尔效应，这意味着到达了二维表面态的量子极限。该工作通过使用强磁场的方式使得体态载流子到达三维量子极限，这样便可以测得二维表面态载流子在高磁场下的 SdH 振荡。

4. 表面态输运测量的实验限制

目前报道的拓扑绝缘体样品制备主要有四种方式：①熔炼法；②MBE 法；③湿化学生长；④机械解理大块样品。表征的方法如 ARPES，STM，拉曼光谱。输运测量如扫描隧道谱测量表面态的朗道量子化、四电极法测量磁致电阻、研究表面态的 AB 效应。在这些测量的核心挑战是表面态所占的导电通道的比例太低，比如 Peng 等人的拓扑绝缘体纳米带实验[31]提出表面态载流子面密度约为 2.7×10^{12} 厘米$^{-2}$，体相载流子密度约为 10^{19} 厘米$^{-3}$，Qu 等人的实验也提出类似的结果。表面态载流子的迁移率也并不高，为 10^4 厘米^2/（伏·秒）。显示出输运测量表面态的信号总是很弱。所以必须采取一定的措施提高表面态的输运贡献。方法有：第一，制备高度有序的晶体，确保带隙的打开和拓扑表面态的出现，制备中需要细致的调整各种参数。第二，可以使用掺杂和栅电压的方式调节费米面在带隙中的位置。第三，减小样品的厚度。比如采用 MBE 方式，金催化生长纳米线，以及通过机械解理的方法获得数十个原子层的薄膜，这些方式都可以增大表面积和体积比，有效压制体态对测量的影响。

（五）拓扑绝缘体的潜在应用

1. 奇异自旋输运载体

拓扑绝缘体表面态受到强大的自旋轨道作用的驱动。实验已经证明：表面态狄拉克锥呈现显著的螺旋性，其螺旋性比率接近 100%，也就是说，表面态中前行（后行）的电子具有向上（向下）的自旋。这样的电子在经过一个杂质的时候，如果发生完美的背散射，则有顺时针/逆时针环绕两种路径向后散射，这两种路径获得的相位刚好相差，也即背散射被相干禁戒。这就有可能获得低能耗、高保真的自旋流，从而使得拓扑绝缘体在自旋电子学材料中成为热点。目前大量的相关人员在开展拓扑绝缘体材料的磁性掺杂，这被认为是自旋输运和打开狄拉克点的必要路径。斯坦福大学研究组的结果表明，在 Bi_2Se_3 中掺杂 Mn 可以引起狄拉克锥中略小 0.1 毫电子伏的带隙，这可能来自于自旋中心对表面态时间反演对称性的破坏。这样的材料将可能允许反常霍尔效应的观察，这也是当前半导体物理和量子物理的前沿内容。

2. 马约拉纳（Majorana）费米子

自从中微子发现和双-衰变研究以来，Majorana 费米子的存在一直是个谜。它是一类有质量的粒子和且反粒子就是其本身的基本粒子，是量子信息、粒子物理和大统一理论等多学科研究的焦点。近来，有理论工作者提出，利用超导邻近效应和拓扑绝缘体可以实现 Majorana 型激发，在拓扑绝缘体中实现类似 p 波超导的性质，在其中演示一类粒子和反粒子相同的元激发。在此驱动下，大量的工作集中在拓扑绝缘体和超导的结合。一种思路是在常见的拓扑绝缘体材料中实现超导，普林斯顿大学研究组将 Cu 大比率地掺杂入 Bi_2Se_3，在 12%～20%浓度时观察到 3K 附近的超导。角分辨光电子能谱的测量还对其能带结构变化进行了描绘。国内课题组对 Bi_2Te_3 施加高压，也观察到了超导的出现。另一种思路是将超导体与高自旋轨道耦合的材料接触实现 Majorana 型激发。这一思路近来取得了突破性的进展。荷兰 Delft 大学的研究组将超导电极施加在一类强自旋轨道耦合材料上，并在低温下利用 STM 对其电子能态进行了详细观察，在纳米线的两端零偏压时观察到一个零能的峰。这一结果投给 *Science* 仅 20 天就被发表，被认为是 Majorana 费米子的一个重要迹象。

3. 拓扑表面态的磁电效应

除了传统的麦克斯韦项以外，物质的磁电响应方程还存在一个 $\theta(E\odot B)$ 的磁电耦合相互作用项。这一项通常为 0，但是对于时间反演不变的拓扑绝缘材料来说该项一般为 π，这成为近来量子物理界关注的拓扑磁电效应的基本出发点。张首晟、X. L. Qi、Nagaosa、A. H. MacDonald 等著名课题组都于最近提出了相关的理论预言。有趣的是，这一拓扑磁电效应的产生基于狄拉克锥打开的能隙，在 Nagaosa 提出的方案中，能隙大小与 $Jn_{\mathrm{imp}}S_{Z}$ 有关，其中 J 是交换作用常数，n_{imp} 是磁性杂质密度，S_{Z} 是杂质有效自旋。在打开带隙的基础上，理论预言可以实现磁极化和磁畴的电控制，然而实验上一直欠缺进展。电控磁性也是多铁（multiferroics）领域（磁电）关注的一个研究目标。包括张首晟和 Q. Niu、K. Chang 等在内的诸多理论组都曾经提出狄拉克费米子可媒介并组织其表面磁性缺陷的磁序。如，X. L. Qi 和张首晟等人在《物理评论快报》（*Physical Review Letter*，PRL）撰文指出，拓扑绝缘体的螺旋性狄拉克费米子可以参与表面自旋的 RKKY 相互作用，从而在一个优化的参数下，组织表面磁性缺陷获得一个铁磁的有序态。K. Chang 等人 2011 年发表在 PRL 的工作也给出了类似的结论并开展更精细的磁序调控探讨。Q. Niu 等人也曾提出在石墨烯上的磁性原子可以随着磁性原子的面密度发生磁序的改变，呈现在铁磁序和反铁磁序之间的反复振荡。栅压控制被认为是调节石墨烯和拓扑绝缘体等狄拉克体系电学特征的有效手段，这也必然会对表面磁性杂质的磁序产生影响。这将可能成为一个电控磁的一类新路径，并且可以从当前量子物理界关注的狄拉克电子性质研究发展中获益。

五、铁基超导

（一）简介

铁基超导（东京工业大学，JACS 2006[32]）体是指含有铁的半金属化合物，在低温（几十 K）时具有超导特性，其中铁起了形成超导的主体作用。2006 年，日本东京工业大学（Tokyo Institute of Technology）HideoHosono 的研究组第一个发现以铁为超导主体的化合物 LaOFeP[32]。这个发现打破了以往认为铁磁元素不利于形成超导的观点。根据 BCS 理论，产生超导性的必要条件是材料中电子必须配对，形成所谓的库珀（Cooper）对。库珀对中的两个电子自旋相反，所以总自旋为零。因此，此前通用的观点是超导性与铁磁性无法共存，材料中加入磁性元素，如铁、镍会大大降低超导性。铁基超导体尽管含有铁元素，且是产生超导的主体，但铁与其他元素（如砷、硒）形成铁基平面后，已不再具有铁磁性。这个现象又一次显示了二维晶体在材料性质中起到的重要作用。2008 年 2 月初，Hosono 研究组再度发表铁基层材料 La［$O_{1-x}F_x$］FeAs（$x=0.05\sim0.12$）在绝对温度为 26K 时存在着超导性[33]的观点，此后铁基超导的研究在世界上形成一股热潮。其之所以引起这么大的兴趣［之后的研究工作表明，这种铁基超导体的临界温度只有数十 K，远不及 1986 年被发现的铜氧化物[2]（一种绝缘体）高临界温超导体可以达到的液氮（77K）以上的温度］是因为超导性发生在铁基平面上，属于二维超导材料，因而与其他一种的铜氧高温超导类似。研究铁基超导体可以有助于了解高温超导的机制。值得提出的是尽管铜氧化物高温超导材料与铁基超导都具有层状结构，但从电子结构上来讲，导电的电子波函数前者是从过渡金属的 d 轨道演变过来，而后者（铁基）则是由 s 轨道而来。

中国物理学家在铁基超导研究方面取得了很有时效与骄人的成绩。中科院物理所闻海虎（现在南京大学）小组在 2008 年发表了临界温度为 56K（$Ca_{1-x}Nd_xFeAsF$）的铁基超导体。在 2009 年 3 月举行的美国物理学会年会上，浙江大学、美国一些大学与洛斯阿拉莫斯（Los Alamos）国家实验室的研究人员提出了弱反铁磁（或称磁无序、量子磁起伏）的机制来解释这种超导的量子物相。2012 年 3 月中科院物理所的赵忠贤小组在 *Nature Letter* 上发表了铁基超导体与压力的关系的文章，当压力增加到一定值时（11.5GPa），超导现象不但没有消失，而且临界温度（T_C）达到 48K[35]。

下面具体描述铁基超导体的发展历史与中国物理学家在这个领域的重要

贡献。

（二）铁基超导研究的发展与现状

2008年初，日本东京工业大学的细野秀雄（H. Hosono）小组进一步报道了在F掺杂的LaFeAsO中发现的26K的超导电性[33]，随后就引发了世界范围内的继铜氧化物超导体之后最大的超导研究热潮。目前铁基超导体已成为铜氧化物超导体之后的第二类高温超导体，通过将铁基超导体和铜氧化物超导体的性质进行对比，科学家们有可能为高温超导机制的解决找到新的线索。中国科学家在这场角逐中取得了世人瞩目的成就。具体可以参考文献［34］。

在*Re*FeAsO（1111）（*Re*即rare earth，稀土）相的研究。该相是指具有ZrCuSiAs结构（空间群为P4＝nmm）的铁基超导体，H. Hosono小组最先报道的$LaFeAsO_{1-x}F_x$即属于（1111）相。在$LaFeAsO_{1-x}F_x$发现后不久，中国科学院物理研究所的闻海虎小组通过使用碱土金属Sr来掺杂LaFeAsO获得了第一个空穴型的铁基超导体，丰富了铁基超导体的相图，并启示空穴口袋在超导中的作用。中国科学技术大学的陈仙辉小组则通过将$LaFeAsO_{1-x}F_x$中的稀土元素La替换成原子半径更小的Sm，成功地将铁基超导体的T_C提高到了40K以上，证明了铁基超导体和铜氧化物超导体一样都属于高温超导体。中科院物理所的赵忠贤小组则在后来的研究中进一步提高了$SmFeAsO_{1-x}F_x$的临界转变温度，将铁基超导体的最高T_C定格在了55～56K。同时赵忠贤小组还发现在高压条件下可以合成出缺氧的$ReFeAsO_{1-x}$样品。在（1111）相中还包括氟砷化物*Ae*FeAsF（*Ae*即alkaline earth，包括Ca、Sr、Eu），这一类化合物是在2008年下半年由Hosono小组、德国的D. Johrendt小组和中国科学院物理研究所的闻海虎小组各自独立发现的。在这类化合物中，通过使用稀土元素部分地代替*Ae*或使用Co元素在Fe位进行掺杂同样能够获得55K的超导电性。

在（Ba，Sr）Fe_2As_2（122）相方面的研究。（122）相是指具有$ThCr_2Si_2$结构（空间群为I4＝mmm）的$AeFe_2As_2$（*Ae*相当于Ca、Sr、Ba、Eu）化合物。这个相是由德国的D. Johrendt小组首先发现的。通过使用碱金属元素进行掺杂，D. Johrendt小组和休斯敦大学的朱经武小组各自独立发现了高达37～38K的超导电性。而电子型掺杂的（122）相超导体包括两种，一种通过在Fe位掺杂过渡金属来实现，国内以浙江大学小组与国际上几乎同时在Fe位置掺杂Co获得超导电性为标志。另外一种是在$CaFe_2As_2$使用La、Pr等稀土元素进行掺杂实现的，国内中国科学院电工研究所的马衍伟教授的小组较早开展这方面工作。(122) 相的铁基超导体由于可以使用自助熔剂法生长出较大的单晶，而受到了广泛的研究。

在 (Li，Na) FeAs (111) 方面开展的研究工作。(111) 相是指具有 PbFCl 结构 (空间群为 P4＝nmm) 的 *A*FeAs (*A* 即 alkaline，包括 Li、Na) 化合物。这个相是由中国科学院物理研究所的靳常青小组和休斯敦大学的朱经武小组各自独立发现的，他们发现 LiFeAs 中具有 18K 的超导电性。在后来的研究中，具有相同结构的 NaFeAs 超导体也被发现，王楠来林和陈根富小组在单晶上甚至看到了高达 23K 的超导电性。

在 FeSe (11) 方面开展的研究工作。(11) 相是指具有 PbO 结构 (空间群为 P4＝nmm) 的铁基超导体，即 β-FeSe，在铁基超导体中它具有最简单的结构。这个相是由中国台湾“中央研究院”物理所的吴茂昆小组首先发现的，他们发现在 Fe 略微过量的 $Fe_{1+x}Se$ 样品中存在 8K 的超导电性。不久之后，14K 的 $FeSe_{1-x}Te_x$ 和的 10K 的 $FeTe_{1-x}S_x$ 超导体也各自被发现。而在高压条件下，β-FeSe 的 T_C 被提高到 37K。

在 Sr_2VO_4FeAs (21311) 方面开展的研究工作。2008 年年底，中国科学院物理研究所的闻海虎小组合成了一种新的具有很大层间距的铁基材料 $Sr_3Sc_2Fe_2As_2O_5$[24]，然而并没有在这个化合物中实现超导。从结构上看，这个化合物相邻两个 FeAs 层之间嵌入了一个钙钛矿结构的填充层，因此 FeAs 层之间的距离远大于之前发现的铁基超导体。不久后，东京大学的 J. Shimoyama 小组在类似结构的 (Fe_2P_2) ($Sr_4Sc_2O_6$) 中发现了 17K 的超导电性，这是 FeP 超导体中 T_C 最高的。中国科学院物理研究所的闻海虎小组则在类似结构的 Sr_2VO_3FeAs 中发现了 37K 的超导电性。具有这种结构的铁基超导体被称为 (21311) 相。

在 $K_xFe_{2-y}Se_2$ 方面开展的研究工作。$K_xFe_{2-y}Se_2$ 从结构上来讲属于 (122) 相，但因为其与 $AeFe_2As_2$ 化合物有着很大的差别而需要单独介绍。$K_xFe_{2-y}Se_2$ 的 30K 左右的超导电性是由中国科学院物理研究所的陈小龙小组首先发现的，最新的研究结果显示在高压条件下这种材料的 T_C 能够被提高到 48K。除了超导的金属相外，$K_xFe_{2-y}Se_2$ 中还存在着不超导的绝缘相，有几个研究组通过改变原料配比实现了 $K_xFe_{2-y}Se_2$ 从绝缘到超导的调制。清华大学薛其坤小组在分子术外延方法 (MBE) 生长的 $K_xFe_{2-y}Se_2$ 薄膜上使用扫描隧道显微镜 (STM) 进行观测发现，无 Fe 空位的相给出了一个具有典型的超导能隙的隧道谱，而具有 $\sqrt{5}\times\sqrt{5}$ 的 Fe 空位有序的相则给出了一个具有典型的绝缘体能隙的隧道谱[36]。最近他们在单层 FeSe 薄膜材料上面也获得了 50K 左右的超导电性，并且看见一个更大能量尺度的反常，他们把此定义为超导能隙。如果是这样，超导转变温度完全可以提到更高的值。

中国科学家在铁基超导物理方面做出了出色的工作，中国科学院物理研究所、复旦大学、浙江大学、中国科学技术大学、南京大学等单位都有很好的文章发表，在此不再赘述。

第四节　硅基集成电路器件与新型存储器结构

半个多世纪以来，人类社会从硅集成电路发展中得到的巨大好处，无论怎么描述都不会过分。从便携式计算机到手机，这些日常生活中与衣食住行一样的最普通而又不可少的通信工具与娱乐、学习、工作物品，如果没有集成电路，现在则只能存在于实验大楼与机房里。

这一章节，我们回顾与纳米 CMOS 节点有密切关系的技术进展，主要是应变硅沟道技术（自 45 纳米节点开始采用的高 k 金属栅因为与固体物理关联不够大，未涉及）。然后我们讨论新型存储器技术与非晶氧化物材料。

一、应变硅技术

有关半导体（主要是硅）集成电路的器件尺寸缩小与规模增大的发展规律，由 Intel 的 Gordon E. Moore（摩尔）于 1965 年提出以来[37]，以其预测的准确性与长期的有效性（至今没有终止），成为广为人知的摩尔定律。芯片的性能不断得以提高。达成这个目标的基本方法就是不断地使芯片基本单元金属氧化物半导体场效应晶体管（MOSFET）小型化（scaling）。随着器件尺寸进入纳米时代，仅依赖器件特征尺寸（对 MOSFET 而言，就是栅长）已经不能很好地提高 MOSFET 器件及芯片性能（主要是栅控能力减弱，漏极与源极间漏电流增加），因此各种新的技术不断被开发出及采用。这其中就包括最引人注目的应变硅技术（strained-Si）［及高介电常数（k）栅极介质和金属栅电极］。在 2003 年，Intel 在其 CPU 芯片中成功地引入了应变硅技术[1]。我们下面对该技术进行大致的描述。

（一）应变硅技术简介

应变硅技术的基本原理就是在传统场效应晶体管器件的沟道中导入应力，使得沟道中的硅晶格发生应变。该应变能有效地提高沟道中载流子的迁移率从而提高器件的驱动电流，最终达到提高电路芯片性能的目的。笼统来说，在沟道中引入应力有两种方法，一种是全局应力（nonlocal stress），即在整个硅衬底中引入应力，在整个导电平面内（设为 x—y 方向）都存在应力，利用这种方法导入的应力是双轴应力（通常是拉应力）。另外一种是局部应力（local stress），这种方法可以在指定区域（一般是器件载流子流动的沟道方向）导入应力，以提高载流子迁移率。Intel 在他们产品中使用的正是单轴应力。按照应力的类型不同，还可以分为拉（tensile）应力和压（compressive）应力。这两种应力对器件（N 型和 P 型）性能的影响是不同的，在 Intel 的产品中，他们对 N 型晶体管施加了拉应力，而对 P 型晶体管施加压应力，以获得最佳的性能提高效果（具体原因下面将说明）。早在 1992 年，美国斯坦福大学就提出了双轴应变硅技术[38]，他们使用外延 SiGe 作为硅沟道的缓冲层，利用 SiGe 和 Si 晶格常数的差异在 Si 沟道引入应变。因为 GeSi 的晶格常数大于 Si 的，这种应变在沟道中引入的应力是拉伸的，而且这种结构决定了应力是双轴的。制备的应变硅器件具有超过非应变硅器件 2 倍的电子迁移率和 1.5 倍的空穴迁移率。

但是这种双轴应变硅技术带来的沟道迁移率的改进在 MOSFET 器件实际工作条件下，即栅极加偏置电压以在沟道区形成载流子的反型层时，就大部分消失了，因此不能用在 CMOS 集成电路上（当然还有一些其他的原因，如 GeSi 外延层的导热率差等）。在 2000 年和 2001 年的国际电子器件会议（IEDM）上就有人提出了单轴应变硅技来提高 MOSFET 器件的性能。自从 Intel 2003 年的 90 纳米 CMOS 工艺节点发布以来，在 MOSFET 器件中引入单轴应力的技术基本上定型在：对 PMOS（p－型沟道，空穴导电）是使用外延 SiGe 源漏技术，即先刻蚀掉部分器件源漏区域的硅，再外延生长上 SiGe，这样源漏区域的 SiGe 就对 Si 沟道区产生压应力；对 NMOS（n－型沟道，电子导电）则是通过在器件上覆盖一层存在内在应力的氮化硅（SiN_x）薄膜在沟道区中引入应变，这样产生的应力是沿着沟道方向的拉应力，有利于增加电子的迁移率。

（二）应变硅技术的物理基础

应变硅技术在集成电路上的实现，不仅大大改进了电路的性能（现在已进入了该技术的第四代），延长了摩尔定律的适用期限（达到同样的驱动电流，沟道长度不必那么短），同时是对固体理论，特别是各向异性的有效质量概念的一个强有力的证实。这是因为，一方面应变导致载流子沿着沟道方向的有效质量降低，有利于载流子迁移率的提高。另一方面，垂直于沟道平面方向的有效质量增加（从能带结构的角度这称为能带扭曲，即 warping）有利于反型载流子面密度的增加（这可以从解一维薛定谔方程得以理解）。两个因素加在一起，直接导致了沟道电流的增加。同时由于应变引起原来简并的价带在价带顶处解简并，从而减少了空穴发生散射的几率（由原来的带内散射变成了带间散射），进一步提高了迁移率。有关这个物理图像的诠释及与实验的对比，在 Intel 发布应变硅工艺的次年（2004），当时已是美国佛罗里达大学教授的 Scott Thompson 发表了一篇十分有说服力的文章[39]（他在 2002 年还任职 Intel 时，在 IEDM 上也发表了类似的文章）。

理论和实验研究表明，对硅衬底晶面（100）朝向的 NMOS 来说，沿着沟道平面的<110>晶向的单轴拉应力具有最大的提高迁移率的效果；对 PMOS 而言，也是<110>方向的应力，但要求是压应力，是提高载流子迁移率最有效的方式。自 2011 年开始，Intel 已经将三维 FinFET（鳍形 FET）器件结构（Intel 将这个结构称为 Tri-Gate，即三栅）应用到实际的 22 纳米 CPU 产品中，标志着集成电路技术已经进入三维（3D）时代。理论和初步的实验表明，在 3D 器件中应变技术依然发挥着十分重要的作用。然而由于 3D 器件结构不同于传统的平面器件，应变对能带结构的调制效果也将不同。以 FinFET 器件为例，当 Fin 的尺寸较大时（如鳍的厚度>20 纳米）时，应变的影响基本上和传统的平面 MOSFET 器件相似，当时 Fin 的尺寸比较小时，由于尺寸量子效应对能带结构的调制变得非常严重，这有可能使得应变能更有效地提高载流子迁移率。目前，如何在实际工艺中对 3D 器件的沟道中引入有效的应变是一个很好的研究课题。

二、隧穿场效应晶体管

在通常的情况下，芯片的功耗可以分成静态功耗和动态功耗，而降低芯片的待机功耗的主要方法是降低芯片的静态功耗。在静态功耗中，泄露电流引起的功耗占了很大一部分。众所周知，MOSFET 的泄漏电流直接受亚阈值斜率的影响。由于工作原理的限制，MOS 器件亚阈值摆幅在室温下最低极限值为 60 mV/dec，这是造成纳米尺度器件泄漏功耗的重要因素。因此研究亚阈值摆幅低于 60 mV/dec 这个极限的新机制器件引起了广泛的关注。在超低亚阈值摆幅的器件研究方面，隧穿场效应晶体管（Tunneling-FET，TFET）、碰撞电离 MOS 器件（IMOS）、悬栅 MOSFET（Suspended-Gate，SG-MOSFET）三类器件尤其受到青睐，它们分别采用量子力学隧穿、雪崩碰撞电离、静电力等方法实现器件的导通，可以突破传统 MOSFET 常温下亚阈值摆幅不低于 60 mV/dec 的理论极限，降低器件亚阈值漏电，从而有效降低器件静态功耗，在低功耗应用领域具有很大潜力。

和传统的 MOSFET 不同，TFET 基于带间隧穿效应，使得由源端注入沟道的载流子不是越过势垒，而是隧穿通过势垒的（源区的掺杂类型与漏区不同，沟道载流子来自源区的不同能带，如对 NMOS，源区是 p+掺杂，沟道电子来自于 p+－源区的价带电子）。TFET 要实现的性能指标，除了尽可能低的亚阈值摆幅外，还要保持足够大的驱动电流（on-current）。另外一个容易忽略的指标是，对那些低于 60 mV/dec 理论极限的亚阈值区域，这个区域（用漏极电流的 10 倍区间，dec 为单位衡量）要尽可能大。这三个指标的同时达到，始终是 TFET 设计、实现的严重挑战，至今没有完善的解决方案。目前看到的报道，最好的性能来自美国 SEMATECH（一个集成电路工业界的联合研究组织，专攻集成电路工艺）在 2010 年发表的结果[40]。该结构的实现，采用了常规的 CMOS 平面工艺，但在源端的硅化物接触区形状与工艺上作了改进与优化，达到 46 mV/dec 的亚阈值摆幅，而且这个摆幅在 3 个 dec 区间内都能维持住，漏极电流开关比也达到了 7×10^7。北京大学在 2011 年 IEDM 发表的结合肖特基势垒 FET 的 T 型栅结构 tFET 也很有新意[41]。

tFET 的研究，包括用纳米线、异质结构（所谓的芯壳，core/shell，结构）来实现，依然是当前研究的活跃领域，因为其应用背景巨大。

三、新型存储器技术

此部分讨论目前集成电路业界十分关注与活跃的，希望有可能来取代 NAND Flash Nonvolatile（闪存非挥发）存储器的新型存储器结构。因为时间的限制，我们只讨论相变存储器（phase change memory，PCM）与阻变存储器（resistive-switching RAM，RRAM）。另一种十分有前途（也相当成熟）的磁存储器技术 STT-RAM（spin-transfer torque magnetic RAM）在此就不涉及了。简而言之，STT-RAM 可视做第二代 MRAM。

（一）相变存储器（PCM）

相变存储器（PCM，又称 PCRAM）是指利用低阻结晶态和高阻非晶态代表两个不同逻辑状态从而实现非挥发存储的一类存储器。PCRAM 常用的材料为 $Ge_2Sb_2Te_5$，通常简写为 GST。相变存储器的结晶状态和非结晶状态之间的转换是通过施加不同宽度的电脉冲获得的。非晶态采用较高的 RESET（存储器单元从低阻态到高阻态的转变）脉冲使得相变材料融化，然后快速冷却成无序状态。结晶态是通过适当的脉冲高度使得相变材料的温度处于融化温度 T_{melt} 和结晶温度 $T_{crystal}$ 之间，非晶区域内部开始不断地结晶，在一段时间后转变成了低阻的结晶态。

早在 1966 年，S. R. Ovshinsky 在其专利中提到了相变器件的制备工艺。1968 年，Ovshinshy 又在 *Phisycal Review Letters* 发表了相变无序材料的可恢复的开关转换现象[42]。1970 年，Gordon E. Moore 首次宣布一款 256 位阵列的相变存储器样品。进入 21 世纪后，随着 Flash 存储器和 DRAM 的按比例缩小遇到了越来越多的困难，2001 年相变存储器被重新引入集成电路业界，作为有可能取代 DRAM/NOR 的最佳候选结构之一。2006 年 12 月，IBM 公布了基于相变材料纳米线的存储结构，其有效相变区域减小至 3 纳米 × 20 纳米。2008 年 12 月，三星（Samsung）从实验上证明了 PCM 在 7.5 纳米工艺节点仍然具有非常优良的存储性能。2008 年 2 月，Intel 与意法半导体宣布开始向客户提供采用创新 PCM 技术制造的未来存储器的原型样片，使 PCM 技术向商业化目标又迈进了一步。在 2012 年 2 月召开的国际固态电路年会（ISSCC）上，三星宣布了规模为 8Gb 的 PCM，采用的工艺是 20 纳米，二极管开关的 PCM 单元，无疑是当今这个类型的存储器的最高水平[43]。

相对于 SRAM、DRAM，以及 Flash，相变存储器具有以下优点：较小的单元尺寸；非挥发，数据能较长时间保持；较高的 Endurance（擦写次数），目前发表的数据最高能到 10^{12}；按比例缩小只取决于光刻限度；适合于 3D 集成。

相变存储器的工作包括电输运、热扩散、相变等物理过程，这些过程相互间是耦合的。涉及的科学技术问题很多，如相变材料、电极材料和绝热材料等关键材料的制备与性能表征、存储单元与芯片设计、加工及测试等，以及相变材料的机制，电、热、相变耦合的模型等。其取代 NOR Flash 的前景依然不确定。

（二）阻变存储器（RRAM）

阻变存储器（RRAM）是基于存储器器件内存储介质的阻变特性实现信息存储的一类新型存储技术。所谓的阻变特性是指某些电介质材料中存在的受外加电场控制而使其电阻发生可逆变化的性质。RRAM 与相变存储器件（PCM）有许多类似之处，它们都是在电信号作用下器件发生高阻和低阻态间的可逆转换，通过对器件在不同状态下具有的不同电阻值读出以区分数据“1”和“0”。

1962，Hickmott 等人报道了以 $Au/Al_2O_3/Al$ 为代表的金属－绝缘体－金属（MIM）的三明治电容结构器件，在施加直流电压进行扫描时，会观测到负阻现象，表明 $Au/Al_2O_3/Al$ 器件具有阻变特性，并尝试用空间电荷限制电流机制（SCLC）来解释实验这一现象。1964 年 Gibbons 小组发现 NiO 具有单极阻变特性。1967 年 Simmons 等发现 Au/SiO/Al 具有可逆阻变存储现象。1968 年，Adler 等人提出用电场致 Mott 转变机制来解释阻变现象。随后 1970 年 Bruyere 也报道了 NiO 的单极可逆阻变现象。然而，这些研究主要还是集中在现象及其机制研究阶段，由于制备条件和研究手段的限制，以及对阻变特性的物理机制等方面无法完全解释，这些研究在非挥发性存储器的应用方面并没有受到重视。随着微电子工艺技术的不断进步，对非挥发性存储器的信息存储容量需求不断增大，传统非挥发性存储器闪存在器件尺寸的等比例缩小过程中，遇到很多困难和挑战，新型非挥发性存储器的研究成为迫切需求，阻变存储器的发展才受到前所未有的关注。

自 1997 年 Asamitsu 小组报道 $Pr_{1-x}Ca_xMnO_3$ 阻变特性以来，阻变现象在存储器方面的应用潜力受到越来越多的关注。在这 10 多年的时间里，$SrTiO_3$、NiO、TiO_2 和 Cu_2S 等各种不同类型的材料都被报道具有阻变特性，杂质能带、界面肖特基势垒理论、电子关联效应、绝缘体-金属转变理论、铁电效应和导电通道机制等阻变物理机制也相继被提出来解释阻变现象。尽管尚没有公认的解释阻变现象的理论，至今，导电细丝模型已经被广泛接受，而且大部分 RRAM 器件都可被归于这一类，但目前这一理论并没有给出导电通道的物理实质，也没有很好说明细丝导电通道通或断的物理起因，高、低阻态的输运机制，尚需要更多的实验数据和实验现象来验证和完善阻变物理机制。

近 10 年来，RRAM 的研究有了长足的发展。三星、索尼、飞索、夏普和富士通等公司都对阻变存储器的应用前景一致看好，投入了大量的人力和物力。2005 年三星制备了交叉阵列（Crossbar）的阻变存储阵列，采用 Plug-BE（底电极）的方式将存储单元直径降低到 50 纳米，从而获得较小的工作电流和改善了的转变电压分布。在 2009 年 12 月召开的 IEDM 会议上，中国台湾工研院报道了采用台积电（TSMC）0.18 微米工艺技术成功制备了存储密度为 1-Kb 的 RRAM 阵列电路，采用的 1T1R 型存储单元尺寸为 30 纳米×30 纳米，器件成品率达到 100%，可在 40 纳秒宽脉冲工作模式下转变 10^6 次以上，且保持特性可达 10 年等良好的非挥发性存储特性。

阻变存储器所涉及的材料体系要广泛得多，几乎在各类介质材料中，包括金属氧化物、多元化合物材料、有机材料等，都观察到了阻变特性。目前研究报道的阻变材料大致可以分为二元过渡金属氧化物、钙钛矿型化合物、固态电解质和有机材料等四类。过渡金属二元氧化物因其组分简单、制备成本低廉、与 CMOS 制备工艺相兼容等优点而受到越来越多的关注；钙钛矿型化合物成分比较复杂且制备工艺与传统 CMOS 工艺兼容性不是很好，阻碍了其在阻变存储领域的应用；固态电解质材料组成的阻变器件一般操作电压比较低、转变次数多，也是当前阻变存储材料中受关注比较多的材料；有机材料的最大特性是成膜简单、制备成本比较低、适用于大面积生产，现阶段有机材料的研究还处在起步阶段。各类阻变介质材料都有其自身的优点和缺点，还需要更进一步的研究，需要对各种阻变材料进行选择从而找到适宜于 RRAM 最终应用的电介质材料。

对阻变存储器，在电信号作用下发生高阻和低阻态间的可逆转换的物理机制尚不清楚。有可能在不同的材料体系中发生阻变的机制不同，甚至可能在同一种材料体系中，由于器件结构不同，引起阻变的物理机制也不同。阻变存储器的这一特征，一方面为目前的技术研究和发展带来许多困惑，由于不清楚确切的物理机制，人们所做的材料、器件结构、技术途径的选择都缺乏理论指导而带有很大的随机性，不易找到根本的解决方案；另一方面，也为阻变存储器技术的发展带来潜在的巨大发展机遇，一旦取得突破，将会为 RRAM 技术发展带来巨大的推动作用。虽然 RRAM 的研究历史较短，而且缺乏有效的理论指导，但 RRAM 的研究进展异常显著。人们在所制备的阻变存储器件中，已经观察到优于其他新一代存储器的技术特征和极其优异的存储性能，具有超越其他技术成为未来主流存储器乃至发展为兼备 DRAM 和 Flash 优点的通用存储器的潜力。

四、非晶氧化物半导体

硅基半导体材料及器件在计算机、消费电子、网络通信、IT 技术及国防电子装备等许多领域都得到广泛的应用，成为当代信息科学技术的基石，以硅基集成电路为代表的半导体工业已经成为国民经济的支柱产业，在综合国力的较量中占有关键性的战略地位。然而随着硅基半导体器件特征尺度进入纳米尺度，硅基半导体器件的进一步发展受到了前所未有的挑战。寻找非硅基半导体材料成为目前的研究热点，其中氧化物基半导体材料、碳基半导体材料成为了可能替代或拓展硅基半导体器件应用的候选材料，受到了广泛的重视，成为世界半导体科学技术先进国家竞相投资支持的研究方向。

氧化物半导体通常是宽禁带半导体材料，具有较高迁移率、稳定性好、透明性好、制备工艺温度低、良好的机电耦合性等一系列优越的电学和光学特性以及对环境友好等特点。与其他材料相比，透明氧化物半导体具有很多不同的特点，如通常可以在更低的温度下制备、更光滑的表面、更好的薄膜均匀性及优异的机械弯曲性，以及相同或者更高的载流子迁移率。正是由于氧化物半导体独特的电学性、光电性、压电性、气敏性、压敏性等特性，氧化物半导体材料近年来在OLED显示、透明显示、柔性电子学、表面声波、太阳能电池、探测器等许多领域具有广泛的应用前景。

1997年Kawazoe等人在*Nature*上发表了关于$CuAlO_2$透明薄膜的p—型导电性的文章。同一期的*Nature*上，Thomas发表了有关隐形电路（invisible circuits）的文章。氧化物半导体的快速发展始于2003年，当年有三个研究组分别报道了透明氧化物薄膜晶体管的研究成果，从而导致了透明电子器件的兴起，氧化锌薄膜晶体管的研究逐渐受到重视。但是制备单晶或者非晶的氧化锌是非常困难的，同时纯的氧化锌对酸类的化学抗腐蚀能力很低。为此寻找可以与氧化锌薄膜晶体管性能相当或者更好特性的非晶金属氧化物半导体成为研究的热点。

2004年，Nomura等人在室温下沉积出一种新型的非晶氧化铟锌镓（IGZO）薄膜，并制备出了高性能的薄膜晶体管。尽管是非晶态，但是在IGZO薄膜中，由于相邻的金属s轨道会发生直接的轨道重叠，从而为自由电子生成一个导电路径，所以IGZO在非晶状态仍然可以保持高迁移率。这个发现在工业界和学术领域都引起了世界范围内的广泛关注，因为这个发现在获取高迁移率，器件参数的空间一致性，以及应用于大尺寸衬底的可扩展性等都有潜在的重要意义。

可替代氧化锌及氧化铟锌镓的氧化物半导体材料也是热门的研究课题。在由四种物质组成的化合物中，氧化铟锌锡也同样展示出了高迁移率。铟是一种稀有金属，所以在大规模生产及考虑到生产成本时，铟并是不一个很好的选择。研究发现可以使用锡掺杂的氧化锌薄膜晶体管和铝掺杂的氧化锡薄膜晶体管得到相似的特性。

综上，氧化物半导体材料中，IGZO、ZnO、TiO_2、In_2O_3、SnO_2等宽禁带氧化物半导体纳米线和纳米薄膜尤为受到重视。但是，目前的氧化物半导体材料、器件研究大多集中在材料和工艺制备方面，对于氧化物半导体材料中的电子结构、载流子输运理论、界面物理等一系列基本理论问题缺乏深入的研究，而在氧化物半导体器件结构设计和工艺制备方面大多沿用了硅基器件的方法、模型和工具，缺少针对氧化物半导体特点的基础研究。另一方面，氧化物半导体材料与器件的可靠性问题急需加以研究。氧化物半导体丰富的物理特性尚需要深入的挖掘利用，在该方向有很大的创新空间。

第五节　致　　谢

本章在撰写过程中得到了南京大学王伯根、赵毅教授的大力协助，尤其是南京大学物理系提供的材料，构成了本章的重要部分。对他们的贡献与南京大学施毅教授的全力支持，在此一并表示感谢。北京大学博士研究生曾琅同学承担了量子输运部分的撰写工作，对本章的完成起了十分积极的作用。

参考文献

[1] Thompson G T，Bohr M. A 90nm high volume manufacturing logic technology featuring novel 45nm gate length strained silicon CMOS transistors. IEDM，2003：978.

[2] Bednorz J G，Müller K A. Possible high Tc superconductivity in the Ba-La-Cu-Osystem. Z Phys B- Condensed Matter，1986，64：189.

[3] Kane B E. A silicon-based nuclear spin quantum computer. Nature，1998，393：133.

[4] Hohenberg P，Kohn W. Inhomogeneous electron gas. Phy Rev，1964，136（3B）：864.

[5] Kohn W，Sham L J. Self-consistent equations including exchange and correlationeffects，Phy Rev，1965，140（4）：1133.

[6] Datta S. Electronic Transport in Mesoscopic Systems. Cambridge Univesity Press，1995.

[7] Kane E O. Band structure of indium antimonide. J Phys Chem Solids，1957，1：249.

[8] Slater J C，Koster G F. Phys Rev，1954，94：1498.

[9] Vogl P，Hjalmarson H P，Dow J. A semi-empirical tight-binding theory of the electronicstructure of semiconductors. J Phys Chem Solids，1983，44：365.

[10] Jancu J M，Scholz R，Beltram F，et al. Empirical spds * tight-binding calculationfor cubic semiconductors：general method and material parameters. Phys Rev B，1998，57（11）：6493.

[11] Hedin L. New method for calculating the one-particle Green's function with applicationto the electron-gas problem. Phy Rev，1965，139（3A）：796.

[12] Hybertsen M S，Louie S G. Electron correlation in semiconductors and insulators：band gaps and quasiparticle energies. Phy Rev B，1986，34（8）：5390.

[13] Faleev S V，Schilfgaarde M V，Kotani T. All-electron self-consistent GW approximation：Application to Si，MnO，and NiO. Phys Rev Lett，2004，93：126406.

[14] Schilfgaarde M V，Kotani T，Faleev S. Quasiparticle self-consistent GW theory. Phys Rev Lett，2006，96：226402.

[15] Wees B J V, et al. Quantized conductance of point contacts in a two-dimensionalelectron gas. Phys Rev Lett, 1988, 60 (9): 848.

[16] Wharam D A, et al. One-dimensional transport and the quantisation of the ballisticresistance. J Phys C: Solid State Phys, 1988, L209: 21.

[17] Landauer R. Spatial variation of current and fields due to localized scatters in metallicconduction. IBM J Res Dev, 1957, 1: 223.

[18] Buttiker M. Symmetry of electrical conduction. IBM J Res Dev, 1988, 32: 317.

[19] Economou E N. Green's Functions in Quantum Mechanics, 3rd ED. Springer, 2005.

[20] Datta S. Quantum Transport: Atom to Transistor. Cambridge: Cambridge University Press, 2005.

[21] Novoselov K S, Geim A K, et al. Electric field effect in atomically thin carbon films. Science, 2004, 306: 666.

[22] Novoselov K S, Geim A K, et al. Two-dimensional gas of massless Dirac fermions ingraphene. Nature, 2005, 438: 197.

[23] Bernevig B A, Hughes T L, Zhang S C. Quantum spin hall effect and topologicalphase transition in HgTe quantum wells. Science, 2006, 314: 1757-1761.

[24] Iijima S. Helical micrNubules of graphitic carbon. Nature, 1991, 354: 56.

[25] Bolotin K I, Sikes K J, Jiang Z, et al. Ultrahig electron mobility in suspended graphene. Solid State Comm, 2008, 351.

[26] Jang B Z, Liu C, Neff D, et al. Graphenesurface-enabled lithium ion-exchanging cells: next-generation high-power energy storage devices. Nano Lett, 2011, 11: 3785.

[27] Köonig M, Zhang S C, et al. Quantum spin hall insulator state in HgTe quantum wells. Science, 2007, 318: 766-770.

[28] Fu L, Kane C L. Topological insulators with inversion symmetry. Phys Rev B, 2007, 76: 045302.

[29] Hsieh D, Qian D, Wray L, et al. A topologicalDirac insulator in a quantum spin Hall phase. Nature, 2008, 452: 970.

[30] Zhang H, Zhang S C, et al. Topological insulators in Bi_2Se_3, Bi_2Te_3 andSb_2Te_3 with a single Dirac cone on the surface. Nature Physics, 2009, 5: 438.

[31] Peng H, Cui Y, et al. Aharonov-Bohm interference in topological insulator nanoribbons. Nat Mater, 2010, 9: 225.

[32] Kamihara Y, Hiramatsu, Hirano M, et al. Iron-based layered superconductor: LaOFeP. J American Chemical Society, 2006, 128 (31): 10012.

[33] Kamihara Y, Watanabe T, Hirano M, et al. Iron-based layered superconductor $LaO_{1-x}F_xFeAs$ ($x=0.05-0.12$) with $T_c=26$ K. J American Chemical Society, 2008, 130: 3296.

[34] Wen H H, Li S L. Annu Rev Cond Mat Phys, 2011, 2: 121.

[35] Sun L，Chen X J，Zhao Z X，et al. Re-emerging superconductivity at 48kelvin in iron chalcogenides. Nature Letter，2012，483：67.

[36] Li W，Ding H，Deng P，et al. Phase separation and magnetic order in K-doped iron selenide superconductor. Nature Phys，2011：126.

[37] Moore G E. Cramming more components onto integrated circuits. Electronics Magazine，1965：4.

[38] Welser J，Hoyt J L，Gibbons J F. NMOS and PMOS transistors fabricated instrained silicon/relaxed silicon-germanium structures. IEDM，1992：1000.

[39] Thompson S E，Sun G，Wu K，et al. Key differences for process-induceduniaxial vs substrate-induced biaxial stressed Si and Ge channel MOSFETs. IEDM，2004：221.

[40] Jeon K，Hu C，et al. Si tunnel transistors with a novel silicided source and 46mV/dec-swing. VLSI Tech Symp，2010：121.

[41] Huang Q，Zhan Z，Huang R，et al. Self-depleted T-gateSchottky barrier tunneling FET with low average subthreshold slope and high Ion/Ioffby gate configuration and barrier modulation. IEDM，2011：382.

[42] Ovshinsky S R. Reversible electrical switching phenomena in disorder structures. Phys Rev Lett，1968，21：1450.

[43] Choi Y，et al. A 20nm 1. 8V 8Gb PRAM with 40MB/s program bandwidth. ISSCC，2012：46.